大豆生物活性物质与女性健康

迟晓星　张　涛　张东杰　著

中国纺织出版社有限公司

内容提要

本书以大豆生物活性物质的功能性研究为基础，在进行了一系列动物实验、分子生物学实验及人群实验的基础上，重点介绍了大豆异黄酮、金雀异黄素、大豆蛋白等在预防和治疗女性更年期综合征、多囊卵巢综合征等女性相关疾病方面的作用，总结了系列课题的科研成果。本书突出了系统性、科学性、先进性和实用性的特点，在参考了前人工作的基础上，重点反映了编者在大豆生物学活性方面的研究工作和科学研究成果的现状，具有很强的实际应用参考价值。

本书可供从事大豆生物活性物质的功能性研究、大豆产品开发以及大豆成分安全性研究人员等使用；也可作为大专院校师生、科研院所从事大豆生物活性课题研究的工作人员的教学参考书。

图书在版编目（CIP）数据

大豆生物活性物质与女性健康 / 迟晓星，张涛，张东杰著. --北京：中国纺织出版社有限公司，2021.4

ISBN 978-7-5180-8214-8

Ⅰ.①大⋯ Ⅱ.①迟⋯ ②张⋯ ③张⋯ Ⅲ.①大豆—生物活性—物质—关系—女性—保健—研究 Ⅳ.①S565.101②R173

中国版本图书馆CIP数据核字（2020）第229166号

责任编辑：郑丹妮 国 帅 责任校对：高 涵 责任印制：王艳丽

中国纺织出版社有限公司出版发行

地址：北京市朝阳区百子湾东里A407号楼 邮政编码：100124

销售电话：010—67004422 传真：010—87155801

http://www.c-textilep.com

中国纺织出版社天猫旗舰店

官方微博http://weibo.com/2119887771

唐山玺诚印务有限公司印刷 各地新华书店经销

2021年4月第1版第1次印刷

开本：710×1000 1/16 印张：22.25

字数：364千字 定价：88.00元

前　言

　　大豆是我国和世界许多国家的主要食物品种之一。大豆除含有丰富的蛋白质油脂外，还有许多具有生物活性的物质，如大豆异黄酮、大豆皂苷、大豆蛋白肽、大豆低聚糖等。其中大豆异黄酮及单体金雀异黄素的化学结构式与体内雌激素极为相似，在体内发挥生物作用时可与雌激素受体结合，表现为类雌激素活性。它是目前国际上被多数国家研究推崇的最安全有效的天然植物雌激素。大豆异黄酮是近年来热门的保健话题之一，更与女性的健康相关联，备受关注。女性 35 岁以后，体内雌激素分泌减少或失衡，受雌激素直接控制的组织和器官就会发生退行性改变，从而引起女性全身的衰老变化。如果提前衰老、雌激素的分泌也将提前终止，那么更年期就提前；如果及时补充雌激素，就可以延缓更年期，避免更年期综合症的发生，延缓女性衰老。因此，研究天然食物中含有的植物雌激素对女性健康的作用效果和作用机制，对于增进女性健康和防治女性相关疾病有着重要的意义。

　　本书是以国家自然科学基金面上项目"基于 EGR-1 和 P450 基因表达途径研究 GEN 对雌性大鼠卵巢储备功能的调节作用"、国家自然科学基金青年基金项目"GEN 对 PCOS 大鼠高雄血症的调控作用"、黑龙江省科技厅青年科学技术基金"大豆异黄酮对青年雌性大鼠的抗衰老作用及安全性研究"、黑龙江省教育厅课题"大豆异黄酮副作用及安全摄入量研究"、黑龙江省博士后科研启动基金"基于 EGR-1 和 P450 基因表达途径研究金雀异黄素调节雌性大鼠卵巢储备功能的作用机制"、黑龙江省粮食、油脂与植物蛋白领军人才梯队后备带头人资助项目"金雀异黄素对免疫低下小鼠抗疲劳作用及机制研究"、黑龙江省科技厅自然基研究团队项目"杂粮与主粮复配科学基础及慢病干预机制"、黑龙江省应用技术研究与开发计划重大项目（"南病北治，北药南用"专项）"人参、蒲公英系列药食同源食品和新资源食品研制"等课题为依托，以大豆生物活性物质的功能性研究为基础，介绍了大豆中的生物活性物质大豆异黄酮、金雀异黄素大豆皂苷和大豆蛋白肽的重要生物学功能，重点阐述了这些功能活性物质对女性卵巢功能的影响，针对它们在女性青年、成年、老年等不同生理时期的作用进行了阐述，总结了系列课题的科研成果。本书突出了系统性、科学性、先进性和实用性的特点,在参考了前人工作的基础上,重点反映了编者在大豆生物学活性方面的研究工作和科学研究成果的现状,具有很强的实际应用参考价值。

本书共分为八章,由黑龙江八一农垦大学迟晓星、哈尔滨医科大学大庆校区张涛和黑龙江八一农垦大学张东杰合著而成,其中前言、第1章、第3章、第7章由迟晓星著;第2章、第4章、第8章由张涛著;第5章、第6章和附录由张东杰著。

在这里还要特别感谢著者的博士研究生导师哈尔滨医科大学崔洪斌教授和黑龙江八一农垦大学博士研究生导师张东杰教授、张丽萍教授,他们严谨的科学作风和在大豆研究方面的突出业绩带领我们一步步成长,才取得了在大豆生物活性研究这个领域方面的研究成绩。另外在本书整理与校对过程中,初晓丽、孔凡秀、董佳萍、杨琪、谢琳琳等研究生做出了努力和贡献,在此表示感谢!本书的出版得到黑龙江八一农垦大学学术专著论文基金的资助。

本书是在积累了著者多年来的科研成果和教学成果的基础上,总结了多项国家级课题及省部级课题的研究成果,并参考了大量国内外文献撰写而成,是整个课题组研究人员共同努力的成果,也是课题组成员多年来心血的体现。基于本书著者水平有限,难免会出现疏漏和不妥之处,衷心希望各位同行和读者在阅读本书的过程中,能给本书提出宝贵的意见和建议。最后,值此著作付梓之际,再次感谢在本书的编辑出版过程中,对我们工作无私地给予大力支持和帮助的人们!

著者

2020 年 10 月

目　录

第1章 大豆生物活性物质与女性健康的关系概述

大豆是我国和世界许多国家的主要食物品种之一。现在研究表明,大豆异黄酮是大豆中的一类非营养素成分,它的主要成分包括染料木苷、大豆苷等,因其具有独特的雌激素样作用,近年来备受重视。作为保健食品的主要成分,大豆异黄酮已广泛应用于欧美各国。近年来,国内保健食品业也开展此方面的研发工作。我国明代李时珍认为"食大豆令人长肌肤、益颜色、填骨髓、加气力、补虚能食"。传统中药中也有许多以大豆为原料的药物,如淡豆豉等。亚洲国家居民的乳腺癌、前列腺癌和结肠癌的发病率显著低于西方国家。在美国,乳腺癌和前列腺癌的发病率是东南亚人的 4~6 倍,特别是第一代亚洲移民中仍保持着较低的发病率,而第二代移民中发病率则显著升高,该现象提示人们:生活习惯和饮食因素对肿瘤的发生有重要的影响。近年来有研究者提出,大豆的高消费量是亚洲居民这类癌症低发的主要原因。在亚洲,人均大豆的消费量是美国的 20~50 倍,而西方传统饮食中一般不含大豆制品。

大豆除含有丰富的蛋白质、油脂外,还有许多具有生物活性的物质,大豆异黄酮就是其中一种,它只存在于大豆种子的胚轴及子叶中,含量较其他营养成分也极微量,但生物活性较强。由于加工工艺不同对异黄酮的质和量都会有极大的影响。它的化学结构式与体内雌激素极为相似,在体内发挥生物作用时可与雌激素受体结合,表现为类雌激素活性。它是目前国际上被多数国家研究推崇的最安全有效的天然植物雌激素。大豆异黄酮是近年来热门的保健话题之一,更与女性的健康相关联,备受关注。现代医学研究证明:雌激素由卵巢分泌,一般雌激素水平在 30 岁左右达到成熟女性分泌的最高峰。当雌激素水平正常时,女人就能保持特有的青春与健康。女性 35 岁以后,体内雌激素分泌减少或失衡,是导致女性衰老的根本原因。女性体内受雌激素控制的组织和器官达 400 多处,包括皮肤、黏膜、骨素、内脏、肌肉、血管、神经等重要部分,因此,一旦雌激素分泌减少或失衡,受雌激素直接控制的上述组织和器官就会发生退行性改变,从而引起女性全身的衰老变化。雌激素减少是自然规律,任何人均不能避免,只是这个过程非常缓慢,开始时雌激素减少并无太多明显表现,但如果等到雌激素减少达到出现明显症状的时候,则说明因雌激素减少引起的身体器官已经发生病理改变,并且已发生的衰老表现和器官改变即使再补充雌激素也很难恢复。因此,成年女性不能缺少雌激素。每个人卵巢功能衰老的时间都各不相同。如果提前衰老,雌激素的分泌也将提前终止,那么更年期就提前;如果及时补充雌激素,就可以延缓更年期,避免更年期综合征的发生,延缓女性衰老。

1.1　大豆异黄酮与女性健康

天然雌激素来源于植物,应用相对比较安全,针对它的研究已引起了学术界的广泛关注。大豆是我国和世界许多国家的主要食物品种之一。大豆异黄酮是大豆生长中形成的一类次生代谢产物,是生物黄酮中的一种,也是一种植物雌激素。它主要分布于大豆种子的子叶和胚轴中,种皮中含量极少。80%～90%的异黄酮存在于子叶中,浓度为 0.1%～0.3%。胚轴中所含异黄酮种类较多且浓度较高,为 1%～2%,但由于胚只占种子总重量的 2%,因此尽管浓度很高,所占比例却很少(10%～20%)。大豆异黄酮在化学上作为结构类似物与雌激素活性有关,其结构与雌激素相似,故能够与雌激素受体(ERs)结合,从而表现出两种重要的生物学活性:雌激素样活性和抗雌激素样活性。对雌激素水平较低者,如幼小动物、去卵巢动物、绝经妇女,显示雌激素活性,异黄酮占据雌激素受体,发挥弱雌激素效应,表现出提高雌激素水平的作用;对高雌激素水平者,如年轻动物和雌激素化的动物及年轻妇女,显示抗雌激素活性,异黄酮以"竞争"方式占据受体位置,同时发挥弱雌激素效应,因而从总体上表现出降低体内雌激素水平的作用。至于表现为何种活性主要取决于其局部浓度、内源性雌激素含量以及组织器官的 ERs 水平。现在研究表明,大豆异黄酮是大豆中的一类非营养素成分,它的主要成分包括染料木苷、大豆苷等,因其具有独特的雌激素样作用,近年来备受重视。作为保健食品的主要成分,大豆异黄酮已广泛应用于欧美各国。美国食品药品监督管理局(FDA)现已公开确证了长期食用豆类制品对心血管系统有保护作用。研究证实,大豆异黄酮对更年期妇女与激素减退有关的疾病(如骨质疏松、动脉硬化、血脂升高等)都有一定的防治作用。

研究发现,中年妇女雌激素水平下降很快,而补充植物雌激素可确保骨质量、骨密度,以预防骨质疏松。雌激素水平的下降和波动,易导致植物神经系统功能紊乱,如出现烦躁、失眠、心血管功能失调、记忆力减退等症状。所以,雌激素在女性的一生中起着十分重要的作用,但是目前医学临床中应用的雌激素替代治疗方法多以合成性和生物性雌激素药物为主,国际长期大样本、多中心的研究表明,这种方法可明显增加女性发生乳腺癌、卵巢癌、子宫内膜癌等肿瘤的风险。利用天然植物,开发新型药用成分,将会大大提高中老年女性的生活质量。

有调查资料表明,在英国,人均大豆异黄酮的摄入量小于 1 毫克/天。有学者对生活在新加坡的中国女性进行了膳食与乳腺癌的病历对照研究,结果表明大豆对绝经妇女乳腺癌的发生有明显预防作用,故推测大豆中的植物雌激素可能与这种作用有关。为此,美国食品与药品管理局(FDA)已建议每人每天至少应摄入四杯豆奶。进一步研究认为,大豆对绝经前妇女乳腺癌的发生有显著预防作用,而与绝经后妇女乳腺癌的发病无关。

目前,大豆异黄酮这一类的产品开发尚处于起步阶段,国内外相关产品品质参差不齐。特别是不科学的广告宣传,使人们认为只要是"大豆异黄酮"就是有效的,但通过大量的基础及临床研究证实,大豆异黄酮中主要具有生理意义的成分金雀黄素才是最具保健作用的成分。女性每天较为安全而又有效的大豆异黄酮摄入量为 100 ~ 160 mg,这就会减轻围绝经期综合征的不适症状,并可以在一定程度上起到保护心脑血管、防止骨质缺失的作用。大豆异黄酮具有重要的生物学活性,在类雌激素,抗肿瘤,预防骨质疏松和心血管疾病等方面有确切作用。但是对于大豆异黄酮的作用除需人体试验来证实外,对其机制仍需进行深入的研究。对大豆异黄酮的研究表明,大豆食品对食用者的健康具有不可低估的作用。因此近年美国等西方国家不但对传统大豆食品刮目相看,而且已研制出大豆异黄酮保健产品。充分了解大豆异黄酮的理化特性,改进传统大豆食品的加工工艺,避免大豆异黄酮的流失,进一步提高大豆食品的保健价值是我国食品科技工作者需要解决的研究课题。因此,研究开发大豆异黄酮产品具有广阔的应用前景。

1.1.1　心血管疾病

Berglehole 的流行病学调查结果显示,美国 40 ~ 69 岁女性的冠心病死亡率是日本同龄女性的 8 倍。作者对资料进行细致的分析后发现,大豆食品对动脉粥样硬化率的降低作用可能是引起上述死亡率不同的主要原因。Artaud - Wild 等对亚洲和发达工业国家的冠心病死亡率进行比较也得到相似结论。但由于亚洲和欧美等国生活方式和饮食文化的巨大差异,尚不能排除其他因素或食物成分在冠心病发生中的作用,因此在流行病学方面,仍存在不同意见和需进行深入研究之处。

临床试验、动物实验以及体外实验的研究结果进一步肯定了大豆异黄酮在心血管疾病中的作用。Cassidy 等的人群膳食干预试验发现,血胆固醇正常的女性每天摄入 45 mg 异黄酮,可使血胆固醇下降。Potter 等对 66 名高胆固醇血症的绝经女性进行为期 6 个月的干预试验,试验组每天服用 40 g 大豆蛋白,结果发现血浆总胆固醇下降了约 0.40 mmol/L,而高密度脂蛋白(HDL)则上升了 0.065 mmol /L,实验结束时总胆固醇与 HDL 之比下降了 0.5。此结果表明大豆异黄酮具有降低血浆胆固醇的作用。Anderson 等对 38 项大豆异黄酮与血脂或胆固醇关系的研究资料进行二次文献分析,结果发现有 34 项研究证实大豆异黄酮的降血脂作用。在这些试验中,大豆蛋白平均摄入量为 47 g/d,而血清总胆固醇平均降低了 0.59 mmol /L(9.3%)。Anthony 等利用猕猴研究了大豆蛋白在高脂膳食诱导心血管疾病中的作用。雌性猕猴被分成 3 组,各组饲料蛋白源分别为酪蛋白、去掉异黄酮(乙醇提取)的大豆蛋白以及大豆蛋白粗提物(相当于每人每天 143 mg 异黄酮)。结果发现含有异黄酮的大豆蛋白可有效地降低总胆固醇、低密度脂蛋白(LDL)、极低密度脂蛋白(VLDL),并抑制动脉粥样斑块的形成。该实验不仅为大豆异黄酮在心血管疾病中的保护作用提供了证据,而且也证明异黄酮是大豆蛋白中发挥降脂作用的活性成分。最近 20 年,研究者对大豆异黄酮在心血管疾病中的作用机制进行了大量研究,Anthony 等认为其作用机制是多元性的,目前较成熟的机制有如下几种:LDL 受体调节:大豆异黄酮可使 LDL 受体发生正向调节,使 LDL 受体活性增加,从而促进胆固醇的清除;抗氧化特性:体外研究表明,大豆蛋白具有降低 LDL 颗粒体积和防止 LDL 过度氧化作用,异黄酮通过这种作用可降低 LDL 颗粒在冠状动脉壁上的沉积,从而减少粥样硬化的发生率;抑制血管平滑肌细胞的增殖:染料木黄酮可降低基底纤维生长因子(bFGF)以及纤维蛋白溶酶原激活因子的活性,从而抑制平滑肌细胞增殖,而这种细胞的增殖在粥样硬化的发生发展中具有重要的促进作用;抗血栓形成作用:酪氨酸蛋白磷酸化与血小板活性密切相关,染料木黄酮通过对酪氨酸激酶的抑制作用而降低血小板内酪氨酸蛋白磷酸化,进而导致血小板活性降低,使其在血管上的聚积减少,阻止粥样硬化的发生。但 Nakashima 等则认为染料木黄酮和大豆苷原可以阻止血栓素 A2 与其受体结合,从而导致血小板对异黄酮无应答。所以这一机制尚需进一步研究证实。最近有的学者开始关注脂蛋白(a) [LP(a)]在异黄酮保护机制中的作用。LP(a)是一种独立的冠心病危险因子,不受一般膳食、药物治疗的影响,但绝经女性使用雌激素治疗后,该物质浓度则显著下降,因此根据大豆苷原和染料木黄酮的雌激素活性以及可与 ERs 结合的特性,有的学者推测异黄酮可能会通过降低 LP(a)含量来减少冠心病发生的危险性。转化生长因子 β 1(TGFβ 1)异常降低也是冠心病发生的危险因素,染料木黄酮可诱导 TGFβ 1 的生成,这也可能是其作用机制之一。

1.1.2　乳腺癌

有关大豆摄入量与乳腺癌发病率关系的流行病学调查很多。Ing ram 等通过长期的流行病学调查发现,豆浆的摄入量与乳腺癌的发病率呈负相关;Wu 等对 4 个病例——对照研究进行比较分析,结果发现无论在欧美发达国家,还是在亚洲国家,随着居民每天大豆摄入量或每年豆制品消费次数的增加,乳腺癌的相对危险度呈下降趋势。该结果为大豆在乳腺癌发病率中的作用提供了有力的流行病学证据。

给大鼠喂饲含大豆蛋白的饲料,然后暴露于化学致癌物,发现大豆蛋白可阻止肿瘤的生成,但当用乙醇除去大豆蛋白中的异黄酮后,这种抑瘤作用则消失。Gi ri 等的研究证实,染料木黄酮和大豆苷原可抑制 7,12 – 二甲基苯蒽诱导的 DNA 加合物的生成。Lama rtiniere 等的研究结果对大豆异黄酮在乳腺癌中的作用更具说服力。研究者以新生大鼠为研究对象,每天喂以染料木黄酮,给 7,12 – 二甲基苯蒽后,发现染料木黄酮可延长癌发生的潜伏期,并可使大鼠成年后乳腺癌的发生率显著降低。这一结果表明早期接触异黄酮有利于后期的癌症预防,这也可以作为解释移居美国的亚洲人(早期大豆异黄酮摄入量高)乳腺癌发病率仍低于美国本土人的原因。多细胞系培养实验的研究结果进一步证实异黄酮对乳腺癌的抑制作用,同时也揭示了大豆异黄酮的抑癌机制。就目前的研究来看,大豆异黄酮(主要是染料木黄酮)的抗癌机制涉及 ERs 依赖性和非 ERs 依赖性。在体外实验中,用得最多的是人类乳腺癌细胞(MCF – 7)系。该细胞系为 ERs 阳性,经雌激素或具有雌激素作用的化合物作用后可产生特异性反应。通过 MCF – 7 细胞培养发现染料木黄酮低浓度时可促进细胞增殖,但当浓度大于 10 μmol/L 时,则表现为抑制细胞增殖。而且当染料木黄酮和 E_2 同时存在时,前者可竞争性结合于细胞核上的 ERs,从而避免 E_2 与 DNA 形成具有诱变性的加合物。这些研究说明大豆异黄酮对乳腺癌的抑制作用是通过 ERs 途径介导的。但另有研究表明,$1 \times 10^{-5} \sim 1 \times 10^{-4}$ mol/L 的染料木黄酮可表现出对 MCF – 7 细胞的抑制作用,作者认为这一浓度范围正好处于酪氨酸激酶和 Ⅱ 型 DNA 拓扑异构酶抑制浓度范围之内,酪氨酸激酶与表皮生长因子、胰岛素类生长因子、血小板源性生长因子等细胞因子的受体密切相关,它们在细胞增殖和转化中发挥重要作用,异黄酮通过抑制酪氨酸激酶使癌细胞增殖受阻;染料木黄酮也可通过抑制Ⅱ型DNA拓扑异构酶,从而使癌细胞中与蛋白质结合的DNA链断裂,使癌细胞死亡。染料木黄酮这种通过干扰受体后信号通路和DNA功能而发挥的抑制作用是非ERs依赖性的。Wang等还认为染料木黄酮可干扰E_2的活性,降低ERm RNA的表达,并可使机体对内源性雌激素的反应性下降,这种抗雌激素作用也是其抗癌机制之一。

染料木黄酮具有抗氧化和抑制过氧化物生成的作用。在人类多形核淋巴细胞(PMN S)和HL-60细胞内,染料木黄酮可强烈抑制由肿瘤促进剂佛波醇(TPA)诱导的H_2O_2生成,其抑制作用在1~15 μmol/L浓度范围内呈剂量—效应关系;染料木黄酮对HL-60细胞超氧化阴离子的产生也有抑制作用。由于过氧化物是诱发癌症的有害因素,因此,染料木黄酮的抗氧化作用也是其抗癌机制之一。

研究表明,染料木黄酮可影响激素代谢酶的活性。芳香酶是雄激素向雌激素转化的转化酶,而17β-类固醇Ⅰ型脱氢酶是雌酮(E_1)向E_2转化的转化酶,染料木黄酮通过对这些代谢酶活性的抑制作用,可使细胞内E_1和E_2浓度降低,从而阻止雌激素在细胞内形成DNA加合物,达到抑制肿瘤发生的目的。同时,通过这种酶抑制作用,大豆异黄酮也可使体内的雌激素代谢物种类和含量发生变化,Xu等的人体试验证实了这一点。给12名绝经前女性每天服用相当于10、15和129 mg/d大豆异黄酮的大豆蛋白,持续100天后,发现尿中的4(OH)E_1、4(OH)E_2和16(OH)E_2等雌激素代谢物的浓度显著下降,而上述代谢物可与DNA生成加合物,具有遗传毒性,被认为是乳腺癌的危险因子。根据此结果,作者认为影响体内雌激素代谢也是异黄酮抗癌的机制之一。

1.1.3　更年期潮热及绝经后骨质疏松

流行病学调查结果显示,在日本有25%的更年期女性主诉有潮热出汗症状,但在北美这种女性则高达85%。WHO对日本和欧美绝经女性骨质疏松发病率进行比较,发现日本骨质疏松和髋骨骨折发病率明显低于欧美等国。近10年来,各国学者进行了大量研究,试图找出大豆摄入量与更年期女性骨质疏松和潮热发生率之间的关系。Alberta zzi等对104名绝经后女性进行了膳食干预试验,给受试者每天服用60 g大豆蛋白,持续12周。最后发现有45%的患者潮热症状消失,明显高于对照组;结果表明大豆蛋白对更年期女性潮热症状有显著的改善作用。但也有的研究者得到相反的结论。这可能与实验地区、受试人群、大豆制品形式以及试验时间有关。

对于大豆异黄酮与骨质疏松的研究很少。最近 Pot ter 等对 66 名绝经后高胆固醇血症妇女进行了一项膳食干预试验。结果发现，每天摄入 90 mg 异黄酮持续 60 天，可使第 1 ~ 4 腰椎骨矿物质含量和骨密度增加 2% ，与对照组相比有显著性差异。临床用异丙黄酮(iprif lav one)来降低绝经后骨丢失是异黄酮与骨质疏松关系的另一有力证据。异丙黄酮为人工合成异黄酮，它是急性卵巢功能缺陷的治疗药物，每天服用 200 ~ 600 mg 能有效增加骨质含量，减少骨质丢失，这可能与其在肠道内被细菌转化成包括大豆苷原在内的许多代谢物有关。在异黄酮与骨质疏松的关系方面，目前主要集中在以去卵巢大鼠为模型的动物实验上，大量研究表明大豆异黄酮具有减少骨质丢失，促进骨生成的作用。

上述慢性疾病均是激素依赖性疾病。另有研究表明，大豆异黄酮对非激素依赖性疾病或损伤也有保护作用。大豆异黄酮的抗氧化特性可保护 DNA 免受紫外线损伤，可避免因缺血再灌注引起的肝脏损伤，对 Ⅱ 型糖尿病的症状也有一定的改善作用。

综上所述，大量的研究结果均证实了大豆异黄酮对女性慢性疾病的预防治疗作用。毋庸置疑，增加大豆及大豆制品的摄入有益于人体健康。随着社会的老龄化，绝经女性的健康已引起全社会的关注，用雌激素替代疗法(ERT)来治疗与体内雌激素低下有关的疾病会增加患乳腺癌的危险性，而且绝经女性不愿接受 ERT，因此大豆异黄酮在女性雌激素依赖性疾病中具有很好的应用前景。但是在大豆异黄酮与疾病关系上仍需进行深入的研究，因为到目前为止，对于大豆蛋白对血胆固醇的作用仍存在相反意见；对于异黄酮与癌症的关系，不能仅从人类细胞株实验和动物实验外推到人体，仍需进行更多的人体干预试验。而对于大豆异黄酮与潮热和骨质疏松的关系也需要更多人体试验来进一步证实，对其机制也需深入探讨。而且大豆异黄酮与其他食物成分的相互作用尚未见报道，每日推荐量也未最后确定。因此对于大豆异黄酮的作用及其机制仍需进行深入细致的研究。

1.2　大豆皂苷与女性健康

许多研究表明，大豆皂苷是一种具有广泛应用价值的天然生物活性物质，并已应用于药品、食品、化妆品等领域。我国是世界上著名的大豆生产国，研究其生理活性，进行产品开发有重要意义。

大豆皂苷(Soyasaponins)属三萜类齐墩果酸型皂苷,是三萜类同系物的羟基和糖分子环状半缩醛上的羟基失水缩合而成,它可以水解生成多种糖类和配糖体。目前,已确认的大豆皂苷约有18种,是由6种皂苷元(Soyasapogenol Ⅰ,Ⅱ,Ⅲ,Ⅳ,Ⅴ)和糖基中β-D-半乳糖、β-D-木糖、α-L-鼠李糖、α-L-阿拉伯糖、β-D-葡萄糖、β-D-葡萄糖醛酸6种单糖以及乙酰基大豆皂苷所组成。大豆皂苷的生物学、生理学和药学的活性试验都证明,大豆皂苷对人体无毒害作用,而且还有许多有益的生理功能。大豆多肽采用中国传统非转基因大豆和改良大豆,运用蛋白质工程的分离技术,将它们分离成蛋白质含量在90%以上的大豆分离蛋白,再将大豆分离蛋白催化成分子量在500~175的大豆寡肽,是一种不需消化直接被人体吸收利用的蛋白质营养(小分子肽易吸收),且不会引起过敏反应。

①降低血中胆固醇和甘油三酯含量。目前已发现大豆皂苷可以抑制血清中脂类的氧化,抑制过氧化脂质的生成,并能降低血中胆固醇和甘油三酯的含量。高贵清(1984)的实验表明大豆皂苷可明显降低高脂饲料家兔血清中胆固醇和甘油三酯含量,但对基础饲料家兔的降血脂作用不明显。说明大豆皂苷能预防高脂肪膳食所造成的高脂血症,而对血清胆固醇和甘油三酯仍可使其保持正常状态。

②抗氧化、抗自由基、降低过氧化脂质。大豆皂苷具有抗脂质氧化和降低过氧化脂质的作用,且抑制过氧化脂质对肝细胞的损伤。王银萍研究发现大豆皂苷能通过自身调节增加SOD(超氧化物歧化酶)的含量,降低过氧化脂质(LPO),清除自由基,减轻自由基的损伤。陈静研究还表明:大豆皂苷在达到一定剂量时可以明显降低电离辐射诱导的小鼠骨髓细胞染色体畸变与微核的构成。自由基可造成DNA的损伤,根据大豆皂苷的化学结构,它不可能减轻辐射对DNA的直接损伤作用。大豆皂苷降低X射线诱发遗传物质损伤的机制可能是通过减少辐射水解产物——自由基或加速自由基的代谢而间接起作用。LPO是自由基的代谢产物,大豆皂苷可降低老龄大鼠LPO在肝脏及血浆中的含量,减少对肝脏的损伤。这些都证明了大豆皂苷可淬灭自由基,从而减少DNA的损伤。

③抑制肿瘤细胞生长。国内外许多研究报道了大豆皂苷的抑制肿瘤作用,郁利平(1992)研究发现大豆皂苷对S180细胞和YAC-1细胞的DNA合成有明显抑制作用,并且对K562细胞和YAC-1细胞也有明显的细胞毒作用。还有研究认为大豆皂苷相对分子质量1000左右,属中等分子,溶于水,可经简单扩散或主动转运等方式进入癌细胞,发挥抑癌作用。大豆皂苷的抗肿瘤作用机制可能

是：A. 对肿瘤细胞的直接毒副作用和生长抑制作用；B. 免疫调节作用；C. 大豆皂苷与胆汁酸的结合，可以形成较大的混合微团，从而减少了上消化道中游离胆酸的含量，降低胆酸被胃肠黏膜的吸收，增加了胆酸从粪便中排出，从而防治结肠癌的发生；D. 在结肠癌的发生过程中，胆酸使结肠黏膜上皮细胞异常增生，而当大豆皂苷与胆酸结合后，可使这种异常增生停止或是异常增生的细胞正常化。

④抑制血小板凝聚。Kubo 以 Wistar 大鼠为对象进行研究发现，大豆皂苷可抑制血小板和血纤维蛋白原的减少，可抑制肉毒素引起的纤维蛋白聚集，也可抑制凝血酶引起的血栓纤维蛋白形成，表明其具有抗血栓作用。王银萍发现有糖尿病大鼠肌注射大豆皂苷后能降低其血糖、血小板聚集率及 TXA2，PGI2 值，提高胰岛素水平。这些研究表明，大豆皂苷能抑制凝血酶，使其失活，阻止血小板凝聚和血栓纤维蛋白的形成，提高胰岛素水平，防止血栓的形成。

⑤抗病毒作用。大豆皂苷的抗病毒作用是最近几年关于大豆皂苷研究的一个新兴领域，李静波等研究证明大豆皂苷对某些病毒感染细胞具有明显的保护作用，能明显抑制单纯疱疹病毒 Ⅰ 型（HSV – Ⅰ）、柯萨奇 B3（CoxB3）病毒的复制增殖；大豆皂苷不仅 HSV – Ⅰ，ADV – Ⅱ 等 DNA 病毒有作用，而且对 Polio 和 CoxB3 等 RNA 病毒也有显著的作用，呈现出大豆皂苷的广谱抗病毒作用。Nakashima 报道了大豆皂苷对人免疫缺陷病毒（HIV）抑制作用的研究，认为大豆皂苷对艾滋病毒的感染和细胞生物学活性都具有一定的抑制作用，对 AIDS 的治疗及预防都是非常有用的。

⑥免疫调节作用。大豆皂苷对 T 细胞功能的增强作用，特别是 T 细胞功能的增强使 IL – 2 的分泌增强，而 IL – 2 的功能是保持 T 细胞的存活与增殖，促进 T 细胞产生淋巴因子，增加诱导杀伤性 T 细胞、NK 细胞（自然杀伤性细胞）分化及提高 LAK 细胞（淋巴因子激活杀伤性细胞）活性，从而表现出较强的免疫功能。孙学斌等研究了大豆皂苷对 C57 和 Swiss 两种荷瘤小鼠肿瘤生长及免疫器官的影响，对大豆皂苷的免疫效应进行了探讨，结果发现经大豆皂苷饲喂的荷瘤小鼠脾脏、胸腺明显增生。

1.3　大豆多肽与女性健康

大豆多肽是大豆蛋白经酶解或微生物技术处理而得到的水解产物，它以 3 ~ 6 个氨基酸组成的小分子肽为主，还含有少量大分子肽、游离氨基酸、糖类和无机盐等成分。大豆多肽的分子质量以 1000 Da 以内为主，主要为 300 ~ 700 Da，其氨基酸组成主要为天冬氨酸、苏氨酸、丝氨酸、谷氨酸、甘氨酸、丙氨酸、蛋氨酸等。与大豆蛋白相比,大豆多肽具有消化率高,能降低胆固醇、降血压和促进脂肪代谢的生理功能,以及低过敏抗原、免疫调节、抗氧化、微生物发酵功能、强健肌肉和消除疲劳作用。

1.3.1 低过敏性

过敏反应是由存在于食物中的过敏原而引起的特异性过敏反应,是一种异常病理性免疫应答。蛋白质的水解作用可以降低过敏性,从而使诸如阵发性鼻炎、哮喘、荨麻疹、接触性皮炎、过敏性休克等过敏症状发生的概率下降。据报道,分子质量小于 3400 Da 的大豆多肽不会引起过敏反应。

因此,将大豆蛋白质水解为大豆多肽可有效解决长久以来大豆蛋白质的食用安全性问题。

1.3.2 降血压

高血压是目前最常见的心血管疾病之一。血管紧张素转换酶(ACE)在血压调节中起到了至关重要的作用,无活性血管紧张素 I 可以通过 ACE 催化而转变成具有活性的血管紧张素 II,从而导致末梢血管收缩压上升而引起高血压。高血压患者一般使用降压药调节血压,但长期服用会发生肾的功能性病变、蛋白尿、味觉障碍等不良后果。大豆多肽能降低 ACE 活性和末梢血管收缩压,从而可有效降低血压,并且它能平稳降压,不会对正常血压起到降低作用,安全性高、毒副作用小,目前作为一种降压的食物肽,越来越受到人们的关注。

目前,从酶法水解大豆蛋白质中分离纯化得到的降压肽有多种,例如 Val – Ala – His – Ile – Asn – Val – Gly – Lys、Tyr – Val – Trp – Lys、Ile – Phe – Leu 和 Trp – Leu 等。另外,发酵大豆提取物也用于生产 ACE 抑制肽。Shimakage 等从蛋白酶处理的日本纳豆中纯化并鉴定出 5 种 ACE 抑制肽(Ile – Ile、Ile – Asp、Ile – Phe – Tyr、Leu – Phe – Tyr、Leu – Tyr – Tyr)和 8 种含有 Phe – Tyr – Tyr 和 Trp – His – Pro 的新型 ACE 抑制肽,其最高 ACE 抑制活性是蛋白酶处理豆奶所得降压肽的 36 倍左右。

1.3.3 降胆固醇

大豆多肽可增加甲状腺激素的分泌,促进胆固醇加快代谢,产生胆汁酸,食物纤维将胆汁酸吸附并排出体外,从而降低机体吸收胆固醇的量,进而达到降低胆固醇的目的。大豆肽也可与磷脂结合,从而降低人体血清胆固醇的活性。由于大豆多肽所显示的降低胆固醇效应,食品和药物管理部门已将天然富含大豆肽类物质的食物与降低冠心病发病率联系起来。目前,从大豆甘氨酸中分离出一种四肽(LPYP),具有降低胆固醇作用。此外,Zhong 等研究了大豆多肽对小鼠模型的降胆固醇作用,发现大豆蛋白酶水解物的水解度为 18%,胆固醇胶束溶解度抑制率为 48.6%。张晓梅等也用碱性蛋白酶水解大豆分离蛋白,并进一步分离纯化得到降胆固醇多肽,其具有最高降低胆固醇活性的多肽对胆固醇胶束溶解度的抑制率为 81.26%。大豆多肽能有效降低胆固醇值过高的症状,对正常胆固醇值的人并无降胆固醇的作用,在日常生活中,还可预防因食用胆固醇高的食物而造成的胆固醇升高。Lu - nasin 首先在 2S 大豆清蛋白中被发现,它通过结合非乙酰化 H3 和 H4 组蛋白抑制核心组蛋白的乙酰化,因此可以抑制哺乳动物由致癌物或致癌基因引起的癌细胞的转移。最新研究机制认为,Lunasin 可以选择性地杀死转移的细胞,或者是杀死通过与脱乙酰化的核心组蛋白结合而形成的新转化的细胞。Galvez 等研究发现,Lunasin 的局部应用,可以降低小鼠皮肤肿瘤的形成。其他具有抗癌作用的大豆多肽包括 Kunitz 型胰蛋白酶抑制剂,此肽通过阻断尿激酶水平上升来抑制卵巢癌细胞的扩散。

1.3.4　促进矿物质吸收

存在于大豆蛋白中的草酸、植酸、纤维以及其他多酚类物质,降低了锌、钙、镁、铜及铁在机体内的吸收效果及生物利用率。而大豆多肽可与这些矿物质元素形成金属螯合物,使其保持可溶性状态,避免与植酸、草酸、纤维及单宁等结合形成沉淀,使矿物质元素的溶解性、吸收率和输送速度都明显提高,大大提高了它们的生物利用率。张东杰等采用木瓜蛋白酶水解大豆分离蛋白制备大豆多肽的水解液,水解液按分子量大小分为 4 个组分:SP1 > SP2 > SP3 > SP4,SP4 的铜离子螯合能力最强,但该研究并未对多肽进行分离纯化,也未鉴定其氨基酸序列。Zhu 分离纯化出两种新的锌螯合肽,并鉴定了氨基酸序列,NAPLPPPLKH 和 HNAPNPGLPYAA,其中 HNAPNPGLPYAA 具有较高的锌螯合能力(91.67% ± 0.81%),且锌的生物利用度高于硫酸锌,此研究结果提示锌螯合肽可用于食品锌的强化,提高矿物质的生物利用度。

1.3.5　抗肥胖性

肥胖是许多国家面临的主要健康问题,它会大大提高心血管疾病和其他相关疾病的发病率。高胰岛素血症、抗胰岛素性和其他的脂质代谢异常等疾病都与肥胖相关,肥胖还可能导致代谢综合征和患 II 型糖尿病的风险,因为它增加了极低密度脂蛋白(VLDL)和低密度脂蛋白(LDL),降低了高密度脂蛋白(HDL),升高了甘油三酯。研究发现,大豆多肽的消耗可降低血清总胆固醇、LDL、甘油三酯、肝胆固醇、甘油三酯。动物实验的几项研究表明,在摄入大豆多肽后,肠道胆固醇的吸收降低,粪便胆汁酸的排泄增加,从而降低了肝脏胆固醇含量,并增强了 LDL 的去除效果。目前,已经从具有抗肥胖性的大豆蛋白质中鉴定出了几种抗肥胖性的生物活性肽,如 Leu – Pro – Tyr – Pro – Arg 和 Pro – Gly – Pro。Jang 等在饮食诱导的肥胖小鼠中研究了新的黑大豆肽(BSP)的抗肥胖作用,发现用 BSP 2%、5% 和 10% 喂食高脂(HF)饮食的小鼠,13 周后体质量分别为 21.4 g、19.8 g 和 17.1 g,而没有喂食 BSP 的小鼠体质量为 22.6 g。结果表明,BSP 降低了小鼠的食欲和 HF 饮食诱导的体质量增加。最新研究发现,胆囊收缩素受体 1 型(CCK1R)在降低食欲、体质量方面发挥关键的作用,而该受体可通过生物活性肽的活化进行诱导,并可进一步应用于治疗和预防肥胖症的功能性食品中。

1.3.6　抗疲劳和增强肌肉能力

葡萄糖是生命体主要的能量来源,葡萄糖供给不足会导致能量短缺,机体疲劳,机体首先分解糖原产生葡萄糖,在将糖原耗尽后,会启动糖异生途径(由非糖物质合成葡萄糖的过程),以满足机体对能量的需求,蛋白质的分解代谢增强以产生更多的氨基酸作为糖异生的前体,加速糖异生途径的进行,产生更多的葡萄糖,帮助维持血糖浓度,满足组织对糖的需求,此时,为避免肌肉蛋白质负平衡,应及时从外部补充摄入氨基酸,由于机体对大豆多肽的吸收比氨基酸和蛋白质更容易,因此可以快速地恢复和增强体力。大豆多肽还能增强肌肉的功能,通过适当的运动刺激和蛋白质的充分补充,可使机体的肌肉有所增强。在这个过程中,生长激素起了极其重要的作用,生长激素在运动后与睡眠中分泌旺盛,在此期间摄入可作为肌肉蛋白质合成原料的大豆多肽将非常有效。

1.3.7　提高免疫力

免疫力是指机体对疾病发展的抵御能力,是机体对外源入侵异物的识别和消灭,同时处理自身细胞的衰亡、变性、损伤,以及对机体中突变和病毒感染细胞的辨识和应答的能力。预防各类疾病的发生以及机体的快速康复,通过饮食来提高机体免疫力是其中的关键。

目前,从大豆蛋白水解物中已分离出 His – Cys – Gln – Arg – Pro – Arg 和 Gln – Arg – Pro – Arg 两种免疫调节肽。研究发现,低分子量和带正电的多肽在刺激免疫调节活性方面起关键作用,Zhao 等从大豆蛋白水解物中分离出的正电荷肽在较低浓度下就可刺激淋巴细胞的增殖。Kong 等以大豆蛋白为原料,酶法水解得到低分子量大豆多肽,对小鼠脾淋巴细胞的增殖和巨噬细胞的吞噬作用具有较高的免疫调节活性。Dilshat 等研究了大豆多肽对健康人群免疫功能的影响,结果发现大豆多肽通过调节白细胞、淋巴细胞和粒细胞的数量来调节机体的免疫功能。

1.3.8　抗癌作用

有学者研究发现,无论在实验动物的体内还是体外,疏水性大豆多肽都有抗癌活性。例如,将脱脂大豆蛋白酶解,进一步用乙醇纯化,再用凝胶过滤层析法分级,得到的大豆多肽对于小鼠单核巨噬细胞系统的体外细胞毒性的 IC50 为 0.16 mg/mL。将此肽进一步用高效液相色谱纯化,得到分子质量为 1 157 Da 的九肽,氨基酸序列为 X – Met – Leu – Pro – Ser – Tyr – Ser – Pro – Tyr。

最新研究发现,大豆多肽 Lunasin 作为一种药剂具有较强的抗癌作用。Lunasin 是一个天然存在物机体对豆粕中营养物质的充分利用,不但阻碍了动物肠道对豆粕中营养成分的消化、吸收和利用,而且严重地危害了动物机体的健康生长。所以,应用豆粕生产大豆多肽是提高豆粕利用价值的良好方法。大豆多肽具有降血压、降血脂、增强机体免疫力、抗氧化等功能,代谢过程中,大豆多肽可分解抗原蛋白分子及某些抗营养因子,使动物饲料易于消化吸收,促进机体的消化吸收和生长发育。李丹等研究了大豆多肽对肉鸡肉品质的影响,在肉鸡日粮中添加不同比例的大豆多肽,测定肉鸡胸肌的色泽、嫩度、持水性和粗脂肪含量,结果发现日粮中添加大豆多肽能提高胸肌的嫩度和持水性,降低粗脂肪含量,色泽也得到改善。董雪梅等研究在蛋种鸡不同生长时期饲料中添加大豆多肽,对蛋种鸡产蛋性能及孵化成绩的影响。

结果表明:大豆多肽可使死胚率下降,种蛋受精率和孵化率提高,能延长产蛋时间以及提高产蛋期的成活率。由此可见,应用豆粕提纯大豆多肽,生产大豆多肽饲料,不仅具有良好的营养特性、各种生理功能,而且能将农业副产品变废为宝,节约资源,是一种非常有前途的功能性蛋白质原料,因此,多肽饲料在畜牧行业中必将具有十分广泛的应用前景。

大豆多肽具有多种生理活性,对人类健康具有重要意义,具有重要的研究与开发价值。今后,有关大豆多肽的研究将主要集中在 3 个方向:一是将其应用于动物体后,测定生理指标的变化,以确定大豆多肽的生理活性;二是开发大豆多肽产品,并对产品的配方进行优化;三是研究大豆多肽的作用机制。这 3 个方向将是今后大豆多肽研究的重点目标。随着社会和经济的发展,广大人民群众健康意识的不断增强,具有良好生理功能的大豆多肽将来必定会受到人们更加广泛的关注和应用。

1.3.9 抗氧化

DNA 等生物大分子易受自由基的攻击而造成氧化损伤,增加机体患肿瘤和心血管疾病的概率。由研究结果可知,大豆多肽能有效清除机体内自由基、减小脂质氧化发生的概率,降低脂质与金属离子的螯合能力,具有一定抗氧化特性。因此大豆多肽在抗衰老食品、化妆品和医疗保健品等的开发中可作为天然抗氧化剂使用。

大豆多肽的抗氧化作用与其氨基酸组成和序列是紧密相关的,分子组成中富含色氨酸、苯丙氨酸、苏氨酸、亮氨酸和酪氨酸的多肽具有抗氧化性。Chen 等制备了 2 种三肽,一种由组氨酸和酪氨酸组成,另一种由脯氨酸和组氨酸组成。其抗氧化活性由以下指标确定:抗亚油酸过氧化的活性、还原性、自由基清除活性和过氧亚硝基阴离子的清除作用。结果表明,在 C 末端包含酪氨酸残基的三肽具有较强的抗氧化活性。

1.4 大豆多肽在医药保健品中的应用前景

大豆多肽的过敏性较低,消化吸收性能良好,能增进脂质代谢,迅速给机体补充能量,加快体力恢复速度;因此,大豆多肽可用作康复期的病人、消化能力下降的老年人以及消化功能不全的婴幼儿的肠道液态营养补剂或运动后人员的粉状、片状和颗粒状食品。樊秀花等以大豆多肽为主要原料,配以苹果酸、果蔬粉、木糖醇、β – 环糊精、脱脂奶粉等辅料,经混合、造粒、干燥、压片等工序生产大豆多肽含片。大豆多肽还可以和其他铺料相结合,强化人类必需氨基酸,强化钙、铁、镁、锌等微量元素,生产出各种适合不同人群的保健食品。

李迪等以大豆多肽为原料,以盐酸、乳酸、苹果酸或柠檬酸作为调酸剂,将大豆多肽与外源性钙以质量比为 10∶1 的比例复合,采用一定的生产工艺和技术条件,制备了大豆肽钙复合物,且这种复合物钙的含量较高,稳定性和吸收效果均较好。大豆多肽还具有降低人体血清胆固醇、降血压和促进脂肪代谢等功能,因此大豆肽可用于生产降胆固醇、预防心血管系统疾病、降血压、防肥胖症等功能的保健食品。

参考文献

[1] Barre S F, Chermann J, Rey F, et al. Isolation of a T – lymphotropic retrovirus from a patient at risk for acquired immune deficiency syndrome (AIDS)[J]. Science, 1983, 220(4599):868.

[2] Kubo, Matsuda, Tani, et al. Effects of soyasaponin on experimental disseminated intrava scular coagulation I[J]. Chemical & pharmaceutical bulletin, 1984.

[3] Rao A V, Sung M K. Saponins as Anticarcinogens[J]. Journal of Nutrition, 1995, 125(3):717.

[4] 陈静,王春艳. 大豆皂苷对电离辐射诱发细胞遗传学损伤的影响[J]. 实用肿瘤学杂志, 1995, 009(4):3,77.

[5] 戴媛,冷进松. 大豆多肽的功能性质及应用前景[J]. 河南工业大学学报:自然科学版, 2019, 40(2):132 – 139.

[6] 高贵清,李忠云,陈亚光,等. 大豆皂苷对豚脂所致家兔高脂血症以及对小鼠常压耐缺氧的影响[J]. 中药通报, 1984, 9(4):40 – 41.

[7] 胡学烟,王兴国. 大豆皂苷的研究进展(II) – 皂苷的提取、精制、生理功能及其应用[J]. 中国油脂, 2001, 26(5):81 – 84.

[8] 李静波,胡吉生. 大豆总苷对病毒的抑制作用及其临床应用的研究[J]. 中草药, 1994, 025(10):524 – 526.

[9] 孙学斌. 大豆皂苷及其抗肿瘤作用[J]. 木本植物研究, 2000, 3:328 – 331.

[10] 王银萍,吴家祥. 大豆皂苷和人参茎叶皂苷对糖尿病大鼠血 SOD 和 LPO 的影响[J]. 白求恩医科大学学报, 1993, 019(2):122 – 123.

[11] 郁利平,江曼涛. 大豆皂苷的抑瘤效应[J]. 吉林大学学报(医学版), 1992, 18(4):333 – 335.

第2章　大豆异黄酮对青年雌性动物的作用研究

近年来,国际学术界一直担心婴幼儿配方豆奶粉是否会干扰婴幼儿生殖系统的正常发育和后期功能。这种忧虑主要基于两个原因:一是豆奶粉中含有具有雌激素活性的大豆异黄酮(isoflavones,SIF),主要包括染料木黄素(genistein,GEN)和大豆苷元(daidzein,DAI),部分动物实验已经发现这种物质对生殖系统发育具有潜在的不良影响;二是胎儿期、新生儿期或婴幼儿期是生殖系统正常发育的关键时期,对外源性毒物尤其是具有激素活性的内分泌干扰物十分敏感。已有研究发现,孕鼠通过膳食暴露于 300 mg/kg 饲料的染料木黄素,其仔鼠在生命后期会出现性行为降低(雄性),血清睾酮浓度降低;皮下注射染料木黄素可促进新生鼠子宫内膜增生,动情周期紊乱(雌性)。因此,植物雌激素类如大豆异黄酮对青年期动物的作用研究值得关注。本章主要介绍了大豆异黄酮对青年雌性动物的抗氧化作用,对卵巢和子宫中细胞因子、关键酶和生长因子等方面的研究内容。

2.1　大豆异黄酮对青年雌性大鼠的抗氧化作用研究概述

大豆异黄酮具有较强的抗氧化作用,能清除人体内的活性氧自由基,保护人体内脂质、蛋白质、染色体免受活性氧的攻击,减少脂质过氧化物的产生,因而可以防止细胞发生病变,延缓人体组织老化,产生抗机体衰老作用。抗氧化酶的活性及脂质过氧化物含量的变化可以作为衡量大豆异黄酮抗衰老作用的重要指标。自由基性质活泼,极易与其他物质发生反应而形成新的自由基,而且其反应往往是链式反应。自由基的这种强氧化作用使其所参与的反应直接或间接地对机体造成危害,其主要损伤反应有蛋白质氧化、DNA 突变甚至断裂、脂质氧化等。大豆异黄酮可抑制自由基的产生,清除、熄灭自由基。主要有以下几个途径:

2.1.1　抑制 ROS 的产生

在有氧的条件下,自由基中间物半醌、偶氮和硝基离子可以向氧转移一个电子,形成超氧阴离子,进一步产生羟基自由基和单线态氧,这些反应性很强的物质称为活性氧(ROS),ROS 可损伤几乎所有的细胞成分,如蛋白质、酶、DNA、RNA 等生物大分子及细胞器。金雀异黄素具有抑制 ROS、H_2O_2、LPO 产生的作用,有研究表明它能抑制引起 ROS 产生的化学反应,还可抑制由促效剂刺激的 ROS 产生,其半抑制浓度(IC50)为 1.8 ~ 29.6 μmol/L;金雀异黄素可抑制由血红蛋白和过氧化氢相互作用产生的羟自由基引起的卵磷脂过氧化作用,其浓度在 250 μmol/L 时的抑制率达 83.3% ±3.3%,IC50 为 15 μmol/L。大豆素则具有抑制由黄嘌呤—黄嘌呤氧化酶产生的超氧阴离子引起的卵磷脂的过氧化作用,其浓度在 100 μmol/L 的抑制率为 97.4% ±6.9%,IC50 为 0.126 μmol/L。这些结果证明,异黄酮类物质抗氧化作用强度的不同与它们的化学结构及活性氧的种类有关。金雀异黄素和大豆苷元对黄嘌呤/黄嘌呤氧化酶系统引发的超氧阴离子 O_2 产生强的抑制作用,浓度仅 20 μmol/L 的金雀异黄素几乎能完全抑制 O_2 的产生,相同浓度的大豆苷元抑制率则为 80%。金雀异黄素还能明显抑制紫外线(UV)辐射引起的细胞内 ROS 的形成,进而明显减弱 UV 辐射诱导的细胞凋亡。Orie 等通过观察非胰岛素依赖型糖尿病(NIDDM)病人的淋巴细胞,发现无论是在静息还是在 N—甲酰—蛋氨酸—亮氨酸—苯基丙氨酸(fMLP)刺激后,淋巴细胞 ROS 水平均比对照组明显升高,而给 NIDDM 病人补充金雀异黄素后,可明显减少 fMLP 引起的 ROS 增加。

2.1.2　抑制过氧化氢的生成

金雀异黄素具有抑制过氧化物生成的作用,是有效的过氧化氢清除剂。Wei 等研究发现:金雀异黄素可明显抑制促癌剂 12 - O - 十四烷酰佛波醇 - 13 - 乙酯(TPA)诱导的中性多形核白细胞(PMN)及 HL - 60 细胞的过氧化氢的生成,其抑制作用在浓度 1 ~ 15 μmol/L 范围内呈剂量—效应关系,并能清除人类细胞培养基中外源性过氧化氢。它对促癌剂 TPA 和 PMA 诱导的肿瘤细胞产生的过氧化氢也有明显的抑制作用。Wei 等证明金雀异黄素既能在体内又能在体外明显抑制佛波醇酯等肿瘤促进剂诱导的 H_2O_2 的形成。

2.1.3　减少 DNA 的氧化损伤

大豆异黄酮的抗氧化作用还表现在它们可减少活性氧自由基对 DNA 的损伤。8 - 羟基 - 2 - 脱氧鸟苷(8 - OHdG)是 DNA 中鸟嘌呤被细胞有氧代谢过程中形成的某些活性氧攻击而产生的一种修饰碱基,即 DNA 氧化应激损伤的标志分子,金雀异黄素可以有效地抑制 8 – OHdG 的产生,因此它能预防 DNA 的氧化损伤。Wei 等用紫外线照射或以 Fenton 反应系统(FeCl$_2$ + H$_2$O$_2$)激发牛胸腺 DNA 产生大量的 8 – OHdG,如在反应系统中加入金雀异黄素,则 8 – OHdG 的产生明显减少,其 IC50 分别为 0.25 μmol/L(紫外光)和 5 μmol/L(Fenton 反应)。使用碱性的单细胞凝胶电泳来检测异黄酮类物质金雀异黄素和大豆素的代谢产物雌马酚对 H$_2$O$_2$ 介导的人类淋巴细胞 DNA 损伤作用,观察到 H$_2$O$_2$ 处理后的 DNA 链断裂水平明显增加,应用生理浓度的金雀异黄素和雌马酚可明显抵抗这种损伤,它们的保护作用比公认的抗氧化剂 Vc、α – 生育酚、17β – 雌二醇和他莫昔芬要强。Djuric 等每天给予 6 名男性 100 mg、6 名女性 50 mg 的大豆异黄酮,3 周后测定他(她)们血中氧化损伤的标记物 5 – 羟甲基 – 2′ – 脱氧尿苷(5 – OHmdU)明显减少。这些结果表明,在饮食中补充大豆异黄酮能减少内源性 DNA 氧化损伤,可能有助于防癌。

2.1.4　抑制脂质过氧化

Wiseman 等的实验结果发现,在食入富含异黄酮的饮食(HI)后血浆中异黄酮的浓度明显高于摄入低的异黄酮饮食(LI)的人,而血浆中脂质过氧化的标记物 8 – 表 – 前列腺素 2α(8 – epi – PGF2α)则明显低于 LI 的人,这些说明大豆异黄酮能在体内抗脂质过氧化。此外,在 HI 的人血浆总胆固醇和载脂蛋白 B 的浓度没有改变,但 HDL 和载脂蛋白 A – I 浓度显著增高,HDL 浓度的增高在体内能保护 LDL。最近报道健康的志愿者每天消费含 56 mg 大豆异黄酮的大豆制品两个星期后,可使血浆中脂质氧化损伤的标记物 8 – 异前列烷素(8 – isoprostanes)的水平减少 20%。此外,大豆异黄酮可降低 LDL 的氧化易感性,使之免于过氧化,并且酯化的异黄酮更容易结合 LDL,降低 LDL 的氧化易感性。Meng 等证实大豆素和金雀异黄素同脂肪酸酯化使其与 LDL 的结合性增加,一些异黄酮的油酸酯可增加其与 LDL 的结合力,使结合后的 LDL 抗氧化能力增强。

金雀异黄素、大豆素和雌马酚是有效的抗氧化剂,特别是雌马酚,它是 LDL 氧化和膜脂质过氧化的强有力的抑制剂。在体外金雀异黄素、大豆素和雌马酚有抗糖诱导的低密度脂蛋白脂质过氧化作用,雌马酚的作用更强。大豆异黄酮还能抑制猪油和亚油酸在高温下的自动过氧化,推测在体内能直接保护细胞内膜系统的多不饱和脂肪酸免遭过氧化损伤。阎祥华等(2000)用电子自旋共振(ESR)波谱分析显示,5 ~ 200 μmol 大豆异黄酮对脂质过氧化体系中产生的脂质自由基具有显著的清除效果,此作用随大豆异黄酮浓度升高而增强。有研究表明:异黄酮类和它们的代谢产物能抑制金属离子诱导的过氧化作用,金雀异黄素和大豆苷元均能明显抑制 Fe^{2+} – ADP – NADPH 系统引发的大鼠肝微粒体脂质过氧化物的形成,IC50 分别为 1.8×10^{-4} mol/L 和 6.0×10^{-4} mol/L。

2.2　抗氧化的机理

2.2.1　熄灭自由基

大豆异黄酮具有直接使自由基熄灭的能力,特别是金雀异黄素和大豆素。金雀异黄素含 5,7,4 三个酚羟基,大豆甙元含 7,4 两个酚羟基。酚羟基作为供氢体能与自由基反应,使之形成相应的离子或分子,熄灭自由基,终止自由基的链式反应。

2.2.2　影响抗氧化酶的活性

大豆异黄酮还可通过提高机体抗氧化酶活性,来发挥抗氧化作用。郑等每 4 天给予小鼠腹腔注射阿霉素(ADR)5 mg/kg,连续 4 次,同时口服大豆异黄酮提取物(SIE),连续 14 天,观察 SIE 对 ADR 引起的小鼠过氧化损伤的防护作用。结果表明:摄入 SIE 200 mg/kg 体重组小鼠的红细胞、肝脏和心肌 SOD 活性分别比对照组提高 97.0%、42.0% 和 97.0%,心肌 GSH – px 活性提高 122.3%;摄入50 mg/kg体重组小鼠的红细胞、肝脏和心肌 SOD 活性则分别提高 88.0%、33.0%、46.0%,心肌 GSH – px 活性提高 99.4%,并且心肌细胞的损伤程度也比对照组明显减轻。表明大豆异黄酮对小鼠抗氧化酶活性有较强的促进作用。Cai等用含 250 和 50×10^{-6} 的金雀异黄素的饲料喂养 Sencar 小鼠 30 天,发现皮肤的SOD、GSH – px 和小肠、肝脏、肾脏的过氧化氢酶(CAT)等抗氧化酶活性均有提高的趋势,组织谷胱甘肽还原酶(GSSG – R)和谷胱甘肽 S – 转移酶(GST)也有不同程度的升高。Pang 等研究大豆异黄酮对高胆固醇血症大鼠血液及肝脏 SOD的影响,结果表明,高胆固醇血症大鼠红细胞及肝匀浆 SOD 活力明显降低,补充大豆异黄酮 60 mg/kg 和 120 mg/kg 组大鼠红细胞及肝匀浆 SOD 活力比高胆固醇血症组明显升高,高胆固醇血症大鼠红细胞及肝脏 SOD 活力的降低能被大豆异黄酮部分逆转。这些实验结果表明大豆异黄酮的抗氧化作用至少部分可能是通过提高机体抗氧化酶活性来实现的。

2.2.3 降低膜的流动性，抑制脂质的过氧化

在生物膜的不饱和脂质中，自由基的过氧化作用可破坏生物膜的结构，影响膜的生理功能。异黄酮类物质可通过降低膜的流动性来稳定膜，进而起到抗氧化的作用。有研究使用一系列 $n-9$ -蒽甲酸类（anthroyloxy）脂肪酸荧光探针（ $n=6,12,16$ ）即 $6-AS$、$12-AS$、$16-AP$ 来检测脂质双层膜流动性改变的确切深度。结果表明异黄酮和它们的代谢产物优先进入膜的疏水核，在探针 $16-AP$ 标记的膜的内部区域，大豆异黄酮以一种浓度依赖的方式降低膜的流动性，从而稳定膜的结构，保护膜的功能。当金雀异黄素的浓度增加时，荧光探针 $16-AP$ 的变化最大（ $P<0.05$ ），表明它在脂质双层的内部引起一个明显的膜固定作用，用探针 $12-AS$ 和 $6-AS$ 也观察到相同变化，但这种变化较小。金雀异黄素的衍生物染料木苷（genistin）、鹰嘴豆芽素 A（biochanin A）和雌马酚、4-羟基雌马酚、双氢大豆素、双氢金雀异黄素具有相似的作用趋势。

上述实验结果说明异黄酮类物质通过定位于膜的内部，限制膜成分的流动性，从而降低自由基在脂质双层中的流动性，阻止了自由基的渗入，减慢自由基反应，抑制了脂质的过氧化。

2.2.4 抑制 UV 辐射诱导的氧化应激和凋亡的生物化学改变

半胱氨酸天冬氨酸酶（caspase）参与和介导细胞凋亡，在细胞凋亡中发挥关键作用。UV 是一个能在细胞内诱导半胱氨酸天冬氨酸酶依赖的细胞凋亡触发剂，UV 辐射可引起细胞内氧化应激的增加。而这种氧化应激能被金雀异黄素明显减弱。UV 辐射后 1 h 细胞内 ROS 急剧增加，在 3 h 维持在亚高水平；在辐射后 1 h 半胱氨酸天冬氨酸酶-3 的激活开始，之后逐渐增加到 3 h，表明 ROS 的产生先于半胱氨酸天冬氨酸酶-3 的激活，是一个导致半胱氨酸天冬氨酸酶激活的上游信号。大豆素也有金雀异黄素相类似的作用。金雀异黄素能明显减少 UV 辐射所启动的细胞内 ROS 产生的量，抑制 UV 辐射诱导的半胱氨酸天冬氨酸酶的激活和随后的细胞凋亡作用。

2.2.5 增加抗氧化蛋白的表达

机体重要的抗氧化蛋白有金属硫蛋白（MT）、过氧化氢酶（CAT）、超氧化物歧化酶（SOD）等，MT 是一类富含半胱氨酸残基与二价金属离子结合能力很强的非酶蛋白，MT 对自由基有非常强的清除作用，还能保护细胞膜免受自由基的损

伤,MT 的表达能保护细胞免受重金属的毒性作用,增加细胞的抗氧化能力。Kameoka 等发现金雀异黄素能增加人类小肠 Caco - 2 细胞的 MT 的水平,用 100 μmol/L 的金雀异黄素、biochanin A、大豆素处理小肠 Caco - 2 细胞,可使 MT mRNA 水平增加到 15 倍。用 100 μmol/L 的金雀异黄素处理 Caco - 2 细胞用 Northern blot 记录不同时间 MT mRNA 水平的变化,结果证明 MT IIA mRNA 的水平明显超过对照组细胞。Kou 等用金雀异黄素干预小肠 Caco - 2 细胞发现它能诱导 MT 表达,并有时间 - 剂量反应关系(10 ~ 100 μmol/L),这种作用可在蛋白质和 mRNA 水平上检测到,并与 30 μmol/L 的 Zn 有协同作用。多种糖皮质激素对 MT 表达没有作用,金雀异黄素能加强 MT 的表达可能不是通过原来公认的雌激素途径。因此异黄酮类物质抗氧化作用的实现,可能是通过调节抗氧化蛋白的表达来完成的。

2.2.6　螯合金属的作用

异黄酮的多酚结构使异黄酮具有螯合金属离子的能力,异黄酮抗金属离子诱导的过氧化作用很可能就归因于它们与金属离子的螯合作用。大豆素被证实在血浆中抑制由 Cu^{2+} 诱导的脂质氧化作用。在体外比较大豆素和大豆苷的抗氧化作用,两个成分都可抑制 Cu^{2+} 氧化修饰蛋白的作用,但大豆素的抑制作用强于大豆苷,比较大豆素、大豆苷和 EDTA 金属螯合剂抑制金属对白蛋白的氧化修饰作用,大豆素和 EDTA 的抑制率随浓度的增加而增加,大豆素和 EDTA 的 IC50 值分别是 70.0 μmol/L 和 6.0 μmol/L。

总之,大豆异黄酮具有明显的抗氧化作用。由于氧化损伤参与了动脉粥样硬化、脉管系统疾病和癌等多种疾病的形成,因此可推断大豆异黄酮的这种抗氧化作用对于减少这些疾病的形成具有重要意义。大量流行病学研究、整体动物实验、细胞实验等研究结果都证实大豆异黄酮对健康具有多方面的有益作用。

我国大豆资源丰富,大豆食品是我国的传统食品,越来越多的证据表明,富含异黄酮的大豆制品可以作为功能食品,这对改善人民的健康水平具有重要的意义,因此大豆异黄酮具有良好的开发和应用前景。目前国内外研究大都集中在大豆异黄酮对老年鼠及雄性鼠的抗氧化及抗衰老作用方面,对雌性青年大鼠的抗氧化作用研究比较少。我们的研究主要采用动物实验方法,研究大豆异黄酮对抗氧化酶活性及脂质过氧化物含量的影响,观察其对青年雌性大鼠的抗氧化作用,初步确定其有效剂量。

2.3　大豆异黄酮对青年雌性大鼠抗氧化作用研究

目前国内外研究大都集中在大豆异黄酮对老年鼠及雄性鼠的抗氧化及抗衰老作用方面,对雌性青年大鼠的抗氧化作用研究比较少,而且实验剂量也不尽相同。本研究主要采用动物实验方法,研究大豆异黄酮对抗氧化酶活性及脂质过氧化物含量的影响,观察其对青年雌性大鼠的抗氧化作用,初步确定其有效剂量,并且通过脏器病理学检测及免疫组化法检测子宫雌激素受体含量变化情况观察其安全性。

2.3.1　材料与方法

2.3.1.1　材料

大豆异黄酮:由黑龙江双河松嫩大豆生物工程有限责任公司提供,HPLC 法测定含量为 42.54%,其中大豆苷 14.47%,大豆黄甙 6.13%,染料木甙 20.54%,大豆苷元 0.72%,染料木素 0.68%。

基础饲料采用的是 SAFD 饲料配方:即富含大豆异黄酮和紫花苜蓿成分由玉米、小麦和酪蛋白代替,以突出处理因素(大豆异黄酮)对实验结果的影响。饲料配方如下:玉米面 30.56%,玉米油 2%,小麦粉 27.27%,酵母 2%,鱼粉(60% 蛋白)10%,AIN 矿物盐 3%,粗小麦 10%,维生素预混物 0.05%,酪蛋白 7%,氯化胆碱 0.12%,脱脂奶粉 5%,玉米蛋白 3%。

己烯雌酚:合肥久联制药有限公司,每片 0.5 mg。

SOD、CAT、GSH - PX、MDA 试剂盒:由南京建成生物工程研究所提供。

免疫组化试剂:

一抗:美国 Santa Cruz Biotechnology 公司原装进口。

二抗:北京中杉金桥生物技术有限公司 二步法免疫组化试剂。

DAB:北京中杉金桥生物技术有限公司 浓缩型 DAB 试剂盒。

2.3.1.2　动物与分组

选择雌性 Wistar 大鼠 50 只,2 月龄,体重 110 ~ 130 g,由哈尔滨市汉方实验鼠类养殖所提供,一级动物。大鼠购回后,在动物室内用普通饲料喂养 1w,再用自行配制的基础饲料喂养 3 天后,根据动物体重随机分为 5 组,每组各 10 只,分别为对照组(基础饲料);低剂量组(大豆异黄酮 100 mg/kg bw);中剂量组(大豆异黄酮 200 mg/kg bw);高剂量组(大豆异黄酮 300 mg/kg bw);雌激素对照组(己烯雌酚 0.5 mg/kg bw）。实验期间，大鼠单笼饲养，每日定量喂食，大豆异黄酮经口喂饲给予，每周定时称量大鼠体重一次，记录给食量、撒食量，饮水量不限。动物室温度 20℃ ±2℃，相对湿度为 45% ±10%，通风良好，实验周期 7 周。

2.3.1.3　方法

大鼠喂养 7 周后，乙醚吸入式麻醉，腹主动脉取血，大鼠死后，剖取大鼠肝、脾、肾、卵巢和子宫称重，计算各脏体比值。各脏器称重后立即放入 0.2 mol/L PBS 配制的 4% 的多聚甲醛固定液中固定保存。测定实验前后各组大鼠血清中 SOD（羟胺法）、CAT（可见光分光光度法）、GSH - PX（比色法）、MDA（TBA 法）等抗氧化指标，考察大豆异黄酮对抗氧化酶活性及脂质过氧化物含量的影响，并初步确定其有效剂量。免疫组织化学法检测大鼠子宫中雌激素受体（ER - α）水平，取大鼠肝、脾、肾、子宫、卵巢做病理组织学检测，考察其安全性。

2.3.1.4　统计分析

采用 SPSS 17.0 软件包，多组均数进行方差齐性检验和单因素方差分析，结果以 $\bar{x} \pm s$ 表示。

2.3.2　结果与分析

2.3.2.1　大豆异黄酮对大鼠体重的影响

表 2-1 说明，各组大鼠的体重都是随着时间而增加的，其中对照组的增幅最大，依次为低剂量组、中剂量组、高剂量组、雌激素组，并且雌激素组体重增幅最小，与对照组存在显著性差异（$P < 0.05$），说明雌激素对青年雌性大鼠的体重有一定影响。

表 2-1　各组大鼠体重比较结果（$\bar{x} \pm s$，g）

周数	1 周	2 周	3 周	4 周	5 周	6 周	7 周
低剂量组	114.00 ± 11.80	124.70 ± 10.76	136.00 ± 10.80	146.50 ± 12.30	155.60 ± 14.72	168.70 ± 15.44	174.20 ± 13.28
中剂量组	114.70 ± 12.50	128.20 ± 13.00	137.00 ± 10.80	147.10 ± 8.70	156.20 ± 8.84	168.30 ± 5.30	173.80 ± 6.24
高剂量组	115.70 ± 15.76	125.70 ± 15.56	131.90 ± 14.30	139.50 ± 13.70	152.10 ± 16.90	166.10 ± 15.70	172.80 ± 13.60
雌激素组	113.60 ± 13.40	119.80 ± 13.00	123.50 ± 15.80	128.70 ± 12.70 *	141.10 ± 14.28 *	152.90 ± 12.72 *	162.70 ± 12.76 *

*：与对照组相比，差异显著（$P < 0.05$）。

2.3.2.2　脏体比结果

表 2-2 说明，各剂量组的肝/体比、脾/体比、肾/体比、子宫/体比与对照组

相比差异不大,而高剂量组和雌激素组的卵巢/体比与对照组相比明显减小,差异有统计学意义($P < 0.05$)。说明高剂量组(大豆异黄酮 300 mg/kg bw)会对大鼠卵巢有一定影响,使卵巢产生萎缩。

表 2 – 2　各组脏体比结果($\bar{x} \pm s$)

组别	数量	肝/体比 (×100)	脾/体比 (×100)	肾/体比 (×100)	子宫/体比 (×100)	卵巢/体比 (×100)
对照组	10	4.269 ± 0.603	0.172 ± 0.025	0.739 ± 0.059	0.034 ± 0.008	0.041 ± 0.005
低剂量组	10	4.047 ± 0.271	0.209 ± 0.042	0.715 ± 0.053	0.035 ± 0.007	0.039 ± 0.014
中剂量组	10	4.160 ± 0.345	0.192 ± 0.020	0.713 ± 0.026	0.034 ± 0.005	0.042 ± 0.010
高剂量组	10	4.348 ± 0.458	0.197 ± 0.024	0.720 ± 0.034	0.036 ± 0.007	0.034 ± 0.008 *
雌激素组	10	4.648 ± 0.188	0.182 ± 0.022	0.702 ± 0.028	0.037 ± 0.007	0.023 ± 0.004 *

* :与对照组相比,差异显著($P < 0.05$)。

2.3.2.3　各种抗氧化酶测定效果

由表 2 – 3 可知,与试验前相比,大鼠血清中 SOD 活性在试验后均明显升高,其中高剂量组升高最明显;中剂量组大鼠血清中 CAT 活性明显高于其他剂量组和对照组,雌激素组升高幅度最大;大鼠血清中 GSH – PX 活力在实验后除高剂量组均有升高,中剂量组升高趋势比较明显;对照组和低剂量组大鼠血清中 MDA 含量升高,而中剂量组、高剂量组和雌激素组均下降。

表 2 – 3　各组大鼠酶活性指标变化结果($\bar{x} \pm s$)

组别		SOD (U/mL)	CAT (U/mL)	GSH – PX (U/mL)	MDA (U/mL)
对照组	实验前	48.2 ± 1.49	4.02 ± 0.28	96.04 ± 4.26	3.83 ± 0.06
	实验后	50.11 ± 1.30	7.51 ± 0.66 *	121.29 ± 27.83 *	9.50 ± 0.46 *
低剂量组	实验前	50.02 ± 0.80	4.61 ± 0.30	87.86 ± 3.06	3.83 ± 0.18
	实验后	51.21 ± 0.56 *	7.21 ± 0.98 *	96.19 ± 16.05 *	7.28 ± 0.68 *
中剂量组	实验前	50.98 ± 0.34	5.45 ± 0.28	108.54 ± 13.04	5.32 ± 0.30
	实验后	53.50 ± 0.95 *	10.26 ± 2.06 *	135.24 ± 4.22 *	2.87 ± 0.76 *
高剂量组	实验前	50.17 ± 0.01	4.77 ± 0.16	86.07 ± 3.88	4.40 ± 0.45
	实验后	53.76 ± 0.93 *	7.17 ± 2.14	82.26 ± 29.93 *	2.36 ± 0.54 *
雌激素组	实验前	50.83 ± 0.32	5.62 ± 0.38	110.71 ± 5.61	3.84 ± 0.42
	实验后	50.83 ± 0.32 *	13.95 ± 1.33 *	168.10 ± 2.04 *	1.32 ± 0.48 *

* :与实验前相比,差异显著($P < 0.05$)。

2.3.2.4　大鼠子宫雌激素受体 α(ER-α) 水平

图 2-1～图 2-3 结果显示各剂量组大鼠子宫组织中 ER-α 在子宫上皮细胞、间质细胞和肌细胞核内均有表达,尤其高剂量组表达最为明显,与对照组相比有显著性差异。

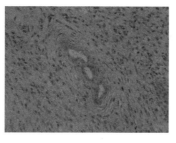 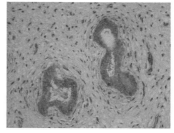

图 2-1　对照组子宫(×40)　　图 2-2　高剂量组子宫(×40)

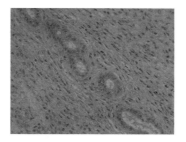

图 2-3　雌激素组子宫(×40)

2.3.2.5　各组大鼠脏器的病理学检查结果

对大鼠脏器的病理学检查结果表明大鼠肝、脾、肾、子宫均未发生明显变化。

从图 2-4、图 2-5 病理检查结果可看出,高剂量组大鼠子宫腺体数量及间

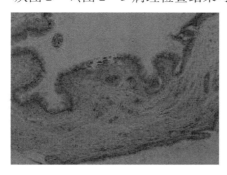 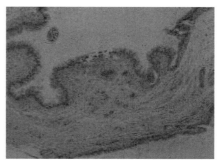

图 2-4　高剂量组子宫(×10)　　图 2-5　雌激素组子宫(×10)

质无明显变化;而雌激素组大鼠的子宫发生了明显的病理学改变,内膜上皮细胞增生,细胞呈高核状,腺体数量增多,子宫内膜间质细胞肥大,间质疏松。平滑肌增厚,说明在此剂量下,己烯雌酚对大鼠子宫产生了副作用,300 mg/kg bw 的大豆异黄酮对青年雌性大鼠的子宫是安全的。

从图 2-6、图 2-7 病理检查结果可看出,大豆异黄酮高剂量组卵泡体积增大,卵泡内颗粒层细胞增多,厚度增加。卵泡液丰富;雌激素组卵泡数量较高剂量组增多,体积进一步增大,卵泡内颗粒层细胞增多程度更大,厚度也增加。有的卵泡内颗粒层细胞几乎添满整个卵泡腔。说明在此剂量下,高剂量大豆异黄酮和己烯雌酚对大鼠的卵巢都产生了副作用。

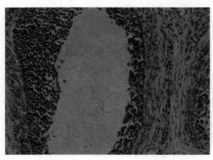 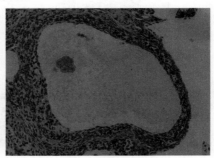

图 2-6　高剂量组卵巢(×10)　　　　图 2-7　雌激素组卵巢(×10)

2.3.3　讨论

大豆异黄酮的抗氧化特性首先是通过清除活性氧自由基,预防脂质过氧化的产生和阻断脂质过氧化的链式反应来发挥其作用的。黄琼等进行的一项大豆异黄酮抗大鼠 T 细胞衰老及抗氧化作用研究,发现大豆异黄酮能够升高 SOD、CAT、GSH-PX 等抗氧化酶活性,升高趋势并与其剂量有关,但有效作用剂量没有确定,没有对安全性进行检验。

本实验结果说明 SOD 在大豆异黄酮不同剂量组均呈上升趋势,其高剂量组最为显著,可能由于高剂量的大豆异黄酮能更有效地升高大鼠血清中的 SOD。大豆异黄酮通过抗氧化剂的还原作用直接给出电子而清除自由基,从而可升高CAT 的活性,其中中剂量组活性上升趋势最明显,分析大豆异黄酮在200 mg/kg bw的剂量下对 CAT 活性影响最显著。脂质过氧化物是生物体细胞过氧化产物,在细胞内的含量与年龄正相关,是衰老的标志之一,实验中从中剂量组开始 MDA 含量呈下降趋势。表明大豆异黄酮可以通过雌激素作用降低 MDA含量。本实验中除雌激素组 GSH-PX 活性有显著的升高外,只有中剂量组升高趋势较为明显,但无显著变化,而高剂量组在实验后有少许降低,其原因有待进一步研究。因此初步得出结论为大豆异黄酮对青年雌性大鼠产生抗氧化作用的有效剂量在 200 mg/kg bw 左右。

子宫是雌激素最重要的靶器官之一,同时现代研究表明子宫组织中 ER – α 含量比其他的靶组织、靶器官高得多,子宫所有细胞类型,包括上皮细胞、间质细胞、平滑肌细胞均有 ER – α 的表达。因此,本实验选择对子宫雌激素受体含量的检测,在一定程度上可以反映体内靶器官雌激素受体的含量。本实验结果显示大豆异黄酮对大鼠子宫 ER – α 含量具有上调作用,可能是其发挥抗氧化抗衰老作用的主要途径之一。

在实验剂量下大豆异黄酮不会影响大鼠体重增长。病理检测结果可以看出大豆异黄酮对青年雌性大鼠的肝脏、肾脏、脾脏和子宫无不良影响,但是高剂量组和雌激素组大鼠卵巢/体比明显减小,并且病理组织学检查发生了病理改变,分析可能是由于大豆异黄酮具有植物雌激素样作用,在剂量为 300 mg/kg bw 时,对青年雌性大鼠的卵巢造成了负面作用。

综上所述,大豆异黄酮可显著升高血清 SOD 、CAT 活力而减少 MDA 含量,提示大豆异黄酮能显著提高实验大鼠 SOD 等老化相关酶的活力,诱导酶活性防御系统,消除老化相关代谢产物,保护机体和细胞免受自由基损伤,进而发挥其抗氧化作用。并且,其对大鼠子宫 ER – α 的上调作用也值得关注。另外,本实验结果提示大豆异黄酮在剂量为 300 mg/kg bw 时,可能会对青年雌性大鼠的安全性产生影响。

2.4　大豆异黄酮对青年雌性大鼠卵巢和子宫的作用

卵巢和子宫衰老与细胞凋亡的关系一直是人们关注的热点之一。细胞凋亡是进化上细胞自杀的保守性程序,它对调节细胞自然丢失和组织自身平衡有着重要作用,普遍存在于多种组织和器官。Bcl – 2 mRNA 和 Bax mRNA 是细胞凋亡调控机制中两个关键因子。大豆异黄酮的化学结构与动物体内的雌激素结构类似,在体内能与雌激素受体结合,具有轻度雌激素样调节作用。越来越多的证据表明,大豆异黄酮对 Bcl – 2 mRNA 和 Bax mRNA 表达水平有调节作用,这对改善细胞凋亡和抗衰老具有重要的意义,目前国内外研究大都集中在大豆异黄酮对老年鼠及雄性鼠的抗氧化及抗衰老作用方面,对青年雌性大鼠研究比较少。本研究主要通过动物实验,采用原位杂交方法检测大鼠卵巢和子宫组织中

Bcl – 2 mRNA 及 Bax mRNA 表达情况,从细胞凋亡角度探讨大豆异黄酮对青年雌性大鼠的抗衰老作用及可能作用机制,旨在为成年女性在进入更年期之前合理地选择抗衰老药物,延缓衰老提供理论依据。

2.4.1　材料与方法

2.4.1.1　材料、试剂与仪器

大豆异黄酮由黑龙江双河松嫩大豆生物工程有限责任公司提供,高效液相色谱检测大豆异黄酮含量 42.54%,其中大豆苷 14.47%,大豆黄苷 6.13%,染料木苷 20.54%,大豆苷元 0.72%,染料木素 0.68%。

基础饲料采用的是 SAFD 饲料配方:即富含大豆异黄酮和紫花苜蓿成分由玉米、小麦和酪蛋白代替,以突出处理因素(大豆异黄酮)对实验结果的影响。饲料配方如下:玉米面 30.56%,玉米油 2%,小麦粉 27.27%,酵母 2%,鱼粉(60% 蛋白)10%,AIN 矿物盐 3%,粗小麦 10%,维生素预混物 0.05%,酪蛋白 7%,氯化胆碱 0.12%,脱脂奶粉 5%,玉米蛋白 3%。

己烯雌酚(每片 0.5 mg)合肥久联制药有限公司。

Bcl – 2 mRNA 和 Bax mRNA 原位杂交检测试剂盒　武汉博士德生物工程有限公司;

DRP – 9082 型电热恒温培养箱　上海森信实验仪器有限公司。

2.4.1.2　动物与分组

选择雌性 Wistar 大鼠 50 只,2 月龄,体质量 110 ~ 130 g,由哈尔滨市汉方实验鼠类养殖所提供,一级动物。按体重分为 5 组,每组各 10 只,分别为对照组(基础饲料);低剂量组(大豆异黄酮 100 mg/kg bw);中剂量组(大豆异黄酮 200 mg/kg bw);高剂量组(大豆异黄酮 300 mg/kg bw);雌激素组(己烯雌酚 0.5 mg/kg 饲料)。大豆异黄酮经口喂饲给予,单笼饲养。自由进水,实验周期 7 周。

2.4.1.3　方法

大鼠喂养 7 周后,麻醉,腹主动脉取血,大鼠死后,剖取大鼠卵巢和子宫,立即用 4% 体积分数的多聚甲醛/0.1 mol/L PBS(pH 7.2 ~ 7.6)的固定液固定,制作大鼠卵巢和子宫组织石蜡切片,厚度 4 μm,用 70% 体积分数的乙醇加 1% 体积分数的 DEPC 处理后,再用多聚赖氨酸处理,60℃ 恒温箱烤片 2 h。此后具体操作方法按 Bcl – 2 mRNA 和 Bax mRNA 原位杂交检测试剂盒说明书操作。

卵巢颗粒细胞凋亡因子 Bcl – 2 mRNA 和 Bax mRNA 阳性评定标准:根据切

片卵巢和子宫组织中颗粒细胞免疫组织化学染色的深浅分 4 级,未被染色的为阴性表达,深棕色为弱阳性表达,棕黄色为中度阳性表达,棕褐色为强阳性表达。

为了统计方便,予以半定量计分:1、2、3、4 分别对应阴性表达、弱阳性表达、中度阳性表达、强阳性表达。每张切片至少观察 5 个视野。

主要观察指标:各组大鼠卵巢和子宫颗粒细胞 Bcl – 2 mRNA 和 Bax mRNA 阳性表达情况。

2.4.1.4　统计分析

采用 SPSS 17.0 软件包,对结果进行 t 检验统计学处理,$P < 0.05$ 为差异有显著性意义。

2.4.2　结果与分析

2.4.2.1　卵巢和子宫中 Bcl - 2 mRNA 表达情况

Bcl – 2 mRNA 的阳性表达主要在卵巢和子宫组织的胞浆中,结果见表 2 – 4、表 2 – 5 和图 2 – 8(以卵巢为例)。

由表 2 – 4、表 2 – 5 和图 2 – 8 可见,Bcl – 2 mRNA 在各组大鼠卵巢和子宫组织细胞均有不同程度的阳性表达,其中雌激素组大鼠卵巢和子宫组织细胞呈强阳性表达,棕褐色颗粒最为显著,高剂量组大鼠卵巢和子宫组织细胞棕黄色颗粒也比较显著,呈中度阳性表达,对照组与之相比阳性细胞表达不明显,棕黄色颗粒较少。说明大豆异黄酮可上调 Bcl – 2 mRNA 的表达量。

表 2 – 4　Bcl – 2 mRNA 在大鼠卵巢中表达情况比较

| 组别 | 数量 | 给药剂量 | Bcl – 2 mRNA 阳性表达半定量计分 | | | | 阳性积分 | 阳性表达率/% |
			阴性	弱阳性	中度阳性	强阳性		
对照组	10		5	3	1	1	18	50
低剂量组	10	100 mg/kg bw	2	2	2	4	28	80
中剂量组	10	200 mg/kg bw	0	4	2	4	30	100
高剂量组	10	300 mg/kg bw	0	2	3	5	33*	100
雌激素组	10	0.5 mg/kg 饲料	0	1	1	8	37*	100

＊:与对照组相比,差异显著($P < 0.05$)。

表 2 - 5   Bcl - 2mRNA 在大鼠子宫中表达情况比较

组别	数量	给药剂量	Bcl - 2 mRNA 阳性表达半定量计分				阳性积分	阳性表达率/%
			阴性	弱阳性	中度阳性	强阳性		
对照组	10		6	3	1	0	15	40
低剂量组	10	100 mg/kg bw	4	3	2	1	20	60
中剂量组	10	200 mg/kg bw	3	3	2	2	23	70
高剂量组	10	300 mg/kg bw	0	3	3	4	31*	100
雌激素组	10	0.5 mg/kg 饲料	0	2	1	7	35*	100

*：与对照组相比，差异显著（$P < 0.05$）。

 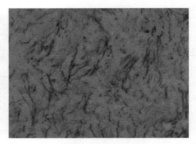

a. 对照组卵巢（×10）　　　　　　b. 高剂量组卵巢（×10）

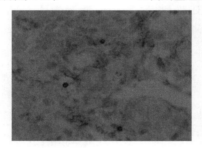

c. 雌激素组卵巢（×10）

图 2 - 8   各剂量组大鼠卵巢中 Bcl - 2 mRNA 的表达情况

2.4.2.2   卵巢和子宫中 Bax mRNA 表达情况

Bax mRNA 在卵巢和子宫中的阳性表达主要也在细胞胞浆中表达，呈棕黄色颗粒，见表 2 - 6、表 2 - 7 和图 2 - 9（以卵巢为例）。

由表 2 - 6、表 2 - 7 和图 2 - 9 可见，以对照组大鼠卵巢组织中阳性颗粒表达明显，棕褐色颗粒多，雌激素组和高剂量组大鼠呈弱阳性表达，棕黄色颗粒很少，其他大豆异黄酮剂量组随剂量的增加阳性表达逐渐减少，但与对照组相比差异不显著。研究表明，大豆异黄酮可不同程度地下调大鼠卵巢和子宫中 Bax mRNA 的表达量。

表 2 - 6　Bax mRNA 在大鼠卵巢中表达情况比较

组别	数量	给药剂量	阴性	弱阳性	中度阳性	强阳性	阳性积分	阳性表达率/%
			Bax mRNA 阳性表达半定量计分					
对照组	10		1	1	2	6	33	90
低剂量组	10	100 mg/kg bw	2	2	2	4	28	80
中剂量组	10	200 mg/kg bw	3	1	3	3	23	70
高剂量组	10	300 mg/kg bw	5	3	1	1	18 *	50
雌激素组	10	0.5 mg/kg 饲料	6	2	1	1	17 *	40

* ：与对照组相比，差异显著（$P < 0.05$）。

表 2 - 7　Bax mRNA 在大鼠子宫中表达情况比较

组别	数量	给药剂量	阴性	弱阳性	中度阳性	强阳性	阳性积分	阳性表达率/%
			Bax mRNA 阳性表达半定量计分					
对照组	10		1	2	2	5	31	90
低剂量组	10	100 mg/kg bw	1	2	3	4	30	90
中剂量组	10	200 mg/kg bw	2	3	3	2	25	80
高剂量组	10	300 mg/kg bw	2	4	3	1	23	80
雌激素组	10	0.5 mg/kg 饲料	3	3	3	1	22	70

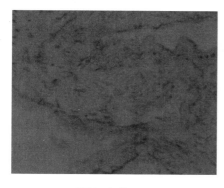

a. 对照组卵巢（×10）　　　　　　　b. 高剂量组卵巢（×10）

图 2 - 9　各剂量组大鼠卵巢中 Bax mRNA 的表达情况

2.4.3　讨论

根据临床研究发现,大部分成年女性因缺乏医学常识,自我保健意识淡薄,尤其缺乏对自身雌激素作用的认识和了解,导致身体出现了一些女性特有的疾病。如月经不调、子宫肌瘤、子宫内膜癌、乳腺增生、乳腺癌、更年期综合征、骨质疏松等 30 多种疾病。因此，成年女性不能缺少雌激素。每个人卵巢功能衰老的时间都各不相同。如果提前衰老，雌激素的分泌也将提前终止，那么更年期就提前；如果及时补充雌激素，就可以延缓更年期，避免更年期综合征的发生，延缓女性衰老。本研究通过大豆异黄酮对青年雌性大鼠的抗衰老作用研究，使人们认识到植物雌激素的可靠性和有效性，将为成年女性正确选择抗衰老药物及提前采取措施延缓更年期综合征提供可靠的理论依据。

卵巢衰老与细胞凋亡的关系一直是人们关注的热点之一。Bcl-2 和 Bax 是细胞凋亡调控机制中两个非常关键的因子。Bcl-2 基因表达水平的下调是凋亡信号传递过程中最先发生和最关键的步骤之一，本研究结果表明大豆异黄酮可以使抗凋亡基因 Bcl-2 mRNA 的表达明显增高，且添加量不同表达的结果也不同。随着大豆异黄酮添加量的增加，对照组、低剂量组、中剂量组、雌激素组的卵巢和子宫组织中 Bcl-2 mRNA 表达逐渐增强，这说明大豆异黄酮对抗凋亡基因具有促进作用。

Bax 为细胞凋亡的诱发基因，研究结果表明，在对照组青年雌性大鼠卵巢和子宫组织中 Bax mRNA 基因表达呈强阳性。雌激素组的青年雌性大鼠卵巢和子宫组织中有少量 Bax mRNA 基因表达，且颜色较浅，说明雌激素组大鼠卵巢和子宫组织中也有 Bax mRNA 基因表达，但并不起主要作用。而在大豆异黄酮低、中、高剂量组大鼠卵巢和子宫组织中均有 Bax mRNA 基因表达，且随剂量的增加颜色呈递减趋势，说明各剂量组的组织细胞凋亡的发生与 Bax mRNA 基因表达密切相关，大豆异黄酮有能够抑制 Bax mRNA 基因诱导卵巢和子宫凋亡的作用。

总之，植物雌激素大豆异黄酮可上调卵巢和子宫组织中 Bcl-2 mRNA、下调 Bax mRNA 表达，由此推断，大豆异黄酮延缓卵巢和子宫衰老及对于卵巢和子宫功能的保护机制可能与抑制细胞凋亡密切相关。

2.5　金雀异黄素对青年雌性大鼠血清性激素水平的影响

金雀异黄素是存在于大豆及三叶草中大豆异黄酮的主要活性成分，具有许多生物学活性，包括能够与雌激素受体结合的弱的雌激素样作用及在药理作用下能够抑制蛋白酪氨酸激酶的作用，被称为"植物雌激素"。金雀异黄素可以触发排卵，促进黄体的产生，减少卵巢的血流量，升高卵巢组织内胆固醇浓度。促卵泡激素（FSH）与黄体生成素（LH）统称促性腺激素具有促进卵泡发育成熟作用,可促进雌激素分泌。当雌激素升到一定值时,同时抑制 FSH 和 LH 的分泌(双向调节作用)。雌二醇主要来源于女性卵巢的卵泡、黄体和胎盘,少量来自肾上腺。

本研究主要通过动物实验,采用 ELISA 法测定大鼠血清中 E_2、LH 和 FSH 的水平,观察金雀异黄素对青年雌性大鼠血清中性激素水平的影响。

2.5.1　材料与方法

2.5.1.1　材料与设备

金雀异黄素:购自 Sigma 公司,纯度 >99.9% 。

己烯雌酚:合肥久联制药有限公司,每片 0.5 mg。

E2、LH 和 FSH ELISA 检测试剂盒:由上海史瑞可科技有限公司提供。

酶标仪:SUNRISE 5082 型,澳大利亚生产。

电热恒温培养箱:DRP - 9082 型,上海森信实验仪器有限公司。

2.5.1.2　动物与分组

选择雌性 Wistar 大鼠 50 只,2 月龄,体重 110 ~ 130 g,由哈尔滨医科大学实验鼠类养殖中心提供(医动字 12 - 011,清洁级)。采取体重随机分组方法分为 5 组,每组各 10 只,分别为对照组(基础饲料,生理盐水灌胃);低剂量组(金雀异黄素 5 mg · kg^{-1} 灌胃);中剂量组(金雀异黄素 10 mg · kg^{-1} 灌胃);高剂量组(金雀异黄素 20 mg · kg^{-1} 灌胃);雌激素对照组(己烯雌酚 0.5 mg · kg^{-1} 灌胃)。实验周期 8 周。动物进食普通饲料,自由饮水。动物室温度 20℃ ±2℃,相对湿度为 45% ±10% ,通风良好。

2.5.1.3　观察指标及检测方法

大鼠经乙醚麻醉,腹主动脉取血,处死后迅速摘除卵巢和子宫,分析天平称重并计算脏体比值。ELISA 法测定血清中 LH、E2 、FSH 含量。

2.5.1.4　统计分析

所有结果均以 $\bar{x} \pm s$ 表示,采用 SPSS 17.0 软件包,多组均数进行方差齐性检验和单因素方差分析。

2.5.2　实验结果

2.5.2.1　各组大鼠子宫/体比及卵巢/体比

从表 2 - 8 可以看出,金雀异黄素的类雌激素样作用对青年雌性大鼠的卵巢产生了影响,与对照组相比,高剂量组大鼠卵巢/体比明显降低,差异有显著性

（$P<0.05$）。金雀异黄素虽然能使青年雌性大鼠的子宫重量增加，但影响不显著。

表2-8　各组大鼠子宫/体比及卵巢/体比情况（$\bar{x}\pm s, n=10$）

组别	子宫/体比	卵巢/体比
对照组	0.034 ± 0.008	0.041 ± 0.005
低剂量组	0.035 ± 0.007	0.039 ± 0.014
中剂量组	0.034 ± 0.005	0.042 ± 0.010
高剂量组	0.036 ± 0.007	$0.034\pm0.008^*$
雌激素组	0.037 ± 0.007	$0.023\pm0.004^*$

*：与对照组相比，差异显著（$P<0.05$）。

2.4.2.2　各组大鼠血清 E_2、LH 和 FSH 水平

由表2-9可知，与对照组相比，各剂量组血清 E_2 水平在试验结束后呈降低趋势。血清 LH 水平从低剂量组开始，有明显的下降趋势，雌激素组与对照组相比下降明显（$P<0.05$）。血清 FSH 水平变化在各剂量组表现不明显。

表2-9　各组大鼠血清 E_2、LH 和 FSH 含量（$\bar{x}\pm s, n=10$）

组别	E_2（pmol·L^{-1}）	LH（mIU·mL^{-1}）	FSH（IU·L^{-1}）
对照组	11.60 ± 1.87	1.46 ± 0.22	2.04 ± 0.18
低剂量组	5.38 ± 4.74	1.36 ± 0.33	1.88 ± 0.34
中剂量组	5.24 ± 0.15	1.23 ± 0.23	2.11 ± 0.44
高剂量组	8.53 ± 4.77	1.13 ± 0.38	1.65 ± 0.79
雌激素组	7.87 ± 1.50	$0.89\pm0.51^*$	1.83 ± 0.42

*：与对照组相比，差异显著（$P<0.05$）。

2.5.3　讨论

E_2 是体内主要由卵巢成熟滤泡分泌的一种天然雌激素，能促进和调节女性性器官及副性征的正常发育。其主要药理作用为：促使子宫内膜增生；增强子宫平滑肌的收缩；促使乳腺导管发育增生，但较大剂量能抑制垂体前叶催乳素的释放，从而减少乳汁分泌，达到延缓衰老的作用。LH 的主要作用是促使排卵（在 FSH 协同作用下），形成黄体并分泌孕激素，可以预测排卵。当卵泡成熟时，分泌大量雌激素，使垂体释放大量促黄体生成素，形成促黄体生成素高峰，它能使成熟的卵泡破裂、排卵。破裂的卵泡在促黄体生成素及促卵泡生成激素作用下，形成黄体。LH 和 FSH 是卵巢功能重要的内分泌调节激素，直接参与刺激卵泡发

育、排卵、黄体生成及性激素的合成。

金雀异黄素对整体动物血液中性激素水平的影响目前尚无定论。不同研究者的结论不同,主要与受试物暴露时间、期限和剂量有关。本研究结果显示金雀异黄素作用于青年雌性大鼠后,大鼠卵巢/体比降低,提示 20 mg·kg^{-1} 金雀异黄素对青年雌性大鼠的卵巢发育可能会产生影响。大鼠血清 E$_2$ 水平呈下降趋势,提示大豆异黄酮对于青年雌性大鼠表现为抗雌激素作用,影响了其血清性激素水平。金雀异黄素对青年女性的生殖系统和体内激素水平是否有确切影响还需要进一步进行人群试验得以证实。

大豆异黄酮(soy isoflavones,SI)是含有多酚羟基的非类固醇化合物,主要包括染料木黄酮(genistein)、大豆苷元(daidzein)和黄豆黄素(glysitein)及其糖苷形式,由于化学结构与雌激素非常相似,能够与雌激素受体结合而发挥弱的雌激素作用,被称为植物雌激素。大豆异黄酮诱导体内抗氧化酶的活性,其中包括过氧化氢酶(CAT)、超氧化物歧化酶(SOD)以及谷胱甘肽过氧化物酶(GSH – PX)等。

目前国内外研究大都集中在大豆异黄酮对老年鼠及雄性鼠的抗氧化及抗衰老作用方面,对雌性青年大鼠的抗氧化作用研究比较少。本研究主要采用动物实验方法,研究大豆异黄酮对抗氧化酶活性及脂质过氧化物含量的影响,以及对青年雌性大鼠卵巢、子宫组织中 Bcl – 2 mRNA 和 Bax mRNA 表达的影响,观察其对青年雌性大鼠的抗氧化作用,初步确定其有效剂量,并且通过病理学检测观察其安全性。

2.6　大豆异黄酮对青年雌性大鼠卵巢、子宫组织中 Bcl‑2 和 Bax 基因及蛋白表达影响的研究

凋亡抑制基因 bcl – 2 是许多生理或病理性细胞凋亡的关键性调节因素,它可以通过影响细胞内信息传导而影响凋亡。对多种因素引发的细胞凋亡有抑制或延缓作用,Bax 基因定位于染色体 19q13.3～19q13.4,Bax 基因是 Bcl – 2 癌基因家族中一类本身并不直接诱导细胞死亡,但能明显加速死亡信号引起细胞凋亡的基因;它的高表达也拮抗 Bcl – 2 的凋亡抑制活性,二者通过形成同源或异源二聚体的比例来调节细胞凋亡。Dong 等发现,Bcl – 2 序列在其基因增强子区有雌激素反应元件(EREs)序列,雌激素可促进 Bcl – 2 的表达,而抑制细胞的凋亡。大豆异黄酮是大豆生长过程中形成的次级代谢产物,是一种生物类黄酮,除了具有黄酮类共有的理化性质以外,还具有其特殊的生理特性。主要表现在抗氧化

性、类雌激素和抗雌激素活性以及酶抑制剂活性等方面,近年来,有关大豆异黄酮抗氧化和抗衰老主要集中在对老年鼠的研究方面,而对青年大鼠的研究较少。本研究主要通过动物实验方法,研究大豆异黄酮对青年雌性大鼠卵巢组织中Bcl-2及Bax蛋白表达情况,从卵巢细胞凋亡角度探讨大豆异黄酮对青年雌性大鼠的抗衰老作用及可能作用机制。

2.6.1 材料与方法

2.6.1.1 材料与设备

大豆异黄酮:由黑龙江双河松嫩大豆生物工程有限责任公司提供,高效液相色谱检测含量42.54%,其中大豆苷14.47%,大豆黄苷6.13%,染料木苷20.54%,大豆苷元0.72%,染料木素0.68%。

材料名称	供应厂家	备注
Bax 试剂原位杂交检测试剂盒	武汉博士德生物工程有限公司	1 盒
BCL-2 原位杂交检测试剂盒	武汉博士德生物工程有限公司	1 盒
DAB 显色试剂盒	武汉博士德生物工程有限公司	1 盒
柠檬酸	泉瑞试剂	1 盒
氯化钠	泉瑞试剂	1 盒
柠檬酸三钠	泉瑞试剂	1 盒
磷酸氢二钠	泉瑞试剂	1 盒
磷酸二氢钠	泉瑞试剂	1 盒
甘油	泉瑞试剂	1 盒
大豆异黄酮	黑龙江双河松嫩大豆生物工程有限责任公司	高效液相色谱检测含量42.54%
己烯雌酚	合肥久联制药有限公司	每片 0.5 mg
实验仪器	供应厂家	数量
杂交盒	武汉博士德生物工程有限公司	1 台
NikonTE2000-S 显微镜	上海精密仪器仪表有限公司	1 台
KD-1508A 轮转式切片机	浙江金华科迪仪器设备有限公司	1 台
ZX71063 移液枪(5-50 μL)	赛默飞世尔仪器有限公司	1 台
HH.B11.500S 电热恒温箱	上海跃进医疗器械厂	1 台
HH-1 数显恒温水浴锅	江苏省金坛市荣华仪器制造有限公司	1 台

2.6.1.2　动物与分组

选择雌性 Wistar 大鼠 50 只,2 月龄,体重 110 ~ 130 g,由哈尔滨市汉方实验鼠类养殖所提供,一级动物。采取体重随机分组方法分为 5 组,每组各 10 只,分别为对照组(基础饲料);低剂量组(大豆异黄酮 100 mg/kg bw);中剂量组(大豆异黄酮 200 mg/kg bw);高剂量组(大豆异黄酮 300 mg/kg bw);雌激素对照组(己烯雌酚 0.5 mg/kg)。实验周期 7 周。

2.6.1.3　方法

(1)原位杂交法测定 Bcl – 2 和 Bax mRNA 水平。

①取材:大鼠喂养 7 周后,麻醉,腹主动脉取血,大鼠死后,剖取大鼠卵巢和子宫,立即用 4% 多聚甲醛/0.1 mol/L PBS(pH 7.2 ~ 7.6)的固定液固定,供原位杂交法检测。

②大鼠卵巢和子宫组织石蜡切片,厚度 4 μm。

③玻片处理:用 70% 的乙醇加 1‰ 的 DEPC 处理后,再用多聚赖氨酸处理,60℃ 恒温箱烤片 2 小时。

④此后具体操作方法按 Bcl – 2 mRNA 和 Bax mRNA 原位杂交检测试剂盒说明书操作。

前期工作:

A. 本实验周期为 7 周。

B. 固定液:4% 多聚甲醛/0.1 mol/L PBS(pH 7.2 ~ 7.6),含有 1/1000 DEPC。

C. 3% 柠檬酸——100 mL 蒸馏水中加柠檬酸 3 g,pH 2.0 左右。

2 × SSC——1000 mL 蒸馏水中加氯化钠 17.6 g,柠檬酸三钠 8.8 g。

0.5 × SSC——300 mL 蒸馏水加 100 mL 2 × SSC 即可。

0.2 × SSC——270 mL 蒸馏水加 30 mL 2 × SSC 即可。

20% 甘油——20 mL 甘油加 80 mL 蒸馏水即可。

D. 原位杂交用 PBS——1000 mL 蒸馏水加氯化钠 30 g,磷酸氢二钠 6 g,磷酸二氢钠 0.4 g,(pH 7.2 ~ 7.6)。

E. 原位杂交专用玻片(100 张):先用 70% 酸化乙醇洗,烘干后再用蒸馏水洗净,烘干,用多聚赖氨酸泡 5 分钟,干燥后即可。

(2)标本的选取及固定。

①取喂饲第 7 周末的大鼠 50 只,乙醚致昏。

②用消毒剪剪开腹部皮肤,露出腹膜,用酒精棉擦拭腹膜消毒;取出每只大鼠的卵巢和子宫并称其重量。

③将卵巢和子宫放入固定液中,之后分别进行 Bcl-2 和 Bax 的原位杂交检测。

(3)Bcl-2 原位杂交检测。

标本离体后,及时予以固定。固定液为 4% 多聚甲醛/0.1 mol/L PBS(pH 7.0~7.6),含有 1/1000 DEPC。标本较大时用刀片切成厚度不超过 4 mm 的小块,固定 1 小时即可,较大的标本固定不要超过 2 小时。某些组织对过度固定尤其敏感,如动物大脑,固定时间 30~40 分钟,一般不要超过 1 小时。

①常规脱水、浸蜡、包埋。切片厚度 6~8 μm。

②玻片的处理:一般采用多聚赖氨酸或 APES。

③石蜡切片经常规脱蜡至水。30% H_2O_2 1 份 + 蒸馏水 10 份混合,室温 5~10 分钟以灭活内源性酶。蒸馏水洗 3 次。

④暴露 mRNA 核酸片段:切片上滴加 3% 柠檬酸新鲜稀释的胃蛋白酶(1 mL 3% 柠檬酸加 2 滴浓缩型胃蛋白酶,混匀),37℃ 或室温消化 8 分钟。原位杂交用 PBS 洗 3 次 ×5 分钟。蒸馏水洗 1 次。

⑤预杂交:湿盒的准备——干的杂交盒底部加 20% 甘油 20 mL 以保持湿度。按每张切片 20 μL 加预杂交液。恒温箱 38~42℃,2~4 小时。吸取多余液体,不洗。

⑥杂交:按每张切片 20 μL 杂交液,加在切片上。将原位杂交专用盖玻片的保护膜揭开后,盖在切片上。恒温箱 38~42℃杂交过夜。

⑦杂交后洗涤:揭掉盖玻片,37℃ 左右水温的 2×SSC 洗涤 5 分钟 ×2 次;37℃ 0.5×SSC 洗涤 15 分钟 ×1 次;37℃ 0.2×SSC 洗涤 15 分钟 ×1 次〔如果有非特异性染色,重复 0.2×SSC 洗涤 15 分钟 ×(1~2)次〕。

⑧滴加封闭液:37℃ 30 分钟。甩去多余液体,不洗。

⑨滴加生物素化鼠抗地高辛:37℃ 60 分钟或室温 120 分钟。原位杂交用 PBS 洗 5 分钟 ×4 次。勿用其他缓冲液和蒸馏水洗涤。

⑩滴加 SABC:37℃ 20 分钟或室温 30 分钟。原位杂交用 PBS 洗 5 分钟 ×3 次。勿用其他缓冲液和蒸馏水洗涤。

⑪滴加生物素化过氧化物酶:37℃ 20 分钟或室温 30 分钟。原位杂交用 PBS 洗 5 分钟 ×4 次。

⑫DAB 显色:使用 DAB 显色试剂盒＝1mL 蒸馏水加显色剂 A,B,C 各一滴,混匀,加至标本上。一般显色 20~30 分钟。若无背景出现则可继续显色。也可自配 DAB 显色剂后显色,充分水洗。

⑬必要时苏木素复染,充分水洗。

⑭酒精脱水,二甲苯透明,封片。

(4)卵巢颗粒细胞凋亡因子 Bcl-2 mRNA 和 Bax mRNA 阳性评定标准。

根据切片卵巢和子宫组织中颗粒细胞免疫组织化学染色的深浅分 4 级,未被染色的为阴性表达,深棕色为弱阳性表达,棕黄色为中度阳性表达,棕褐色为强阳性表达。为了统计方便,予以半定量计分:1,2,3,4 分别对应阴性表达,弱阳性表达,中度阳性表达,强阳性表达。每张切片至少观察 5 个视野。

主要观察指标:各组大鼠卵巢和子宫颗粒细胞 Bcl-2 mRNA 和 Bax mRNA 阳性表达情况。

(5)ELISA 检测大鼠 Bcl-2 和 Bax 蛋白含量。

实验结束后,取大鼠卵巢,称重后,立即加入适量生理盐水捣碎,$1000 \times g$ 离心 10 分钟,取上清液,按照试剂盒说明,采用 ELISA 法测定各组大鼠卵巢组织中 bcl-2 蛋白和 bax 蛋白水平,观察大豆异黄酮对凋亡抑制基因和促凋亡基因的作用,研究大豆异黄酮对青年雌性大鼠的抗衰老作用。

实验原理:BAX 试剂盒是固相夹心法酶联免疫吸附实验(ELISA)。已知 Bax 浓度的标准品、未知浓度的样品加入微孔酶标板内进行检测。先将 Bax 和生物素标记的抗体同时温育。洗涤后,加入亲和素标记过的 HRP。再经过温育和洗涤,去除未结合的酶结合物,然后加入底物 A、B,和酶结合物同时作用。产生颜色。颜色的深浅和样品中 Bax 的浓度呈比例关系。

试剂的准备:

①标准品:标准品的系列稀释应在实验时准备,不能储存。

稀释前将标准品振荡混匀。稀释比例按下表中进行:

浓度	名称	操作
40 ng/mL	6 号标准品	原倍浓度不用稀释直接加入 50 μL
20 ng/mL	5 号标准品	100 μL 的原倍标准品加入 100 μL 的标准品稀释液
10 ng/mL	4 号标准品	100 μL 的 5 号标准品加入 100 μL 的标准品稀释液
5.0 ng/mL	3 号标准品	100 μL 的 4 号标准品加入 100 μL 的标准品稀释液
2.5 ng/mL	2 号标准品	100 μL 的 3 号标准品加入 100 μL 的标准品稀释液
1.25 ng/mL	1 号标准品	100 μL 的 2 号标准品加入 100 μL 的标准品稀释液
0 ng/mL	空白对照	原始浓度不用稀释直接加入 50 μL

②洗涤缓冲液(50×)的稀释:蒸馏水 50 倍稀释。

操作步骤：

A. 组织匀浆：将组织加入适量生理盐水捣碎。1000×g 离心 10 分钟，取上清液。

B. 使用前，将所有试剂充分混匀。不要使液体产生大量的泡沫，以免加样时加入大量的气泡，产生加样上的误差。

C. 根据待测样品数量加上标准品的数量决定所需的板条数。每个标准品和空白孔建议做复孔。每个样品根据自己的数量来定，能使用复孔的尽量做复孔。标本用标本稀释液 1∶1 稀释后加入 50 μL 于反应孔内。

D. 加入稀释好后的标准品 50 μL 于反应孔、加入待测样品 50 μL 于反应孔内。立即加入 50 μL 的生物素标记的抗体。盖上膜板，轻轻振荡混匀，37℃温育1 小时。

E. 甩去孔内液体，每孔加满洗涤液，振荡 30 秒，甩去洗涤液，用吸水纸拍干。重复此操作 3 次。如果用洗板机洗涤，洗涤次数增加一次。

F. 每孔加入 80 μL 的亲和链霉素 – HRP，轻轻振荡混匀，37℃温育 30 分钟。

G. 甩去孔内液体，每孔加满洗涤液，振荡 30 秒，甩去洗涤液，用吸水纸拍干。重复此操作 3 次。如果用洗板机洗涤，洗涤次数增加一次。

H. 每孔加入底物 A、B 各 50 μL，轻轻振荡混匀，37℃温育 10 分钟。避免光照。

I. 取出酶标板，迅速加入 50 μL 终止液，加入终止液后应立即测定结果。

J. 在 450 nm 波长处测定各孔的 OD 值。

2.6.1.4　统计分析

所有结果均以 $\bar{x}\pm s$ 表示，采用 SPSS 17.0 软件包，多组均数进行方差齐性检验和单因素方差分析，各组间差异比较采用 LSD 法。

2.6.2　结果

2.6.2.1　大豆异黄酮对各组大鼠卵巢重量及卵巢/体比的影响

结果表明高剂量组大豆异黄酮的类雌激素样作用对青年雌性大鼠的卵巢产生了影响，与对照组相比，卵巢湿重和卵巢/体比均降低，差异有显著性（$P<0.05$），与雌激素组相似，见表 2 – 10。以上结果表明对于青年雌性大鼠来说，大豆异黄酮 300 mg/kg bw 的剂量偏高，有效的安全剂量应该在 100 mg/kg bw到 200 mg/kg bw 之间。

表 2 - 10　各组大鼠卵巢湿重及卵巢体比情况($\bar{x} \pm s$)

组别	数量	卵巢湿重(mg)	卵巢/体比
对照组	10	75.94 ± 22.11	0.041 ± 0.005
低剂量组	10	68.82 ± 33.58	0.039 ± 0.014
中剂量组	10	73.45 ± 22.11	0.042 ± 0.010
高剂量组	10	58.27 ± 17.08 *	0.034 ± 0.008 *
雌激素组	10	36.95 ± 9.39 *	0.023 ± 0.004 *

＊：与对照组相比,差异显著($P < 0.05$)。

2.6.2.2　卵巢和子宫中 Bcl - 2 mRNA 表达情况

Bcl - 2mRNA 的阳性表达主要在卵巢和子宫组织的胞浆中,结果见表 2 - 11、表 2 - 12、图 2 - 10 ~ 图 2 - 12(以卵巢为例)。

表 2 - 11　Bcl - 2 mRNA 在大鼠卵巢中表达情况比较

组别	数量	给药剂量	Bcl - 2mRNA 阳性表达半定量计分				阳性积分	阳性表达率(%)
			阴性	弱阳性	中度阳性	强阳性		
对照组	10		5	3	1	1	18	50
低剂量组	10	100 mg/kg bw	2	2	2	4	28	80
中剂量组	10	200 mg/kg bw	0	4	2	4	30	100
高剂量组	10	300 mg/kg bw	0	2	3	5	33 *	100
雌激素组	10	0.5 mg/kg	0	1	1	8	37 *	100

＊：与对照组相比,差异显著($P < 0.05$)。

表 2 - 12　Bcl - 2 mRNA 在大鼠子宫中表达情况比较

组别	数量	给药剂量	Bcl - 2 mRNA 阳性表达半定量计分				阳性积分	阳性表达率(%)
			阴性	弱阳性	中度阳性	强阳性		
对照组	10		6	3	1	0	15	40
低剂量组	10	100 mg/kg bw	4	3	2	1	20	60
中剂量组	10	200 mg/kg bw	3	3	2	2	23	70
高剂量组	10	300 mg/kg bw	0	3	3	4	31 *	100
雌激素组	10	0.5 mg/kg	0	2	1	7	35 *	100

＊：与对照组相比,差异显著($P < 0.05$)。

原位杂交结果显示,Bcl - 2mRNA 在各组大鼠卵巢和子宫组织细胞均有不同程度的阳性表达,其中雌激素组大鼠卵巢和子宫组织细胞呈强阳性表达,棕褐色颗粒最为显著,高剂量组大鼠卵巢和子宫组织细胞棕黄色颗粒也比较显著,呈中度阳性表达,对照组与之相比阳性细胞表达不明显,棕黄色颗粒较少。说明大豆异黄酮可上调 Bcl – 2mRNA 的表达量。

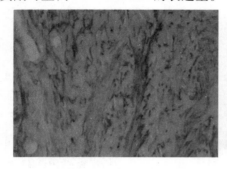

图 2 – 10　对照组卵巢(×10)　　　　图 2 – 11　高剂量组卵巢(×10)

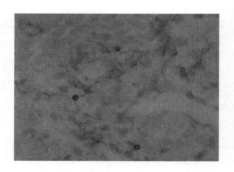

图 2 – 12　雌激素组卵巢(×10)

2.6.2.3　卵巢和子宫中 Bax mRNA 表达情况

Bcl – 2 mRNA 在卵巢和子宫中的阳性表达主要也在细胞胞浆中表达,呈棕黄色颗粒,见表 2 – 13、表 2 – 14、图 2 – 13、图 2 – 14(以卵巢为例)。

表 2 – 13　Bax mRNA 在大鼠卵巢中表达情况比较

| 组别 | 数量 | 给药剂量 | Bax – 2mRNA 阳性表达半定量计分 | | | | 阳性积分 | 阳性表达率(%) |
			阴性	弱阳性	中度阳性	强阳性		
对照组	10		1	1	2	6	33	90
低剂量组	10	100 mg/kg bw	2	2	2	4	28	80
中剂量组	10	200 mg/kg bw	3	1	3	3	23	70
高剂量组	10	300 mg/kg bw	5	3	1	1	18 *	50
雌激素组	10	0.5 mg/kg	6	2	1	1	17 *	40

* :与对照组相比,差异显著($P < 0.05$)。

表 2 – 14　**Bax mRNA 在大鼠子宫中表达情况比较**

组别	数量	给药剂量	Bax – 2mRNA 阳性表达半定量计分				阳性积分	阳性表达率(%)
			阴性	弱阳性	中度阳性	强阳性		
对照组	10		1	2	2	5	31	90
低剂量组	10	100 mg/kg bw	1	2	3	4	30	90
中剂量组	10	200 mg/kg bw	2	3	3	2	25	80
高剂量组	10	300 mg/kg bw	2	4	3	1	23	80
雌激素组	10	0.5 mg/kg	3	3	3	1	22	70

＊:与对照组相比,差异显著($P < 0.05$)。

原位杂交结果显示,以对照组大鼠卵巢组织中阳性颗粒表达明显,棕褐色颗粒多,雌激素组和高剂量组大鼠呈弱阳性表达,棕黄色颗粒很少,其他大豆异黄酮剂量组随剂量的增加阳性表达逐渐减少,但与对照组相比差异不显著。研究表明,大豆异黄酮可不同程度地下调大鼠卵巢和子宫中 Bax mRNA 的表达量。

图 2 – 13　对照组卵巢(×10)　　　　图 2 – 14　高剂量组卵巢(×10)

2.6.2.4　Bcl – 2 蛋白和 Bax 蛋白在各组大鼠卵巢组织中的表达情况

表 2 – 15 结果可以看出高剂量的大豆异黄酮可以显著降低 Bax 蛋白的表达水平,说明大豆异黄酮可以有效抑制卵巢中 Bax 蛋白的表达,从而缓解卵巢过早衰老。

表 2 – 15　**各组大鼠卵巢组织 Bcl – 2 蛋白和 Bax 蛋白表达情况($\bar{x} \pm s$)**

组别	数量	Bcl – 2 蛋白(pg/mL)	Bax 蛋白(pg/mL)
对照组	10	33.64 ± 28.83	33.64 ± 28.83
低剂量组	10	5.38 ± 4.74	20.02 ± 9.44
中剂量组	10	5.24 ± 0.15	17.33 ± 14.21
高剂量组	10	8.53 ± 4.77	9.67 ± 4.95 ＊
雌激素组	10	7.87 ± 1.50	50.69 ± 44.95

＊:与对照组相比,差异显著($P < 0.05$)。

2.6.3　讨论

卵巢衰老与细胞凋亡的关系一直是人们关注的热点之一。近年来对卵巢颗粒细胞凋亡机制的研究发现 Bcl－2 蛋白对颗粒细胞凋亡有着抑制的作用,而研究表明 Bax 蛋白对卵巢颗粒细胞凋亡有着促进的作用。所以药物如果能够在正常限度内增强 Bcl－2 的表达而减弱 Bax 的表达,对延缓衰老具有重要价值。Bcl－2和 Bax 是细胞凋亡调控机制中两个非常关键的因子。Bcl－2 基因表达水平的下调是凋亡信号传递过程中最先发生和最关键的步骤之一,本研究结果表明大豆异黄酮可以使抗凋亡基因 Bcl－2 mRNA 的表达明显增高,且添加量不同表达的结果也不同。随着大豆异黄酮添加量的增加,对照组、低剂量组、中剂量组、雌激素组的卵巢和子宫组织中 Bcl－2mRNA 表达逐渐增强,这说明大豆异黄酮对抗凋亡基因具有促进作用。Bax 为细胞凋亡的诱发基因,本课题的研究结果表明,在对照组青年雌性大鼠卵巢和子宫组织中 Bax mRNA 基因表达呈强阳性。雌激素组的青年雌性大鼠卵巢和子宫组织中有少量 Bax mRNA 基因表达,且颜色较浅,说明雌激素组大鼠卵巢和子宫组织中也有 Bax mRNA 基因表达,但并不起主要作用。而在大豆异黄酮低、中、高剂量组大鼠卵巢和子宫组织中均有 Bax mRNA 基因表达,且随剂量的增加颜色呈递减趋势,说明各剂量组的组织细胞凋亡的发生与 Bax mRNA 基因表达密切相关,大豆异黄酮有能够抑制 Bax mRNA 基因诱导卵巢和子宫凋亡的作用。

本研究结果表明,大豆异黄酮可以使大鼠卵巢组织中促凋亡基因 Bax 的表达降低,且随剂量的增加表达呈递减趋势,高剂量大豆异黄酮组和雌激素组能明显抑制 Bax 蛋白表达,说明大豆异黄酮的延缓卵巢衰老及对卵巢功能的保护作用可能与抑制 Bax 蛋白表达,抑制细胞凋亡有关。大豆异黄酮在降低 Bax 蛋白表达的同时对各组大鼠卵巢组织中抑制凋亡基因 Bcl－2 表达却无明显影响,其作用机制尚不十分清楚,有待于进一步研究。

另外,通过对大鼠卵巢湿重和卵巢/体比的观察,发现不同剂量的大豆异黄酮对青年雌性大鼠卵巢的作用有差别,初步确定其安全有效的作用剂量范围是 100 mg/kg bw 到 200 mg/kg bw 之间。

总之,植物雌激素大豆异黄酮可上调卵巢和子宫组织中 Bcl－2 mRNA、下调 Bax mRNA 表达,由此推断,大豆异黄酮延缓卵巢和子宫衰老及对于卵巢和子宫功能的保护机制可能与抑制细胞凋亡密切相关。

2.7　GEN 对青年雌性大鼠卵巢组织中雄激素生成关键酶 StAR、P450 scc、CYP19 蛋白及 mRNA 表达的影响

卵泡的发育及成熟是一个非常复杂的过程,在此过程中,生物活性物质对雄激素生成关键酶的影响是一个重要的方面。StAR 是在胆固醇转化类固醇代谢中起到运输作用的一种重要蛋白,胆固醇在 P450 scc 的作用下合成孕烯醇酮,此步骤是类固醇合成的限速步骤,而类固醇激素在 CYP19、CYP17 等相关酶的作用下合成雌二醇,因此,在合成途径中任何酶的异常都可导致相应激素合成障碍和其前身物积聚,造成性激素分泌紊乱。

GEN 是大豆异黄酮的主要活性成分,存在于富含豆肽的多种天然植物中,其分子结构与人体自身雌激素相同。进入人体后,GEN 可完全与雌激素受体结合,发挥雌激素的作用,被认为是雌激素的天然替代品。GEN 像其他的植物雌激素一样,已显示出同雌激素受体有更大的信号亲和力,因此,GEN 被认为是人类饮食中一种重要的环境雌激素。我们已通过动物实验证实 GEN 能调节青年雌性大鼠卵巢中激素水平,能对卵巢颗粒细胞中的相关蛋白和基因如 Bcl – 2、Bax、P450 mRNA 等具有调节作用。在此基础上,为了进一步研究 GEN 对青年雌性大鼠卵巢功能的调节作用和机制,我们选择了影响卵泡发育过程的雄激素生成关键酶作为研究目标,采用 Western blot 和实时 PCR 方法检测 GEN 对青年雌性大鼠卵巢组织中雄激素生成关键酶 StAR、P450 scc、CYP19 蛋白及 mRNA 表达的影响,以期进一步探讨 GEN 调节卵巢功能的作用和机制。

2.7.1　材料与方法

2.7.1.1　材料与试剂

金雀异黄素(99.82%),上海融禾医药科技发展有限公司;己烯雌酚(99.4%),西安天正药用辅料有限公司;花生油,山东鲁花集团有限公司;基础饲料:SAFD 配方(100 g 含量):玉米面 30.56,小麦粉 27.27,鱼粉(60% 蛋白)10,粗小麦 10,酪蛋白 7,脱脂奶 5,玉米蛋白(6%)3,维生素预混物 0.05,氯化胆碱(60% 活性),玉米油 2,酵母 2(富含 GEN 和紫花苜蓿成分由玉米、小麦和酪蛋白代替,以突出处理因素 GEN 对实验结果的影响)。

蛋白裂解液、蛋白酶抑制剂(PMSF),碧云天;抗鼠、抗兔,细胞信号;

β – 肌动蛋白,Sigma 公司;ECL 化学显色液,赛默飞世尔公司;缓冲液,天根

生化；PVDF 膜，Millipore 公司。

Ezna FFPE RNA 试剂盒，OMEGA 公司；SYBR Green PCR 试剂盒，赛默飞世尔公司；PCR 逆转录试剂盒，Fermentas 公司；蛋白用 BCA 蛋白定量试剂盒，赛默飞世尔公司；SDS – PAGE 试剂盒，上海熠晨生物科技有限公司；苏木精、伊红，上海多烯生物科技有限公司。

2.7.1.2　仪器与设备

TG – 16M 低温冷冻离心机，上海卢湘仪离心机仪器有限公司；K30 旋涡振荡器，青浦泸西仪器厂；PRO200 电动匀浆机，弗鲁克公司；Nanodrop 2000 超微量分光光度计，赛默飞世尔公司；ABI – 7300 实时检测仪，ABI 公司；酶标仪，BioTec；垂直电泳仪，伯乐；TBST 脱色摇床，其林贝尔；Image Quant LAS 4000 mini，通用电气。

2.7.1.3　方法

（1）动物与分组。

2 ~ 3 月龄的雌性 SD 青年大鼠 40 只，体质量为（200 ± 20）g，许可证号：SCXK（黑）203 – 001。按照体质量分为 5 组，每组各 8 只，分别为（灌胃体积 1mL）：阴性对照组（NC）：蒸馏水灌胃；低剂量组（L）：GEN 15 mg/kg 灌胃；中剂量组（M）：GEN 30 mg/kg 灌胃；高剂量组（H）：GEN 60 mg/kg 灌胃；雌激素组（PC）：DES 0.5 mg/kg灌胃。每天给予 14 h 的周期性光照，动物室温度 20℃ ±2℃，相对湿度 45% ±10% 。剂量组给予 GEN 连续灌胃 30 天。

（2）观察指标及检测方法。

30 天给药后，对所有大鼠进行阴道涂片观察，挑选出处于动情间期大鼠的，禁食不禁水 12 h 后，采用乙醚麻醉并腹主动脉取血，采集卵巢液氮速冻后放入 –80℃冰箱保存。

（3）实时荧光 PCR 检测卵巢组织中 StAR、P450 scc、CYP19 mRNA 的表达量。

NCBI primer designing tool 设计 Real – time PCR 扩增引物，由上海生工生物技术有限公司合成，具体见表 2 – 16。

按 Trizol 试剂盒说明提取总 RNA。

反转录合成 CDNA，反应条件为总体积 25 μL：RNA – 引物混合物：12 μL，5 ×RT反应缓冲液：5 μL，25 mmol/L 脱氧核苷酸：1 μL，25 U/μL 核糖核酸酶抑制剂：1 μL，200 U/μL M – MLV Rtase：1 μL，Oligo（dt）18：1 μL，ddH$_2$O（无脱氧核糖核酸酶）：4 μL。反应程序：37℃，60 min；85℃，5 min；4℃，5 min；置于 –20℃保存。

实时荧光 PCR 反应条件为总体积 25 μl：互补 DNA 模板：2 μL，茜玻绿色混合:12.5 μL,上游引物 F:0.5 μL,下游引物 R:0.5 μL,ddH$_2$O:9.5 μL。反应程序:95℃,10 min(95℃,15 sec;60℃,45 sec)×40;95℃,15 sec;60℃,1 min;95℃,15 sec;60℃,15 sec。

分析各基因的 CT 值,计算标化后的 $-\triangle\triangle$CT 值。采用 2 $-\triangle\triangle$CT 法对目的基因的表达量进行评估。每个基因重复 3 次,最后取平均值。数据经 Excel 整理后,用 GraphPad Prism 5.0 软件进行分析,$P < 0.05$ 为显著差异。

表 2 – 16　实时荧光定量 PCR 引物

基因	序列（5′– >3′）	长度	开始	终止	T_m	产物长度
β – actin	ACCCGCGAGTACAACCTC	19	16	34	59.71	287
	ATGCCGTGTTCAATGGGGA	20	302	283	59.67	
StAR	TGGCTGCCAAAGACCATCT	20	864	883	59.96	124
	TGGTGGGCAGTCCTTAACC	20	987	968	59.89	
P450 scc	GAGCTGGTATCTCCTCTACCA	21	126	146	57.77	299
	AATACTGGTGATAGGCCACC	21	416	396	59.23	
CYP19	CACAAGTTAAGCCCGGTTGC	20	2619	2638	60.04	105
	CTGGGAGCACGAACTGAGAG	20	2723	2704	60.11	

（4）Western blot 检测卵巢组织内 StAR、P450 scc 蛋白含量。

称取 30 mg 卵巢组织,每样本加入 500 μL 蛋白裂解液和 5 μL 蛋白酶抑制剂（PMSF）,60Hz 匀浆 90s,置于冰上 15 min,最后将裂解液转移至新 EP 管中,14000 g 离心 10 min,取上清。

蛋白变性:蛋白用 BCA 蛋白定量试剂盒进行蛋白定量,酶标仪测定 OD 值,取等量蛋白加入 6×上样缓冲液 100℃孵育 10 min。

电泳:利用垂直电泳仪进行 SDS – PAGE 胶电泳,蛋白处于浓缩胶时电压设置为 80V,蛋白进入分离胶之后电压调制 120 V,电泳 1 h。

转膜:将凝胶玻璃板置于盛有电泳转移缓冲液的容器中,浸泡 15 ~ 20 min,裁剪好滤纸 Whatman3MM CHR 和 PVDF 膜,滤纸和膜为 83mm×75mm,尽量避免污染滤纸和膜,将裁剪好的滤纸和膜浸泡于电泳转移缓冲液中,驱除留于膜上的气泡。打开转移盒并放置浅盘中,用转移缓冲液将海绵垫完全浸透后将其放在转移盒壁上,海绵上再放置一张浸湿的 Whatman3MM 滤纸。小心将凝胶放置于滤纸上,避免气泡。用去离子水清洗缓冲液槽,在缓冲液槽中放入搅拌子,将另一块海绵用转移缓冲液浸透后放在凝胶—膜“三明治”上,关上转移盒并插入转移槽。

将冰盒装入缓冲液槽,注满4℃预冷的转移缓冲液。350 mA 恒流转膜 75 min。

电转完毕后,将 PVDF 膜置于 5% 的脱脂奶粉(TBST 配制)中封闭,37℃2 h。

一抗孵育:封闭结束之后,TBST 清洗 PVDF 膜三遍,分别加入以下一抗 4℃ 孵育过夜:

P450 scc(1∶1000,兔),StAR(1∶1000,兔),β – 肌动蛋白(Sigma,1∶5000,鼠)。

二抗孵育:一抗孵育结束后,用 TBST 洗三遍,抗鼠/抗兔(细胞信号,1∶2000)二抗室温孵育 2h,TBST 脱色摇床清洗三遍。

免疫检测:PVDF 膜上均匀滴加 ECL 化学显色液,发光强度用 Image Quant LAS 4000 mini 化学发光成像检测仪检测拍照。

2.7.1.4 数据分析

数据分析采用 SPSS 19.0、GraphPad Prism 5.0、Quantity one 处理分析,$P < 0.05$ 具有统计学意义。

2.7.2 结果

2.7.2.1 试验期间雌鼠体重变化

表 2 – 17 结果显示,试验期间雌鼠的体重与 NC 组比较没有明显变化,无显著性($P > 0.05$),试验结果与我们前期基础 GEN 作用于雌鼠体重结果一致。

表 2 – 17　雌鼠体重变化($\bar{x} \pm s$, g, $n = 8$)

组别	0 周	1 周	2 周	3 周	4 周
阴性对照组	218.82 ± 2.72	255.55 ± 8.09	266.97 ± 8.87	274.51 ± 9.26	282.90 ± 8.62
低剂量组	217.67 ± 2.49	241.37 ± 3.77	254.74 ± 3.58	267.50 ± 5.28	273.24 ± 7.18
中剂量组	218.94 ± 3.34	248.70 ± 3.43	269.38 ± 4.38	282.64 ± 4.28	289.80 ± 4.20
高剂量组	218.98 ± 4.06	247.40 ± 3.90	269.74 ± 4.28	293.30 ± 4.23	293.10 ± 6.11
雌激素组	218.18 ± 4.90	249.91 ± 7.07	263.71 ± 4.09	264.30 ± 4.26	262.85 ± 4.32

＊:与 NC 组相比,差异显著($P < 0.05$)。

图 2 – 15 结果显示,与 NC 组比较,各剂量组 StAR、P450 scc、CYP19mRNA 表达水平均升高,尤其以中剂量组(mRNA 相对表达量分别为 2.731 ± 1.348、2.691 ± 1.229、3.348 ± 1.715)、高剂量组(mRNA 相对表达量分别为 2.410 ± 0.864、3.198 ± 0.859、3.153 ± 1.284)升高明显,差异有显著性($P < 0.05$),与 PC 组效果相似。在 GEN 的作用下,卵巢内起到运转作用的 StAR mRNA 表达增加,同时 P450 scc mRNA 也显著提高,作用于下游产物的酶基因 CYP19 mRNA 也得到了提高,此过程没有雌雄激素生成相关基因的异常表达,推测 GEN 可能通过

影响 mRNA 的表达来影响激素合成。

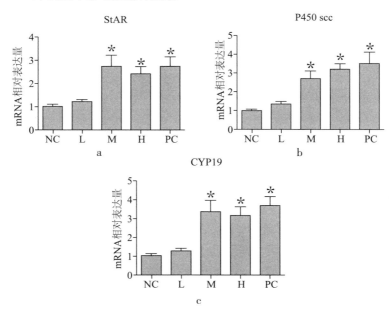

图 2 - 15　各组大鼠卵巢组织中 StAR、P450 scc、CYP19mRNA 的表达水平($n = 8$)
*：与 NC 组相比，差异显著($P < 0.05$)。a：StAR 的 mRNA 的表达量；
b：P450 scc mRNA 的表达量；c：CYP19mRNA 的表达量。

2.7.2.2　Western blot 检测大鼠卵巢 StAR 与 P450 scc 蛋白表达情况

由图 2 - 16 可见,各组大鼠卵巢中 StAR、P450 scc 蛋白的表达量均高于 NC 组,H 组 StAR 蛋白表达水平(1.024 ± 0.070)增加明显($P < 0.05$); GEN 中剂量组(0.608 ± 0.033)和高剂量组(0.953 ± 0.053)的 P450 scc 蛋白表达水平增高,与 NC 组比较,差异显著($P < 0.05$)。Western blot 蛋白检测结果与 mRNA 表达相一致,表明 GEN 可以通过影响雄激素生成的关键酶基因及蛋白的表达来影响其生成。

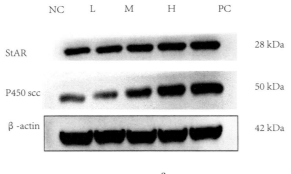

a

图 2 - 16

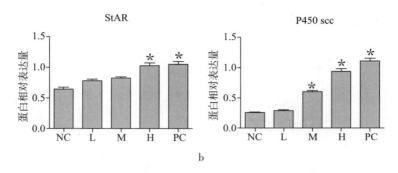

图 2 – 16　各组雌鼠卵巢 StAR、P450 scc 蛋白灰度检测结果(n = 8)
*：与 NC 组相比，差异显著($P < 0.05$)；a：StAR、P450 scc、β – actin 的蛋白印迹，
b：StAR、P450 scc 蛋白的相对表达量。

2.7.3　讨论

　　类固醇激素是在肾上腺，卵巢，睾丸，胎盘，脑和皮肤的类固醇生成细胞中合成的一类重要的调节分子，并影响一系列发育和生理过程。StAR 主要介导类固醇生物合成中的限速步骤，即将所有类固醇激素，胆固醇的底物从外部线粒体膜转运到内部线粒体膜。在内膜，细胞色素 P450 scc 切割胆固醇侧链以形成第一类固醇——孕烯醇酮，其通过一系列酶转化成特定组织中的各种类固醇激素。维持正常的生殖发育和功能，以及身体内稳态取决于类固醇激素。睾酮 P450 scc 在哺乳动物的卵巢、睾丸等组织中的线粒体内有合成，是唯一将胆固醇转化为孕烯醇酮的酶，孕烯醇酮是合成黄体酮的重要中间体，在 P450c17、P450 arom 作用下转变为雌二醇。研究表明，在兔、羊、牛的体内黄体中的 StARmRNA 的表达水平与黄体酮的变化在一定短时间内是一致的。由先天缺陷或实验诱导方法敲除线粒体内类固醇激素合成急性调控蛋白，即 StAR 和类固醇生物合成酶 P450c17 导致的雌性胎仔雄激素合成不足，会明显地导致卵巢功能障碍，且雄激素不足会持续到出生以后。雄激素基因的过多表达在人卵巢颗粒细胞中的表达尚未明确，在睾酮刺激后的卵巢颗粒细胞中的 StAR 的表达是不稳定的，呈现波动状态。

　　GEN 可以抑制新生鼠卵母细胞巢的破裂、抑制卵母细胞凋亡，但对成年和早期老年大鼠卵巢的作用尚不清楚。相关实验显示，GEN 对处于生育期大、小鼠干预可能会导致生育能力降低，甚至造成不育或不孕。综上所述，有关 GEN 对于青年雌鼠卵巢的作用机制尚不明确，研究结果也不尽相同。本研究显示 15 mg/kg·bw·d 低剂量的 GEN 对青年雌性大鼠卵巢组织中 StAR、P450 scc、CYP19 mRNA 表达无明显影响；给予 30 ~ 60 mg/kg 的 GEN 干预后，各组大鼠卵巢 StAR、P450 scc、CYP19 mRNA 的表达水平增高，StAR、P450 scc 蛋白水平也显著增加，说明 GEN 可增加雄激素生成关键酶的水平，促进胆固醇转化为雄激素，进而间接提升青年雌性大鼠体内的 E2 含量，意义在于补充体内雌激素缺少的作用，E2 可直接作用于卵巢，刺激卵泡发育；也可促进或抑制促性腺激素的释放，从而间接影响卵巢功能。而 StAR、P450 scc 的转录还受邻苯二甲酸二乙基己基酯、生长因子、前列腺素、甲状腺素、类固醇等多种因素的调节，后面的研究中可以考虑对处于国内外热门研究，对生长分化及发育中起重要作用的基质细胞衍生因子 - 1（CXCL - 12）及早期生长反应因子 - 1（EGR - 1）的影响。对于更加深入的医学及分子生物学的研究可基于组学的方法，例如转录组学，蛋白质组学和代谢组学等方法进行研究，有助于更好地理解芳香化和非芳香化雄激素如何调节卵巢，进一步明确金雀异黄素对卵巢功能作用的机制。

2.8　金雀异黄素对青年雌性大鼠体内促性腺激素及胰岛素样生长因子表达的影响

胰岛素样生长因子（Insulin - like growth factors，IGFs）对卵巢作用主要是扩大促性腺激素（gonadotropins，Gn）的效应，并在正常卵泡中期 FSH 水平低时，卵泡仍能自行生长发育中起重要作用，IGFs 刺激卵巢细胞有丝分裂和类固醇生成及抑制凋亡。循环血液中的 IGFs 家族的 IGF - 1、IGFBP - 1 主要由肝脏合成并分泌，其表达受多种营养条件调控，与动物所处生理状态也密切相关，在循环血液中 IGFBP - 1 主要功能是抑制 IGF - 1 的活性，在血液中，IGFBP1 - IGFBP - 6，可以延长血液中的 IGF - 1 的半衰期。IGFBP - 1 调节 IGF - 1 可以在伤口愈合中起到重要作用。IGF 家族还与糖尿病、甲亢、免疫系统、癌症等疾病的发生有关。植物雌激素主要有 3 类：异黄酮类（Isoflavones）、木酚素类（Lig - nans）和黄豆素类（Coumestans），存在于豆类物质、植物及其种籽中，其中异黄酮含量较高，GEN 是大豆异黄酮中活性较强的成分，与人体自身的雌激素在分子结构上相似，可与雌激素受体相结合，产生雌激素样作用。

国内学者关于大豆异黄酮对动物卵巢的影响报道较多，顾欢等将大豆异黄酮加入产蛋后期蛋鸡饲粮中，50 mg/kg 时能够显著提高产蛋率，并表示其对蛋鸡的蛋的品质及繁殖器官无副作用；卢建等在饲粮中添加 50、100、200 mg/kg 大豆黄酮能够提高皋黄鸡的受精蛋及入孵蛋孵化率，同时也未发现副作用的发生。曹满湖等发现大豆异黄酮可能通过提高 E2 与 β - 内啡肽，来改善卵巢的功能。

关于金雀异黄素对雌性动物卵巢的实验研究报道较少,国外学者 Jourdehi 等就 GEN 及雌马酚(equol,EQ)对雌性 Huso huso 鱼进行干预显示,GEN 与 EQ 均可以提升卵母细胞直径,提升 E_2 的水平,表明 GEN 及 EQ 添加在饲粮中,对渔业的发展有帮助。综合国内外的研究表明,目前 GEN 的作用研究大多集中在治疗去卵巢骨质疏松、绝经期的雌激素替代治疗、多囊卵巢综合征的治疗等方面,就 GEN 对青年雌性大鼠的卵巢内功能基因及生育能力的影响较少。

我们在前面的研究中发现 GEN 的雌激素样作用对青年期、成年期、围绝经期的雌性大鼠卵巢功能具有明显的调节作用。我们已经通过动物试验证实 GEN 在试验剂量下,对小鼠的卵巢及其他重要脏器无明显影响。在此基础上,进一步研究 GEN 对雌性大鼠卵巢功能的调节作用,我们选择了体内促性腺激素及胰岛素样生长因子作为研究目标,并研究它们的相关性,为进一步研究 GEN 对卵巢功能的调节作用及生殖能力的影响提供理论依据。

2.8.1　材料与方法

GEN(99.82%)上海融禾医药科技发展有限公司,已烯雌酚(DES)(99.4%)西安天正药用辅料有限公司,花生油山东鲁花集团有限公司,基础饲料:SAFD 基础饲粮组成见表 2-18(其是为了排除饲粮中可能含有的 GEN 对试验的影响,突出 GEN 的作用效果)。

表 2-18　基础饲粮组成

组成	含量(%)
玉米面	30.56
小麦粉	27.27
鱼粉(60% 蛋白)	10.00
粗小麦	10.00
酪蛋白	7.00
脱脂奶	5.00
玉米蛋白(6%)	3.00
玉米油	2.00
酵母	2.00
AIN 矿物盐	3.00
维生素预混物	0.05
氯化胆碱(60% 活性成分)	0.12

荧光定量 PCR 试剂盒,thermo PCR 逆转录试剂盒(Fermentas),ELISA 检测试剂盒(上海研谨生物科技有限公司)。

TG - 16M 低温冷冻离心机(上海卢湘仪离心机仪器有限公司),K - 30 旋涡振荡器(青浦泸西仪器厂),PRO - 200 电动匀浆机(FLUKO),Nanodrop - 2000 超微量分光光度计(Thermo),ABI - 7300 Real - time 检测仪(ABI 公司),酶标仪(BioTec)。

2.8.1.1　方法

(1)动物与分组。

雌性 SD 大鼠 40 只,日龄为 49 天,体质量(200 g ± 20 g),许可证号:SCXK(黑)203 - 001。按照体质量随机分为 5 组,每组各 8 只,单笼饲养;分别为:NC:蒸馏水灌胃;L: GEN 15 mg/kg 灌胃;M: GEN 30 mg/kg 灌胃;H: GEN 60 mg/kg灌胃;PC:DES 0.5 mg/kg 灌胃。

每天给予 14 h/10 h 的周期性光照,动物室温度20℃ ±2℃,相对湿度45% ± 10%,饮水充足,基础饲粮为自由采食。剂量组给予 GEN 连续灌胃 30 天。

(2)观察指标及检测方法。

30 天给药后,对所有大鼠进行阴道涂片观察,挑选出处于动情间期大鼠,禁食不禁水 12h 后,采用乙醚麻醉并腹主动脉取血,采集卵巢液氮速冻后放入 -80℃冰箱保存。

(3)血清中指标测定。

采用 ELISA 试剂盒检测,按照说明书操作。

(4)卵巢中 IGF - 1、IGFBP - 1 基因表达测定。

NCBI 引物设计工具设计实时荧光 PCR 扩增引物,由上海生工生物技术有限公司合成,具体见表 2 - 19。

表 2 - 19　实时荧光定量 PCR 引物

基因	序列(5´- >3´)	长度	开始	终止	Tm	产物长度
β - actin	ACCCGCGAGTACAACCTTC	19	16	34	59.71	287
	ATGCCGTGTTCAATGGGGTA	20	302	283	59.67	
IGF - 1	CCGGGACGTACCAAAATGAG	20	17	36	58.63	174
	CCTTGGTCCACACACGAACT	20	190	171	60.18	
IGFBP - 1	TTCTTGGCCGTTCCTGATCC	20	183	202	60.04	139
	AGAAATCTCGGGGCACGAAG	20	321	302	60.11	

按 Trizol 试剂盒说明提取总 RNA；Nanodrop 2000 超微量分光光度计测定 RNA 的 OD 值，判断 RNA 的纯度和浓度，OD 值在 1.8～2.0 之间即可。

反转录合成 cDNA 条件：

总体积 25 μL：RNA – Primer Mix：12 μL，5 × RT Reaction Buffer：5 μL，25 mmol/LdNTPs：1 μL，25 U/μL RNase Inhibitor：1 μL，200 U/μL M – MLV Rtase：1 μL，Oligo(dt)18：1 μL，ddH$_2$O（DNase – free）：4 μL。

反应程序：37℃，60 min；85℃，5 min；4℃，5 min；置于 –20℃ 保存。

实时荧光 PCR 反应条件：

总体积 25 μL：cDNA 模板：2 μL，SYBRGreen Mix：12.5 μL，上游引物 F：0.5 μL，下游引物 R：0.5 μL，ddH$_2$O：9.5 μL。

反应程序：

95℃，10 min（95℃，15 sec；60℃，45 sec）× 40；95℃，15 sec；60℃，1 min；95℃，15 sec；60℃，15 sec。

2.8.1.2 数据分析

采用 SPSS 19.0、GraphPad Prism 5.0 等软件进行数据分析作图。

2.8.2 结果

2.8.2.1 大鼠血清中指标测定结果

表 2 – 20 结果显示，与 NC 组比较，血清中 FSH 与 LH 水平均表现上升趋势，效果与雌激素相似。

图 2 – 17 结果显示，与 NC 组比较，GEN 各剂量组大鼠血清中 IGF – 1 的水平降低，但差异不显著；各 GEN 剂量组 IGFBP – 1 的水平升高，L、H 组有显著性（$P < 0.05$），M 组差异极显著（$P < 0.01$）。

表 2 – 20　血清中 FSH 和 LH 水平（$\bar{x} \pm s$, $n = 8$）

类别	FSH（IU/L）	LH（mIU/mL）
阴性对照组	2.035 ± 0.055	1.427 ± 0.059
低剂量组	2.939 ± 0.260	1.584 ± 0.067
中剂量组	3.311 ± 0.254	1.796 ± 0.146
高剂量组	3.541 ± 0.409	2.115 ± 0.267
雌激素组	3.629 ± 0.468 *	2.707 ± 0.292

* ：与对照组相比，差异显著（$P < 0.05$）。

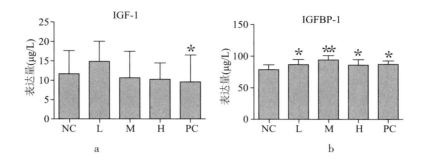

图 2-17　雌性大鼠 IGF-1、IGFBP-1 在血清中的表达量（n=8）
*:差异显著（P<0.05）；**:差异极显著（P<0.01）。a:IGF-1 血清中的表达量;b:IGFBP-1 血清中的表达量。

2.8.2.2　大鼠卵巢组织中 IGF-1、IGFBP-1mRNA 表达水平

图 2-18 结果显示与 NC 组比较,各剂量组 IGF-1、IGFBP-1mRNA 水平均提高,其中 M、H 组升高明显,差异有显著性（P<0.05）。

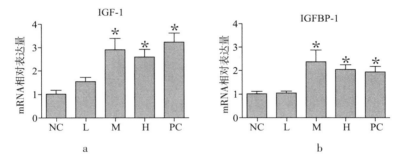

图 2-18　各组大鼠卵巢组织中 IGF-1、IGFBP-1mRNA 的表达水平（n=8）
*:差异显著（P<0.05）。a:IGF-1mRNA 的表达量;b:IGFBP-1mRNA 的表达量。

2.8.3　讨论

IGFBP-1 对 IGF-1 活性的调节是复杂的,在空腹状态下,由于胰岛素的低抑制效应和皮质醇和胰高血糖素对肝 IGFBP-1 转录的刺激作用,IGFBP-1 水平较高,因为 IGFBP-1 对 IGF-1 的亲和力超过 IGF-1 对于 1 型 IGF 受体的亲和力,高 IGFBP-1 水平可以降低 IGF-1 结合 IGF-1 受体,从而降低 IGF-1 对外周代谢的胰岛素样活性。空腹检测较高的 IGFBP-1 与前列腺癌的相关性较低,而较高的 IGF-1 却是相反的。有文献表示,IGFBP-1 可以不与 IGF-1 结合,直接与细胞膜上受体蛋白作用,刺激中国仓鼠卵巢细胞迁移。硬骨鱼卵母细

胞发育及成熟过程中,人的重组 IGF1 能刺激 Pagrus major、Cynoscion nebulosus 鱼卵巢中的生发泡破裂,促进其卵母细胞的成熟。PCOS 妇女的卵巢中,IGF - 1 和胰岛素、促黄体生成激素(LH)协同作用,通过旁分泌、自分泌和内分泌协同作用增加雄激素的产生,IGFBP - 1 的表达量降低,引发高雄激素血症,抑制卵泡成熟和雌激素的合成。IGFBP - 1 在各组织中的 mRNA 的表达是不同的,在卵巢中的表达弱于肝脏。IGF - 1mRNA 在正常卵巢的小窦卵泡和闭锁卵泡膜细胞上表达水平较低,在优势卵泡中则不表达,而 IGFBP - 1mRNA 仅出现于优势卵泡的颗粒细胞上,研究表明 IGF - I 在培养的颗粒细胞中的分泌和作用中可以以自分泌或旁分泌方式起作用以扩增 Gn 在卵巢水平的作用,而 Gn 是调节脊椎动物性腺发育,促进性激素生成和分泌的糖蛋白激素,如垂体前叶分泌的 LH 和促卵泡成熟激素(FSH),两者协同作用,可刺激卵巢或睾丸中生殖细胞的发育及性激素的生成及分泌作用。

2.8.4 结论

本试验结果显示,GEN 通过促进雌性大鼠血清中 FSH、LH 的分泌,调控血清中 IGFBP - 1、IGF - 1 的水平,并同时对卵巢中 IGFBP - 1、IGF - 1 mRNA 的表达产生一定的影响。另外,IGFs 能够提升卵巢对 Gn 的效应。上述指标在 GEN 的作用下,共同协调作用于卵巢,可促进卵泡的成熟,调节卵巢功能。

参考文献

[1]Afroze A, Peter J G, Mark T K. Role of IGF - 1 in glucose regulation and cardio-vascular disease[J]. Expert Rev Cardiovasc Ther, 2008, 6(8):1135 - 1149.

[2]Allen N E, Appleby P N, Kaaks R, et al. Lifestyle determinants of serum insulin-like growth - factor - I (IGF - I), C - peptide and hormone binding protein levels in British women[J]. Cancer Causes & Control, 2003, 14(1):65 - 74.

[3]Amato G, Izzo A, Tucker A, et al. Insulin - like growth factor binding protein - 3 reducti on in follicular fluid in spontaneous and stimulated cycles[J]. Fertility & Sterility, 1998, 70(1):141 - 144.

[4]Amiri G S, Mohammad J R, Algazo M, et al. Genistein modulation of seizure: involve ment of estrogen and serotonin receptors[J]. Journal of Natural Medicines, 2017, 71(3):537 - 544.

[5]Arany E, Afford S, Strain A J, et al. Differential cellular synthesis of insulin – like growth factor binding protein – 1 （IGFBP – 1） and IGFBP – 3 within human liver [J]. The Journal of clinical endocrinology and metabolism, 1994, 79: 1871 – 1876.

[6]Arora A,Byrem T M, Nair M G, et al. Modulation of liposomal membrane fluidity by flavonoids and isoflavonoids [J]. Archives of Biochemistry & Biophysics, 2000, 373(1):102 – 109.

[7]Arora A, Nair M G, Strasburg G M. Antioxidant Activities ofIsoflavones and Their Biological Metabolites in a Liposomal System[J]. Arch Biochem. Biophys, 1998, 356(2):133 – 141.

[8]Bajkacz, Sylwia, Adamek, et al. Evaluation of new natural deep eutectic solvents for the extraction of isoflavones from soy products[J]. Talanta: The International Journal of Pure and Applied Analytical Chemistry, 2017, 168:329 – 335.

[9]Binkert C, Landwehr J, Mary J L, et al. Cloning, sequence analysis and expression of a cDNA encoding an ovel insulin – like growth factor binding protein（IG-FBP – 2）[J]. Embo Journal, 1989, 8:2497 – 2502.

[10]BOSMANN H B, HALES K H, LI X, et al. Acuteinvivo inhibition of testosterone by endotoxin parallels loss of steroidogenic acute regulatory（STAR）protein in Leydig cells[J]. Endocrinology, 1996, 137:4522 – 4525.

[11]Cai Qiuyin, Wei Huachen. Effect of dietary genistein on antioxidant enzyme in SENC AR mice[J]. Nutrition and Cancer, 1996, 25(1):1 – 7.

[12]Carlos P A, M H V, J H G, et al. The role of insulin – like growth factor in polycystic ovary syndrome[J]. Ginecologia Y Obstetricia De Mexico, 1999, 67 (67):267.

[13]CARRAT G R, H U M, NGUYEN – TU M S, et al. Decreased STARD10 Expression Is Associated with Defective Insulin Secretion in Humans and Mice[J]. American Journal of Human Genetics, 2017, 100(2):238.

[14]Chan W H, Yu J S. Inhibition of UV irradiation – induced oxidative and apoptotic biochemical changes in human epidermal carcinoma A431 cells by genistein [J]. Journal of Cellular Biochemistry, 2000, 78(1):73 – 84.

[15]CHEN Minghui, XU Yanwen, MIAO Benyu, et al. Expression pattern of circadian genes and steroidogenesis – related genes after testosterone stimulation in the hu-

man ovary[J]. Journal of Ovarian Research, 2016, 9(1):56.

[16]CIVES M, QUARESMINI D, RIZZO F M, et al. Osteotropism of neuroendocrine tumors: role of the CXCL12/CXCR4 pathway in promoting EMT in vitro[J]. Oncotarget, 2017, 8(14):22534 – 22549.

[17]Djuric A. Effect of soy isoflavone supplementation on markers of oxidative stress in men and women[J]. Cancer Letters, 2001, 172(1):1 – 6.

[18]Dong L, Wang W, Wang F, et al. Mechanisms of Transcriptional Activation of bcl – 2Ge ne Expression by 17 – Estradiol in Breast Cancer Cells[J]. Journal of Biological Chemistry, 1999, 274(45):32099 – 32107.

[19]Ezzat V A, Duncan E R, Wheatcroft S B, et al. The role of IGF – I and its binding proteins in the development of type 2 diabetes and cardiovascular disease [J]. Diabetes O besity & Metabolism, 2010, 10(3):198 – 211.

[20]Florian D, Mohamed K. The Role of Early Growth Response 1 (EGR1) in Brain Plasticity and Neuropsychiatric Disorders [J]. Frontiers in Behavioral Neuroscience, 2017, 11: 35.

[21]Geller S E, Studee L. Botanical and dietary supplements for menopausal symptoms: what works, what does not[J]. J Women's Health (Larchmt), 2005, 14 (7):634 – 649.

[22] Hammond J M. Gonadotropins increaseconc entrations of immunoreactive insulin – like growth factor – I in porcine follicular fluid in vivo[J]. Biology of Reproduction, 1988, 38 (2):304 – 308.

[23] Helen, Wiseman, James, et al. Isoflavone phytoestrogens consumed in soydecrease F2 – isoprostane concentrations and increase resistance of low – density lipoprotein to oxidation in humans1,2,3[J]. American Journal of Clinical Nutrition, 2000, 72:395 – 400.

[24]Jayesh, Puthumana, Min Chul, et al. Ultraviolet B radiation induces impaired lifecycle traits and modulates expression of cytochrome P450 (CYP) genes in the copepod Tigri opus japonicus[J]. Aquatic Toxicology, 2017.

[25]Jones J I, Gockerman A, Busby W H, et al. Insulin – Like Growth Factor Binding Prote in 1 Stimulates Cell Migration and Binds to the α5β Integrin by Means of its Arg – Gly – Asp Sequence[J]. Proceedings of the National Academy of Sciences of the United States of America, 1993, 90(22):10553 – 10557.

[26] Jourdehi A Y, Sudagar M, Bahmani M, et al. Comparative study of dietary soy phytoe strogens genistein and equol effects on growth parameters and ovarian development in far med female beluga sturgeon, Huso huso[J]. Fish Physiology and Biochemistry, 2014, 40(1):117 − 128.

[27] Kagawa H, Kobayashi M, Haseqawa Y, et al. Insulin and insulin − like growth factors I and II induce final maturation of oocytes of red seabream, Pagrus major, in vitro[J]. Gen Comp Endocrinol, 1994, 95(2):293 − 300.

[28] Kameoka S, Leavitt P, Chang C, et al. Expression of antioxidant proteins in human in testinal Caco − 2 cells treated with dietary flavonoids[J]. Cancer Letters, 1999, 146(2):161.

[29] KIRCH D G, DOSEFF A, CHAU B N, et al. Caspase − 3 − dependent cleavage of Bcl − 2 promotes release ofcytochromec[J]. Journal Biology Chemistry, 1999, 274(30):21155 − 21161.

[30] Kuo S M, Leavitt P S. Genistein increases metallothionein expression in human intestinal cells, Caco − 2.[J]. Biochemistry & Cell Biology − biochimie Et Biologie Cellulaire, 1999, 77(2):79 − 88.

[31] Lee C H, Yang L, Xu J Z, et al. Relative antioxidant activity of soybean isoflavones and their glycosides[J]. Food Chemistry, 2005, 90(4):735 − 741.

[32] Lee C, Raffaghello L, Longo V D. Starvation, detoxification, and multidrug resistance in cancer therapy[J]. Drug Resistance Updates Reviews & Commentaries in Antimicrobial & Anticancer Chemotherapy, 2012, 15(1 − 2):114 − 122.

[33] Lee P D K, Giudice L C, Conover C A, et al. Insulin − like Growth Factor Binding Protein − 1: Recent Findings and New Directions[J]. Proceedings of the Society for Experimental Biology & Medicine Society for Experimental Biology & Medicine, 1997, 216 (3):319.

[34] Lieberman S, Ma S, He Y. New assumptions about oxidative processes involved in steroid hormone biosynthesis: is the role of cytochrome P − 450 − activated dioxygen limited to hydroxylation reactions or are dioxygen insertion reactions also possible? [J]. Journal of Steroid Biochemistry & Molecular Biology, 2005, 94(5):405 − 420.

[35] Mari K M, Tohru S, Kaori M M. et al. Genistein suppresses antigen − specific immuner esponses through competition with 17β − estradiol for estrogen receptors in

ovalbumin – immunized BALB/c mice［J］. Nutrition，2006，22（7 – 8）: 802 – 809.

［36］Meng Q H，Lewis P，W H L K，et al. Incorporation of esterified soybean isofla-vones with antioxidant activity into low density lipoprotein［J］. Biochim. biophys. acta，1999，1438（3）:369 – 376.

［37］Miller E，Malinowska K，Elzbieta，et al. Role of flavonoids as antioxidants in hu-man organism［J］. Pol Merkur Lekarski，2008，24（144）:556 – 560.

［38］Mitchell J H，Gardner P T，Mcphail D B，et al. Antioxidant efficacy of phy-toestrogens in chemical and biological model systems［J］. Archives of Biochemis-try & Biophysics，1998，360（1）:142.

［39］Naderi G A，Asgary S，Sarraf – Zadegan N，et al. Antioxidant effect of fla-vonoids on the susceptibility of LDL oxidation［J］. Molecular & Cellular Bio-chemistry，2003，33（1 – 2）: 193 – 196.

［40］Olaf H，Paul – Martin H，Ralf W，et al. Homozygous disruption of P450sid e – chain cleavage（CYP11A1）is associated with prematurity，complete 46，XY sex reversal，and severe adrenal failure［J］. Clinical Endocrinology and Metabo-lism，2005，90（1）:538 – 541.

［41］Orie N N，Zidek W，Tepel M. Reactive Oxygen species in essential hypertension and non – insulin – dependent diabetes mellitus［J］. American Journal of Hyper-tension，1999，12（12）:1169 – 1174.

［42］Pang Xiaoyun，Yao Minghui，Lu Yingqing，et al. Effect of soy isoflavones on malondialdehyde and superoxide dismutase of blood and liver in hypercholester-olemia rats［J］. Chinese Journal of New Drugs and Clinical Remedies，2002，21:257 – 261.

［43］Pescador N. Steroidogenic acute regulatory protein in bovine corpora lutea［J］. Biology of Reproduction，1996，55（2）:485.

［44］QIU Yanyan，SUI Xianxian，CAO Shengxuan，et al. Steroidogenic acute regula-tory pro tein（StAR）overexpression reduces inflammation and insulin resistance in obese mice［J］. Journal of Cellular Biochemistry，2017.

［45］Rajpathak S N，Gunter M J，Wylie – Rosett J，et al. The role of insulin – like growth fact or – I and its binding proteins in glucose homeostasis and type 2 dia-betes［J］. Diabetesmet abolism Research & Reviews，2010，25（1）:3 – 12.

［46］Ravid S, Kimihisa T, Abraham A. Glucocorticoids protect against apoptosis induced by serum deprivation, cyclic adenosine 3',5' - monophosphate and p53 activation in immor talized human granulose cells Involvement of Bcl - 2［J］. Edocrinology, 2001, 142(2):802 - 811.

［47］Shimasaki S, Shimonaka M, Zhang H P, et al. Identification of five different insulin - like growth factor binding proteins (IGFBPs) from adult rat serum and molecular clonin g of a novel IGFBP - 5 in rat and human［J］. Journal of Biological Chemistry, 1991, 266 (16):10646 - 10653.

［48］Sierens J, Hartley J A, Campbell M J, et al. Effect of phytoestrogen and antioxidant supplementation on oxidative DNA damage assessed using the comet assay［J］. Mutation Research/Fundamental and Molecular Mechanisms of Mutagenesis, 2001, 485(2):169 - 176.

［49］Skottner A, Kanje M, Jennische E, et al. Tissue repair and IGF - 1［J］. Acta Paediatrica Scandinavica Supplement, 1988, 347(347):110.

［50］Smith T J. Insulin - Like Growth Factor - I Regulation of Immune Function: A Potential Therapeutic Target in Autoimmune Diseases［J］. Pharmacological Reviews, 2010, 62(2):199 - 236.

［51］Steele V E, Pereira M A, Sigman C C, et al. Cancer chemoprevention agent development strategies for genistein［J］. Journal of Nutrition, 1995, 125:713 - 716.

［52］Stocco D M, Vimal S. Yet Another Scenario in the Regulation of the Steroidogenic Acute Regulatory (STAR) Protein Gene［J］. Endocrinology, 2017(2):235 - 238.

［53］Thomas P, Pinter J, Das S. Upregulation of the maturation - inducing steroid membrane receptor in spotted seatrout ovaries by gonadotropin during oocyte maturation and its physiological significance［J］. Biology of Reproduction, 2001, 64 (1):21 - 29.

［54］Tikkanen M J, Adlercreutz H. Dietary soy derived isoflavone phytoestrogens. Could they have a role in coronary heart disease prevention［J］. Biochemical Pharmacology, 2000, 60(1):1 - 5.

［55］Toda S, Shirataki Y. Comparison of antioxidative and chelating effects of daidzein and daidzin on protein oxidative modification by copper in vitro［J］. Biological Trace Element Research, 2001, 79(1):83 - 89.

［56］Toda S,Shirataki Y. Inhibitory effects of isoflavones on lipid peroxidation by reactive oxygen species［J］. Phytotherapy Research, 2010, 13(2):163 – 165.

［57］TOWNSON D H, WANG X J, KEYES P L, et al. Expression of the steroidogenic acute regulatory protein (STAR) in the corpus luteum of the rabbit: dependence upon the luteotrophic hormone, 17β-estradiol［J］. Biology of Reproduction, 1996, 55:868 – 874.

［58］Upmalis D H, Lobo R, Bradley L, et al. Vasomotor symptom relief by soy isoflavone extract tablets in postmenopausal women: a multicenter, double – blind, randomized, place bocontrolled study［J］. Menopause the Journal of the North American Menopause Society, 2000, 7(4):236.

［59］Vedavanam K, Srijayanta S, O'Reilly J, et al. Antioxidant action and potential antidiab etic properties of an isoflavonoid – containing soyabean phytochemical extract (SPE)［J］. Phytotherapy Research, 2015, 13(7):601 – 608.

［60］Wagner J D, Anthony M S, Cline J M. Soyphtoestrogens: research on benefits and risks［J］. Clinical obstetrics and gynecology, 2001, 44:843 – 852.

［61］Wang H J, Murphy P A. Isoflavone Composition of American and Japanese Soybeans in Iowa: Effects of Variety, Crop Year, and Location［J］. Journal of Agricultural and Food Chemistry, 1993, 42(8):1674 – 1677.

［62］Wei H, Bowen R, Cai Q, et al. Antioxidant and Antipromotional Effects of the Soybean Isoflavone Genistein［J］. Proc Soc Exp Biol Med, 1995, 208 (1):124 – 130.

［63］Wei H. Inhibition of UV light and Fenton reaction induced oxidative DNA damage by the soybeanisoflavone genistein［J］. Carcinogenesis, 1996, 17:73 – 77.

［64］Wheatcroft S B, Kearney M T. IGF – dependent and IGF – independent actions of IGF – binding protein – 1 and – 2: implications for metabolic homeostasis ［J］. Trends Endocrinol Met ab, 2009, 20(4):153 – 162.

［65］Yang J, Liu X, Bhlla K, et al. Prevention of apoptosis by Bcl – 2 release of cytochromec from mitochondria blocked［J］. Sience, 1997, 275(5303):1129 – 1132.

［66］蔡娟, 顾欢, 常玲玲, 等. 大豆黄酮在蛋鸡饲料中的安全性评价:生产性能、蛋品质和繁殖器官发育［J］. 动物营养学报, 2013, 25(3):635 – 642.

［67］曹满湖, 罗理成, 孙佳静, 等. 大豆异黄酮对产蛋后期蛋鸡卵巢机能的影响［J］. 动物营养学报, 2016, 28(8):2458 – 2464.

［68］迟晓星，张涛，郑丽娜，等.大豆异黄酮对青年雌性大鼠的抗氧化作用研究［J］.中国食品学报，2010，10（5）：78 – 82.

［69］迟晓星，张涛，钱丽丽，等.大豆异黄酮对青年雌性大鼠卵巢、子宫组织中 Bcl – 2 mRNA 和 Bax mRNA 表达的影响［J］.食品科学，2010，31（11）：231 – 233.

［70］迟晓星.植物雌激素及其对雄性生殖系统影响的研究进展［J］.国外医学：卫生学分册，2001（6）：26 – 28.

［71］崔洪斌.大豆生物活性物质的开发与应用［J］.中国食物与营养，2000，000（1）：15 – 17.

［72］戴雨，戴大江，牛建昭，等.大豆黄酮类对去卵巢大鼠性激素、血脂、腹部脂肪的影响［J］.中国比较医学杂志，2003，13（2）：84 – 86.

［73］顾欢，施寿荣，童海兵，等.大豆黄酮对产蛋后期蛋鸡生产性能、血液指标和经济效益的影响［J］.动物营养学报，2013，25（2）：390 – 396.

［74］黄琼，杨杏芬，李文立，等.大豆异黄酮抗大鼠 T 细胞衰老及抗氧化作用研究［J］.中国食品卫生杂志，2005，17（5）：407 – 411.

［75］黄舒颖，卿城，朱元方.早期生长反应因子 1 在正常卵巢及卵巢良、恶性肿瘤组织中的表达及意义［J］.广东医学，2015，000（7）：1045 – 1048.

［76］蒋彦，刘复权.卵巢内调节因子与多囊卵巢综合征［J］.中国妇幼健康研究，2003，014（2）：104 – 107.

［77］李国莉，杨建军，刘贺荣，等.大豆异黄酮抗氧化效能的研究［J］.食品科学，2005，（10）：193 – 195.

［78］林松，沈维干.金雀异黄素对雌性小鼠卵母细胞成熟及其受精能力的影响［J］.南京医科大学学报自然科学版，2008，28（7）：845 – 849.

［79］林文琴，杨海燕，陈霞，等.卵泡刺激素/黄体生成素比值与体外受精 – 胚胎移植结局的关系［J］.温州医学院学报，2009（2）：66 – 68.

［80］刘耕陶.氧自由基损伤与抗氧化剂［J］.生理科学进展，1988，8（2）：83.

［81］刘淑敏，万力，常薇.邻苯二甲酸二乙基己基酯暴露对青春期大鼠卵巢 StAR、P450 scc 基因表达的影响［J］.卫生研究，2014，43（1）：143 – 145.

［82］刘宗超，韦章超，刘勇，等.基质细胞衍生因 1 对于血管内皮细胞增殖影响及其相关机制研究［J］.中国修复重建外科杂志，2017（1）：91 – 97.

［83］卢建，王克华，曲亮，等.大豆黄酮对 45 – 58 周龄如皋黄鸡蛋鸡生产性能、繁殖器官发育和种蛋孵化率的影响［J］.动物营养学报，2014，26

（11）：3420.

[84]吕维善，胥尔亢.人类衰老机理的现代理论[J].中华医学杂志，1982，63
（3）：181.

[85]钱丽丽，左锋，唐彦军.大豆异黄酮提取方法的研究进展[J].黑龙江八一农
垦大学学报，2006，18（005）：64－67.

[86]秦佳佳.中成药坤宁安调控围绝经期大鼠卵巢颗粒细胞凋亡因子BCL－2
mRNA表达的特点[J].中国临床康复，2006，10（19）：149－151.

[87]石如玲，许建功，杨磊，等.老年和青年大鼠大脑皮质脂肪酸组成及含量的
对比分析[J].中国生物化学与分子生物学报，2010，26（12）：1165－1169.

[88]宋娟娟，吴效科，侯丽辉.卵巢功能障碍与多囊卵巢综合征[C].哈尔滨：哈
尔滨多囊卵巢综合征国际论坛，2006.

[89]宋祥福，冯彪，石贵山，等.维生素E对大鼠肝、肾和脑组织过氧化脂质含
量及谷光甘肽过氧化物酶活性的影响[J].白求恩医科大学学报，1996，22
（3）：232－234.

[90]孙晓溪，张云波，郭纪鹏，等.生育期金雀异黄素干预对亲代大鼠生育能力
的影响[J].中国医药导报，2016，13（3）：4－7.

[91]汤昆，梁慧子，张漓.线粒体胆固醇转运蛋白研究进展[J].中国运动医学杂
志，2017，36（3）：255－259.

[92]王丹，关美萍，薛耀明，等.早期生长反应因子－1与糖尿病肾病[J].国际
内分泌代谢杂志，2014，34（6）：397－400.

[93]王建明，孙静，齐峰，等.何首乌饮对大鼠睾丸间质细胞类固醇激素合成急
性调节蛋白和细胞色素P450胆固醇侧链裂解酶蛋白表达的影响[J].解剖
学报，2017，48（1）：30－36.

[94]王静，糜漫天，韦娜，等.n－6/n－3多不饱和脂肪酸对乳腺癌大鼠乳腺癌
组织CYP17和CYP19表达的影响[J].第三军医大学学报，2007，29（8）：
674－677.

[95]王启荣，杨则宜.类固醇激素合成急性调控蛋白（StAR）与睾酮的生物合成
[J].中国运动医学杂志，2004，23（5）：591－595.

[96]吴莉.家族性糖皮质激素缺乏伴生长激素缺乏的基因突变分析及治疗观察
[D].山东大学，2015.

[97]肖程，罗庆，康权，等.高表达CXCR4/CXCR7对小鼠胚胎肝干细胞增殖、
迁移和抗氧化应激损伤的影响[J].中国细胞生物学学报，2017（2）：

38 － 44.

［98］肖荣. 大豆异黄酮与叶酸对大鼠神经管畸形的保护作用［J］. 中国公共卫生，2003，19（5）：534 － 536.

［99］薛晓鸥，牛建昭，王继峰，等. 大豆异黄酮对去卵巢大鼠子宫细胞凋亡影响的研究［J］. 中日友好医院学报，2005，19（1）：28 － 30.

［100］徐霞，刘美莲，卢瑾，等. 长期雌激素替代治疗对大鼠子宫内膜 bcl － 2 和 H － ras 基因与蛋白表达的影响［J］. 中南大学学报，2005（1）：41 － 45.

［101］杨明，隋殿军，朱姝，等. 蜂胶总黄酮对大鼠心肌缺血再灌注损伤 Fas、Bas 和 Bcl － 2 基因蛋白表达的影响［J］. 中国药理学通报，2005（7）：799 － 803.

［102］阎祥华，顾景范，孙存普，等. 大豆异黄酮对大鼠血脂和过氧化状态的影响［J］. 营养学报，2000（1）：31 － 35.

［103］张明玉，迟晓星，丁啸宇，等. 金雀异黄素对围绝经期模型小鼠卵巢组织及其安全性的影响［J］. 黑龙江八一农垦大学学报，2016，28（3）：51 － 55.

［104］张艳玲，杨中华，董碧蓉. 大豆异黄酮对衰老大鼠抗氧化功能的影响［J］. 华西医学，2009（5）：1183 － 1185.

［105］周文，杨进清，王虚步，等. 微波辐射对大鼠睾丸 P450 scc mRNA 表达水平的影响［J］. 中华物理医学与康复杂志，2005（2）：72 － 74.

［106］周文，余争平. 类固醇合成急性调节蛋白基因表达的调控元件［J］. 国外医学：卫生学分册，2004（4）：32 － 34.

［107］朱轶庆，吴洁. 雌激素类药物对去卵巢大鼠认知功能的影响［J］. 江苏医药，2009（2）：219 － 221.

第3章 大豆异黄酮与女性更年期

3.1 更年期简介

女性更年期,世界卫生组织定义为围绝经期、绝经期和绝经后期。这是女性从性成熟期逐渐进入老年期的过渡阶段,是人体衰老进程中一个重要而且生理变化特别明显的阶段,一般指妇女绝经前后的一段时期,年龄在 40~60 岁阶段,包括绝经前 2~5 年,平均 4 年,绝经和绝经后 1 年。绝经系指妇女一生中的最后一次月经。把妇女自然停经 12 个月及以上者定为自然绝经,子宫或双侧卵巢切除后引起月经停止者为人工绝经, <40 岁绝经者为早绝经, ≥54 岁仍未绝经者为晚绝经。

随着社会的进步,人口健康和生活水平的提高,平均寿命显著增加。妇女在绝经之后能生活相当长的时间,据统计妇女生命的 1/3 时间将在绝经后度过,由于围绝经期和绝经后,女性卵巢功能的衰退致性激素分泌急剧变化而引发妇女全身各个系统出现一系列的临床症状,包括严重的心理变化。更年期综合征是指妇女在围绝经期或其后,因卵巢功能逐渐衰退或丧失,以致雌激素水平下降所引起的以植物神经功能紊乱及代谢障碍为主的一系列症候群。更年期综合征多发生于 45~55 岁,一般在绝经过渡期月经紊乱时,这些症状已经开始出现,可持续至绝经后 2~3 年。

围绝经期是每个女性都要经历的人生阶段,是女性成长阶段不可避免的一部分,这期间会出现不同程度的围绝经期综合征表现,如心慌气短、疲惫乏力、健忘、烦躁等症状和体征,同时伴有明显心理障碍。随着我国人口基数的增加,进入围绝经期的女性人数呈上升趋势,在与日俱增的社会压力下,围绝经期综合征所产生的不良症状对围绝经期女性的日常生活都会造成不同程度的影响。相关研究发现,84.2% 的女性在围绝经期会出现围绝经期综合征的各种症状,严重影响了生活质量与心理健康。另有研究显示,在被调查的 1051 名更年期妇女中,围绝经期综合征发生率为 91.9%。目前针对该症状最普遍的治疗方式是激素替代疗法,我国女性激素替代疗法使用率较低,但较高的发病率与特定的患病人群引起了人们的关注,使用率有所增加。

更年期综合征并不是出现在每一个更年期妇女身上,下列因素可能成为其诱发因素:

①神经内分泌和代谢因素。其是最主要的诱发因素。卵巢功能衰退,体内性激素水平降低,引起具有雌、孕激素受体的各器官或组织的功能代谢改变,造成早期出现的血管舒缩症状、精神情绪症状、骨钙丢失、生殖器萎缩、皮肤松弛等。

②社会、文化因素。围绝经期年龄多为即将退休或已退休,社会地位的改变,子女走向社会等诸多事件的影响,可造成心理、精神上的诸多不平衡,可以作为更年期综合征的触发基础。文化水平高低亦有影响,一般脑力劳动者出现更年期综合征的症状较早而且较明显。

③精神心理因素。心理素质差,性格内向者多出现精神情绪方面的症状。

④增龄因素。身体各器官或各系统因增龄引起的某些变化与更年期综合征的发生有一定的关系。

⑤其他因素。绝经前月经紊乱或输卵管结扎手术者与症状的严重程度有一定的关系,既往哺乳,绝经前已离异或丧偶者其症状相对较轻。

3.1.1　更年期本质

围绝经期的形成是由卵巢功能动态衰退引起的,其中卵巢功能减退引起的内分泌紊乱是导致围绝经期综合征发生的主要原因。围绝经期综合征(Perimenopausal Syndrome,PMS)是由于雌激素水平下降所致的以植物神经功能紊乱合并神经心理症状为主的一类症状,其发生机制是雌激素的下降增加了下丘脑中酪氨酸羟化酶的活性,提高了去甲肾上腺素的转化率,降低了下丘脑体温调节中枢功能,5 - 羟色胺的下降直接导致了脑内 β - 内啡肽异常,提高了促性腺激素水平,产生精神神经症状。

3.1.2　围绝经期阶段激素水平变化特点

卵巢有产生卵子并排卵与合成分泌性激素两种功能。功能正常的卵巢可以分泌类固醇类激素、雌激素、孕激素及少量的雄激素。卵泡是卵巢的基本构成与功能单位。处于围绝经期阶段,卵巢由于卵泡数量开始减少,分泌的雌二醇、黄体酮、抑制素含量降低,抑制素含量的降低减少了对促卵泡生长激素的抑制作用,使得促卵泡生长激素含量上升,与促卵泡生长激素起到协同作用的促黄体生成素变化不明显,伴随促卵泡生长激素含量的上升,雌二醇含量相对性上升,与此同时由于卵巢功能进一步减退,卵泡的数量在持续下降,抑制素含量的进一步降低,促使反馈抑制作用减退,促卵泡生长激素与促黄体生成素大幅度上升,卵泡全部衰竭后,围绝经期停止,雌二醇含量达到最低,促卵泡生长激素与促黄体生成素含量达到最高。雌激素的减少引起肝脏产生的性激素结核球蛋白减少,少量的雄激素含量上升。

3.1.3　雌激素替代疗法简介

　　围绝经期综合征发生的主要原因是雌激素水平的下降,引起体内激素水平失衡,针对这一现象,雌激素替代疗法(Estrogen Replacement Therapy,ERT)可以对缺失的雌激素加以补充,具有平缓体内激素水平的作用,使不良症状得以缓解。由于多数情况下需加用孕激素,故也统称为激素替代治疗法(Hormone Replacement Treatment,HRT)。该治疗方法起始于19世纪末,直到近60年才被广泛应用于临床,目前已经被广泛应用于治疗女性围绝经期综合征,并取得一定的疗效,对围绝经期综合征病症作用显著的同时也可以对心血管起到保护作用,降低与心血管相关其他病症的发病率并可以通过改善胰岛素抵抗状态有效降低糖尿病患病率,同时对其他病因,如高血脂、骨质疏松、老年痴呆等有积极作用。随着对雌激素替代疗法的广泛应用及深入研究,发现该疗法有对人体产生不良影响的副作用,有报道称,应用尼尔雌醇疗法可有效地预防围绝经期综合征的发生,改善临床症状方面也取得了满意的效果,虽然疗效肯定,但其阴道出血、乳房胀痛等不良反应以及中远期子宫内膜癌、乳腺癌等副作用无法排除,尚不能被广大围绝经期患者接受。由于雌激素受体存在于子宫内膜组织中,雌激素替代治疗,使子宫内膜组织对内源性雌激素产生反应的同时对外源性雌激素也产生一定反应,大量的反应对子宫内膜进行刺激,可以引起子宫内膜的增厚引起子宫内膜增生,甚至引起子宫内膜癌。有研究发现HRT对心脏病、中风、血栓和乳腺癌的患病率也有所增加。1997年研究证实,HRT有增加乳腺癌发生的危险性;1998年HERS研究(heart and estrogen/progeston replacement study)首次证实,HRT对心脏疾病缺乏保护作用;2002年中期,关于妇女健康启动研究(Women's Healthy Initiative Investigators,WHI)首次进行的大样本、安慰剂对照随机分组研究进一步引起人们对长期HRT安全性的关注。

3.1.4　更年期综合征的临床诊断标准

更年期是卵巢功能由旺盛到逐渐衰退,最后完全消失的一个过渡时间。其诊断依据主要包括临床表现、辅助检查和鉴别诊断(丁曼琳,1997)。

3.1.4.1　临床表现

15%～25%的妇女无感觉,75～85%的妇女出现或轻或重的症状。

(1)心血管症状。由血管舒缩功能失调引起。

①潮热、潮红。为更年期妇女最突出的症状,病人常感一阵潮热,始于脸、颈、胸,然后延至躯干下部、四肢等部位,随之出汗。出汗后,热由皮肤蒸发,血管收缩,又有畏寒感。夜间发作时可从梦中惊醒,大汗淋漓,湿透衣被。病人常感痛苦,甚至烦躁不安。

②高血压。主要特征为收缩压升高,波动显著,常可同时出现阵发性眩晕、头痛以及阵发性心动过速或心律不齐、心悸等症状。

③眩晕、耳鸣。眩晕可单独或伴潮红同时出现,常发生于体位变动时。

④血管痉挛性疼痛。由于不同部位的血管发生痉挛,因而引起各器官病变,如冠状血管痉挛引起所谓"假性心绞痛",常有心前区紧迫感、胸部不适及心悸感,类似心绞痛;周围血管痉挛所致的症状,如蚁走感,手指、脚趾强烈疼痛,阵发性发白,寒冷时尤其显著;下肢血管痉挛可引起间歇性跛行及疼痛,休息后多缓解。

(2)月经改变。月经可突然停止或月经周期延长,或周期不规则。

(3)骨质疏松症。可倒置脊椎压缩性骨折、股骨骨折、髋骨骨折、腕骨骨折等。其发病率比男性高6～10倍,可能与雌激素缺乏有关。

(4)关节及肌肉痛。约1/3有关节痛,比同年龄男性多5倍,一般多累及膝关节。

(5)精神、神经症状。易疲劳,抑郁,记忆力减退,思想不集中,易激动、多疑,易发脾气,焦虑,甚至有厌世感,易失眠,多梦易惊醒,类似精神病发作。

(6)新陈代谢障碍。主要易发生肥胖、高脂血症、糖尿病、水肿和免疫功能减弱等。

(7)萎缩性阴道炎。由于卵巢功能衰退,雌激素分泌量降低,阴道上皮变薄,阴道分泌物减少,使妇女有阴道干枯、瘙痒等不适,以致引起性交痛、性交困难等。

(8)膀胱、尿道症状。可有尿频、尿急、尿痛、尿失禁等。

3.1.4.2 辅助检查

（1）GnRH 试验。

即垂体兴奋试验，LH 释放活跃，注药后 LH 升高 4.1 倍，而 FSH 升高 < 1.5 倍。

（2）促性腺激素测定。

FSH 和 LH 的含量均增高，但 FSH 增加明显高于 LH。因此绝经后 FSH/LH > 1，而绝经前期 FSH/LH < 1。

（3）性激素测定。

①雌、孕激素的测定：绝经后周期性变化消失，雌激素水平下降。绝经后测黄体酮无特殊意义。

②雄激素测定：绝经后雄烯二酮至少减少一半；睾酮为绝经前 2 倍，故部分老年妇女可出现男性化征象。

（4）阴道细胞学检查。

雌激素一般用成熟指数表示。

（5）甲状腺功能测定。

三碘甲状腺原氨酸（T_3）可下降 2.5% ~ 40%，TSH 并不上升，甲状腺素（T_4）无变化。

（6）B 超检查。

主要检查子宫内膜厚度。

（7）子宫内膜活检。

子宫内膜可为轻度增生型、过度增生型或为萎缩型。

（8）医学图像检查。

主要检查是否发生了骨质疏松症。

（9）心电图检查。

三个肢体导联中均可有 S - T 段压低现象。

3.1.4.3 鉴别诊断

由于更年期综合征的一些症状常和某些疾病相似，因此要在排除了其他疾病的基础上才能诊断为更年期综合征。需要进行鉴别诊断的疾病如下：原发性高血压；单纯性肥胖伴高血压和糖尿病；皮质醇增多症；美尼尔综合征；心绞痛；妊娠；增殖性关节炎；晚发型类风湿性关节炎；腰肌劳损；风湿性多发性肌痛症；精神、神经症状的鉴别；萎缩性阴道炎；膀胱、尿道症状需与尿路感染鉴别。

3.1.5　更年期综合征的发病机理

西医学认为女性的生殖生理功能主要是受下丘脑—垂体—卵巢(H－P－O－A)的调控。妇女进入更年期,机体的内分泌平衡状况发生变化,由于卵巢功能的衰退,性激素分泌减少,尤其是雌激素水平过度降低可引起 H－P－O－A 或下丘脑—垂体—肾上腺轴功能的紊乱,致妇女身心功能失调,导致神经递质、激素、细胞因子等失衡,引起更年期综合征的发生。许多研究资料表明:绝经期的低雌激素水平几乎是更年期症状的基础。雌激素缺乏,对上皮细胞、平滑肌及结缔组织生长的刺激减少,从而导致生殖道、泌尿道、乳腺管等的退化;亦可导致植物神经系统不稳定,引起血管舒缩运动障碍,从而影响大脑皮质的功能,出现一系列更年期症状。因此神经内分泌网络与更年期综合征的关系最为密切,目前认为更年期综合征的发生与以下几方面的原因有关。

3.1.5.1　卵巢衰老

(1)卵巢内自由基的产生及抗氧化酶活性的下降可能是卵巢衰老的原因之一。动物实验已经证实超氧化物歧化酶(SOD)、过氧化物酶(CAT)活性的下降,氧自由基含量的增多,能抑制卵巢内芳香化酶的活性,可导致黄体溶解和黄体酮生成减少;氧自由基还可引起卵泡闭锁。同时还发现,随着年龄的增长,绝经前期妇女卵巢匀浆中 SOD 和谷胱甘肽过氧化物酶抗氧化活性逐步减弱,且谷胱甘肽过氧化物酶活性在绝境后期还会进一步降低。此外,芳香化酶的活性与 SOD 和谷胱甘肽过氧化物酶的活性呈正相关,与年龄呈负相关。故可认为 SOD 和谷胱甘肽过氧化物酶可保护芳香化酶的活性,使其免受自由基的损害。

(2)线粒体 DNA(mtDNA)的缺乏。线粒体是细胞能量的来源。线粒体 DNA 的结构很简单,没有组蛋白与之结合,容易与从电子转运系统漏出的氧自由基接触而发生突变。有研究显示卵巢线粒体 DNA 缺失约 5.0 kb mt DNA,提示卵巢 mt DNA 的缺乏与卵巢因老化而致功能衰退关系密切。

(3)卵巢血供减少。有报道指出妇女从 30 岁开始卵巢门和髓质血管内膜开始增厚,到 40 岁左右,上述血管内膜厚度约为整个血管壁的 2/3。由于卵巢的功能减退,雌激素分泌减少,体循环中高密度脂蛋白降低,胆固醇、低密度脂蛋白增加,导致动脉粥样硬化,血管壁弹性下降。由此可见,随着年龄的增长,卵巢的血管壁增厚,血管管腔变窄,动脉的粥样硬化使血管壁弹性降低,这些变化使卵巢的血供减少,从而致卵巢功能下降。

3.1.5.2 机体免疫力改变导致雌激素受体数量及活力的改变

雌激素经卵巢分泌入血,在对靶细胞产生作用之前,先与靶细胞胞浆中的雌激素受体结合,然后诱发靶细胞的核变化,发挥生物效应。研究发现,每一个妇女全身有 400 多个部位的组织核器官的细胞膜上存在雌激素受体,当雌激素或 ER 减少时,这些组织器官就会发生退行性变或代谢上的变化,导致更年期妇女在精神心理、神经内分泌等多系统出现不平衡。由此可见,生殖内分泌与机体免疫功能有着密切关系,ER 的数量、活性直接关系着雌激素的生物学效应。更年期免疫功能衰退,产生的 ER 数量下降,必然导致雌激素的生物效应降低,引起临床多种症状。

3.1.5.3 下丘脑促性腺激素释放激素(GnRH)的改变

GnRH 是下丘脑合成的十肽激素,经垂体门脉系统释放致腺垂体,促进腺垂体合成核释放促性腺激素(即促黄体生成素、促卵泡生成素),从而调节性腺功能。目前多数学者仍认为它是调节垂体促性腺激素释放的唯一因素。有研究认为,24 月龄的老年大鼠下丘脑 GnRH 基因转录核表达水平均下降,下丘脑 GnRH 神经元的活动能力减退,加重生殖器官的衰老,使卵巢分泌的激素减少,导致更年期的出现。

3.1.5.4 神经递质的变化

目前普遍认为:下丘脑是高级动物的重要器官,它不仅是植物神经功能中枢,而且还是神经系统与内分泌系统的连接点,下丘脑的神经递质对 GnRH 的释放具有重要的调节作用,尤其单胺类神经递质。神经递质通过影响 GnRH 的释放调节性腺轴的功能。

若药物作用于中枢神经递质,改变大鼠中枢神经递质代谢,可增加雌激素分泌,恢复大鼠动情周期,延缓生殖系统老化,以改善各种更年期症状。

3.1.5.5 下丘脑—垂体—肾上腺轴功能变化

现代研究发现,妇女血中 E 水平在更年期以前的时期,主要由卵巢颗粒细胞分泌的 E 维持。但是妇女进入更年期后,由于卵巢功能衰退,雌激素分泌严重不足,血中的雌激素(雌酮)主要来源于肾上腺皮质产生的雄烯二酮,在外围组织(主要是脂肪组织)转换为雌酮后,进入血浆作用于靶组织。由此可知,妇女在绝经后,血中 E 水平高低主要取决于下丘脑—垂体—肾上腺轴功能的强弱。下丘脑—垂体—肾上腺轴与血中 R 水平关系密切。

3.1.5.6 内源性吗啡肽、内皮素及一氧化氮的改变是更年期症状出现的直接原因

潮热、出汗、情绪不稳定是更年期综合征常见的症候。对潮热的发病机理至

尽未明,早期报道与儿茶酚胺(CA)的代谢有关,现在认为是内源性吗啡肽作用于 GnRH、NE 及体温调节中枢所致。更年期卵巢功能衰竭,性激素分泌减少,影响下丘脑内源性吗啡肽活性(主要是 β - EP),从而影响下丘脑视前去散热中枢功能,引起外周血管扩张,临床表现为潮热、出汗等。同时,β - EP 还能影响许多神经递质的代谢,从而影响情绪和行为,与更年期抑郁症发生有关。

内皮素(ET)和一氧化氮(NO)是目前发现的两个作用较强的血管舒缩因子。研究已经证实在生殖—内分泌系统的 H - P - O - A 有大量特异的 ET mRNA 及 ET 受体存在,认为 ET 作为生殖激素的调节肽,对 H - P - O - A 有重要调节作用。

NO 为一种内皮舒张因子,近年研究发现,NO 的产生具有性别差异,与性激素有密切的关联,即 NO 与 E_2 呈正相关,E_2 能促进体内 NO 的生成和释放;现在已经证实更年期患者体内 E_2 水平下降的同时,亦可存在 NO 下降,使用激素替代疗法后可使 NO 含量升高。更年期患者体内 ET 和 NO 的异常,导致血管舒缩功能的改变,可能是潮热、出汗发生的主要原因。

3.1.6　更年期综合征的治疗与预防

现代医学模式:社会—心理—生物医学模式是人们对医学更为理性和全面的认识。而对于诸如更年期综合征这样一类的心身疾病的治疗,再不单纯是药物和医疗技术的干预。而是包括知识教育,饮食运动处方,心理咨询等综合治疗手段。更年期妇女出现潮红、烘热是更年期综合征诸多症状中的一个特定而容易诊断的症状,其他一些症状,如心血管症状、精神情绪症状、关节疼痛及尿道症状等都不只是更年期综合征所特有的症状,必须鉴别,确定诊断为更年期综合征后进行治疗。

雌激素替代疗法(HRT)用于治疗女性更年期综合征已有 50 多年的历史,大量事实证实,对更年期妇女实施 HRT,在预防、治疗更年期综合征,提高妇女的生活质量方面具有一定的现实意义,除延缓卵巢功能的衰退,调整围绝经期月经周期的紊乱,缓解和消除更年期出现的各种症状,缓解泌尿生殖道的萎缩,改善和满足性功能等外,还可以防止甚至逆转更年期妇女冠心病、脑血管疾病、老年痴呆、骨质疏松,使妇女保持良好的生理机能及心理状态,提高更年期及绝经后妇女的生活质量。但是 HRT 的长期使用又存在着潜在的危险性,如增加人群患子宫内膜癌、乳腺癌的危险度;体重增加;阴道不规则出血;深部静脉血栓的形成等。加之患者对使用激素具有的恐惧心理,且使用须在医生的指导和严格监控下进行,这些均使更年期妇女对激素替代治疗的顺应性降低,大大地限制了 HRT 在临床上的广泛运用。

一般治疗更年期综合征的方法有:

(1)精神和心理治疗。

更年期精神症状可因神经类型不稳定或精神状态不健全而加剧,故应进行心理治疗。患者往往对更年期是进入老年期的生理阶段认识不足。因此,对她们应耐心体贴进行解释症状出现的原因,及绝经的自然经过,应消除思想顾虑,精神愉快,心情开朗,妇科的更年期咨询门诊会给予更年期妇女有益的帮助。

(2)一般治疗。

对于症状明显者,可根据不同的症状恰当采用一些药物治疗。虽然雌激素治疗更年期综合征有确切疗效,但由于部分病人对其有禁忌症或顾虑雌激素具有潜在危险性,不宜使用或不愿使用。一般药物治疗也能控制更年期综合征的某些症状,如与雌激素制剂配合,可减少雌激素用药时间和剂量。

(3)防止和治疗骨质疏松应补充钙剂。

绝经前每日约需钙 0.8 g,绝经后每日需 1.5 g,摄入含钙丰富的食物,如牛奶等,有益于更年期妇女健康,绝经后妇女低钙饮食加速骨质丧失,服用钙剂可使脊柱危险显著减小。

(4)雌激素的应用与激素替代疗法。

更年期综合征的主要原因之一就是卵巢功能衰退,雌激素水平降低。补充雌激素将给更年期妇女带来很多益处,在更年期综合征的治疗上有很重要的作用,合理的使用激素替代疗法,可纠正更年期妇女内分泌的失衡,因为失衡即会紊乱,纠正失衡就可解除更年期女性出现的诸多不适。尤其是对于卵巢功能衰退明显,性激素分泌严重不足者效果更明显。但激素替代疗法一定要在医生指导下使用,剂量和时间因人而异,而且要定期随访,应与心理治疗和非激素疗法结合起来应用。

(5)中医药治疗。

祖国医学将更年期综合征辨证以肾阴虚、肾阳虚为纲,辨清是阴虚、阳虚后再辨其兼证为心肾、肝肾、脾肾同病而随证施治。也可选用中成药和给予针灸治疗。

综上所述更年期症候群是一组症状,除受雌激素水平变化影响外,还与体质、健康状况、心理、情绪、环境、性格和文化修养等有密切关系,客观的症状经由不同特征和状况的人去感受,所表达和反映出来的方式和程度自然会有所不同,

因此,在围绝经期妇女的保健方面应注意以下几方面:

①宣传和学习围绝经期保健知识,让妇女了解和认识到更年期是一个正常的生理过程,学会自我监测、自我保健,包括营养保健、体育锻炼、性保健、心理保健等,减轻精神负担,保持乐观心理,安度更年期。

②根据不同职业和发病情况,加强更年期保健,如各系统的症状大多在40～44 岁出现,40 岁左右就应开始预防保健,工人应重视锌、铁、镁及其营养的改善,知识分子的精神神经系统症状最多见,工人以关节、肌肉疼痛为主,则应考虑改善劳动条件,开展中、老年保健活动,建立健康的生活方式。

③成立围绝经期妇女保健机构或咨询门诊,以进行指导、研究和随访。

④激素补充疗法。由于雌激素在改善更年期症状,预防和治疗绝经期后骨质疏松及心血管疾病等方面的积极作用,绝经后激素补充疗法越来越受到重视,在美国至少有 10% 的绝经后妇女应用激素补充疗法,在欧洲亦越来越普遍,国内近年来因更年期症候群到妇科门诊求治的妇女亦大大增加,但流行病学调查资料仍表明在一般人群中应用激素替代者为数极少（＜1%）,可能由于我国妇女更年期症状不如西方妇女严重,但更主要是对这一健康问题认识不足,盲目地认为这是生理现象而不予重视,也有人对激素补充疗法存有偏见。因此,广泛开展有关的宣传教育,对增进绝经妇女的身心健康,提高生命质量是十分必要的。

3.1.7　女性更年期综合征相关指标介绍

3.1.7.1　Bcl‑2 蛋白与 Bax 蛋白

细胞的凋亡是生命体老化,机能衰退的内在表现,卵巢功能的衰退所引起的围绝经期综合征与细胞凋亡有关,其中 Bcl‑2 蛋白（B‑cell leukemia/lymphoma 2）与 Bax 蛋白（Bcl‑2 Associated X protein）是具有代表性的与细胞凋亡有关的蛋白质。Tsujimoto 等首次发现 Bcl‑2 基因,表达基因的 Bcl‑2 蛋白家族是一类重要的凋亡调节因子,分为抗凋亡蛋白和促凋亡蛋白两类,按照对细胞凋亡的作用与同源结构又可划分为三个亚家族,分别是 BH1‑4、BH1‑3 与 BH3,其中具有 BH1‑4 结构区域的 Bcl‑2 对细胞凋亡起抑制作用;具有 BH1‑3 结构区域的 Bax 对细胞凋亡起促进作用。

Bcl‑2 蛋白通过影响细胞内信息传导而影响凋亡,是研究细胞凋亡抑制作用的理想因子。研究表明,细胞凋亡中钙离子流的改变有着重要的作用,Bcl‑2 可以影响细胞跨膜运转,改变钙离子的分布,从而达到细胞凋亡抑制作用。BCL‑2还可以从作为抗氧化剂方面对细胞的凋亡进行抑制,它可以对细胞进行氧化状态的调节,以达到减少氧化对细胞的组成成分进行破坏的目的,同时还可以抑制有凋亡作用的细胞色素 C 从线粒体释放到细胞质。目前对 Bcl - 2 与 Bax 的研究报道关于肿瘤与癌变的偏多,可见 Bcl - 2 与 Bax 的相互作用与生命体的生长衰竭息息相关。卵巢细胞结构和功能状态与女性性腺和生殖功能密切相关,同时也是检测围绝经期综合征病症主要的指标之一。实验通过研究小鼠卵巢组织中 Bcl - 2 蛋白与 Bax 蛋白表达情况,从卵巢细胞凋亡角度分析金雀异黄素对围绝经期小鼠可能作用的机制。Bcl - 2 在卵巢细胞凋亡调控过程中发挥重要的作用,所以实验试受药物如果能够在正常限度内增强 Bcl - 2 的表达,将对延缓卵巢衰竭,缓解围绝经期综合征症状具有重要意义。Bcl - 2 和 Bax 通过相互的拮抗作用影响着细胞的存活与凋亡:Bcl - 2 表达含量高时可通过与 Bax 形成二聚体及 Bcl - 2 同源二聚体,使细胞受到保护;Bax 表达含量高时可以形成 Bax 同源二聚体,以此同时与 Bcl - 2 形成的二聚体减少,使细胞趋向凋亡;Bcl - 2 过度表达时,与 Bax 形成杂二聚体的数量增多,从而抑制细胞凋亡。Hsu 等报道显示,小鼠卵巢颗粒细胞中 Bcl - 2 基因表达的增加可使转基因小鼠产卵率和产子数明显高于正常生长小鼠。

3.1.7.2 抑制素 A、抑制素 B

抑制素(Inhibin,Inh)是一种来源于性腺的非甾体糖蛋白激素,与垂体前叶产生的促卵泡生长激素有反馈抑制作用,减少内源性抑制素的分泌,会增加促卵泡生长激素浓度,可以提高卵巢排卵卵泡数量。抑制素是由相同的 α 亚基和不一样的 β 亚基(βA 和 βB)通过与二硫键的构建而形成的。α 亚基与 βA 构成抑制素 A(Inhibin A, InhA);β 亚基与 βB 构成抑制素 B(Inhibin B, InhB)。性腺是抑制素的主要来源,抑制素对下丘脑—垂体—性腺轴调控系统有调节作用,Hofinann GE 等通过克罗米酚阻断 E_2 对下丘脑—垂体的负反馈作用证实了 INHB 对 FSH 的负反馈抑制,研究表明,对血液中 FSH 和抑制素水平进行检测可发现 FSH 水平和抑制素含量存在着负相关。其中雌性动物的抑制素主要表现在卵巢中的颗粒细胞。

3.1.7.3 促卵泡生成素、促黄体生成素

促卵泡生成素(Follicle Stimulating Hormone, FSH)与促黄体生成素(Luteninizing Hormone,LH)是一对与围绝经期卵巢功能评价有关的重要评价指标。FSH 是一种糖蛋白激素,它能促进颗粒细胞增生,刺激类固醇生成,调节配子细胞的发育和成熟。FSH 与 LH 是一对由垂体分泌的,起到协同作用的糖蛋白类促性腺激素,其中 FSH 起到促进卵泡发育,促进排卵的作用,LH 起到促进卵泡

成熟,形成黄体分泌雌激素的作用。作为检验卵巢功能衰竭功能的指标之一,由于血清中雌二醇含量的降低导致对下丘脑及垂体的反馈作用抑制减弱,FSH 最先呈现变化趋势,呈上升状态,由于 LH 受卵巢反馈抑制没有垂体 FSH 的释放受卵巢反馈抑制敏感,LH 在初期变化趋势不大,FSH 与 LH 在卵巢早期衰竭时的变化趋势不同时呈现上升趋势,随着卵巢进一步的衰竭,雌激素降到最低,FSH 与 LH 达到最大值。FSH 的分泌同时还受到抑制素的反馈抑制作用的影响。

3.1.7.4　P450 与 CYP19

芳香化酶是一类人体内合成雌激素的重要酶类物质,由 503 个氨基酸组成,是属于细胞色素 P450(cytochrome P450)的一种复合酶,由单基因编码。P450 的命名是源于在哺乳动物肝微粒中发现的一种可与 CO 相结合,并且在 450 nm 有吸收峰值的被还原型色素。细胞色素 P450 是一类亚铁血红色硫醇盐蛋白的超家族,存在范围广泛,可以参与各种代谢反应。细胞色素 P450 在原核生物中作为一种可溶性蛋白以游离形式存在细胞质中;在真核生物中以膜结合蛋白形式存在于内质网、线粒体、微粒体内膜上;在人体内除了子宫卵巢有所表达外,在许多其他组织中也有表达,如脂肪、肌肉等,在卵巢的表达是女性绝经期前体内合成雌激素的重要途径,主要合成部位是卵泡期的颗粒细胞;在脂肪、肌肉中的表达是女性绝经期后体内合成雌激素的重要途径。

P450 芳香化酶(P450 aromatase,P450 arom)是形成雌激素最后一步的限速酶,作为一种末端氧化酶可以催化机体内源和外源性物质在体内的氧化反应,CYP19 作为 P450 arom 的编码基因,它的表达及 P450 arom 的活性水平可作为检测颗粒细胞功能正常与否的指标之一。P450 arom 催化雄烯二酮与睾酮转化为雌酮与雌二醇的数量与活性直接影响人体内雌激素水平的变化,催化作用可以确保维持生物体内正常组织中与雌激素相关联的生理功能。P450 arom 由于具有生物功能多样性与底物特性,作用于不同组织中不同的底物所产生的雌激素种类也大不相同:作用于子宫内模时,由于底物是雄烯二酮,产生的激素是 E_1;作用于卵巢时,底物是睾酮时产生的激素是 E_2。Okubo 等研究发现,通过运用 RT－PCR 技术可以在卵巢表面上皮细胞检测到芳香化酶的表达,并且该表达在转录和翻译水平受到限制。P450 arom 在卵巢颗粒细胞中表达含量较高,其活性主要受 FSH 的调节,LH 通过对卵泡膜的刺激,使其分泌出的雄激素对 P450 arom 的表达也起到间接刺激作用。在更年期大鼠卵巢中研究 P450 arom mRNA 的表达,发现 LH 与 FSH 呈升高趋势,P450 arom mRNA 在窦状卵泡中的表达呈下降趋势,与育龄妇女促卵泡生成激素使 P450 arom mRNA 表达增加的情况不同,揭示 P450 arom mRNA 的表达不仅仅受 FHS 与 LH 水平的调节,且与 P450 arom mRNA 阳性细胞本身对这些调节因子的反应有关。Picton 等将大卵泡的颗粒细胞在无血清培养基中培养后,发现芳香化酶的表达对 FSH 敏感,但高浓度的 FSH 会抑制黄体化细胞中芳香化酶的表达。

3.1.7.5 促卵泡生成素受体基因

促卵泡生成素受体基因(Follicle stimulating hormone receptor,FSHR)对垂体分泌的促卵泡生成素有介导作用。FSH 属于生物大分子物质,不能透过细胞膜,FSH 与 FSHR 的介导作用可以通过环磷酸腺苷环化酶(cAMP)途径,使 FSH 透过细胞膜发挥调节性腺发育与调控性激素分泌的生理作用,FSH 可以促进卵泡发育,刺激卵泡成熟,促进排卵,形成雌激素的特点使得 FSH 可直接作用于卵巢,FSHR 表达量的高低与活性大小可以对 FSH 的作用强度产生一定的影响,相关研究表明结合态的 FSH 也可以刺激 FSHR 的增加。FSHR 在卵巢的表达存在于颗粒细胞中,FSHR mRNA 的表达量与卵泡形成有关,由于卵泡对 FSH 依赖程度的不同,小卵泡发育需要更多 FSH 的刺激,小卵泡中 FSHR mRNA 表达含量更高;在子宫上的表达集中在子宫颈部。对鼠卵泡相关研究的发现显示 FSH 制剂促成熟后,FSHR 的 mRNA 水平在卵泡中显著升高,而进一步用 FSH 刺激则导致降低。从只有单层的颗粒细胞的卵泡开始,FSHR 几乎出现在所有的卵泡中。随着卵泡的生长,颗粒细胞接受垂体 FSH 的刺激而增生,卵泡逐渐成熟,颗粒细胞中的芳香化酶活跃,将卵泡膜细胞中的雄激素转化为雌二醇,成熟卵泡颗粒细胞的 FSHR 受 FSH 诱导和雌二醇的协同作用。

3.2 大豆生物活性物质治疗女性更年期综合征动物实验研究

卵巢与子宫是研究围绝经期综合征的关键部位,围绝经期阶段的卵巢与子宫处于功能衰退状态,研究其中衰老的作用机制有重要意义,但衰老机制比较复杂,其中激素凋亡、激素受体基因、雌激素转化限速酶等与之有关的因素一直是研究女性围绝经期的热点问题。针对前人的研究大部分是关于对雌激素类药物或者中药材对围绝经期综合征的治疗作用,考虑到目前应用的雌激素替代疗法中药物存在的一些对人体产生的副作用,选择了大豆异黄酮成分中雌激素表达能力较强的金雀异黄素成分作为研究对象,以植物雌激素作为入手点,选取具有代表性的激素、与细胞凋亡有关的蛋白、激素受体基因及芳香化酶,进一步研究金雀异黄素对围绝经期小鼠卵巢、子宫激素水平变化的影响以及对激素受体基因与芳香化酶的表达作用的研究,寻找金雀异黄素改善围绝经期综合征的作用靶点。

3.2.1　实验技术路线

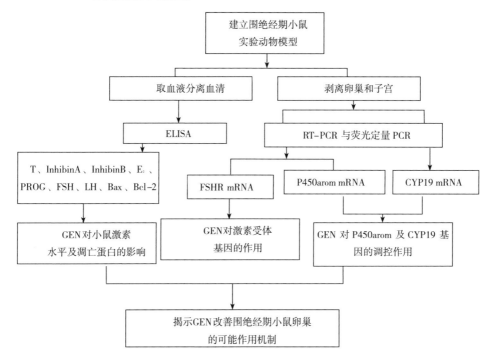

3.2.2　实验研究主要内容

实验以 11 ～ 12 月龄的雌性小鼠为研究对象,文献显示该阶段小鼠处于自然衰老形态,处于围绝经期,与女性围绝经期生理模式相仿。将实验小鼠分组后给予不同浓度的金雀异黄素灌胃,同时设立雌激素组与空白对照组,加强实验结果的对比性。8 周实验周期内,每周记录小鼠体重及观察生活状况,通过记录体重变化观察金雀异黄素对小鼠的影响。实验周期结束后,对小鼠进行解剖、断头取血,取出小鼠重要脏器及双侧卵巢子宫,称量脏器重量,进行比较,对重要脏器进行病理组织学检验,从生理内部结构明确金雀异黄素对小鼠的影响;血液收集后迅速分离血清,ELISA 法测定小鼠血液中激素含量,选取比较有代表性的激素,分别是:雌二醇(E_2)、黄体酮(PROG)、睾酮(T)、抑制素 A(Inh – A)、抑制素 B(Inh – B)、促卵泡生成素(FSH)、促黄体生成素(LH)。与细胞凋亡有关的 Bax 蛋白与Bcl – 2 蛋白,从激素角度与细胞凋亡方面研究金雀异黄素对小鼠的影响;分离出的卵巢与子宫,液氮保存,进行 RNA 提取,cDNA 合成,PCR 鉴定、荧光定量

PCR 检测,选取的引物分别是:CYP19、FSHR、P450 及内参 β-action。探讨金雀异黄素通过作用于芳香化酶来调节围绝经期小鼠卵巢功能的作用机制。

3.2.3 实验方法原理

实验主要应用的检测方法有两种,分别为 ELISA 检测法、实时荧光-PCR 与荧光定量 PCR。ELISA 检测原理:酶标板酶标孔中含有被测激素的单克隆抗体,加入被测激素,温育,加入被生物素标记的被测激素抗体,再与链霉亲和素-HRP 结合,形成免疫复合物,温育洗涤去除结合的酶,加入的底物 A、B 使酶标板呈现蓝色,并在酸的作用下转化成最终的黄色。颜色的深浅与样品中被测激素的浓度呈正相关,应用相关仪器读数后可做出标准品的标准曲线,通过在标准曲线读数可计算出被激素浓度。

实时荧光-PCR 与荧光定量 PCR 原理:聚合酶链式反应(PCR)将实验设计引物片段进行指数级的扩增,凝胶电泳对扩增产物进行定性分析,荧光定量 PCR 是在每一个 PCR 的循环中加入荧光标记 SYBR Green Ⅰ,随着 PCR 反应的进行,循环数增加,荧光信号不断收集,通过对信号的收集可以反映出被测产物的变化量。

3.2.4 围绝经期小鼠模型构建

3.2.4.1 实验材料

(1)实验对象。

雌性 ICR 小白鼠 50 只,11~12 月龄,体重 35 g±10 g,由长春市亿斯实验动物技术有限责任公司提供(SPF 级)。大小鼠生长繁殖饲料喂养,由北京科澳协力饲料有限公司提供。饲养基地、饮用水及鼠笼由黑龙江八一农垦大学实验室提供。

(2)实验试剂。

试剂名称	试剂公司
金雀异黄素白色粉末	上海融禾医药科技发展有限公司
戊酸雌二醇	拜耳医药保健有限公司
羧甲基纤维素钠	黑龙江八一农垦大学实验室
蒸馏水	黑龙江八一农垦大学实验室

（3）实验仪器。

仪器名称	仪器公司
电子分析天平	梅特勒－托利多仪器有限公司
液氮罐	成都金凤液氮容器有限公司
－20℃冰箱	海尔公司
－80℃冰箱	SANYO 公司产品
纯水仪	美国 Millipore 公司
手术剪	黑龙江八一农垦大学动科实验室
镊子	黑龙江八一农垦大学动科实验室

3.2.4.2 实验方法

（1）建模。

雌性 ICR 小白鼠 50 只,11～12 月龄,体重 35 g ± 10 g,采取随机分组法把小白鼠分成 5 组,每组 10 只,分别为对照组、雌激素组、高剂量组、中剂量组、低剂量组(表 3 – 1)。雌激素组给予戊酸雌二醇灌胃;高剂量组、中剂量组、低剂量组给予相同体积不同浓度的金雀异黄素灌胃;由于金雀异黄素不溶于水的性质,使用羧甲基纤维素钠助溶,对照组给予羧甲基纤维素钠。

表 3 – 1 组别与剂量

组别	剂量
对照组	0.5% 羧甲基纤维素钠灌胃
低剂量组	15 mg $\cdot$ kg^{-1} $\cdot$ d^{-1} 金雀异黄素灌胃
中剂量组	30 mg $\cdot$ kg^{-1} $\cdot$ d^{-1} 金雀异黄素灌胃
高剂量组	60 mg $\cdot$ kg^{-1} $\cdot$ d^{-1} 金雀异黄素灌胃
雌激素组	0.5 mg $\cdot$ kg^{-1} $\cdot$ d^{-1} 戊酸雌二醇灌胃

（2）实验周期。

8 周。

（3）实验材料获取。

实验期间内,每三天清理鼠笼一次以保证小鼠生活环境,鼠粮与饮水充足,通风情况良好,保持每日光照 12 h,室温 20℃、相对湿度 50% ,每周测量体重一次。末次灌胃后,各组小鼠禁食 12 h,不禁水,称量体重后,断头取血,12000 r/ min 离心 20 min,取上清液 –20℃冰箱保存;取出肝脏、肾脏、脾脏、子宫、卵巢称重。血液用于测量激素水平,子宫与卵巢液氮保存,再转移至 –80℃冰箱保存,用于 RT –

PCR 与荧光定量 PCR 检测。

3.2.4.3　实验结果与分析

（1）统计学分析。

应用 SPASS 19.0 软件进行方差分析，对结果进行 t 检验统计学处理，$P <$ 0.05 为差异有显著性意义，$P < 0.01$ 为差异极显著，实验结果以"平均值 ± 标准差（$\bar{x} \pm s$）"表示。

（2）小鼠体重变化。

表 3 - 2 结果显示，对照组和各剂量组小鼠体重都是随周期的增加而增加，各剂量组与对照组相比，差异不显著，说明在当前剂量下，金雀异黄素对围绝经期模型小鼠的体重无显著影响。而雌激素组小鼠体重随着周期的增加而降低，从第三周开始与对照组相比差异显著（$P < 0.05$），提示雌激素作用可影响小鼠体重。

表 3 - 2　各组小鼠体重比较结果（$\bar{x} \pm s$,g）（$n = 10$）

组别	1 周	2 周	3 周	4 周	5 周	6 周	7 周	8 周
对照组	43.61 ± 3.47	44.16 ± 3.61	45.71 ± 4.36	47.64 ± 2.93	47.54 ± 3.32	47.91 ± 2.12	49.22 ± 1.78	51.21 ± 3.14
低剂量组	43.65 ± 2.74	43.21 ± 2.89	43.70 ± 3.30	43.87 ± 4.56	44.84 ± 4.89	46.54 ± 4.66	50.07 ± 6.34	52.16 ± 7.38
中剂量组	43.68 ± 1.87	42.87 ± 3.37	44.85 ± 4.61	45.06 ± 4.07	45.34 ± 7.21	46.71 ± 6.40	49.45 ± 3.00	52.89 ± 4.48
高剂量组	43.78 ± 2.38	44.10 ± 4.74	44.55 ± 4.85	44.31 ± 5.33	43.96 ± 5.22	45.70 ± 5.99	45.86 ± 5.92	46.91 ± 9.47
雌激素组	43.81 ± 2.50	41.80 ± 2.23	41.73 ± 1.80*	40.13 ± 2.24*	41.06 ± 2.64**	37.27 ± 1.93**	34.88 ± 2.18**	33.97 ± 2.72*

＊：与对照组相比，差异显著（$P < 0.05$）；＊＊：与对照组相比，差异显著（$P < 0.01$）。

（3）小鼠内脏/体比。

表 3 - 3 结果显示，随着剂量组金雀异黄素浓度的提高，小鼠内脏有增重趋势。与对照组比较，高剂量组小鼠、阳性剂量组小鼠卵巢/体比下降，差异显著（$P < 0.05$）。

表 3 - 3　各组小鼠内脏/体比（$\bar{x} \pm s$）（$n = 10$）

组别	肝脏/体比	脾脏/体比	肾脏/体比	子宫/体比	卵巢/体比
对照组	1.294 ± 0.044	0.184 ± 0.006	0.42 ± 0.014	0.02 ± 0.001	0.123 ± 0.004
低剂量组	1.607 ± 0.059	0.268 ± 0.009	0.507 ± 0.018	0.022 ± 0.001	0.103 ± 0.004

续表

组别	肝脏/体比	脾脏/体比	肾脏/体比	子宫/体比	卵巢/体比
中剂量组	1.384 ± 0.052	0.217 ± 0.008	0.464 ± 0.0175	0.024 ± 0.001	0.125 ± 0.004
高剂量组	1.528 ± 0.052	0.251 ± 0.009	0.528 ± 0.018	0.03 ± 0.001	0.115 ± 0.005 *
雌激素组	1.601 ± 0.055	0.271 ± 0.01	0.483 ± 0.017	0.023 ± 0.001	0.113 ± 0.008 *

*：与对照组相比,差异显著($P < 0.05$)；**：与对照组相比,差异显著($P < 0.01$)。

3.2.4.4　讨论

由于围绝经期综合征主要与卵巢作用机制有关,应用于实验的围绝经期动物模型主要体现为 5 种类型:去卵巢模型、X 光破坏卵巢模型、VCD 卵泡耗竭模型、酒精损伤卵巢模型、自然衰老模型。去卵巢模型:围绝经期女性卵巢功能并未完全丧失,只是有衰竭现象,去卵巢模型直接将卵巢去除,将对实验结果产生影响。去卵巢模型中鼠类卵巢不仅参与雌激素合成,同时还具有合成其他激素参与免疫的作用,围绝经期女性卵巢作用机制较为单一;X 光破坏卵巢模型:实验室条件有限,操作较为复杂,X 光照射强度与照射时间不好掌握同时具有辐射危害;VCD 卵泡耗竭模型:国内文献报道较少,国外已用于实验研究;酒精损伤卵巢模型:乙醇引起大鼠卵巢部分萎缩、雌二醇水平下降与围绝经期综合征激素水平变化有相似之处;自然衰老模型:比较符合围绝经期变化过程,傅萍等人通过对自然衰老 ICR 小鼠进入围绝经期时限的研究显示 11～12 月龄雌性小鼠相当于人类绝经期,生理机制颇为相似,研究指出进行有关围绝经期疾病的动物实验研究时,在 ICR 小鼠的 11～12 月龄进行为宜。

目前普遍认为大豆异黄酮安全摄入量为 100～150 mg/d。大豆异黄酮中金雀异黄素含量为 2%～3% 计算可得到金雀异黄素可发挥雌激素样作用的有效剂量范围在 2～4.5 mg。根据《药理实验方法学》中计量划算方法,小鼠剂量 = 人体剂量 mg/kg×11,由于金雀异黄素是无毒或极低毒性的样品,所以可选择剂量的 100 倍作为动物最大耐受剂量,最终实验剂量定为给予高中低剂量组的药物浓度分别为 60 mg·kg^{-1}、30 mg·kg^{-1}、15 mg·kg^{-1},由于金雀异黄素不溶于水的性质,对照组给及羧甲基纤维素钠灌胃;灌胃容量小鼠安全范围在 0.1～0.3mL/10 g,根据实验动物体重,最终灌胃量定为 1 mL。

3.2.4.5　本节小结

①选择与人类围绝经期模式相同的自然衰老型 ICR 小鼠为实验对象,鼠龄在 11～12 月龄为宜。

②雌激素组选用主要成分是戊酸雌二醇的片剂灌胃,它主要的适应症是与孕激素联合使用建立人工月经周期中用于补充主要与自然或人工绝经相关的雌激素缺乏。

③以人类食用大豆异黄酮安全剂量为基准,通过系数换算,确定最终剂量组灌胃剂量浓度,高中低组分别为:60 mg·kg^{-1}·d^{-1}、30 mg·kg^{-1}·d^{-1}、15 mg·kg^{-1}·d^{-1}。由于金雀异黄素不溶于水的性质,确定对照组用羧甲基纤维素钠灌胃。计算小鼠灌胃最大耐受限度,确定实验剂量为 1 mL。

④八周实验周期内观察小鼠生长情况,体态、生命特征良好,饮食正常,通过每周一次称量小鼠体重来检验金雀异黄素对小鼠体重的影响,实验结果显示各个剂量组小鼠体重均由周期的增加而增加,同对照组比较,生长趋势接近,说明在当前剂量下,金雀异黄素对围绝经期模型小鼠的体重无显著影响。而雌激素组小鼠体重随着周期的增加而降低,从第三周开始与对照组比较显示有差异,提示雌激素作用可影响小鼠体重。

⑤解剖小鼠,取出肝脏、脾脏、肾脏、卵巢、子宫分别称重。结果显示内脏有增重趋势。由于围绝经期本质与卵巢机制作用有关,卵巢功能减退,结果显示与对照组比较,高剂量组、雌激素组小鼠卵巢/体比下降,差异显著($P <$ 0.05)。

3.2.5　围绝经期小鼠组织病理学检测

3.2.5.1　实验材料

(1)实验对象。

小鼠的卵巢组织、脑组织、肝脏组织

(2)实验试剂。

PBS 缓冲液、福尔马林溶液、不同浓度的酒精溶液、二甲苯、石蜡、苏木精染色液、饱和硫酸锂水溶、伊红溶液、水杨酸甲酯、中性树脂膜等均由哈尔滨医科大学(大庆分校区)检测学院实验室提供。

(3)实验仪器。

切片机、离心机、微波炉、电热恒温干燥箱、电子分析天平、光学显微照相系统等均由哈尔滨医科大学(大庆分校区)检测学院实验室提供。

3.2.5.2　实验方法

(1)石蜡切片。

小鼠断头取血后,解剖,取出脏器组织,PBS 缓冲液洗净,吸干水分,福尔马林溶液中固定,不同浓度乙醇脱水,石蜡包埋,3 mm 切片,温水浴中展平,平铺在载玻片上,37℃恒温箱过夜后 4℃保存。

（2）He 染色。

二甲苯脱蜡 20 min→95% 酒精脱水 1 min→100% 酒精脱水 1 min→苏木精染色 10 min→流水冲洗 1 min→1% 盐酸酒精分化 3 s→流水冲洗 10 s→饱和硫酸锂水溶液复蓝 20 s→流水冲洗 1 min→1% 伊红溶液染色 3 min→流水冲洗 1 min→80% 酒精处理 3 s→90% 酒精处理 3 s→95% 酒精处理 3 s→无水乙醇 3 s→水杨酸甲酯 2 min→二甲苯 2 min→二甲苯→2 min→中性树脂膜封片

3.2.5.3　实验结果分析

图 3 – 1 ~ 图 3 – 3 结果显示,各组小鼠的肝脏和脑的病理组织学检查都没有明显的病理改变。雌激素组小鼠卵巢发生了明显的病理学改变,腺体数量增多,细胞呈高柱状,内膜上皮细胞数量增多,增生明显,间质疏松。高剂量组小鼠卵巢腺体数量轻度增多,但不明显,内膜上皮细胞排列基本正常,偶尔可见细胞高度不一,间质无明显变化。

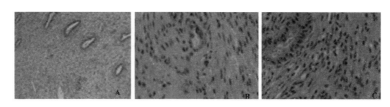

图 3 – 1　小鼠卵巢腺体组织病理学检查(A. CG；B. PG C. H – Gen,40 ×)

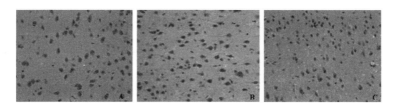

图 3 – 2　小鼠脑组织病理学检查(A. CG；B. PG；C. H – Gen,40 ×)

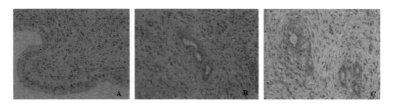

图 3 – 3　小鼠肝脏组织病理学检查(A. CG；B. PG ；C. H – Gen,40 ×)

3.2.5.4　讨论

选择小鼠的卵巢、脑和肝脏组织进行组织病理学检查,选取具有代表性的三个剂量组,分别为对照组、雌激素组、高剂量组。雌激素组与高剂量组的卵巢腺体组织发生明显的病变,脑和肝脏组织的三个剂量组均没发生明显的病变,说明金雀异黄素起到的作用与雌激素作用一致,作用于卵巢腺体时使卵巢腺体发生了病变。由此可见,在实验浓度剂量下,金雀异黄素对围绝经期小鼠的重要脏器无明显影响,对卵巢腺体有一定的影响。

3.2.6　围绝经期小鼠激素水平及相关蛋白的影响

3.2.6.1　实验材料

(1)实验试剂。

名称	公司
小鼠睾酮(T)酶联免疫检测试剂盒	上海史瑞克科技有限公司
小鼠黄体酮(PROG)酶联免疫检测试剂盒	上海史瑞克科技有限公司
小鼠雌二醇(E_2)酶联免疫检测试剂盒	上海史瑞克科技有限公司
小鼠抑制素 A(INHA)酶联免疫检测试剂盒	上海史瑞克科技有限公司
小鼠抑制素 B(INHB)酶联免疫检测试剂盒	上海史瑞克科技有限公司
小鼠促卵泡生长激素 FSH 酶联免疫检测试剂盒	上海史瑞克科技有限公司
小鼠促黄体生成素 LH 酶联免疫检测试剂盒	上海史瑞克科技有限公司
小鼠 Bcl-2 酶联免疫检测试剂盒	上海史瑞克科技有限公司
小鼠 Bax 酶联免疫检测试剂盒	上海史瑞克科技有限公司

(2)实验仪器。

名称	厂家
TD5A 离心机	长沙英泰仪器有限公司
DRP-9272 电热恒温培养箱	上海森信实验仪器有限公司
5082 酶标仪	澳大利亚 TECAN 公司
移液枪	中国大龙
一次性吸头	黑龙江八一农垦大学实验室
一次性试管	黑龙江八一农垦大学实验室

（3）实验对象。

小鼠断头取血后分离的血清及部分卵巢组织

3.2.6.2　实验方法

（1）方法。

准备试剂,样品和标准品→加入准备好的样品和标准品,生物素标记二抗和酶标试剂,37℃反应 60 min→洗板 5 次,加入显色液 A、B,37℃显色 10 min→加入终止液→10 min 之内读 OD 值→计算。

（2）操作步骤。

加样:分空白孔、标准品孔、待测样品孔。空白孔不加样品和抗体,只加显色液与终止液。每个标准空和空白孔做复孔。加好样品与抗体后,盖上封板膜,轻轻震荡混匀,37℃温育 60 min。

配液:将 20 倍浓缩洗涤液用蒸馏水 20 倍稀释后备用。

洗涤:小心揭掉封板膜,弃去液体,甩干,每孔加满洗涤液,将稀释后的洗涤液至少 0.35 mL 注入孔内。在实验台上铺垫几层吸水纸,静置 30 s 后弃洗涤液,酶标板朝下用力拍,如此重复 5 次,拍干。

显色:每孔先加入显色剂 A50L,再加入显色剂 B50L,轻轻震荡混匀,37℃避光显色 10 min。

终止:每孔加终止液 50L,终止反应,此时蓝色转变为黄色。

测定:以空白孔调零,450 nm 波长依序测量各孔的 OD 值,测定应在加终止液后 10 min 内进行。

计算:根据标准品的浓度及对应的 OD 值计算出标准曲线的直线回归方程,再根据样品的 OD 值在回归方程上计算出相对应的样品浓度。

注意事项:试剂盒保存温度在 2～8℃,试剂盒开启之前要提前在室温平衡 30 分钟。各步加样均使用加样器,并经常校对准确性,以保证测量结果的准确性。为避免交叉污染,均使用一次性吸头,封板膜不可重复使用。底物 B 对光敏感,避免长时间暴露于光下。

3.2.6.3　实验结果与分析

（1）统计学分析。

应用 SPASS 19.0 软件进行方差分析,对结果进行 t 检验统计学处理,$P < 0.05$ 为差异有显著性意义,$P < 0.01$ 为差异极显著,实验结果以“平均值 ± 标准差（$\bar{x} \pm s$）”表示。

（2）小鼠血清中 Inh－A、Inh－B 含量。

表 3－4 结果显示，随着不同组别金雀异黄素含量的提高，血清中 Inh－A 与 Inh－B 含量呈上升趋势。与对照组比较，高剂量组 Inh－B 含量上升，差异极显著（$P < 0.01$）；阳性对照量 Inh－B 含量上升，差异显著（$P < 0.05$）。

表 3－4　小鼠血清中 Inh－A、Inh－B 含量（$\bar{x} \pm s$, ng/L）（$n = 10$）

组别	Inh－A	Inh－B
对照组	6.801 ± 1.868	5.812 ± 0.821
低剂量组	9.907 ± 2.255	7.285 ± 1.176
中剂量组	9.971 ± 2.791	6.443 ± 1.060
高剂量组	11.899 ± 2.141	8.867 ± 0.985 **
雌激素组	10.602 ± 1.733	9.219 ± 2.628 *

＊：与对照组相比，差异显著（$P < 0.05$）；＊＊：与对照组相比，差异显著（$P < 0.01$）。

（3）小鼠血清中 FSH、LH 含量。

表 3－5 结果显示与对照组比较，低剂量组、中剂量组、高剂量组、雌激素组 LH 水平下降，差异显著（$P < 0.05$）；与对照组比较，雌激素组 FSH 水平下降，差异显著（$P < 0.05$）。LH/FSH 比值无明显变化。

表 3－5　小鼠血清中 FSH、LH 含量（$\bar{x} \pm s$）（$n = 10$）

组别	LH（ng/L）	FSH（IU/L）	LH/FSH
对照组	4.147 ± 0.404	2.113 ± 0.260	2.010 ± 0.469
低剂量组	3.681 ± 0.243 *	2.035 ± 0.168	1.818 ± 0.182
中剂量组	3.773 ± 0.340 *	1.988 ± 0.274	1.925 ± 0.289
高剂量组	3.486 ± 0.374 *	1.816 ± 0.156	1.930 ± 0.249
雌激素组	3.129 ± 0.442 *	1.688 ± 0.195 *	1.876 ± 0.351

＊：与对照组相比，差异显著（$P < 0.05$）。

（4）小鼠血清中 E_2、P、T 含量。

表 3－6 结果表明 E_2、PROG 随着金雀异黄素浓度的升高增长明显，T 呈下降趋势，各组间差异有统计学意义（$P < 0.05$）。与对照组比较，低剂量组、高剂量组、雌激素组 E_2 水平上升，差异极显著（$P < 0.01$）；与对照组比较，雌激素组 T 水平下降，差异显著（$P < 0.05$）。

表 3 – 6　小鼠血清中 E_2、P、T 含量（ $\bar{x} \pm s$ ）（ $n = 10$ ）

组别	E_2（ng/L）	PROG（ng/mL）	T（nmol/L）
对照组	8.747 ± 2.322	8.683 ± 1.295	11.827 ± 2.326
低剂量组	10.511 ± 1.401 **	8.927 ± 2.063	10.503 ± 2.005
中剂量组	10.101 ± 1.423	9.022 ± 2.075	11.708 ± 2.883
高剂量组	12.297 ± 1.586 **	9.198 ± 1.008	8.544 ± 3.339
雌激素组	12.580 ± 1.882 **	9.921 ± 1.867	7.775 ± 2.537 *

＊：与对照组相比，差异显著（ $P < 0.05$ ）；＊＊：与对照组相比，差异显著（ $P < 0.01$ ）。

（5）各组小鼠卵巢组织 Bcl – 2 蛋白和 Bax 蛋白表达情况。

表 3 – 7 结果显示，中剂量组、高剂量金雀异黄素可使小鼠卵巢组织中Bcl – 2 蛋白水平升高，但差异无统计学意义（ $P > 0.05$ ）；各剂量组小鼠卵巢组织中 Bax 蛋白水平呈下降趋势，其中高剂量组和雌激素组下降明显，与对照组相比差异显著（ $P < 0.05$ ）。

表 3 – 7　各组小鼠卵巢组织 Bcl – 2 蛋白和 Bax 蛋白表达情况（ $\bar{x} \pm s$ ）（ $n = 10$ ）（ pg/mL ）

组别	Bcl – 2	Bax
对照组	2.57 ± 1.14	23.22 ± 3.45
低剂量组	2.53 ± 1.22	23.02 ± 2.11
中剂量组	2.67 ± 1.38	19.33 ± 3.57
高剂量组	3.02 ± 1.23	9.28 ± 2.65 *
雌激素组	3.88 ± 1.58	9.06 ± 3.13 *

＊：与对照组相比，差异显著（ $P < 0.05$ ）。

3.2.6.4　讨论

围绝经期阶段，卵巢功能衰退，分泌的雌二醇、黄体酮、抑制素含量降低，抑制素含量的降低导致促卵泡生长激素含量上升，与促卵泡生长激素起到协同作用的促黄体生成素开始变化不明显，随着分泌激素的进一步减少，促卵泡生长激素与促黄体生成素大幅度上升，此时雌二醇含量达到最低，促卵泡生长激素与促黄体生成素含量达到最高，少量的雄激素含量上升实验测量的 E_2、P、T、LH、FSH、Inh – A、Inh – B 五种激素，对照组呈现出的趋势与围绝经期激素变化水平相符，说明实验构建模型成功。实验周期结束后，相应的激素水平出现了一定变化，说明金雀异黄素对小鼠模型激素变化水平有影响，可以使处于围绝经期小鼠体内的 E_2、P、InhA、Inh – B 含量提升，降低 T、LH、FSH。

Bax 与 Bcl-2 通过拮抗作用影响细胞的凋亡与存活,围绝经期内 Bax 过度表达形成 Bax 同源二聚体数量多于与 Bcl-2 形成的二聚体数量,使细胞趋向凋亡。实验结果显示金雀异黄素可以抑制 Bax 蛋白的含量,促进 Bcl-2 蛋白的含量,说明金雀异黄素对细胞凋亡 Bax 蛋白有抑制作用。

3.2.6.5 小结

①以小鼠血清及卵巢组织为原料进行实验,小鼠血清分离后应尽快应用于实验,以免影响实验结果。选取能反映出作用于卵巢基质的激素:E_2、P、T、LH、FSH、Inh-A、Inh-B;两种凋亡蛋白:Bax、Bcl-2。检测金雀异黄素对处于围绝经期小鼠的激素水平变化与凋亡蛋白的变化。观察不同剂量金雀异黄素对各个激素的影响作用,研究金雀异黄素对围绝经期综合征的可能作用机制。

②E_2、P、T、LH、FSH、Bax、Bcl-2、Inh-A、Inh-B 均使用酶联免疫检测法(ELISA)来测定。通过根据标准品的浓度及对应 OD 值计算出标准曲线的直线回归方程,再根据所测激素 OD 值在回归曲线上计算相应激素浓度。为确保实验数据准确,标准品和空白孔均做复孔,酶标仪读数时,多次测量取平均值,减小实验误差。

③E_2 水平含量分析:与对照组比较,其他剂量组随着金雀异黄素浓度的升高,E_2 水平上升,其中低剂量组、高剂量组、雌激素组差异极显著($P < 0.01$)。实验结果揭示 E_2 水平的上升与下降可以体现出金雀异黄素对围绝经期综合征的影响。

④P 水平含量分析:围绝经期内 P 在血液中的含量仅为正常时期的 30%。随着金雀异黄素浓度的升高,P 含量有所回升。实验结果揭示,金雀异黄素可以影响血液中 P 的含量。

⑤T 水平含量分析:围绝经期内由于孕激素的减少,睾酮会相对升高。对照组 T 含量明显高于其他剂量组,但随着金雀异黄素浓度的增加,对 T 含量明显起抑制作用,与对照组比较,阳性剂量 T 含量差异显著($P < 0.05$)。实验结果揭示金雀异黄素浓度的提升,对 T 水平有抑制作用。

⑥LH 与 FSH 水平含量分析:对照组 LH 与 FSH 水平含量明显高于其他剂量组。与对照组比较,低剂量组、中剂量组、高剂量组、雌激素组 LH 水平下降,差异显著($P < 0.05$);与对照组比较,雌激素组 FSH 水平下降,差异显著($P < 0.05$)。围绝经期内由于雌激素分泌的减少,对垂体负反馈作用减弱,LH 与 FSH 水平含量会有所上升,随着其他剂量组金雀异黄素浓度的增加,LH 与 FSH 水平下降,说明金雀异黄素起到雌激素作用,对 FSH 于 LH 有反馈调节作用。

⑦Bax 与 Bcl-2 水平含量分析:对照组水平含量高于其他剂量组含量,与对

照组比较,高剂量组、雌激素组下降明显,差异显著($P < 0.05$)。Bcl - 2 含量上升趋势不明显。高剂量可明显降低促凋亡基因 Bax 在围绝经期小鼠卵巢组织中的表达,其效果与雌激素相似,提示金雀异黄素对卵巢功能的保护作用可能与抑制 Bax 蛋白表达,从而抑制卵巢细胞凋亡有关。说明金雀异黄素可通过调节促细胞凋亡蛋白和抗细胞凋亡蛋白的水平来保护卵巢细胞功能。

⑧Inh - A 与 Inh - B 水平含量分析:与对照组比较,高剂量组 Inh - B 含量上升,差异极显著($P < 0.01$);阳性对照量 Inh - B 含量上升,差异显著($P < 0.05$)。抑制素由卵巢颗粒分泌,围绝经期阶段卵巢功能衰退,颗粒细胞产生的抑制素减少。对照组剂量低于其他组,符合围绝经期抑制素分泌特点。与对照组比较,高剂量组与雌激素组差异显著,抑制素上升,说明一定浓度的金雀异黄素可以促进抑制素分泌。

3.2.7　金雀异黄素对围绝经期小鼠芳香化酶的调控

3.2.7.1　实验材料

(1)实验试剂。

试剂名称	公司
DEPC 焦碳酸二乙酯	生工生物工程(上海)股份有限公司
dNTP mixture 溶液	生工生物工程(上海)股份有限公司
M - MuLV 第一链 cDNA 合成试剂盒	生工生物工程(上海)股份有限公司
热启动荧光定量 PCR 试剂盒(SYBR 染料法)	生工生物工程(上海)股份有限公司
Taq DNA Polymerase	生工生物工程(上海)股份有限公司
引物合成	生工生物工程(上海)股份有限公司
无水乙醇	沈阳市华东试剂厂
氯仿	沈阳市华东试剂厂
内参 β - action	生工生物工程(上海)股份有限公司
DNA marker	美国 Sigma - Aldrich 公司
琼脂糖	美国 Sigma - Aldrich 公司
TAE	美国 Sigma - Aldrich 公司
核酸染色试剂	美国 Sigma - Aldrich 公司
去核酸酶试剂	生工生物工程(上海)股份有限公司
Loading buffer	美国 Sigma - Aldrich 公司

（2）实验仪器。

名称	厂家
DL－CJ－1N 型超洁净工作台	哈尔滨市东联电子技术开发有限公司
YX－280D 型立式压力蒸汽灭菌器	合肥华泰医疗设备有限公司
低温冷冻离心机	日本 KUBOTA 产品
TD5 型离心机	长沙英泰仪器有限公司
DYY－6B 电泳仪	北京六一仪器厂
电泳槽	北京市六一仪器厂
ZF－501 型多功能紫外透射仪	上海顾村电光仪器厂
JY04S 凝胶成像系统	北京君意东方电泳设备有限公司
核酸蛋白测定仪	BioPhotometer Plus 德国产
纯水仪	美国 Millipore 公司
PM460 型电子分析天平	梅特勒—托利多仪器有限公司
PM460 型电热恒温水槽	上海深信试验仪器有限公司
液氮罐	成都金凤液氮容器有限公司
PCR 仪器	Applied Biosystems
荧光定量 PCR 仪器	杭州博日科技有限公司
微波炉	美的有限公司
－80℃冰箱	SANYO 公司产品
－20℃冰箱	海尔公司
移液枪	中国大龙
离心管、EP、枪头	黑龙江八一农垦大学实验室

3.2.7.2 实验方法

（1）标本获取。

小鼠处死解剖后迅速取出双侧卵巢子宫,液氮冻存。

（2）实验前期准备。

RNA 易降解,RNase 是导致 RNA 降解的主要物质,其非常稳定的性质在一些极端的条件下可以暂时失活,但限制因素去除后又迅速复性。常规的酸、碱以及加热的方法都不可以使 RNase 完全失活。RNase 广泛存在于人的皮肤和体液及环境中,因此在提取 RNA 时要求环境清洁。实验所用玻璃制品及金属制品需在 180℃高温烘箱中烘烤 2 h。实验所用塑料制品用 0.1% DEPC 水浸泡过夜后高压处理,实验时需经常更换手套,佩戴一次性口罩和卫生帽子,所用实验试剂现用现配。

（3）RNA 提取。

①称取 100 mg 子宫或卵巢,加入 1 mL Trizol,手动摇匀。

②将裂解后样品室温放置 10 min,使得核蛋白与核酸完全分离,12000 r/min 离心 10 min,移去漂浮的油脂,取上清液。

③加入 0.2 mL 氯仿,手动颠倒混匀 2 min,室温放置 3 min。12000 r/min 4℃ 离心 10 min。此时样品会分成三层:上层水相,中间层和下层有机相。RNA 在上层水相中。

④吸取上层水相转移至干净的离心管中,加入 1/2 倍体积无水乙醇,混匀。不要吸取任何中间物质,否则会出现染色体 DNA 污染。

⑤将吸附柱放入收集管中,用移液器将溶液和半透明纤维状悬浮液物全部加至吸附柱中,静置 2 min,12000 r/min 离心 3 min,倒掉收集管中废液。

⑥将吸附柱放回收集管中,加入 500 mLRPE Solution,静置 2 min,10000 r/min 离心 30 s,到掉收集管中废液。重复步骤一次。

⑦将吸附柱放回收集管中,10000 r/min 离心 2 min。

⑧将吸附柱放入干净的 1.5 mL 离心管中,在吸附膜中央加入 30mL DEPC - treated ddH$_2$O,静置 5 min,12000 r/min 离心 2 min,将所得到的 RNA 溶液置于 -80℃保存。

（4）RNA 产物鉴定。

①琼脂糖凝胶电泳鉴定。

50×TAE 配置:242 g Tris,57.1 mL 冰醋酸 ,100 mL 0.5 mol/L EDTA（pH8.0）使用时稀释成 1×TAE。电子分析天平称量琼脂糖 0.25 g,量筒称取 1×TAE25 mL,同时加入到三角瓶中,放到微波炉中加热,沸腾三次溶液呈清澈透明彻底融化状态下取出,待温度降低后加入核酸染色试剂,混匀,倒入已插好梳子的胶板中,赶开形成的气泡,保证胶板平整光滑,待凝胶凝固后拔出梳子。将胶板放入电泳槽,在已形成的点样孔中用移液枪加入 3 mL 待检验的 RNA 产物与 1 mL Loading Buffer 的混合液,110 V,20 min 后取出先在紫外灯下观察条带,再用摄像照照片记录。完整的 RNA 条带可呈现三条清晰条带:28S、18S、5S,其中 28S 条带强度高于 18S,如果 28S 条带强度较弱,说明 RNA 有降解,降解会影响后续实验结果,应重新提取 RNA,确保实验条件。

②OD 值浓度鉴定。

OD_{260}/OD_{280} 比值在 1.9~2.1,则证明 RNA 纯度良好;若比值低于该范围,说明有蛋白质残留;若比值高于该范围,则说明 RNA 降解,需要重新提取,以达到比值范围为准,方可进行下一步实验。

(5)反转录。

①在冰盒中完成试剂混合。总 RNA 2 μg,Oligo(dT)(0.5 μg/μL)1 μL,RNase free ddH$_2$O 定容至 12 μL。

②轻轻混匀后离心 3~5 s,反应混合物在 65℃温浴 5 min 后,冰浴 30 s,然后离心 3~5 s。

③将试管冰浴,再加入如下组分:5 × Reaction Buffer 4 μL、RNase Inhibitor (20 U/μL) 1 μL、dNTP Mix(10 mmol/L)2 μL、M - Mulv RT(200 U/μL)1 μL。

④轻轻混匀后离心 3~5 s。

⑤在 PCR 仪上按下列条件进行反转录反应:cDNA 合成 - 42℃ - 40 min。终止反应 - 70℃ - 10 min(酶失活),处理后,置于冰上放置。

(6)PCR 扩增。

①反应体系配置(表 3 - 8)。

表 3 - 8　50 μL PCR 反应体系

名称	剂量
模板 DNA	2 μL
上游引物	2 μL
下游引物	2 μL
10 × PCR Buffer	5 μL
Mg^{2+}	3 μL
dNTP	1 μL
Taq DNA Polymerase	1 μL
ddH$_2$O	补齐到 50 μL

②引物设计。

引物采用 premier 5.0 引物软件设计,并由生工生物工程(上海)股份有限公司合成(表 3 - 9)。

表 3 – 9　引物合成信息

名称	序列	扩增长度
CYP19 上游引物	CGTTCGTTCCTTGCCGTGAT	121bp
CYP19 下游引物	ATGGTCCAGGGCGGGAGTAG	
FSHR 上游引物	CATCGTATTGTGCCAAAGAA	389bp
FSHR 下游引物	TAAGCCAGTAAGTGAAGGGA	
P450 上游引物	GCCCAAGAACCTGAAAGAAA	430bp
P450 下游引物	CATTACCGCCAACAATCAAC	
b – action 上游	TCACCCACACTGTGCCCATCTACGA	295bp
b – action 下游	CAGCGGAACCGCTCATTGCCAATGG	

③PCR 反应条件。

95℃ 3 min 1 个循环→95℃ 30 s,55℃ 30 s,72℃ 1 min 30 个循环→72℃
10 min

④PCR 产物扩增琼脂糖凝胶电泳验证。

加热后的 1% 琼脂糖加核酸染色试剂倒在胶板上插上梳子制成凝胶,梳子拔出后,置于电泳槽内,PCR 扩增产物 5 mL,Loading Buffer 1 mL 点样,110V、20 min。取出后在紫外灯下观察目的条带,观察条带所在范围。

⑤荧光定量 PCR 反应体系。

表 3 – 10　50 μL 荧光定量 PCR 反应体系

名称	剂量
荧光剂	25 μL
上游引物	1 μL
下游引物	1 μL
cDNA	2 μL
ddH$_2$O	21 μL
总体系	50 μL

3.2.7.3　荧光定量 PCR 反应条件

93℃ 2 min 1 个循环→93℃ 5 s,60℃ 20 s,72℃ 30 s 35 个循环

3.2.7.4　实验结果与分析

（1）统计学分析。

荧光定量 PCR 时,每个测定样做 3 个复孔,取平均值。实验重复 3 次,取平均值。小鼠卵巢与子宫中的 P450 arom mRNA、CYP19 mRNA、FSHR mRNA 的相对表达量采用 2 – △△Ct 进行数据处理并应用 SPASS 19.0 软件进行方差分析,

对结果进行 t 检验统计学处理,$P < 0.05$ 为差异有显著性意义。

(2)小鼠卵巢与子宫组中 RNA 电泳鉴定。

图 3-4 结果显示,条带清晰可见,28s、18s、5s 三条条带明显,28s 条带强度高于 18s 条带说明 RNA 较完整,可用于下一步实验 cDNA。

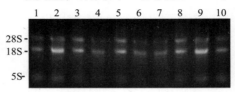

图 3-4　小鼠卵巢与子宫中 RNA 电泳条带图

1~5:卵巢剂量组,分别为 1:对照组;2:低剂量组;3:中剂量组;4:高剂量组;5:雌激素组;
6~10:子宫剂量组,分别为 6:对照组;7:低剂量组;8:中剂量组;9:高剂量组;10:雌激素组

(3)RNA 浓度 OD 值检测。

OD_{260}/OD_{280} 比值为 2.04,比值在 1.9~2.1 范围内,符合浓度要求,可进行下一步实验。

(4)小鼠卵巢与子宫中 P450 芳香化酶 PCR 电泳图。

图 3-5 结果显示,设计的引物 P450 在 PCR 扩增中有表达,获得特异性产物,片段长度与目的条带 430 bp 范围接近,并没有非特异性扩增条带产生,实验结果良好,可应用于下一步实验中。

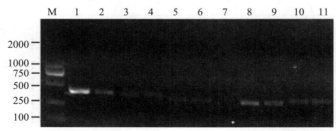

图 3-5　小鼠卵巢与子宫中 P450 arom mRNA 表达

M - marker;1~5:卵巢剂量组,分别为 1:对照组;2:低剂量组;3:中剂量组;4:高剂量组;
5:雌激素组;6~10:子宫剂量组,分别为 6:对照组;7:低剂量组;8:中剂量组;9:高剂量组;10:雌激素组;11:内参 β - action

(5)小鼠卵巢与子宫中 CYP19 PCR 电泳图。

图 3-6 结果显示,设计的引物 CYP19 在 PCR 扩增中有表达,获得特异性产物,片段长度与所设计引物片段大小一致,并没有非特异性扩增条带产生,实验结果良好,可应用于下一步实验中。

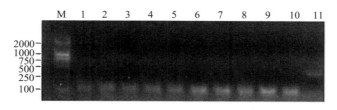

图 3 - 6　小鼠卵巢与子宫中 CYP19 mRNA 表达

M - marker;1～5:子宫剂量组,分别为 1:对照组;2:低剂量组;3:中剂量组;4:高剂量组;5:雌激素组;6～10:卵巢剂量组,分别为 6:对照组;7:低剂量组;8:中剂量组;9:高剂量组;10:雌激素组;11:内参 β - action

（6）小鼠卵巢与子宫中 FSHR PCR 电泳图。

图 3 - 7 结果显示,设计的引物 FSHR 在 PCR 扩增中有表达,获得特异性产物,片段长度与所设计引物片段大小一致,并没有非特异性扩增条带产生,实验结果良好,可应用于下一步实验中。

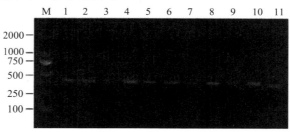

图 3 - 7　小鼠卵巢与子宫中 FSHR mRNA 表达

M - marker;1～5:子宫剂量组,分别为 1:对照组;2:低剂量组;3:中剂量组;4:高剂量组;5:雌激素组;6～10:卵巢剂量组,分别为 6:对照组;7:低剂量组;8:中剂量组;9:高剂量组;10:雌激素组;11:内参 β - action

（7）荧光定量检测小鼠卵巢子宫中 P450 arom mRNA 的表达。

图 3 - 8 结果显示,在小鼠卵巢与子宫中,与对照组比较,高剂量组与雌激素

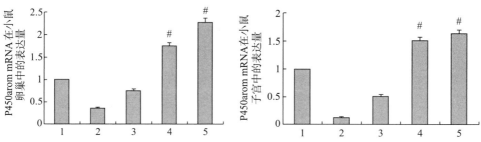

图 3 - 8　小鼠卵巢与子宫中 P450 arom mRNA 的表达量

1:对照组;2:低剂量组;3:中剂量组;4:高剂量组;5:雌激素组

#:与对照组相比,差异显著($P < 0.05$)。

组均呈升高趋势,差异显著($P < 0.05$)。P450 arom mRNA 的表达量在高剂量组与雌激素组中比低剂量组与中剂量组要高。

(8)荧光定量检测小鼠卵巢子宫中 CYP19 mRNA 的表达。

图 3-9 结果显示,在小鼠卵巢中,与对照组比较,高剂量组与雌激素组均呈升高趋势,差异显著($P < 0.05$)。在小鼠子宫中,与对照组比较,中剂量组、高剂量组、阳性对照呈现上升趋势,差异显著($P < 0.05$)。

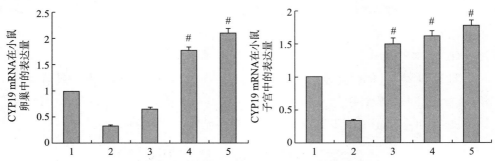

图 3-9　小鼠卵巢与子宫中 CYP19 mRNA 的表达量
1:对照组;2:低剂量组;3:中剂量组;4:高剂量组;5:雌激素组
#:与对照组相比,差异显著($P < 0.05$)。

(9)荧光定量检测小鼠卵巢子宫中 FSHR mRNA 的表达。

图 3-10 结果显示,在小鼠卵巢中,与对照组比较,高剂量组与雌激素组均呈升高趋势,差异显著($P < 0.05$)。在小鼠子宫中,与对照组比较,高剂量组、阳性对照呈现上升趋势,差异显著($P < 0.05$)。

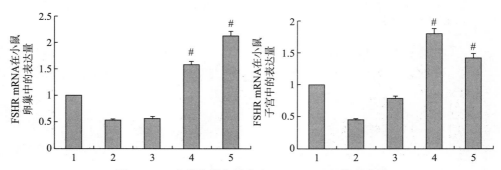

图 3-10　小鼠卵巢与子宫中 FSHR mRNA 的表达量
1:对照组;2:低剂量组;3:中剂量组;4:高剂量组;5:雌激素组
#:与对照组相比,差异显著($P < 0.05$)。

3.2.7.5　讨论

围绝经期综合征发生的病因是由于卵巢功能减退,分泌的雌激素减少,导致下丘脑—垂体—卵巢轴平衡失调。P450 芳香化酶是催化雄激素转化为雌激素最后一步的限速酶,相关研究表明 P450 arom mRNA 的表达与卵泡的发育有关,限速酶生成的减少或酶活性受到抑制都将直接影响睾酮向雌二醇的转化去路,芳香化酶的变化与围绝经期体内雌激素水平关系密切。实验选择自然老化小鼠模型,采用荧光定量 PCR 方法检测小鼠卵巢和子宫中 P450 arom mRNA 与 CYP19 mRNA 的表达,研究金雀异黄素对 P450 arom mRNA 与 CYP19 mRNA 表达的影响,从分子水平为治疗围绝经期综合征提供理论和实验依据。实验结果表明,高剂量组金雀异黄素的作用较为显著,可使围绝经期小鼠卵巢与子宫中 P450 arom mRNA 与 CYP19 mRNA 的表达量显著升高,与雌激素组的表达量作用相似,中剂量组与低剂量组也有表达,低剂量组表达作用不明显。相关文献显示,卵巢特异性 CYP19 外显子 Ⅱ a DNA5 末端的 278 bp 可以满足靶基因的卵巢特异性表达,此卵巢特异性启动子上包含 cAMP 反应元件结合蛋白和孤儿核受体 SF – 1、LRH – 1 的结合部位,其中 LRH – 1 作为颗粒细胞中雌激素受体的重要靶基因,在调节 P450 arom 的表达的同时也可作为 CYP19 上游的转录调节因子。金雀异黄素作为一种植物雌激素,与雌激素受体的 ERa 亚基亲和能力较强,研究推测,金雀异黄素对 P450 arom mRNA 与 CYP19mRNA 表达的促进作用在小鼠卵巢子宫中也是通过 ERa – LRH – 1 途径实现的。

　　FSH 是卵巢功能重要的内分泌调节激素,FSHR 是 FSH 在体内发挥作用的最主要介导途径。FSH 直接参与刺激卵泡发育、排卵、黄体生成及甾体激素的合成,通过结合于卵泡颗粒细胞膜表面的特异性 FSHR,参与了包括募集、选择及优势化等一系列卵泡发育过程。FSHR 在下丘脑—垂体—卵巢轴功能的完整性中起到重要作用,是糖蛋白激素受体家族的一个成员,FSHR 在雌性动物中呈严格性腺和高度细胞特异性表达,参与卵泡发育成熟各环节。临床研究发现,颗粒细胞 FSHR 表达水平能反映出卵巢的反应性,低反应患者卵巢 FSHR 表达低、卵泡发育少、雌二醇峰值低;高反应者 FSHR 表达高、获卵数多、雌二醇峰值高。FSHR 蛋白的表达量与卵泡数和血清雌二醇峰值呈显著正相关关系,Abdennebi 等推测卵巢对 FSH 的反应与 FSHR mRNA 的表达有关。FSHR 在卵巢甾体激素的合成过程中起重要作用,FSH 与受体结合后方可激活颗粒细胞内的 P450 arom,使卵泡膜细胞产生的雄激素芳香化酶合并形成卵泡自身内的雌激素微环境。因此,雌激素的生成受卵泡内 FSHR 含量的限制,通过研究金雀异黄素对 FSHR mRNA 表达量的影响,探讨金雀异黄素作用于卵巢与子宫的作用机制。有研究表示,围绝经期体内血清中 FSH 水平虽然较高,但衰老卵巢对于 FSH 的反应性较低,

FSHR 的表达呈下调改变,使得此时高 FSH 无法实现对卵泡发育的促进作用。实验结果显示,在小鼠卵巢与子宫中,与对照组比较,高剂量组与雌激素组均呈升高趋势,围绝经期小鼠模型血清对照组 FSH 水平与其他剂量组比较较高,提示围绝经期卵巢功能减退可能正是由于卵巢 FSHR 表达降低,导致其对 FSH 反应性下降所致,金雀异黄素调节卵巢与子宫功能的机制,也有可能通过上调卵巢 FSHR 的表达实现。

3.2.7.6　小结

实验观察金雀异黄素对围绝经期小鼠卵巢与子宫中雌激素合成过程中最后一步限速酶 P450 arom 的基因表达量及其编码基因 CYP19 与雌激素受体 FSHR 的基因表达量,通过提取卵巢与子宫的 RNA,检测 RNA 浓度,逆转录合成 cDNA,RT – PCR 检验组织中是否有目的条带,应用荧光定量 PCR 进行相对定量比较,实验结果表明中、高剂量组金雀异黄素可以使小鼠卵巢与子宫中 P450 arom mRNA、CYP19 mRNA、FSHR mRNA 的表达量显著升高,低剂量组金雀异黄素作用不明显,金雀异黄素的雌激素作用显著。推测,金雀异黄素对 P450 arom mRNA 与 CYP19 mRNA 表达的促进作用在小鼠卵巢子宫中也是通过 ERa – LRH – 1 途径实现的。提示围绝经期卵巢功能减退可能正是由于卵巢 FSHR 表达降低,导致其对 FSH 反应性下降所致,金雀异黄素调节卵巢与子宫功能的机制,也有可能通过上调卵巢 FSHR 的表达实现。

结论:

①实验成功建立围绝经期小鼠模型,对照组雌二醇含量较低、黄体酮含量较低、睾酮含量偏高、促卵泡生长激素与促黄体生成素含量偏高、抑制素 A 与抑制素 B 含量较低,激素水平变化与围绝经期女性激素变化水平较符合,具有代表性意义。

②通过对实验周期内小鼠体重的测量记录与重要脏器组织的病理组织学检验,结果显示实验剂量下的金雀异黄素对围绝经期小鼠的重要脏器无明显影响,不影响小鼠生长趋势。

③金雀异黄素可以改变小鼠血清中雌二醇、黄体酮、睾酮、促卵泡生长激素、促黄体生成素、抑制素 A、抑制素 B 的含量,并且对细胞凋亡调控机制中的两个重要因子 Bax 与 Bcl – 2 有影响,实验结果显示,高剂量组的金雀异黄素($60 \ mg \cdot kg^{-1}$)可明显降低促凋亡基因 Bax 在围绝经期小鼠卵巢组织中的表达,其效果与雌激素相似,提示 GEN 对卵巢功能的保护作用可能与抑制 Bax 蛋白表达,从而抑制卵巢细胞凋亡有关。

④通过对小鼠卵巢与子宫中 P450 arom mRNA、CYP19 mRNA、FSHR mRNA 的表达量进行荧光定量 PCR 检验,结果显示金雀异黄素对 P450 arom、CYP19、FSHR 有一定的调控作用,提示 GEN 可通过调节芳香化酶和促卵泡生成素受体来改善围绝经期卵巢和子宫的功能。

3.2.8　金雀异黄素调节围绝经期小鼠血清抑制素与性激素水平的研究

抑制素是一种由女性卵巢颗粒细胞分泌的异二聚体蛋白质激素,是妇女育龄期 FSH 分泌的重要调节因子。Inh - A 是由排卵前卵泡及黄体产生,Inh - B 是由小的、生长中的初级卵泡和次级卵泡产生。女性体内 Inh - B 主要由中、小窦状卵泡的颗粒细胞合成,在窦前卵泡期即开始分泌,进入卵泡液在局部发挥自分泌及旁分泌作用并经由卵巢静脉进入循环。抑制素可选择性抑制 FSH 的分泌,对性腺也有局部旁分泌作用。卵巢功能是一个曲线变化的衰退过程,血清 E_2 水平也是在波动中下降。围绝经期综合征的根本原因是卵巢功能衰退。卵巢正常功能的维持依赖于下丘脑—垂体—卵巢轴功能的完整性,FSHR 在该轴中起重要作用。FSH 通过结合于卵泡颗粒细胞膜表面的特异性 FSHR,参与卵泡发育过程。

植物雌激素是从天然植物提取的化合物,在人类饮食中主要是来自豆类及其制品中的异黄酮,其中尤以大豆异黄酮倍受重视。金雀异黄素是大豆异黄酮的主要成分,存在于富含豆肽的多种天然植物中,其分子结构及功能与人体自身雌激素相同。

我们在前面的研究中发现植物雌激素金雀异黄素对动物卵巢功能具有很强的调节作用,本项研究以自然衰老 ICR 雌性小鼠为围绝经期动物模型,进一步研究金雀异黄素对小鼠体内血清抑制素和重要性激素水平的影响,以了解金雀异黄素对卵巢的调节作用。

3.2.8.1　材料与方法

(1)主要仪器与试剂。

SUNRISE 5082 酶标仪(澳大利亚 TECAN 公司);DRP - 9082 电热恒温培养箱(上海森信实验仪器有限公司);金雀异黄素(上海融禾医药科技发展有限公司,含量为 98%);戊酸雌二醇(DELPHARM Lille S. A. S. ,每片 1 mg);性激素 ELISA 检测试剂盒(南京建成生物工程研究所);免疫组化抗体:兔抗人 FSHR 多克隆抗体(编号 PR - 1170),兔抗人 LHR 多克隆抗体(编号 PR - 1318)(镇江厚普生物科技有限公司)。

（2）实验动物及分组。

傅萍等通过观察比较自然衰老 ICR 小鼠和青年小鼠的阴道脱落细胞周期变化、卵巢组织形态及血清性激素含量,认为有关围绝经期疾病的动物实验研究,在 ICR 小鼠的 11～12 月龄进行为宜。我们选择了 50 只 SPF 级 12 月龄雌性 ICR 小鼠,体重为 45 g±5 g 长春市亿斯实验动物技术有限责任公司,动物合格证号:SCXK（吉）–2011–0004,饲养条件:二级实验室,普通饲料喂养,自由摄水,室温 24℃ ± 2℃,湿度 45%～65%,小鼠适应性喂养一周后开始实验。实验共分 5 组,对照组（CG）:生理盐水灌胃;低剂量组（L–Gen）:Gen 15 mg/kg 灌胃;中剂量组（M–Gen）:Gen 30 mg/kg 灌胃;高剂量组（H–Gen）:Gen 60 mg/kg 灌胃;雌激素组（EG）:己烯雌酚 0.5 mg/kg 灌胃。单笼饲养,自由进水,实验周期为 8 周。

（3）实验方法。

末次给药后,各组小鼠禁食 12 h,不禁水,用电子天平称重后,小鼠断头取血,分离血清,此后按 ELISA 检测试剂盒说明书测定抑制素和性激素含量。迅速取出卵巢,冰上仔细剥离表面被膜后,称重,10% 福尔马林固定,进行免疫组织化学法检测 FSHR 盒 LHR 表达情况。在不同的发展阶段,卵巢中卵泡的数量和细胞的类型有明显的差别,观察到卵泡分为两个时期不同发育阶段,为了使数据更具有可比性。原始卵泡,初级卵泡和次级卵泡是卵泡早期,窦状卵泡和成熟卵泡是卵泡晚期。至少观察 20 个不同时期的卵泡。

免疫组化结果:平均阳性面积（面积）和平均光密度（密度）进行免疫组化阳性区域表达的定量指标,可以作为免疫组化阳性区域的染色强度的定量分析。光学密度可以反映蛋白阳性细胞表达强度的强度。FSHR 和 LHR 蛋白在卵巢组织中的表达情况,如果光密度较高,染色强度较强,则表达强。上述指标由图像处理软件 Image–Pro Plus 6 进行分析。

（4）数据处理。

应用 SPSS 17.0 软件进行统计分析,实验数据以平均值 ± 标准差（$\bar{x} \pm s$）表示,组间比较采用方差分析统计处理,$P < 0.05$ 为差异有统计学意义。

3.2.8.2 结果

（1）小鼠血清中 Inh–A、Inh–B 测定结果。

表 3–11 结果显示,金雀异黄素可提高小鼠血清中 Inh–A 的水平,但与对照组相比差异不显著;高剂量（20 mg/kg）金雀异黄素可显著升高小鼠血清中 Inh–B 的浓度（$P < 0.01$）,其效果与雌激素相似。

表 3 – 11　小鼠血清中 Inh – A、Inh – B 含量($\bar{x} \pm s$)($n = 10$)

组别	Inh – A(ng/L)	Inh – B(ng/L)
对照组	6.801 ± 1.868	5.812 ± 0.821
低剂量组	9.907 ± 2.255	7.285 ± 1.176
中剂量组	9.971 ± 2.791	6.443 ± 1.060
高剂量组	11.899 ± 2.141	8.867 ± 0.985 **
雌激素组	10.602 ± 1.733	9.219 ± 2.628 *

：与对照组相比，差异显著($P < 0.05$)； *：与对照组相比，差异显著($P < 0.01$)。

（2）小鼠血清中性激素水平测定结果及 LH/FSH 比值。

表 3 – 12 结果显示，与对照组比较，高剂量组金雀异黄素可显著升高小鼠血清中 E_2 水平，差异显著($P < 0.01$)。各剂量组 P 水平呈升高趋势，T 水平呈下降趋势，但无显著性差异。各个剂量组金雀异黄素均可降低小鼠血清中 LH 和 FSH 水平，LH 水平下降明显，差异显著($P < 0.05$)。另外，LH/FSH 比值也下降，但差异不显著。

表 3 – 12　小鼠血清性激素水平和 LH/FSH 比值($\bar{x} \pm s$)($n = 10$)

组别	E_2(ng/L)	P(ng/mL)	T(nmol/L)	LH (ng/L)	FSH (IU/L)	LH/FSH
对照组	8.747 ± 2.322	8.683 ± 1.295	11.827 ± 2.326	4.147 ± 0.404	2.113 ± 0.260	2.010 ± 0.469
低剂量组	10.511 ± 1.401 **	8.927 ± 2.063	10.503 ± 2.005	3.681 ± 0.243 *	2.035 ± 0.168	1.818 ± 0.182
中剂量组	10.101 ± 1.423	9.022 ± 2.075	11.708 ± 2.883	3.773 ± 0.340 *	1.988 ± 0.274	1.925 ± 0.289
高剂量组	12.297 ± 1.586 **	9.198 ± 1.008	8.544 ± 3.339	3.486 ± 0.374 *	1.816 ± 0.156	1.930 ± 0.249
雌激素组	12.580 ± 1.882 **	9.921 ± 1.867	7.775 ± 2.537 *	3.129 ± 0.442 *	1.688 ± 0.195 *	1.876 ± 0.351

：与对照组相比，差异显著($P < 0.05$)； *：与对照组相比，差异显著($P < 0.01$)。

（3）Inh – A、Inh – B 与 FSH、LH、E_2 的相关性。

综合以上数据进行 Spearman 相关性分析发现，Inh – A 分别和 FSH 呈负相关（$r = -0.269$，$P < 0.01$），和 LH 呈负相关（$r = -0.399$，$P < 0.01$），有显著意义；和 E_2 呈正相关，但相关性不显著（$r = 0.542$，$P > 0.05$）。Inh – B 分别和 FSH 呈负相关（$r = -0.543$，$P < 0.01$），和 LH 呈负相关（$r = -0.261$，$P < 0.01$），和 E_2 呈正相关（$r = 0.354$，$P < 0.01$），相关性均有显著意义。

（4）小鼠卵巢组织中 FSHR 和 LHR 表达情况。

为了研究经 GEN 处理后，围绝经期小鼠体内 FSHR 和 LHR 浓度的变化情况，我们通过免疫组织化学法测定了小鼠卵巢组织中 FSHR 和 LHR 蛋白的表达情况，见表 3 – 13,图 3 – 11 和图 3 – 12,图中棕色颗粒为阳性表达。结果表明，FSHR 和

LHR 蛋白的阳性表达主要位于成熟卵泡的细胞质和黄体组织中。从平均阳性面积和平均光密度结果来看(表3-13),中剂量组和高剂量组小鼠卵巢颗粒细胞中 FSHR蛋白的表达比对照组强(图3-11),而 LHR 蛋白的表达弱于对照组(图3-12)。

表3-13　小鼠卵巢组织中 FSHR、LHR 平均阳性面积和平均光密度($\bar{x} \pm s$)($n = 10$)

组别	FSHR 平均阳性面积	FSHR 平均光密度	LHR 平均阳性面积	LH 平均光密度
对照组	17.236 ± 3.568	1.568 ± 0.374	32.657 ± 2.453	1.225 ± 0.035
低剂量组	17.688 ± 3.658	1.568 ± 0.126	34.175 ± 2.686	1.236 ± 0.052
中剂量组	20.785 ± 4.577 *	1.483 ± 0.098	30.457 ± 4.365	1.367 ± 0.036
高剂量组	21.213 ± 4.369 *	1.436 ± 0.086	28.157 ± 4.857 *	1.378 ± 0.075
雌激素组	20.755 ± 5.366 *	1.257 ± 0.099 *	25.863 ± 3.233 *	1.398 ± 0.047

*:与对照组相比,差异显著($P < 0.05$)。

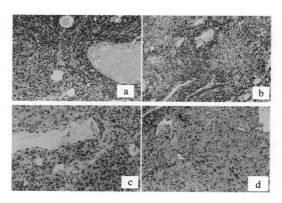

图3-11　小鼠卵巢组织中 FSHR 表达情况(DAB 染色,×400)
a:CG;b:M-Gen;c:H-Gen;d:EG

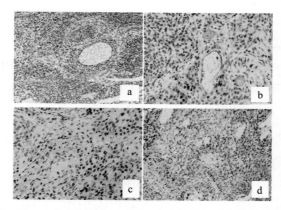

图3-12　小鼠卵巢组织中 LHR 表达情况(DAB 染色,×400)
a:CG;b:M-Gen;c:H-Gen;d:EG

3.2.8.3 讨论

正常月经周期中,血清 Inh－B 水平在早卵泡期缓慢而稳定地上升,并于卵泡中期达到高峰,然后于卵泡晚期和排卵前开始下降。排卵后由于卵泡破裂 Inh－B 释放入血再次出现高峰,之后迅速下降,于整个黄体期持续低水平。Inh－B 对 FSH 的分泌发挥重要的负反馈调节作用。研究者们认为血液中 Inh－B 水平降低是女性卵泡减少,卵巢老化的最早标志。Danforth 等研究表明,卵巢功能衰退时血清 Inh－A 和 Inh－B 水平均降低,认为血浆低水平的 Inh－B 可以早期预测卵巢功能衰退,比 FSH 更敏感。作为颗粒细胞的分泌产物,Inh－B 水平能够比 FSH 更早、更直接反映卵巢储备情况,当 Inh－B 水平不足以维持 FSH 在正常范围时,才表现为血液 FSH 的升高。本研究显示,给予一定剂量的金雀异黄素,可显著提高围绝经期小鼠体内血清抑制素的水平,同时提高 E_2 水平,降低血清 FSH 和 LH 水平,证明血清中性激素水平的变化同抑制素浓度的变化有关。

FSH 是调节卵巢内分泌功能的重要腺垂体激素,主要通过其受体 FSHR 的介导发挥调节作用。FSHR 是糖蛋白激素受体家族的一个成员,其在雌性动物中呈严格性腺和高度细胞特异性表达,参与卵泡发育成熟各环节。临床研究发现,颗粒细胞 FSHR 表达水平能反映出卵巢的反应性,低反应患者卵巢 FSHR 表达低、卵泡发育少、雌二醇峰值低;而 FSHR 表达高、获卵数多、雌二醇峰值高为高反应者。另外,FSHR 蛋白的表达量与卵泡数和血清雌二醇峰值呈显著正相关关系。大量研究发现,围绝经期体内血清中 FSH 水平虽然较高,但衰老卵巢对于 FSH 的反应性却是低下的,表现为 FSHR 的表达呈下调改变,使得此时高 FSH 无法实现对卵泡发育的促进作用。我们对小鼠体内血清抑制素和性激素进行了相关性分析发现 Inh－A、Inh－B 与 FSH、LH、E_2 均有很强的相关性,这验证了 Inh－A 和 Inh－B 对垂体分泌 FSH 和 LH 的降调节作用。因此,我们又检测了小鼠卵巢组织中 FSHR 和 LHR 蛋白表达情况,结果显示金雀异黄素发挥其雌激素样作用,降低了小鼠体内 FSH 水平并上调了卵巢组织中 FSHR 的表达水平,与前人研究结果一致。本项研究结果提示了在围绝经期动物体内,血清抑制素和主要性激素之间存在着一定的相关性,金雀异黄素很可能是通过升高血清抑制素的浓度来调节性激素水平及受体蛋白的表达,从而间接调节卵巢功能。

3.2.9 金雀异黄素对围绝经期小鼠卵巢和子宫组织中芳香化酶和 FSHR 的调控作用

雌激素在围绝经期阶段因卵巢功能的衰退而减少分泌,激素分泌的不平衡会引起一系列的连锁反应,导致生理代谢的紊乱,随即出现不良反应与病症即围绝经期综合征。P450 芳香化酶(P450 aromatase,P450 arom)是形成雌激素最后一步的限速酶,作为一种末端氧化酶可以催化机体内源和外源性物质在体内的氧化反应,CYP19 作为 P450 arom 的编码基因,它的表达及 P450 arom 的活性水平可作为检测颗粒细胞功能正常与否的指标之一。促卵泡生成素受体基因(Follicle stimulating hormone receptor,FSHR)对垂体分泌的促卵泡生成素有介导作用。随着卵泡的生长,颗粒细胞接受垂体 FSH 的刺激而增生,卵泡逐渐成熟,颗粒细胞中的芳香化酶活跃,将卵泡膜细胞中的雄激素转化为雌二醇,成熟卵泡颗粒细胞的 FSHR 受 FSH 诱导和雌二醇的协同作用。

作为大豆异黄酮成分中有较强活性成分的金雀异黄素由于具有雌激素样和抗雌激素样作用,被视为雌激素替代药物的良好选择。植物雌激素可以通过刺激肝脏来合成性腺蛋白以达到调节体内激素水平的目的。由于金雀异黄素与雌二醇在分子结构上有相似的地方,相对着的分子两极都带有两个酚羟基,使得与雌激素受体相结合时可产生雌激素样作用。

卵巢与子宫是研究围绝经期综合征的关键部位,围绝经期阶段的卵巢与子宫处于功能衰退状态,研究其中衰老的作用机制有重要意义,但衰老机制比较复杂,其中激素凋亡、激素受体基因、雌激素转化限速酶等与之有关的因素一直是研究女性围绝经期的热点问题。针对前人的研究大部分是关于对雌激素类药物或者中药材对围绝经期综合征的治疗作用,考虑到目前应用的雌激素替代疗法中药物存在的副作用,选择了大豆异黄酮成分中雌激素表达能力较强的金雀异黄素成分作为研究对象,研究其对围绝经期小鼠卵巢、子宫组织中激素受体基因与芳香化酶的表达作用的研究,寻找金雀异黄素改善围绝经期综合征的作用靶点。

3.2.9.1 材料与方法

(1)主要仪器与试剂。

DYY - 6B 电泳仪(北京六一仪器厂);ZF - 501 型多功能紫外透射仪(上海顾村电光仪器厂);JY04S 凝胶成像系统(北京君意东方电泳设备有限公司);核酸蛋白测定仪(德国 BioPhotometer Plus);PCR 仪器(Applied Biosystems);荧光定量 PCR 仪器(杭州博日科技有限公司);DRP - 9082 电热恒温培养箱(上海森信实验仪器有限公司);金雀异黄素(上海融禾医药科技发展有限公司,含量为98%);戊酸雌二醇(DELPHARM Lille S. A. S. ,每片 1 mg);DEPC 焦碳酸二乙酯、dNTP mixture 溶液、M - MuLV 第一链 cDNA 合成试剂盒、热启动荧光定量 PCR 试剂盒(SYBR 染料法)、Taq DNA Polymerase(上海生工生物工程股份有限公司)。

（2）实验动物及分组。

资料表明 11 ～ 12 月龄 ICR 小鼠各方面生理特点与女性围绝经期相似,适合作为围绝经期疾病的动物实验模型。我们选择了 50 只 SPF 级 12 月龄雌性 ICR 小鼠(长春市亿斯实验动物技术有限责任公司,动物合格证号:SCXK(吉) – 2011 – 0004),体重 45 g ± 5 g,普通饲料喂养,自由摄水,室温 24℃ ± 2℃,湿度 45% ～ 65%。实验共分 5 组,对照组:生理盐水灌胃;低剂量组:Gen 15 mg/kg 灌胃;中剂量组:Gen 30 mg/kg 灌胃;高剂量组:Gen 60 mg/kg 灌胃;雌激素组:己烯雌酚 0.5 mg/kg 灌胃。单笼饲养,自由进水,实验周期为 8 周。

（3）实验方法。

小鼠处死解剖后迅速取出双侧卵巢子宫,液氮冻存。利用试剂盒提取总 RNA,严格按照说明书操作。引物采用 premier 5.0 引物软件设计,并由生工生物工程(上海)股份有限公司合成(表 3 – 14)。

表 3 – 14 引物合成信息

名称	序列	扩增长度
CYP19 上游引物	CGTTCGTTCCTTGCCGTGAT	121bp
CYP19 下游引物	ATGGTCCAGGGCGGGAGTAG	
FSHR 上游引物	CATCGTATTGTGCCAAAGAA	389bp
FSHR 下游引物	TAAGCCAGTAAGTGAAGGGA	
P450 上游引物	GCCCAAGAACCTGAAAGAAA	430bp
P450 下游引物	CATTACCGCCAACAATCAAC	
b – action 上游	TCACCCACACTGTGCCCATCTACGA	295bp
b – action 下游	CAGCGGAACCGCTCATTGCCAATGG	

PCR 反应条件为 95℃ 3 min 1 个循环,95℃ 30 s,55℃ 30 s,72℃ 1 min 30 个循环,72℃ 10 min。荧光定量 PCR 反应条件为 93℃ 2 min 1 个循环,93℃ 5 s,60℃ 20 s,72℃ 30 s 35 个循环。

（4）数据处理。

荧光定量 PCR 时,每个测定样做 3 个复孔,取平均值。实验重复 3 次,取平均值。小鼠卵巢与子宫中的 P450 arom mRNA、CYP19 mRNA、FSHR mRNA 的相对表达量采用 $2^{-\triangle\triangle Ct}$ 进行数据处理并应用 SPASS 19.0 软件进行方差分析,对结果进行 t 检验统计学处理,$P < 0.05$ 为差异有显著性意义。

3.2.9.2 结果

（1）小鼠卵巢与子宫组织中 RNA 电泳鉴定。

图 3－13 结果显示，条带清晰可见，28s、18s、5s 三条条带明显，28s 条带强度高于 18s 条带说明 RNA 较完整，可用于下一步实验 cDNA。OD_{260}/OD_{280} 比值为 2.04，比值在 1.9～2.1 范围内，符合浓度要求，可进行下一步实验。

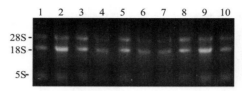

图 3－13　小鼠卵巢与子宫中 RNA 电泳条带图
1～5:卵巢剂量组;分别为 1:对照组;2:低剂量组;3:中剂量组;4:高剂量组;5:雌激素组;
6～10:子宫剂量组,分别为 6:对照组;7:低剂量组;8:中剂量组;9:高剂量组;10:雌激素组

（2）小鼠卵巢与子宫中 P450 芳香化酶 PCR、CYP19、FSHR PCR 电泳图。

图 3－14 结果显示，设计的引物 P450、CYP19 和 FSHR 在 PCR 扩增中均有表

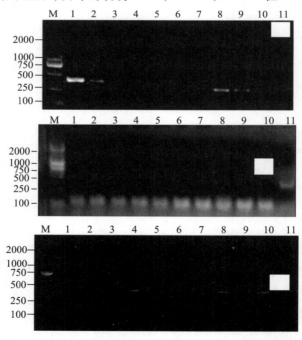

图 3－14　小鼠卵巢与子宫中 P450 arom mRNA（A）、CYP19（B）、FSHR（C）表达情况
M－marker;1～5:卵巢剂量组,分别为 1:对照组;2:低剂量组;3:中剂量组;4:高剂量组;5:雌激素组;6～10:子宫剂量组,分别为 6:对照组;7:低剂量组;8:中剂量组;9:高剂量组;10:雌激素组;11:内参 β－action

达,获得特异性产物,片段长度分别与目的条带 430bp、121bp 和 389bp 范围接近,并没有非特异性扩增条带产生,实验结果良好,可应用于下一步实验中。

(3)荧光定量检测小鼠卵巢子宫中 P450 arom mRNA 的表达。

图 3-15 结果显示,在小鼠卵巢与子宫中,与对照组比较,高剂量组与雌激素组均呈升高趋势,差异显著($P < 0.05$)。P450 arom mRNA 的表达量在高剂量组与雌激素组中比低剂量组与中剂量组要高。

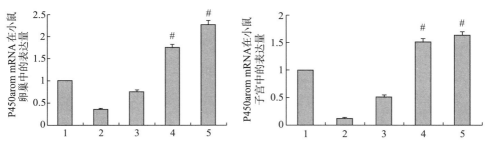

图 3-15   小鼠卵巢与子宫中 P450 arom mRNA 的表达量
1:对照组;2:低剂量组;3:中剂量组;4:高剂量组;5:雌激素组
#:与对照组相比,差异显著($P < 0.05$)。

(4)荧光定量检测小鼠卵巢子宫中 CYP19 mRNA 的表达。

图 3-16 结果显示,在小鼠卵巢中,与对照组比较,高剂量组与雌激素组均呈升高趋势,差异显著($P < 0.05$)。在小鼠子宫中,与对照组比较,中剂量组、高剂量组、阳性对照呈现上升趋势,差异显著($P < 0.05$)。

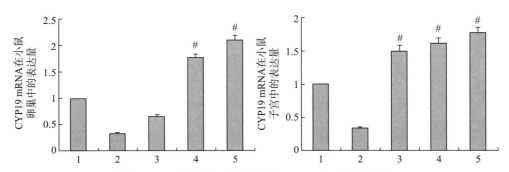

图 3-16   小鼠卵巢与子宫中 CYP19 mRNA 的表达量
1:对照组;2:低剂量组;3:中剂量组;4:高剂量组;5:雌激素组
#:与对照组相比,差异显著($P < 0.05$)。

(5)荧光定量检测小鼠卵巢子宫中 FSHR mRNA 的表达。

图 3-17 结果显示,在小鼠卵巢中,与对照组比较,高剂量组与雌激素组均

呈升高趋势,差异显著($P < 0.05$)。在小鼠子宫中,与对照组比较,高剂量组、阳性对照呈现上升趋势,差异显著($P < 0.05$)。

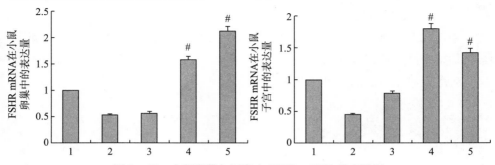

图 3-17　小鼠卵巢与子宫中 FSHR mRNA 的表达量
1:对照组;2:低剂量组;3:中剂量组;4:高剂量组;5:雌激素组
#:与对照组相比,差异显著($P < 0.05$)。

3.2.9.3　讨论

围绝经期综合征发生的病因是由于卵巢功能减退,分泌的雌激素减少,导致下丘脑—垂体—卵巢轴平衡失调。P450 芳香化酶是催化雄激素转化为雌激素最后一步的限速酶,相关研究表明 P450 arom mRNA 的表达与卵泡的发育有关,限速酶生成的减少或酶活性受到抑制都将直接影响睾酮向雌二醇的转化去路,芳香化酶的变化与围绝经期体内雌激素水平关系密切。,实验结果表明,高剂量组金雀异黄素的作用较为显著,可使围绝经期小鼠卵巢与子宫中 P450 arom mRNA 与 CYP19 mRNA 的表达量显著升高,与雌激素组的表达量作用相似,中剂量组与低剂量组也有表达,低剂量组表达作用不明显。相关文献显示,卵巢特异性 CYP19 外显子Ⅱa DNA5 末端的 278 bp 可以满足靶基因的卵巢特异性表达,此卵巢特异性启动子上包含 cAMP 反应元件结合蛋白和孤儿核受体 SF-1、LRH-1 的结合部位,其中 LRH-1 作为颗粒细胞中雌激素受体的重要靶基因,在调节 P450 arom 的表达的同时也可作为 CYP19 上游的转录调节因子。金雀异黄素作为一种植物雌激素,与雌激素受体的 ERa 亚基亲和能力较强,研究推测金雀异黄素对 P450 arom mRNA 与 CYP19mRNA 表达的促进作用在小鼠卵巢子宫中也是通过 ERa-LRH-1 途径实现的。

FSH 是卵巢功能重要的内分泌调节激素,FSHR 是 FSH 在体内发挥作用的最主要介导途径。FSH 直接参与刺激卵泡发育、排卵、黄体生成及甾体激素的合成,通过结合于卵泡颗粒细胞膜表面的特异性 FSHR,参与了包括募集、选择及优势化等一系列卵泡发育过程。FSHR 在下丘脑—垂体—卵巢轴功能的完整性中起到重要作用,是糖蛋白激素受体家族的一个成员,FSHR 在雌性动物中呈严格性腺和高度细胞特异性表达,参与卵泡发育成熟各环节。临床研究发现,颗粒细胞 FSHR 表达水平能反映出卵巢的反应性,低反应患者卵巢 FSHR 表达低、卵泡发育少、雌二醇峰值低;高反应者 FSHR 表达高、获卵数多、雌二醇峰值高。FSHR 蛋白的表达量与卵泡数和血清雌二醇峰值呈显著正相关关系,Abdennebi 等推测卵巢对 FSH 的反应与 FSHR mRNA 的表达有关。FSHR 在卵巢甾体激素的合成过程中起重要作用,FSH 与受体结合后方可激活颗粒细胞内的 P450 arom,使卵泡膜细胞产生的雄激素芳香化酶合并形成卵泡自身内的雌激素微环境。因此,雌激素的生成受卵泡内 FSHR 含量的限制。有研究表示,围绝经期体内血清中 FSH 水平虽然较高,但衰老卵巢对于 FSH 的反应性较低,FSHR 的表达呈下调改变,使得此时高 FSH 无法实现对卵泡发育的促进作用。实验结果显示,在小鼠卵巢与子宫中,与对照组比较,高剂量组与雌激素组 FSHR 表达水平均呈升高趋势,提示围绝经期卵巢功能减退可能正是由于卵巢 FSHR 表达降低,导致其对 FSH 反应性下降所致,金雀异黄素调节卵巢与子宫功能的机制,也有可能通过上调卵巢 FSHR 的表达实现。

关于金雀异黄素治疗围绝经期综合征的作用机理和作用途径还未完全清楚,本实验结果提示 Gen 可通过上调动物模型卵巢和子宫组织中雌雄激素转化关键酶 P450 mRNA 及最重要的性激素受体基因 FSHR 来增强围绝经期女性卵巢和子宫的功能。

3.3　大豆异黄酮防治妇女更年期综合征的实验研究

3.3.1　研究对象选择与分组

3.3.1.1　研究对象的筛选

第一步:根据填写的国际上统一对更年期综合征症状进行评定的 Kupperman 评分表进行初筛,原则上选择得分大于 20 分(即达到中度更年期综合征症状表现)的 45~55 岁之间的更年期妇女,并且排除具有以下症状者:

a. 停经五年以上者或 55 岁以上者;

b. 妊娠或哺乳期妇女、过敏体质者;

c. 晚期畸形、残废、丧失劳动力;

d. 合并有心血管、脑血管、肝、肾和造血系统等严重原发性疾病、精神病患者;

e. 长期服用其他相关药物、保健食品不能立即停用者;

f. 不符合纳入标准, 未按规定食用, 无法判定疗效和资料不全影响效果和安全性判定者。

Kupperman 评分表

症状	加权系数	无(0 分)	轻(1 分)	中(2 分)	重(3 分)
潮热出汗	4	无	<3 次/日	3~9 次/日	≥10 次/日
失眠	2	无	偶尔	经常用安眠药有效	影响工作生活
烦躁易怒	2	无	偶尔	经常能克制	经常不能克制
忧郁多疑	1	无	偶尔	经常能克制	失去生活信念
性交困难	2	无	偶尔	性交痛	性欲丧失
关节肌痛	1	无	偶尔	经常不影响功能	功能障碍
眩晕	1	无	偶尔	经常不影响生活	影响日常生活
乏力	1	无	偶尔	上四楼困难	影响日常生活
头痛	1	无	偶尔	经常能忍受	需治疗
皮肤感觉异常	2	无	偶尔	经常能忍受	需治疗
泌尿系统症状	2	无	偶尔	>3 次/年	>1 次/月
心悸	1	无	偶尔	经常不影响生活	需治疗

说明:评分:每项所得四级评分×该项加权系数后之和。

分级:>35 分为重度,20~35 分为中度,<20 分为轻度。

第二步:对初筛选出的试食对象进行体格检查,包括骨密度、血清性激素水平、血脂指标等的测定。尽可能选择骨密度低下、血清雌二醇水平低下的试食对象。

第三步:综合前两步结果,确定本研究试验对象 90 人。

3.3.1.2 分组

根据雌激素水平随机对试验对象进行分组,平均分成两组,服用大豆异黄酮胶囊剂量组和服用安慰剂胶囊对照组。

3.3.2 试验材料与方法

3.3.2.1 受试样品来源

本试验大豆异黄酮为本课题组自制,是从大豆豆胚中提取,经低温喷雾干燥获得。经 HPLC 法测定大豆异黄酮含量为 8.5%,按比例配以淀粉混合制成每粒含大豆异黄酮 22.5 mg 的胶囊。安慰剂胶囊由淀粉制成。

3.3.2.2 大豆异黄酮服用方案

根据国内外研究资料,防治更年期综合征和骨质疏松的大豆异黄酮剂量一般在 50~90 mg/d,个别也有高于 100 mg/d。大豆异黄酮剂量组试食对象每日口服大豆异黄酮胶囊 2 次,每次 2 粒(即每人每天共摄入大豆异黄酮 90 mg)。同样,安慰剂组试食对象每日服用等量的安慰剂胶囊。

3.3.2.3　一般情况调查表和知情同意书

首先向受试对象说明本次研究的目的和意义,自愿参加,填写知情同意书。发放一般情况调查表格,具体内容包括姓名、年龄、职业、文化程度、身高、体重、家庭人口数、收入水平;与更年期相关的一些情况如生育率、是否做过流产、月经情况、是否闭经等;此外还包括与骨质疏松密切相关的一些资料如是否吸烟饮酒及摄入量、海产品、豆制品、奶制品等的摄入量以及体育锻炼情况、近期服用药物情况等,要求受试对象详细如实地填写。

3.3.2.4　血清激素水平的测定

受试对象血清中雌二醇、促黄体生成素和促卵泡成熟激素采用放射免疫学方法进行测定。放免试剂盒购自天津德普生物技术和医学产品有限公司,采用 DFM - 96 型多管放射免疫计数器(合肥众成机电技术公司生产制造)进行测定。清晨早 8 点采集受试对象静脉血 6 mL,受试对象空腹,避免剧烈运动,血液采集后立即放入抗凝管中离心,分离血清,放在 -20℃保存待测。测定步骤如下(以 LH 为例):

(1)成对标号 18 支试管:T(总计数)、NSB(非特异结合)、A(最大结合)和 B 至 G。成对标号其它试管用于质控和病人样品。

(2)向 NSB 和 A 试管中,加入 200 μL 零标准品 A。向 B 至 G 管中加入 200 μL 相应的标准品。向其他试管中加入 200 μL 对应的质控和病人血清样本。

(3)向除了 NSB 和 T 管外的所有试管中,加入 100 μL LH 抗血清(蓝色)。振匀混匀。

(4)37℃水浴 30 min。

(5)在所有试管中,加入 100 μL[125I](红色)。振荡混匀。

(6)室温温育 60 min。

(7)向所有的试管中,加入 1.0 mL 冷的沉淀溶液(蓝色)。振荡混匀。

(8)3000 ×g 离心 15 min。

(9)倾去上清液,留下沉淀物计数。

(10)计数 1 min。

结果计算:

为了从 logit - log 标准曲线上计算 LH 浓度。首先计算每对试管的 1 分钟平均净计数。净计数 = 平均 CPM - 平均 NSB CPM,然后计算每对试管相对于最大结合(MB)的百分结合率。A 管的百分结合率为 100%。百分结合率 = 净计数/

净 MB 计数 ×100% 使用 logit - log 坐标纸,以百分结合率为纵坐标,LH 浓度为横坐标,对除 A(最大结合)外,所有的标准品的测定结果作图,标准曲线近似为连接这些点的直线。未知样品的 LH 浓度可通过内插法从这条直线上估算出。

3.3.2.5　骨代谢指标及血脂指标的测定

受试对象血液生化指标及血脂指标采用美国 Beckman 7S9 型全自动生化分析仪进行测定。

血清钙——离子电极法

血清磷——磷钼酸法

血清碱性磷酸酶——硝基苯速率法

甘油三酯——氧化酶法

总胆固醇——氧化酶法

高密度脂蛋白、低密度脂蛋白——比浊法

3.3.2.6　骨密度测定

采用骨定量超声测定仪(QUS)(Sunlight 以色列生产)测定受试对象桡骨远端和胫骨中段的骨密度。定量超声(quantitative ultrasound, QUS)是近年来发展的最新技术,测量的超声速度可以反映骨的强度,是其他方法(如单光子、双光子、双能 X 线吸收法、定量 CT、磁共振成像等)所不及的。其原理是应用超声波在胫骨或桡骨皮质层中轴向传播,传播速度与骨骼的强度成正比,即强度越大,超声波的传播速度越快,这种传播速度不仅反映骨骼的机械强度,同时还反映骨骼的密度、弹性、微结构和脆性,探头测试频率为 250 kHz/1MHz。示意图见图 3 - 18。

结果判定标准:骨密度值 > 0 为正常,0 ~ - 2.0 为骨密度缺失, - 2.0 ~ - 2.5为骨密度严重缺失, < - 2.5 可诊断为骨质疏松。

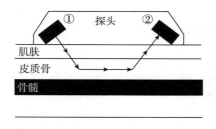

图 3 - 18　胫骨截面定量超声测量示意图
①超声波发射器　②超声波接收器

3.3.2.7 血清中细胞因子的测定

人白介 - 6 定量酶联检测试剂盒	上海森雄科技实业有限公司
人肿瘤坏死因子 - α 定量酶联检测试剂盒	上海森雄科技实业有限公司

酶标仪:ELX800 型酶标仪 美国 Bio - Tek 公司生产

原理:采用双抗体夹心 ABC - ELISA 法。用抗人 TNF - α 单抗包被于酶标板上,标准品和样品中的 TNF - α 与单抗结合,加入生物素化的抗人 TNF - α 抗体,形成免疫复合物连接在板上,辣根过氧化物酶标记的 Streptavidin 与生物素结合,加入酶底物 OPD,出现黄色,加终止液硫酸,颜色变深,在 492nm 处测 OD 值,TNF - α 浓度与 OD 值成正比,可通过绘制标准曲线求出样本中 TNF - α 浓度。

实验步骤(以 TNF - α 为例):

(1)建立标准曲线:设标准孔 8 孔,每孔中各加入样品稀释液 100 μL,第一孔加标准品 100 μL,混匀后用加样器吸出 100 μL,移至第二孔。如此反复作对倍稀释至第七孔,最后,从第七孔中吸出 100 μL 弃去,使之体积均为 μL。第八孔为空白对照。

(2)加样:待测品孔中每孔各加入待测样品 100 μL。

(3)将反应板置 37℃ 120 min。

(4)洗板:用洗涤液将反应板充分洗涤 4~6 次,向滤纸上印干。

(5)每孔中加入第一抗体工作液 50 μL。

(6)将反应板充分混匀后置 37℃ 60 min。

(7)洗板:同前。

(8)每孔加酶标抗体工作液 100 μL。

(9)将反应板置 37℃ 60 min。

(10)洗板:同前。

(11)每孔加入底物工作液 100 μL,置 37℃ 暗处反应 5~10 min。

(12)每孔加入 1 滴终止液混匀。

(13)在 492 nm 处测吸光值。

结果计算与判断:

(1)所有 OD 值都减除空白值后再进行计算。

(2)以标准品 1000、500、250、125、62.5、32、16、0 PG/mL 的 OD 值在半对数纸上作图,画出标准曲线。

(3)根据样品 OD 值在该曲线图上查出相应人 TNF - α 含量。

3.3.3　统计方法处理

所有结果均以均数 ± 标准差($\bar{x} \pm s$)表示,采用 SAS 6.12 统计软件进行统计分析,两组数据进行比较采用 t 检验,多组数据与一组数据进行比较 采用方差分析,数据分散代表性不好时采用非参数统计学检验方法。

3.3.4　结果

3.3.4.1　受试对象一般膳食情况以及运动情况(见表 3 - 15、表 3 - 16)

本次研究的试验对象平均年龄为对照组是 49.36 ± 3.37 岁,剂量组是 48.80 ± 2.92 岁。对照组有 33 人符合要求,坚持到最后,其中绝经人数为 11 人;剂量组有 37 人坚持到最后,绝经人数为 14 人,绝经年限均在 5 年以内。所有受试对象均不吸烟,只有个别人偶尔少量饮酒(饮酒量 <50 mg/d)。通过调查表的方式调查了试验对象一般膳食摄入及运动情况,重点调查了和骨密度有密切联系的、含钙丰富的常见食品如豆制品、奶制品和海产品的摄入情况。并且受试对象在试验期间保持现有的饮食及运动习惯。从表 3 - 15 和表 3 - 16 可以看出,两组受试对象这三类食品的摄入水平(分别为不吃、每周摄入小于 3 次和每周摄入大于 3 次)和运动情况(分别为不经常锻炼、有意锻炼和无意锻炼)相当,没有显著性差异,基本上可以排除膳食摄入及体育运动对本试验结果的影响。

表 3 - 15　两组豆制品、奶制品、海产品摄入量(%)

食物种类	组别	未服用	每周摄入小于 3 次	每周摄入大于 3 次
大豆产品	对照组	9	78.8	12.2
	剂量组	3	75.0	22.0
奶制品	对照组	15.1	45.5	39.4
	剂量组	25	30.6	44.4
海产品	对照组	24.2	72.7	3.1
	剂量组	16.7	80.5	2.8

表 3 - 16　两组运动情况(%)

组别	不经常锻炼	有意锻炼	无意锻炼
对照组	45.4	36.3	18.3
剂量组	47.2	30.6	22.2

3.3.4.2　更年期症状改善情况（Kupperman 评分）（见表 3‑17 和表 3‑18）

服用大豆异黄酮六个月后，从自身比较来看，剂量组试验对象全部 12 项指标均得到改善，评分减少有统计学意义，对照组除了潮热出汗、失眠和泌尿系感染外其他指标也有所改善；从服用大豆异黄酮 6 个月后组间比较来看，除抑郁、眩晕、疲乏和头痛这几项外，在其他 8 项指标上剂量组都比对照组改善明显，有统计学意义。

表 3‑17　6 个月后两组的 Kupperman 评分变化（$\bar{x} \pm s$）

症状	对照组		剂量组	
	服药前	服药后	服药前	服药后
潮热	5.21 ±4.06	4.36 ±3.52	4.36 ±4.17	1.58 ±2.44 *
失眠	2.36 ±1.62	1.15 ±1.33	2.48 ±1.50	1.45 ±1.25 *
烦躁易怒	3.27 ±1.86 *	1.58 ±1.56 *	2.42 ±1.64	0.85 ±1.42 *
抑郁	0.67 ±0.82	0.30 ±0.53 *	0.48 ±0.62	0.12 ±0.42 *
眩晕	1.36 ±0.93	0.42 ±0.66 *	0.88 ±0.78	0.36 ±0.60 *
疲乏	1.58 ±0.66	0.88 ±0.82 *	1.12 ±0.65	0.73 ±0.72 *
骨关节痛	1.15 ±0.76	0.76 ±0.75 *	1.30 ±0.68	0.48 ±0.51 *
头痛	1.09 ±0.88	0.48 ±0.62 *	0.91 ±0.91	0.42 ±0.83 *
心悸	1.39 ±0.79	0.67 ±0.69 *	1.03 ±0.88	0.24 ±0.50 *
皮肤蚁走感	1.12 ±1.41	0.36 ±0.93 *	1.30 ±1.67	0.03 ±0.17 *
泌尿系统感染	0.61 ±1.06	0.42 ±1.09	0.79 ±1.22	0.00 ±0.00 *
性生活状况	2.00 ±1.41	0.85 ±1.33 *	1.15 ±1.00	0.18 ±0.58 *
总分	21.61 ±9.25	14.36 ±10.24 *	18.36 ±9.16	6.82 ±5.19 *

*：与基线相比，差异显著（$P < 0.05$）。

表 3‑18　两组服用异黄酮前后 Kupperman 评分变化（$\bar{x} \pm s$）

症状	服药前		服药后	
	对照组	剂量组	对照组	剂量组
潮热	5.21 ±4.06	4.36 ±4.17	4.36 ±3.52	1.58 ±2.44 *
失眠	2.36 ±1.62	2.48 ±1.50	1.15 ±1.33	1.45 ±1.25 *
烦躁易怒	3.27 ±1.86	2.42 ±1.64 *	1.58 ±1.56	0.85 ±1.42 *
抑郁	0.67 ±0.82	0.48 ±0.62	0.30 ±0.53	0.12 ±0.42
眩晕	1.36 ±0.93	0.88 ±0.78 *	0.42 ±0.66	0.36 ±0.60
疲乏	1.58 ±0.66	1.12 ±0.65 *	0.88 ±0.82	0.73 ±0.72
骨关节痛	1.15 ±0.76	1.30 ±0.68	0.76 ±0.75	0.48 ±0.51 *
头痛	1.09 ±0.88	0.91 ±0.91	0.48 ±0.62	0.42 ±0.83

续表

症状	服药前		服药后	
	对照组	剂量组	对照组	剂量组
心悸	1.39 ± 0.79	1.03 ± 0.88	0.67 ± 0.69	0.24 ± 0.50 *
皮肤蚁走感	1.12 ± 1.41	1.30 ± 1.67	0.36 ± 0.93	0.03 ± 0.17 *
泌尿系统感染	0.61 ± 1.06	0.79 ± 1.22	0.42 ± 1.09	0.00 ± 0.00 *
性生活状况	2.00 ± 1.41	1.15 ± 1.00 *	0.85 ± 1.33	0.18 ± 0.58 *
总分	21.61 ± 9.25	18.36 ± 9.16	14.36 ± 10.24	6.82 ± 5.19 *

*:两组之间相比,差异显著($P < 0.05$)。

从表 3 – 19、表 3 – 20 及图 3 – 19 可以看出,服用大豆异黄酮后,在大多数症状方面剂量组都比对照组改善的好,其中潮热多汗、失眠、烦躁易怒、疲乏、头痛、泌尿系感染这几项改善明显。另外,从反馈信息看,剂量组个别试验对象还有其他方面的改善:月经量增多、经期症状减轻(2 例),食欲增加(1 例),皮肤状况改善、肤色好、皮肤光滑(2 例),精力充沛(2 例)等。

表 3 – 19 对照组服用大豆异黄酮六个月后各项症状改善人数占总人数百分比($n = 33$)

症状	潮热出汗	失眠	烦躁易怒	抑郁疑心	眩晕	疲乏	骨关节痛	头痛	心悸	皮肤蚁走感	泌尿系统感染	性生活状况
改善人数	16	16	11	3	7	10	14	3	6	4	1	2
百分比	48.4%	48.4%	33.3%	9.1%	1.2%	30.3%	42.4%	9.1%	18.2%	2.1%	3%	6%

表 3 – 20 剂量组服用大豆异黄酮六个月后各项症状改善人数占总人数百分比($n = 37$)

症状	潮热出汗	失眠	烦躁易怒	抑郁疑心	眩晕	疲乏	骨关节痛	头痛	心悸	皮肤蚁走感	泌尿系统感染	性生活状况
改善人数	27	22	12	2	9	19	20	9	13	2	0	3
百分比	72.9%	59.5%	32.4%	5.4%	24.3%	51.3%	54.1%	24.3%	35.1%	5.4%	0%	8.1%

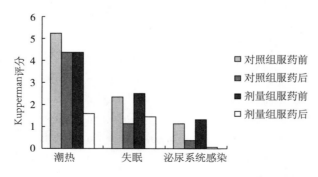

图 3 – 19 服用大豆异黄酮六个月后 Kupperman 评分的变化情况($\bar{x} \pm s$)

3.3.4.3　骨密度测定结果

服用大豆异黄酮胶囊六个月后,剂量组受试对象骨密度相比于基础值都有增加的趋势,胫骨骨密度有显著性差异(图 3 - 20),但桡骨骨密度无显著性差异(见表 3 - 21、表 3 - 22,图 3 - 21)。而对照组受试对象的桡骨骨密度和胫骨骨密度与基础值比较没有增加,均没有显著性差异。

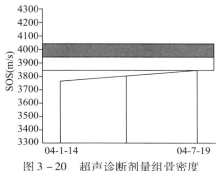

图 3 - 20　超声诊断剂量组骨密度

表 3 - 21　服用大豆异黄酮六个月后两组骨密度的变化情况($\bar{x} \pm s$)

组别		例数	胫骨	桡骨
对照组	服药前	33	1.08 ± 1.52	− 1.65 ± 1.35
	服药后	33	1.08 ± 1.98	− 1.68 ± 1.35
剂量组	服药前	37	0.75 ± 1.33	− 1.46 ± 1.29
	服药后	37	0.78 ± 1.46	− 1.13 ± 1.44 *

*:与基线相比,差异显著($P < 0.05$)。

表 3 - 22　两组在服用大豆异黄酮前后骨密度的变化情况($\bar{x} \pm s$)

组别		例数	胫骨	桡骨
服药前	对照组	33	1.08 ± 1.52	− 1.65 ± 1.35
	剂量组	37	0.75 ± 1.33	− 1.46 ± 1.29
服药后	对照组	33	1.08 ± 1.98	− 1.68 ± 1.35
	剂量组	37	0.78 ± 1.46	− 1.13 ± 1.44 *

*:两组之间相比,差异显著($P < 0.05$)。

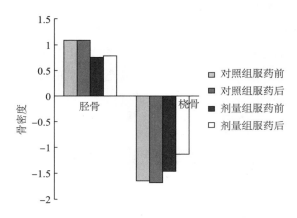

图 3 - 21　服用大豆异黄酮六个月后两组骨密度的变化情况($\bar{x} \pm s$)

3.3.4.4　血清性激素测定结果

从本试验结果(表 3 - 23)可以看出,服用大豆异黄酮 6 个月后,两组试验对象的 LH、FSH 水平均呈下降趋势,剂量组的 LH 水平下降明显,差别有统计学意义。

两组的 E_2 水平均下降明显($P < 0.05$),但对照组下降的幅度更大(见图 3 - 22、图 3 - 23)。从剂量组雌二醇水平下降趋势上来看,前三个月 E_2 下降明显,与基础值相比有统计学意义,后三个月 E_2 水平下降趋于缓和,六个月和三个月时相比差别无统计学意义(见表 3 - 24、表 3 - 25),分析这可能是由于大豆异黄酮对人体雌激素的作用需要一段时间,随着作用时间的延长,提高雌激素水平的作用也越明显。相反,对照组雌二醇水平没有看到这种趋势,而是呈现直线下降趋势。

表 3 - 23　服用大豆异黄酮六个月后两组性激素的变化情况 ($\bar{x} \pm s$)

组别		LH(mIU/mL)	FSH(mIU/mL)	E_2(pg/mL)
对照组 ($n = 33$)	服药前	56.84 ± 73.75	28.32 ± 32.12	212.92 ± 188.03
	服药后	34.30 ± 132.45	19.28 ± 15.93	75.08 ± 49.35 *
剂量组 ($n = 37$)	服药前	62.70 ± 89.95	34.70 ± 47.04	138.69 ± 58.24
	服药后	28.42 ± 33.54 *	30.42 ± 28.89	95.22 ± 26.07 *

＊：$P < 0.05$ 表示和基线相比。

表 3 - 24 服用大豆异黄酮三个月以后两组性激素的变化情况（$\bar{x} \pm s$）

组别		LH（mIU/mL）	FSH（mIU/mL）	E₂（pg/mL）
对照组 （n = 33）	服药前	56.84 ± 73.75	28.32 ± 32.12	212.92 ± 188.03
	服药三个月后	36.46 ± 28.09	20.40 ± 17.65	134.40 ± 90.56 *
剂量组 （n = 37）	服药前	62.70 ± 89.95	34.70 ± 47.04	138.69 ± 58.24
	服药三个月后	41.77 ± 56.00	30.66 ± 29.75	101.62 ± 67.29 *

* ：与基线相比，差异显著（$P < 0.05$）。

表 3 - 25 服药三个月和六个月相比性激素的变化情况（$\bar{x} \pm s$）

组别		LH（mIU/mL）	FSH（mIU/mL）	E₂（pg/mL）
对照组 （n = 33）	服药三个月后	36.46 ± 28.09	20.40 ± 17.65	134.40 ± 90.56
	服药六个月后	34.30 ± 132.45	19.28 ± 15.93	75.08 ± 49.35 *
剂量组 （n = 37）	服药三个月后	41.77 ± 56.00	30.66 ± 29.75	101.62 ± 67.29
	服药六个月后	28.42 ± 33.54 *	30.42 ± 28.89	95.22 ± 26.07

* ：与基线相比，差异显著（$P < 0.05$）。

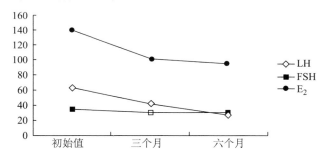

图 3 - 22 试验期间剂量组性激素水平的变化情况（$\bar{x} \pm s, n = 37$）

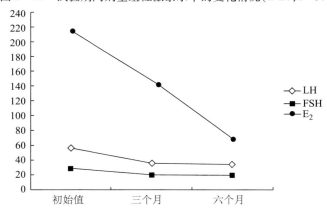

图 3 - 23 试验期间对照组性激素水平的变化情况（$\bar{x} \pm s, n = 33$）

121

3.3.4.5 骨代谢指标测定结果(见表3–26)

服用大豆异黄酮胶囊六个月后,两组受试对象的血清钙均上升,且有显著性差异;血清磷变化不大;血清碱性磷酸酶有下降趋势,剂量组下降明显,有显著性差异($P < 0.05$)。

骨代谢指标反应灵敏、无创伤性,不仅可了解骨丢失和转换的速率,而且在骨质疏松症患者用药后的疗效评价、疗效监测方面也有其重要作用。在反映骨形成的代谢指标中,血清中碱性磷酸酶的活性可以反映骨形成的活跃程度,近年来一些学者对骨形成和骨吸收指标与骨质疏松之间的关系进行了研究,发现绝经后骨形成指标ALP急剧上升,血清中约50%的碱性磷酸酶来源于骨,另一半来源于肝,极少量的碱性磷酸酶来源于小肠和胎盘。在绝经后10年内血清中碱性磷酸酶所占的比例可以升高至77%,一般认为血清碱性磷酸酶的升高是伴随着骨吸收的亢进而出现的代偿性骨形成增加引起的,在本实验中,剂量组试验对象的血清碱性磷酸酶明显降低,有统计学意义,反映了大豆异黄酮对骨吸收的抑制作用。

表3–26 服用大豆异黄酮六个月后两组骨代谢指标的变化情况($\bar{x} \pm s$)

组别		Ca(mmol/L)	P(mmol/L)	ALP(IU/L)
对照组 (n = 33)	服药前	2.30 ± 0.09	0.97 ± 0.12	57.37 ± 18.18
	服药后	2.39 ± 0.10*	0.98 ± 0.11	56.53 ± 18.85
剂量组 (n = 37)	服药前	2.33 ± 0.10	0.95 ± 0.14	59.37 ± 18.66
	服药后	2.53 ± 0.16*	0.94 ± 0.14	53.9 ± 13.76*

*:与基线相比,差异显著($P < 0.05$)。

3.3.4.6 血脂指标测定结果

从血脂指标结果(表3–27)来看,本次试验结果与以往所报道文献结果不一致,血脂指标均升高,分析可能是由于血脂指标与大豆异黄酮之间存在时间剂量效应关系或者受试对象饮食因素的影响等造成。

表3–27 服用大豆异黄酮六个月后血脂指标的变化情况($\bar{x} \pm s$)

组别		TG(mmol/L)	TC(mmol/L)	HDL –(mmol/L)	LDL –(mmol/L)
对照组 (n = 33)	服药前	1.01 ± 0.71	4.74 ± 0.82	1.54 ± 0.34	3.31 ± 0.74
	服药后	1.00 ± 0.62	5.16 ± 0.84*	1.74 ± 0.33*	2.82 ± 0.79*

续表

组别		TG(mmol/L)	TC(mmol/L)	HDL - (mmol/L)	LDL - (mmol/L)
剂量组 ($n = 37$)	服药前	1.04 ± 0.77	4.62 ± 1.05	1.58 ± 0.49	2.88 ± 1.00
	服药后	$1.3 \pm 0.73^*$	$5.15 \pm 1.12^*$	1.47 ± 0.30	3.04 ± 0.92

*：与基线相比,差异显著($P < 0.05$)。

3.3.4.7　血清中细胞因子水平测定结果

从表 3 - 28 和图 3 - 24 可见,服用大豆异黄酮 6 个月后,对照组受试对象血清中两种细胞因子的水平变化不大,没有显著性差异;而服用大豆异黄酮的剂量组受试对象血清中 IL - 6 和 TNF - α 的水平均下降明显,有显著性差异($P < 0.05$)。组间比较来看(见表 3 - 29),试验前两组 IL - 6 和 TNF - α 的水平没有显著性差异,而六个月试验结束后,两组的 TNF - α 水平存在明显差异,剂量组下降明显。

表 3 - 28　服用大豆异黄酮六个月后 IL - 6 和 TNF - α 的变化情况 ($\bar{x} \pm s$)

组别		IL - 6	TNF - α
对照组 ($n = 33$)	服药前	0.1528 ± 0.0176	0.1418 ± 0.0130
	服药后	0.1358 ± 0.0173	0.1366 ± 0.0086
剂量组 ($n = 37$)	服药前	0.1559 ± 0.0231	0.1299 ± 0.0248
	服药后	$0.1365 \pm 0.0132^*$	$0.1035 \pm 0.0082^*$

*：与基线相比,差异显著($P < 0.05$)。

表 3 - 29　服用大豆异黄酮六个月后两组 IL - 6 和 TNF - α 的变化情况($\bar{x} \pm s$)

	组别	IL - 6	TNF - α
服药前	对照组 ($n = 33$)	0.1528 ± 0.0176	0.1418 ± 0.0130
	剂量组 ($n = 37$)	0.1559 ± 0.0231	0.1299 ± 0.0248
服药后	对照组 ($n = 33$)	0.1358 ± 0.0173	0.1366 ± 0.0086
	剂量组 ($n = 37$)	0.1365 ± 0.0132	$0.1035 \pm 0.0082^*$

*：两组之间相比,差异显著($P < 0.05$)。

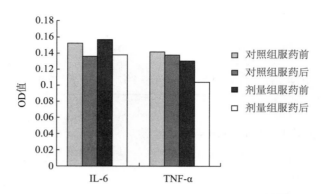

图 3 − 24　服用大豆异黄酮六个月后 IL − 6 和 TNF − α 的变化情况（$\bar{x} \pm s$）

更年期综合征是在卵巢功能下降，性激素水平失调基础上，多系统、多器官、多环节的功能失调。换而言之，更年期综合征是在女性衰老的过程中，人体整体功能的下降。而骨质疏松症是妇女进入更年期后的主要并发症，主要原因是女性进入更年期后，由于卵巢功能减退，体内雌激素水平快速下降，从而加速骨质丢失。骨质疏松的发病机制还在进一步的研究之中，文献表明，白介素 − 1（IL − 1）、白介素 − 6（IL − 6）、巨噬细胞集落刺激因子（M − CSF）、粒细胞巨噬细胞 − 集落刺激因子（GM − CSF）和肿瘤坏死因子（TNF）刺激破骨细胞增殖与分化、激活成熟破骨细胞和抑制破骨细胞凋亡，增强破骨细胞骨吸收的能力，雌激素可抑制造血干细胞、单核细胞和成骨细胞分泌这些细胞因子，绝经后雌激素缺乏，导致这些细胞因子产生增加，从而使骨吸收作用增强，导致骨质疏松的发生。本项研究重点探讨了大豆异黄酮对妇女更年期综合征症状及绝经后骨质疏松的作用，首次探讨了细胞因子在绝经后骨质疏松发病中的作用，并且通过切除卵巢后的动物模型实验验证了大豆异黄酮对更年期妇女的安全性。

（1）长时间摄入大豆异黄酮，对切除卵巢后大鼠的子宫萎缩无明显影响；大豆异黄酮可上调大鼠子宫中 ER 数量，可能是防治更年期综合征的有效途径之一。

雌性去势大鼠是采用人工的方法切除双侧卵巢，导致卵巢功能丧失，性激素分泌停止，出现血清 E_2 水平明显降低，FSH、LH 明显升高，阴道生僻细胞周期性消失等改变，这些生理状态的改变具有与更年期妇女相似的特点。模型符合更年期的表现，是用于研究女性更年期综合征公认的常用模型。薛晓鸥等（薛晓鸥，2004）进行的一项卵巢切除对大鼠子宫雌激素受体亚型表达的影响中提出，切除卵巢后的大鼠子宫中 ER 亚型的表达与人绝经后子宫 ER 亚型的表达相似，因此用去卵巢大鼠可以较好地模拟人绝经后生殖系统组织形态方面的改变。

　　有关大豆异黄酮对更年期妇女及动物模型安全性的研究至今报道的很少。Bahr 等所做的一项研究大豆异黄酮对去卵巢大鼠骨密度和生殖系统影响的实验表明，给 56 只大鼠喂饲含有大豆蛋白和大豆异黄酮的饲料 12 周后，对大鼠的子宫、子宫颈、阴道进行组织学检查，结果表明，大豆异黄酮组和去卵巢对照组大鼠的各项参数没有显著性差异，得出结论是大豆异黄酮不会对生殖系统产生影响。Cline 等（1998）给雌性猕猴进行了外科手术，造成妇女更年期模型，分成三组，分别给予 1 mg/d 的雌二醇（E_2）、148 mg/d 的含大豆异黄酮丰富的大豆蛋白（SPI）和 E_2 + SPI，六个月后进行子宫内膜和乳腺上皮的组织学、形态学和免疫组化的检查。结果发现 E_2 组的子宫上皮明显增厚，腺体增多，而 SPI 组没有这种变化，还发现 E_2 + SPI 组中，SIP 有对抗 E_2 的作用，得出结论是服用大豆异黄酮是安全的，而且可以对抗雌激素的作用。

　　雌激素受体（estrogenreceptor，ER）属于配体激活的核受体超家族，ER 结合配体后产生变化，促进异源二聚体的形成并与 DNA 反应元件高亲和力结合。最近发现的 ERβ 使细胞对 ER 配体的应答反应更加复杂。ERβ 和 ERα 有非常相似的结构，在 DNA 结合片段有高度的氨基酸保守性，在体外和 ERα 能形成异源二聚体，共同调节基因转录。雌激素经卵巢分泌入血，在对靶细胞产生作用之前，首先与靶细胞胞浆中的雌激素受体结合，然后诱发靶细胞的核变化，发挥生物效应。ER 是体内存在的一种能与雌激素类物质特异结合得酸性蛋白质，具有结合容量低、亲和力高、特异性强以及组织特异性等特点，广泛分布于中枢神经系统、心血管系统、泌尿生殖系统等全身 400 多个部位的组织和器官的细胞膜上。现在研究发现与女性生殖内分泌密切相关的下丘脑、垂体也有 ER 分布。所以，ER 除与雌激素类物质特异结合，发挥其生物效应外，还影响着女性下丘脑—垂体—卵巢轴的功能，从而对整个生殖内分泌功能产生影响。当激素受体减少或活性降低时，与雌激素含量减少一样，也可导致雌激素的生物效应降低。这些靶组织器官就会发生退行性变或代谢上的变化，导致更年期妇女在生理、精神心理等多系统出现不平衡。因此，ER 的数量、活性直接关系着雌激素的生物学效应。

　　子宫是雌激素最重要的靶器官之一，同时现代研究表明，子宫组织中 ER 含量比其他的靶组织、靶器官高得多，子宫所有细胞类型，包括上皮细胞、间质细胞、平滑肌细胞均有 ER 的表达。因此，本实验选择对子宫雌激素受体含量的检测，在一定程度上可以反映体内靶器官 ER 的含量。

应用逆转录聚合酶链反应(RT PCR)技术、免疫组化等方法,可在不同水平上测定 ERα、ERβ 的表达情况。ERα、ERβ 广泛分布于两性生殖器官、心、脑、肾等。不同组织中其分布不同。两种 ER 在组织分布也有差异,通常生殖器官和乳腺以 ERα 为主,ERβ 微弱。心血管系统和骨等非生殖器官以 ERβ 为主,ERα 表达微弱。因此,本研究主要测定了 ERα 在大鼠子宫中的表达。

ER 在多种组织中表达,但对两者在绝经前后子宫的表达尚未见系统报道。本研究以去卵巢更年期大鼠为模型,应用免疫组织化学法,首次探讨了大豆异黄酮对 ERα 在绝经期子宫表达的影响,验证了大豆异黄酮对生殖系统尤其是子宫的安全性。

研究结果显示,ERα 在雌激素组大鼠子宫的上皮细胞、间质细胞及肌细胞核均有表达,且表达明显,说明雌激素可使大鼠的子宫 ERα 受体明显上调;大豆异黄酮组能增加大鼠子宫组织中 ER 的含量,以高剂量组最为明显,与对照组相比均有上调子宫组织 ER 含量的作用,因此,大豆异黄酮对靶器官 ER 含量的上调作用,可能是治疗更年期综合征的主要途径之一。

各组大鼠脏器的病理组织学检查可见,雌激素组大鼠的子宫发生了明显的病理改变,子宫内膜上皮细胞增厚,腺体增多,而高剂量大豆异黄酮组大鼠的子宫上皮仅有轻微的增厚,腺体数量并没有发生改变,说明大豆异黄酮对切除卵巢后大鼠的子宫萎缩没有明显的影响。由此可见,与雌激素比较起来,大豆异黄酮对子宫的刺激作用要弱得多,而且也没有明显的病理组织学改变,可以证明大豆异黄酮对去卵巢的更年期大鼠模型的作用是安全的。

根据国内外文献综合起来,可以从以下几个方面证明大豆异黄酮的安全性:人类食用大豆有几千年的历史;主要成分大豆异黄酮通过美国 FDA 验证,批准用于保健食品,意味着其安全性通过最为权威的认证;大量的实验和人群研究表明,大豆异黄酮是天然植物雌激素,在体内有雌激素样作用,但与合成激素是完全不同的物质,无激素的副作用,因此长期服用大豆异黄酮是非常安全的;无增加乳腺癌和子宫内膜癌患病危险,并且同时激活了其他抗癌机制,大豆异黄酮有确切的预防癌症的作用。

(2)大豆异黄酮可显著改善妇女更年期综合征症状。

更年期时卵巢功能逐渐衰退,分泌的雌激素明显减少。雌激素是人体内的重要物质,在人体生命活动中发挥着重要作用。更年期雌激素缺乏可产生潮热、夜间出汗、失眠等血管动力症状。近年研究发现,血管动力疾病是由于内源性阿片物质分布不平衡所致。内源性 β - 内腓肽及其他阿片类物质可调节脑干神经核,此核通过周围神经系统影响体温调节中枢及血管壁,特别作用于星状结节控制的区域,故潮热常分布于胸上半部,颈面部,较少分布于身体下半部。

　　Lila 等报道每天服用大豆异黄酮 40 mg,双盲试验 16 周后,服用大豆异黄酮的 30 名试验对象中,有 75% 热潮红症状明显下降,显著多于安慰剂对照组(P < 0.001)。意大利有学者报道 51 例绝经妇女每天补充 60g 大豆蛋白。这些妇女参加研究前平均每天潮热 11 次,试验后,食用豆制品一组的潮热减少到每天 1.6 次。针对 1106 位日本停经妇女所进行的研究发现,大豆蛋白的摄取量和热潮红的发生和严重程度成反比,也就是摄取越多的大豆蛋白,热潮红发生的概率越低,症状也比较不明显。日本学者 Uesugi 等报道在一项随机双盲安慰剂对照试验中,给予 58 名更年期妇女每天 40 mg 的大豆异黄酮 4 周后,受试对象的血脂指标和骨密度没有明显改善,而潮热症状改善明显。Colacurci 等对 60 名绝经期妇女进行了一项试验,将她们随机分为五组,每天分别口服大豆异黄酮胶囊 50 mg 和 75 mg,经皮注射大豆异黄酮 6 mg 和 12 mg,对照组不进行任何治疗,13 周后所有治疗组的 Kupperman 评分和潮热次数都明显下降,而阴道干涩症状的改善只出现在每天服用大豆异黄酮 75 mg 组,因此得出结论,无论口服还是经皮给予大豆异黄酮都可改善更年期症状,并且存在剂量反应关系。2005 年 File 等报道在一项随机双盲安慰机对照研究中,给 50 名绝经后妇女每天服用 60 mg 大豆异黄酮,采用调查问卷的方式调查她们更年期综合征症状改善的情况,结果发现受试者短期记忆力有显著改善,而长期记忆力和注意力没有改善,但是肢体灵活性和计算能力有明显改善。

　　本研究首次在国内尤其是北方地区全面地进行了在固定饮食条件下,大豆异黄酮对更年期妇女综合征症状、四肢骨骼密度、骨代谢指标等的研究工作,严格筛选了研究对象,在主观症状评定上对 Kupperman 评分的所有 12 项指标都进行了严格的评定。本研究采用的国内改良的 Kupperman 评分标准,是目前公认的诊断更年期综合征量化的方法,以此来对所有试验对象的更年期症状进行评价,从结果可以看出服用大豆异黄酮的剂量组试验对象在所有 12 项指标上都有明显改善,有统计学意义;对照组部分症状也得到改善,可能是由于安慰剂产生的主观效应的缘故。但是在潮热出汗、失眠和泌尿系感染这三项指标上对照组无明显改善,无统计学意义。而从组间比较上看效果更加明显,服用大豆异黄酮 6 个月后除抑郁、眩晕、疲乏和头痛这几项外,在其他 8 项指标上剂量组都比对照组改善明显,有统计学意义,更能反映出大豆异黄酮在改善更年期综合征症状上的作用。因此我们可以看出大豆异黄酮在改善更年期综合征症状上的作用很明显，尤其在改善潮热出汗和失眠上作用尤为突出。

（3）大豆异黄酮可显著提高绝经期妇女骨质密度，预防绝经后骨质疏松的发生。

骨密度的测量可分为定性、半定量及定量三类。其中无创定量方法正日益受到重视。从50年代以来，骨密度的定量测量方法及设备有了较大的发展。主要有 X 光片光密度法、单光子吸收法、单能 X 线吸收法、双光子吸收法、双能 X 线吸收法、定量 CT 法、定量超声法、定量 MRI 法。定量超声法（QUS）测定胫骨骨密度是一种反映骨强度的新方法，测定的胫骨超声传播速度（SOS）数值，精确度好，重复性好，可准确反映骨骼的生理变化，评价药物疗效，具有很高的临床诊断价值，对于患骨质疏松症的人群，能够提供有用的信息，对于评价周围骨的骨骼危险性尤为合适。

骨质疏松症的主要诊断标准是骨密度的降低。骨密度的测定可以定量反映当前骨量的大小，并能作为骨质疏松早期诊断及观察体内骨密度动态变化的灵敏指标和评价骨质疏松症的治疗效果及预防措施的作用效果。膳食中钙和维生素 D 的摄入以及运动情况对骨密度的影响很大，因此本试验采用调查表的方式详细了解了受试对象膳食摄入情况，尤其是与钙摄入密切相关的奶制品和海产品的摄入以及运动情况，并且对受试对象的平时生活习惯不加干预，结果显示在原来的膳食摄入及运动情况不变的情况下，两组受试对象膳食中钙元素的摄入及运动情况基本保持平衡，没有对试验结果产生影响。

在骨密度测定上，国内外现有文献一般测定的都是腰椎或者脊椎的骨密度，得出结论都是大豆异黄酮增高骨密度的作用比较明显。由于桡骨和胫骨均是绝经后骨质疏松高发部位之一，因此本次研究选择了测定桡骨远端和胫骨中段骨密度，目的是观察大豆异黄酮对更年期妇女周围骨骼密度的改善作用，而以往的研究多集中在测定脊椎骨和髋骨骨密度上。本研究表明大豆异黄酮组桡骨和胫骨骨密度均呈正向增长，胫骨骨密度增长显著，有统计学意义（$P < 0.05$）。这说明大豆异黄酮对更年期妇女腿部骨骼的骨密度作用明显，可显著提高绝经妇女的胫骨骨密度。桡骨骨密度也呈正向增长，但无统计学意义，这说明大豆异黄酮对更年期妇女的手臂部骨骼密度的作用不是很强，也可能是更年期妇女本来桡骨骨密度缺失就不明显所致。

（4）大豆异黄酮可降低更年期妇女体内 FSH、LH 的水平，抑制 E_2 水平的下降。

更年期由于卵巢功能衰退雌激素逐渐分泌减少，绝经后卵巢不再出现功能性卵泡,无排卵发生,黄体功能减退,致使雌激素、孕激素浓度明显降低,从近绝经起至绝经后 1 年,血 E_2 急剧下降,再缓慢下降至绝经后 4 年,此后基本稳定。绝经后卵巢仍能产生一定量的雄激素,与肾上腺产生的雄激素在体内转变为雌、孕激素,由于雌激素不足,对下丘脑、垂体不能进行有效的负反馈,致使垂体分泌促性腺激素增加,垂体持续大量分泌 FSH、LH,故绝经后 FSH、LH 明显上升,绝经后 2～3 年达最高水平,约持续 10 年,至老年期下降,FSH 升高较 LH 明显,FSH 峰值约比正常卵泡期 15 倍,而 LH 高约 3～5 倍。绝经后雌激素水平下降,下丘脑分泌催乳激素抑制因子(PIF)增加,致使催乳激素浓度降低。绝经后促性腺素释放激素(GnRH)的分泌增加与 LH 相平衡,说明下丘脑、垂体间仍保持良好功能。

　　Cassidy 对一组较大规模的绝经期妇女进行临床试验,服用大豆制品 4 周,尽管有大量大豆异黄酮被吸收,但雌激素水平影响不大,血清促卵泡成熟激素(FSH)、黄体生成素(LH)、SHBG 及阴道细胞学方面都未见有显著变化。另一组临床试验是将绝经前妇女随机分组,给以不同种类的大豆制品与不含有异黄酮的食物,结果在食物中含有 0.045 mg/L 异黄酮的一组中出现卵泡期延长,有黄体酮峰及 LH 和 FSH 水平受抑,而不含异黄酮组无改变。而国内学者戴雨等报道给更年期综合妇女每天服用大豆异黄酮 300 mg,六周后,受试对象血清中 E_2 升高,FSH 和 LH 水平下降,有显著性差异。由此可见,大豆异黄酮对更年期妇女血清中性激素水平的影响报道不一,推断其影响因素可能与大豆异黄酮的剂量、作用时间以及个体差异有关。

　　本试验结果 E_2 并没有升高,可能是由于剂量偏低或者作用时间较短的缘故。但是随着时间的延长,服用大豆异黄酮的试验对象血清中的 E_2 水平下降速度显著降低,说明大豆异黄酮对更年期妇女体内雌激素水平的持续下降有一定的抑制作用。

　　(5)降低细胞因子白细胞介素 - 6 和肿瘤坏死因子的水平可能是大豆异黄酮防治绝经后骨质疏松的机制之一。

　　IL - 6 和 TNF - α 都是机体免疫系统调节骨代谢的主要蛋白质因子之一,IL - 6 对成骨和破骨细胞的分化、成熟起着重要作用,而 IL - 6 能更多地活化破骨细胞。绝经期后雌激素水平下降引起的骨质疏松可能与成骨细胞及其分泌的 IL - 6 作用有关,IL - 6 受雌激素的抑制,如果雌激素水平下降则 IL - 6 作用加强,骨吸收超过骨形成。有研究表明,血清 IL - 6 水平与雌激素、骨密度之间存在负相关。TNF - α 在体内外都是强有力的骨吸收刺激因子,其刺激骨吸收作用通过成骨细胞介导,并能抑制成骨细胞合成Ⅰ型胶原。雌激素可抑制成骨细胞 TNF－α 的释放。综上所述,在绝经后骨质疏松的发病机制中,雌激素和骨细胞相互作用,调节着控制骨质再形成的细胞因子网络。当雌激素充足时,作用支配因子,降低了细胞因子的产生,维持正常的骨形成;而当雌激素下降时,其调控作用消失,不仅使骨髓中 TNF－α、IL－6 等细胞因子的分泌增加,而且破坏了各细胞因子间的协同作用,促使成骨细胞和破骨细胞产生的比例失调,骨形成和骨吸收失衡,最终导致骨吸收增加,引起绝经后骨质疏松的发生。

本项研究结果显示,服用大豆异黄酮 6 个月后,受试对象的骨密度显著增加,血清中细胞因子 IL－6 和 TNF－α 的水平显著降低,提示大豆异黄酮可能通过降低血清 IL－6 和 TNF－α 的水平达到防治更年期妇女骨质疏松的作用。

综上所述,大豆异黄酮防治绝经后骨质疏松症的动物实验及临床试验不同地区研究者的研究结果还不太一致,其可能原因如下:第一,大豆异黄酮的最佳摄入量还未有统一标准,上述研究中大豆异黄酮的用量往往是主观性的。而且不同研究者实验用大豆异黄酮来源及成分存在较大差异,有的是食物来源,有的是大豆异黄酮,还有的是大豆异黄酮中的某一单体,所观察到的结果有可能受食物中的成分及大豆异黄酮中单体成分之间比例的影响。第二,大豆异黄酮代谢吸收受肠道菌群、膳食以及内源性雌激素水平的影响,因此,即使大豆异黄酮摄入量相同,不同个体血浆异黄酮浓度也有很大的差异。第三,不同研究者的实验设计方案不同,尤其是临床试验结果受研究对象和观察例数等的诸多因素影响。虽然对大豆异黄酮防治绝经后骨质疏松症作了不少研究,但仍需大量长期的人体研究以彻底证明其临床有效性及安全性。大豆异黄酮对骨代谢调节作用的机制不明之处还很多,也需进一步深入探讨。现已证实,除防治骨质疏松症外,大豆异黄酮对绝经后妇女还发挥着多重有益的作用。因此,大豆异黄酮及其衍生物是一类具有良好开发和应用前景的保健品及药物。

3.4　大豆异黄酮改善更年期保健食品检验方法

保健品准确地说,指的是保健食品,系指表明具有特定保健功能的食品,即适用于特定人群食用,具有调节机体功能,不以治疗疾病为目的的食品。我国保健品行业兴起于 20 世纪 80 年代,随着生活水平的提高,人们越来越关注自己身体的健康,花钱买健康已经成为一种时尚,保健也随之成为健康新潮流,导致保健品消费增长势头强劲。世界上许多疾病随着人们生活水平的提高和医学科学的进步发病率逐年降低,而更年期综合征却随着人们生活方式的改变,其发病率有逐年增高的趋势。女性从生育期过渡到老年期的生理阶段称为更年期。此时由于雌激素分泌减少,会出现潮热、多汗、心悸、烦躁、易怒、多疑等一系列症状,但无器质性病灶,是难以用一种疾病解释的症候群,称为更年期综合征。其中72%左右的妇女仅有轻度的症状,可以耐受,不必求医,25%左右的妇女会出现中度或重度症状。雌激素水平的下降和波动,易导致植物神经系统功能紊乱,如出现烦躁、失眠、心血管功能失调、记忆力减退等症状。所以,雌激素在女性的一生中起着十分重要的作用。更年期综合征已成为影响妇女健康的严重问题。

但目前国内和国外还没有统一的对改善更年期综合征保健品的评价方法,本文拟对改善更年期保健品的评价方法做一个比较全面的探讨。

3.4.1　受试对象

3.4.1.1　实验动物

11~15月龄健康雌性 SD 大鼠(体重 200~250 g),根据阴道脱落细胞检查,无规律性动情周期变化,确定为更年期动物模型,每组 8~12 只;3~5月龄雌性SD 大鼠为青年鼠对照组。

3.4.1.2　人群受试对象纳入标准

(1)受试者纳入标准。

根据国内外文献,更年期综合征主要发生在 45~55 岁,因此本研究最好选择这个年龄段的妇女进行观察研究。

更年期的确立。

A. 月经紊乱,它分三个类型:月经间隔时间长,行经时间短,经量减少,然后慢慢停经;月经不规则,有人行经时间长,经量多,甚至表现为阴道大出血;表现为淋漓不断,然后逐渐减少直至停经。

B. 更年期妇女综合征的表现:潮热、出汗、感觉障碍、失眠、易激动、抑郁或疑心、眩晕、疲乏、骨关节疼、头痛、心悸、皮肤蚁走感、泌尿系统感染、性生活改变等。

C. 骨骼变化:

a. 脊椎常发生畸形。

b. X 线表现:骨质普遍疏松,以脊椎、骨盆、股骨上端明显。脊椎改变最为特殊,椎体可出现鱼纹样双凹形、椎间隙增宽,有 Schmorl 结节,胸椎成楔形变,受累椎体多发、散发。

c. 骨密度降低。

（2）试食对象的确立。

具备上述 A.、B. 或 A.、B.、C. 条件，并且年龄在 45～55 岁者。受试者自愿参加试验，受试期间保持平日的生活和饮食习惯，空腹取血测定各项指标。

（3）排除受试者标准。

a. 停经五年以上者或 55 岁以上者；

b. 妊娠或哺乳期妇女、过敏体质者；

c. 晚期畸形、残废、丧失劳动力；

d. 合并有心血管、脑血管、肝、肾和造血系统等严重原发性疾病、精神病患者；

e. 长期服用其他相关药物、保健食品不能立即停用者；

f. 不符合纳入标准，未按规定食用，无法判定疗效和资料不全影响效果和安全性判定者。

3.4.2 剂量分组及受试样品给予时间

3.4.2.1 动物实验

实验组按人体推荐剂量的 5、10、30 倍 3 个剂量分别给予更年鼠组，另设阴性对照组（蒸馏水 20 mL/kg BW）和雌激素组（每鼠皮下注射浓度为 10 μg/mL 的苯甲酸雌二醇 0.1 mL）。给予受试样品 30 天，必要时可延长。

3.4.2.2 人群试验

根据受试样品推荐量和推荐方法确定。采用自身和组间两种对照设计。根据随机盲法的要求进行分组。按受试者血清雌二醇水平随机分为试食组和对照组，尽可能考虑影响结果的主要因素如年龄、饮食、骨密度等，进行均衡性检验，以保证组间的可比性。每组受试者不少于 50 例。试食组服用受试样品，对照组可服用安慰剂或采用空白对照。受试样品给予时间 6 个月，必要时可延长至 1 年或更长时间。一般实验期限 6 个月～1 年，必要时可延长。

3.4.3 试验方法

（1）血清性激素测定。

参与调节性激素的器官或组织有大脑—下丘脑—垂体—卵巢等，而卵巢是分泌雌激素和孕激素的主要器官，其次为肾上腺。更年期综合征是卵巢萎缩导致雌激素急剧下降、性器官退化而出现的一系列生理不适应变化，而雌二醇是雌激素中活性最高的,因此测定血清雌二醇水平高低具有非常重要意义。

①动物实验:动物连续给予样品 30 天后,各组动物逐只眼眶取血,离心,分离血清,用放射免疫学方法测定血清雌二醇、黄体生成素和促卵泡成熟激素的含量。

②人体实验:清晨空腹取血 3 mL,立即分离血清,用放射免疫学方法测定血清雌二醇、黄体生成素和促卵泡成熟激素的含量。

判定标准:血清雌二醇水平升高,促黄体生成素和促卵泡成熟激素水平下降。

(2)子宫变化指标与阴道内雌激素活性测定(限于动物实验)。

①子宫重量测定:连续给予受试物 30 天后,逐只处死动物,称重,记录,解剖,切取子宫,迅速称重,计算,子宫重量百分率 =(子宫湿重/每 100 g 体重)×100% 。

②内膜形态观察:取上述子宫置 10% 甲醛溶液中,取材,包埋,制片,镜检,观察子宫内膜腺上皮细胞形态。

③阴道内雌激素活性测定。

连续给予受试物 30 天,雌激素组于 30 天一次给予阳性物(皮下注射),24 h后,每鼠阴道内注射 TTC 水溶液(25 mg/mL)0.02mL,30 min 后立即处死动物,剪取阴道,纵行切开,以适量蒸馏水冲洗多余的 TTC 溶液,以滤纸轻吸除残余液体,分别置于小离心管内,加无水乙醇 + 四氯乙烯混合液(3∶1)2.0 mL,振摇浸泡2 h,离心 3 min(3000 r/min),吸取上清液,加 2~3 倍量的 0.2 mol/L 磷酸缓冲液(pH = 7.7)摇匀,在波长 500nm 处测定 A 值。

④阴道上皮角化细胞观察。

实验前及连续给予受试物 30 天后,取小鼠逐只进行阴道涂片:左手背位固定小鼠,右手取一棉签细心插入小鼠阴道内 2~3 min,转动,取出,涂在事先已加有 1 滴生理盐水的玻璃片上,苏木素染色,显微镜下进行细胞学检查,计数角化上皮细胞。按角化上皮细胞占细胞总数 50% 分类,大于 50% 为阳性,小于 50%为阴性。

⑤更年期综合征 kupperman 评分(限于人体试验)。

kupperman 评分为国际上标准地对更年期综合征症状进行评定的调查表,共包括 12 项,每项为一种更年期综合征症状,各自有相应的加权系数,并分为无、轻、中、重四个个等级,最后根据每项得分乘以加权系数并相加得出总评分,将更年期综合征症状量化为轻度、中度和重度三个等级(<20 分为轻度,20~35 分为中度,>35 分为重度)。

⑥安全性指标观察。

对于人体试验还需进行一些安全性指标的观察,如:

A. 一般状况,包括精神、睡眠、饮食、大小便、血压等。

B. 血、尿、便常规检查。

C. 肝、肾功能检查。

D. 胸透、心电图、腹部 B 超检查。

⑦骨密度测定。

更年期妇女综合征已成为影响妇女健康的严重问题,其中绝经期骨质疏松症是其主要并发症。雌激素水平降低,对成骨细胞的刺激减弱,使骨形成和骨吸收平衡失调,导致绝经妇女骨吸收超过骨形成而导致骨钙丢失,骨的快速丢失导致骨质疏松症,是绝经后骨质疏松发病的最重要的原因。因此,改善更年期综合征的保健食品也应该具有增加骨密度,防治骨质疏松的功效。

A. 动物实验骨密度测定:可参考 Arjmandi 的方法进行测定。

B. 人体试验骨密度测定:目前最常用的是双能 X 线骨密度测定和定量 CT 测定,具体采用哪种方法可根据试验需要确定。

3.4.4　数据处理

凡自身对照资料可以采用配对 t 检验,两组均数比较采用成组 t 检验,后者需进行方差齐性检验,对非正态分布或方差不齐的数据进行适当的变量转换,待满足正态方差齐后,用转换的数据进行 t 检验;若转换数据仍不能满足正态方差齐要求,改用 t 检验或秩和检验;方差齐但变异系数太大(如 CV > 50%)的资料应用秩和检验。有效率及总有效率采用 χ^2 检验进行检验。四格表总例数小于40,或总例数等于或大于 40 但出现理论数等于或小于 1 时,应改用确切概率法。

由于人类寿命的延长和对提高生命质量的迫切需求,绝经期妇女健康问题已受到世界性重视,国内外已开展了不少有关研究,但由于我国妇女更年期症状不如西方妇女严重,更主要是对这一健康问题认识不足而不予重视。因此,广泛开展有关的宣传教育,对增进绝经妇女的身心健康,提高生命质量是十分必要的。随着科学知识普及和生活水平的不断提高,对生活质量要求提高的愿望将越来越强,人们将更愿意自主选择保健食品类来调节更年期出现的不适生理反应,故建立改善更年期综合征保健食品评价方法,对开发相关产品具有重要意义。

参考文献

［1］Abdennebi L, Monget P, Pisselet C, et al. Comparative expression of luteinizing hormone and follicle stimulating hormone receptors in ovarian follicles from high and low prolific sheep breeds［J］. Biology of reproduction, 1999, 60(4):845.

［2］Albertazzi P. The effect of dietary soy supplementation on hot flushes［J］. Obstetrics & Gynecology, 1998, 91(1):6.

［3］Amakawa R, Fukuhara S, Ohno H, et al. Involvement of BCL2 gene in Japanese follicular lymphoma［J］. Blood, 1989, 73(3):787 – 791.

［4］Annicotte, Jean – Sébastien, Chavey C, et al. The nuclear receptor liver receptor homolog – 1 is an estrogen receptor target gene［J］. Oncogene, 2005, 24:8167.

［5］Araki H, Tsubota T, Maeda N, et al. Intraovarian immunolocalization of steroidogenic enzymes in a Hokkaido brown bear, Ursus aretos yesoensis during the mating season［J］. Journal of Veterinary Medical Science, 1996, 58(8):787 – 790.

［6］Arjmandi B H, Alekel L, Hollis B W, et al. Dietary soybean protein prevents bone loss in an ovariectomized rat model of osteoporosis. ［J］. Journal of Nutrition, 1996, 126(1):16 1 – 167.

［7］Avis N E, Assmann S F, Kravitz H M, et a1. Quality of life in diverse groups of midlife women: assessing the influence of menopause, health status and psychosocial anddem ographic factors［J］. Qual Life Res, 2004, 13(5):933 – 946.

［8］Baird D T, Smith K B. Inhibin and related peptides in the regulation ofreproduction［J］. Oxf Rev Reprod Biol, 1993, 15:191 – 232.

［9］Bhardwaj A, Nayan V, Yadav P, et al. Heterologous Expression and Characterization of Indian Sahiwal Cattle (Bos indicus) Alpha Inhibin［J］. Animal Biotechnology, 2012, 23 (2):71 – 88.

［10］Bicsak T A, Tucker E M, Cappel S, et al. Hormonal Regulation of Granulosa Cell In hibin Biosynthesis［J］. Endocrinology, 1987, 119(6):2711 – 2719.

［11］Brooks – Asplund E M, Tupper C E, Daun J M, et al. HORMONAL MODULATION OF INTERLEUKIN – 6, TUMOR NECROSIS FACTOR AND ASSOCIATED RECEPTO RSECRETION IN POSTMENOPAUSAL WOMEN［J］. Cytokine, 2002, 19(4):193 – 200.

[12]Cai Jie, Lou Hangying, Dong Minyue, et al. Poor ovarian response to Gonado-tropin stimulation is associated with low expression of follicle – stimulating hor-mone receptor in granulose cells[J]. Fertil Steril, 2007, 87(6):1350 – 1356.

[13] Campbell B. Inhibin A is a follicle stimulating hormone responsivemarker of granulosa cell differentiation, which has both autocrine and paracrine actions in-sheep[J]. Endocrin ol, 2001, 169:333.

[14]Cardenas, Pope W F. Androgen receptor and follicle stimuhting hormoner recep-tor in the pig ovary during the follicular phase of the estrous cycle[J]. Mol Re-prod Dev, 2002, 62(1):92 – 98.

[15]Cassidy A, Bingham S, Setchell K. Cambridge Journals Online – British Journal of Nutrition – Abstract – Biological effects of isoflavones in young women: impor-tance of the chemical composition of soyabean products[J]. British Journal of Nutrition, 1995, 74(4):587.

[16]Chapurlat R D. Clinical pharmacology of potent new bisphosphonates for postm-enopausal osteoporosis[J]. Treat Endocrinol, 2005, 4(2):115 – 125.

[17]Charlton H M, Parry D, Halpin D M G, et al. Distribution of 125I – labelled follicle – stimulating hormone and human chorionic gonadotrophin in the gonads of hypogonadal (hpg) mice[J]. Journal of Endocrinology, 1982, 93(2):247 – 252.

[18]Chattopadhya A B, Kapur K. Writing Group for the Women's Health Initiative Investi gators, Risks and Benefits of Estrogen Plus Progestin in Healthy Postm-enopausal Women. Principal Results from The Women's Health Initiative Ran-domized Controlled Trial JAMA 288 3 (2002) 321 333 [J]. Medical Journal Armed Forces India, 2003, 59(3):271.

[19]Chawla S C S. Treatment of endometriosis and chronic pelvic pain with letrozole and norethindrone acetate: apilot study[J]. Fertility & Sterility, 2004, 66(3): 213 – 215.

[20]Chiechi L M. Dietary phytoestrogens in the prevention of long – term postmeno-pausal diseases[J]. International Journal of Gynaecology & Obstetrics the Offi-cial Organ of the I nternational Federation of Gynaecology & Obstetrics, 1999, 67(1):39 – 40.

[21]Chinmoy K B. Role of nerve growth factor and FSH receptor in epithelial ovarian

cancer[J]. Reproductive biomedicine online, 2005, 11(2):194 – 197.

[22]Colacurci N, Zarcone R, Borrelli A, et al. Effects of soy isoflavones on menopausal neurovegetative symptoms[J]. Minerva Ginecol, 2004, 56(5):407 – 412.

[23]Danforth D R, Arbogast L K, Nroueh J, et al. Dimeric inhibin: a direct marker of ovarian aging[J]. Fertil Steril, 1998, 70(1):119 – 123.

[24]De J F H. Inhibin[J]. Physiological Reviews, 1988, 68(2):555 – 607.

[25]Dias J A, Cohen B D, Nechamen C A, et al. Structural and cellular biology of follitropin and follitropin receptor[J]. Biology of Reproduction, 2002, 66:76.

[26]Dixon R A, Ferreira D. Genistein [J]. Phytochemisty, 2002, 60 (3):205 – 211.

[27]Fernandes G. Protective role of n – 3 lipids and soy protein in osteoporosis[J]. Prostaglandins Leukot Essent Fatty Acids, 2003, 68(6):361 – 372.

[28]Fichera M, Rinaldi N, Tarascio M, et al. Indications and controindications of hormone replacement therapy in menopause[J]. Minerva Ginecol, 2013, 65(3):331 – 344.

[29]File S E, Hartley D E, Elsabagh S, et al. Cognitive improvement after 6 weeks of soy supplements in postmenopausal women is limited to frontal lobe function [J]. Menopause the Journal of the North American Menopause Society, 2005, 12(2):193.

[30]Findlay J K, Drummond A E, Britt K L, et al. The roles of activins, inhibins and estrogen in early committed follicles. [J]. Molecular & Cellular Endocrinology, 2000, 163(1 – 2):81 – 87.

[31]Fontova R, Gutiérrez C, Vendrell J, et al. Bone mineral mass is associated with interleukin 1 receptor autoantigen and TNF – alpha gene polymorphisms in postmenopausal Me diterranean women[J]. Journal of Endocrinological Investigation, 2002, 25(8):684 – 690.

[32]Foth D, Cline J M. Effects of mammalian and plant estrogens on mammary glands and uteri of macaques[J]. American Journal of Clinical Nutrition, 1998, 68(6):1413 – 1417.

[33]Gambacciani M, Vacca F. Postmenopausal osteoporosis and hormone replacement therapy[J]. Minerva Medica, 2004, 95(6):507 – 520.

[34]Ghosh D, Griswold J, Erman M, et al. Structuralbasis for and rogen specificity

and oestregen synthesis in human aronlatase[J]. Nature, 2009, 457(7226):
219 – 223.

[35]Griswold M D, Heckert L, Linder C. The molecular biology of the FSH receptor
[J]. Journal of Steroid Biochemistry & Molecular Biology, 1995, 53(1 – 6):
215 – 218..

[36]Heldring N, Pike A, Andersson S, et al. Estrogen receptors: How do they sig-
nal and what are their targets[J]. Physiol Rev, 2007, 87(3):905 – 931.

[37]Hofinann G E, Danforth D R, Seller D B. Inhibin – B: The phgsiologieal basis
of the domiphene citrate challengetestfor ova an reserve screen in 4g[J]. Fertil
Steri, 1998, 69(3): 474 – 477.

[38]Hsu S Y, Hsueh A J. Tissue – specific Bel – 2 protein partners in apoptosis:An
ovarian paradigm[J]. Physiol Rev, 2000, 80(2):593 – 614.

[39]Hsu S Y, LAI R J, FINEGOLD M, et al. Targeted overexpression of Bcl – 2 in
ovaries of transgenic mice leads to decreased follicle apoptosis, enhanced follicu-
longenesis, and increase grem cell tumorigenesis[J]. Endocrinology, 1996,
137(11):4837.

[40]Hulley, Grady, Bush, et al. Randomized trial of estrogen plus progestin for sec-
ondary prevention of coronary heart disease in postmenopausal women[J]. JAMA
– J AM MED ASSN, 1998, 1998,280(7):605 – 613.

[41]Inanir A, Ozoran K, Tutkak H, et al. The Effects of Calcitriol Therapy on Ser-
um Inte rleukin – 1, Interleukin – 6 and Tumour Necrosis Factor – α Concentra-
tions in Post – menopausa l Patients with Osteoporosis[J]. Journal of Interna-
tional Medical Research, 2004, 32(6):570 – 582.

[42]Ingram D, Sanders K, Kolybaba M, et al. Case control study of phytoestrogens
and breast cancer Lancet[J]. 1997, 350(9083):990 – 994.

[43]Inagaki K, Kurosu Y, Sato R, et al. Osteoporosis and periodontal disease in
postmenopausal women: association and mechanisms[J]. Clinical Calcium,
2003, 13(5):556 – 564.

[44]Jakimiuk A, Weitsman S, Brzechffa P, et al. Genetic Regulation Of Gametogen-
esis. Aromatase Mrna Expression In Individual Follicles From Polycystic Ovaries
[J]. Molecular Human Reproduction, 1997, 4(1):1 – 8.

[45]Johnson A L, Bridgham J T. Caspase mediated apoptosis in the vertebrate ovary

［J］. Reproduction, 2002, 124(1):19 - 27.

［46］Jorg G, Elisabeth P, Eberhard N. The structure and organization of the human follicle stimulating hormone receptor(FSHR) gene［J］. Genomics, 1996, 35: 308 - 311.

［47］Kailas N A, Sifakis S, Koumantakis E, et al. Contraception during perimenopause［J］. Eur J Contracept Reprod Health Care, 2005, 10(1):19 - 25.

［48］King R A, Broadbent J L, Head R J. Absorption and Excretion of the Soy Isoflavone Genistein in Rats［J］. Journal of Nutrition, 1996, 126 (1): 176 - 182.

［49］Korczowska I, Hrycaj P, Lacki J K. Change in biomarkers of osteoporosis in rheumatoid arthritis patients treated with infliximab［J］. Polskie Archiwum Medycyny Wewntrznej, 2004, 111(6):673 - 678.

［50］Lam M, Dubyak G, Chen L, et al. Evidence that Bcl - 2 represses apoptosis by regulating endoplasmic reticulum associated Ca^{2+} fluxes［J］. Porc Natl Acad Sci USA, 1994, 91:6569 - 6573.

［51］Lan K M, Leav I, Ho S M. Rat estrogen receptor - alpha and beta, and progesteroner onereceptor mRNA expression invarious prostatic lobes and microdissected normal and dysplastic epithelial tissues of the Noble rats［J］. Endorinol, 1998, 139:424 - 427.

［52］Lanuza G M, Groome N P, Baranao J L, et al. Dimeric inhibin A and B Production are differentially regulated by hormones and local factors in rat granulosa cells［J］. Endocrinology, 1999, 140:2549 - 2554.

［53］Liu J, Aronow B J, Witte D P. Cyclic and Maturation dependent regulation of follicle stimulating hormone receptor and luteinizing hormone receptor messenger ribonucleicacid expreaaion in the Porcineovary［J］. Biology of Reproduction, 1998, 58(3):648 - 658.

［54］Loretta P M, Cheryl A D Rebecca L E. Atherosclerotic lesion development in a novel ovary intact mouse model of perimenopause［J］. Atherosclerosis Thrombosis and Vascular Biology, 2005, 25(9):1910.

［55］MENDELSON C R, KAMAT A. Meehanisms in the regulation of arematase in developing ovary and plaeenta［J］. J Steroid Bioehem Mol Biol, 2007, 106(1): 62 - 70.

［56］Nachtigall, Lila E. Isoflavones in the management of menopause［J］. Total Health, 2001.

［57］Nagata C, Takatsuka N, Kawakami N, et al. Soy Product Intake and Hot Flashesin Japanese Women: Results from a Community based Prospective Study［J］. American Journal of Epidemiology, 2001, 153(8).

［58］Nakai M, Black M, Jeffery E H, et al. Dietary soy protein and isoflavones: no effect on the reproductive tract and minimal positive effect on bone resorption in the intact female Fischer 344 rat［J］. Food and Chemical Toxicology, 2005, 43(6):945 – 949.

［59］Okubo O T, Samuelc M, Shiuan C. Regulation of aromatase expression in human ovarian surface epithelial cells［J］. Journal of Clinical Endocrinology & Metabolism, 2000, 85(12):4889 – 4894.

［60］Oxberryr B A, Greenwald G S. An autoradiographic study of the Binding of IIabeled follicle stimulating hormone, human chorionie gonadotropin and prolactin to the hamster ovary throughout the estrouscycle［J］. Biology of Reproduction, 1982, 27:505 – 516.

［61］Pampfer S, Thomas K. Clinical value of inhibin in women［J］. J Gynecol Obstet Biol Reprod (Paris), 1989, 18(3):279 – 287.

［62］PEEGEL H, RANDOLPN J J R, MIDGLEY A R, et al. Insitu hybridization of luteinizing hormone/human chorionic gonadotropin receptor messenger ribonucleic acid during hormon induced down regulation and thesubesquent recovery in ratcorporalutuem［J］. En doerinology, 1994, 135:1044.

［63］Pines A, Sturdee D W, Birkauser M. More data on hormone therapy and coronary heart disease comments on recent publications from the WHI and nurses health study［J］. Climacteric, 2006(9):75.

［64］Prins G S, Marmer M, Woodham C, et al. Estrogen receptor – beta messengerribo nucleic acidontogeny in the prostate of normal and neonatally estrogenized rats［J］. Endocrinol, 1998, 139:874.

［65］Pri T K, Bruunsgaard H, Rge B, et al. Asymptomatic bacteriuria in elderly humans is associated with increased levels of circulating TNF receptors and elevated numbers of neutrophils［J］. Experimental Gerontology, 2002, 37(5):693 – 699.

［66］Reckelhoff J F, Samsell L, Dey R, et al. The effect of aging on glomerular he-
modyna mics in the rat［J］. American Journal of Kidney Diseases the Official
Journal of the National Kidney Foundation, 1992, 20(1):70.

［67］Reed J C. Bcl－2 and the regulation of programmed cell death［J］. Journal of
Cell Biology, 1994, 124(1－2):1－6.

［68］Rodriguez－Gallego C. Immunol Today［J］. Immunology Today, 1992, 13(7):
259－265.

［69］Rousseau Merck M F, Atger M, Loosfelt H, et a1. The chromosomal localiza-
tion of the human follicle-stimulating hormone receptor(FSHR)gene on 2p21－p16
is similarto that of the luteinizing homone receptorgene［J］. Genomic, 1993,
15:222－224.

［70］Sakai T, Kogiso M, Mitsuya K, et al. Genistein Enhances Antigen－Specific Cy-
tokine Production in Female DO11. 10 Transgenic Mice［J］. Journal of Nutri-
tional Science & Vitaminology, 2006, 52(5):327－332.

［71］Schneider H P G. HRT and cancer risk: separating fact from fiction［J］. Matu-
ritas, 1999, 33:65－72.

［72］Setchell K D, Brown N M, Lydekingolsen E. The clinical importance of the me-
tabolite equol a clue to the effectiveness of soy and its isoflavones［J］. Journal of
Nutrition, 2002, 132:3577－3584.

［73］Shemesh M, Mizrachi D, Gurevich M, et al. Functional Importance of Bovine
Myometrial and Vascular LH Receptors and Cervical FSH Receptors［J］. Semi-
nars in Reproductive Medicine, 2001, 19(1):87－96.

［74］Shima K, Kitayama S, Nakano R. Gonadotropin binding site in human ovarian
follicles and corpora lutes during the menstrual cycle［J］. Pbstet Gyneeol,
1987, 69:800－806.

［75］Shintani M. Hormone replacement therapy for postmenopausal osteoporosis［J］.
Clinics in Geriatric Medicine, 2003, 19(9):507.

［76］Stegman M R, Heaney R P, Travers－Gustafson D, et al. Cortical ultrasound
velocity as an indicator of bone status［J］. 1995, 5(5):349－353.

［77］Steinmetz A C, Renaud J P, Moras D. Binding of ligands and activation of tran-
scription by nuclear receptors［J］. Annu Rev Biophys Biomol Struct, 2001, 30:
329－359.

[78]Suzuki Y. Stimulator of bone resorption interleukin - 1, interleukin - 6 and gp - 130 cytokine family[J]. Nihon Rinsho, 2004, 62(2):107 - 111.

[79]Sykes M C, Mowbray A L, Jo H. Reversible Glutathiolation of Caspase - 3 by Glutaredoxin as a Novel Redox Signaling Mechanism in Tumor Necrosis Factor - α - Induced Cell Death[J]. Circulation Research, 2007, 100(2):152 - 154

[80]Taranta A, Brama M, Teti A, et al. The selective estrogen receptor modulator raloxifene regulates osteoclast and osteoblast activity in vitro[J]. Bone, 2002, 30(2):368 - 376.

[81]Taya K, Kaneko H, Takedomi T, et al. Role of inhibin in the regulation of FSH secretion and folliculogenesis in cows[J]. Animal Reproduction Science, 1996, 42(1 - 4):563 - 570.

[82]Tikiz C, ZelihaU, Tikiz H, et al. The effect of simvastatin on serum cytokine levels and bone metabolism in postmenopausal subjects: negative correlation between TNF - alpha and anabolic bone parameters[J]. Journal of Bone & Mineral Metabolism, 2004, 22(4):365 - 371.

[83]Tilly J L, Lapoh P S, Hsuech A J. Hormonal regulation of follicle stimulsting hormone receptor messenger ribonucleic acid level in cltured rat granulose cells [J]. Endocrinology, 1992, 130(3):1296 - 1302.

[84]Uesugi S, Watanabe S, Ishiwata N, et al. Effects of isoflavone supplements on bone metabolic markers and climacteric symptoms in Japanese women[J]. Biofactors, 2010, 22(1 - 4):221 - 228.

[85]Whitelaw P F, Smyth C D, Howles C M, et al. Cell specific expression of aromatase and LH receptor mRNAs in rat ovary[J]. Journal of Molecular Endocrinology, 1992, 9(3):309.

[86]Zha H, Aime - Sempe C, Sato T, et al. Proapoptotic protein Bax heterodimerizes with Bcl - 2 and homodimerizes with Bax via a novel domain(BH3) distinct from BH1 and BH2[J]. Biology Chemistry, 1996, 271:7440 - 7444.

[87]白文佩, 杨欣, 王炎. 围绝经期妇女应用7-甲基炔诺酮进行激素替代治疗顺应性调查[J]. 中华妇产科杂志, 2000, 35(4):219 - 221.

[88]蔡熙, 黄晖, 王岚. 围绝经期动物模型的研究进展[J]. 中国实验方剂学杂志, 2007, 13(10):71.

[89]曹泽毅. 中华妇产科学下册[M]. 人民卫生出版社, 1999.

[90]曹缵孙,吕淑兰. 妇女一生各期妇科内分泌功能特点[J]. 中国实用妇科与产科杂志,2002(7):18 - 20.

[91]陈静,丘彦. 多囊卵巢综合征于 P450 芳香化酶[J]. 国外医学计划生育分册,2005,24(2):23 - 24.

[92]池芝盛. 内分泌学基础与临床[M]. 北京:北京科学技术出版社,1992.

[93]迟晓星,陈容,张涛,等. 金雀异黄素对 PCOS 高雄血症大鼠子宫和卵巢形态学的影响[J]. 中国食品学报,2013,13(5):11 - 16.

[94]迟晓星,张明玉,张涛,等. 金雀异黄素对多囊卵巢综合征大鼠卵巢组织中 Bcl - 2 mRNA 及 Bax mRNA 表达的影响[J]. 动物营养学报,2014,26(4):1120 - 1126.

[95]迟晓星,张涛,陈容,等. 金雀异黄素对实验性雌性大鼠高雄激素血症的治疗作用[J]. 营养学报,2013,35(1):68 - 72.

[96]迟晓星,张涛,钱丽丽,等. 大豆异黄酮对青年雌性大鼠卵巢、子宫组织中 Bcl - 2 mRNA 和 Bax mRNA 表达的影响[J]. 食品科学,2010,31(11):231 - 233.

[97]丛建华. FSH/LH 比值在评价围绝经期卵巢功能中的价值探讨[J]. 国际检验医学杂志,2014(23):3171 - 3172.

[98]戴雨,杨林,牛建昭. 大豆异黄酮对妇女更年期症状及性激素的影响[J]. 北京中医药大学学报,2004,27(1):80 - 82.

[99]丁曼琳. 妇产科疾病诊断与鉴别诊断[M]. 北京:人民卫生出版社,1989.

[100]杜丹,魏洁玲,陈妙云. 畅六味地黄丸联合激素替代治疗卵巢早衰的临床研究[J]. 中华中医药学刊,2013,31(12):2738 - 2740.

[101]傅萍,赵宏利,姜萍,等. 自然衰老 ICR 小鼠进入围绝经期时限的研究[J]. 中华中医药学刊,2008,28(5):974 - 975.

[102]高维萍,林金芳. 围绝经期妇女垂体促性腺激素水平与促性腺激素释放激素反应性分析[J]. 中华妇产科杂志,1999.

[103]郭瑞霞,冯俊霞,贾会珍,等. 金雀异黄酮 - 4'- O 糖苷的合成方法研究[J]. 河南化工,2013,30(7):36 - 38.

[104]侯钦銮. 尼尔雌醇和中成药联合应用治疗更年期综合征 100 例[J]. 浙江中医学院学报,1995,2:25 - 26.

[105]周劲松. 一氧化氮在下丘脑—垂体—性腺轴中的作用[J]. 国外医学:内分泌学分册,1999.

[106] 黄晓晖,罗喜平,康佳丽,等. Bcl-2 蛋白与雌、孕激素受体在子宫腺肌病子宫内膜的表达及意义[J]. 临床和实验医学杂志,2011(15): 1179-1181.

[107] 黄星铭,闵晓霞,黄郁蓉,等. 血清 FSH、LHⅡ、E2 检测在更年期妇女中的意义[J]. 北方药学,2011(5):57-58.

[108] 姜鸿雁,邱爽. 激素替代治疗对围绝经期妇女体质指数的影响[J]. 中国妇幼保健,2012,26(14):2159-2160.

[109] 蒋风萍,刘初春. 尼尔雌醇替代疗法治疗更年期综合征 100 例[J]. 陕西医学杂志,2005,34(2):228-255.

[110] 金华,吴文源,张明园. 中国正常人 SCL-90 评定结果的初步分析[J]. 中国神经精神疾病杂志,1986,12(5):260-263.

[111] 乐杰. 妇产科学[M]. 北京:人民卫生出版社,1997.

[112] 李晶磊,何朝宏,许长宝. 金雀异黄素抑制大鼠膀胱肿瘤作用的实验研究[J]. 重庆医学,2012,41(19):1957-1958.

[113] 李丽,刘兆平,严卫星. 大豆异黄酮毒性作用研究进展[J]. 国外医学卫生学分册,2005,32(6):338-342.

[114] 李美之. 妇科内分泌学[M]. 北京:人民军医出版社,2001.

[115] 李淑杏,张海艳,陈长春. 心理社会因素与女性围绝经期综合征发生的相关性分析[J]. 卫生职业教育,2012,30(20):100-101.

[116] 李肖甫,敬明辉. 围绝经期妇女 FSH、LH、FSH/LH 比值测定[J]. 郑州大学学报(医学版),2005,40(1):123-125.

[117] 刘冬娥. 女性围绝经期的生理和病理变化[J]. 中国实用妇科与产科杂志,2004,20(8):28-29.

[118] 刘云嵘,葛秦生. 九十年代绝经研究[M]. 北京:人民卫生出版社,1998.

[119] 刘长城,郁桂云,孙元宝,等. 大豆分级萃取[J]. 无锡轻工大学学报,2004,23(4):33-36.

[120] 卢金福,洪敏,朱荃. 酒精性更年期综合征大鼠模型的研究[J]. 中国老年学杂志,2006,26(3):363.

[121] 罗璐,杨冬梓,王簕,等. 卵泡刺激素受体在成年化疗大鼠卵巢中的表达[J]. 医学争鸣,2008,29(2):119-122.

[122] 米建锋,梁桂玲. 芳香化酶 P450、HIF-1α 与子宫内膜癌之间关系研究进展[J]. 右江医学,2011,39(5):650-652.

［123］倪娟萍，孙宏玉. 植物雌激素在围绝经期妇女保健中的作用研究进展［J］. 中国全科医学，2008，11（4）:360 – 362.

［124］曲显俊，崔淑香，李凤琴. 谷维素注射液对 X 线致大鼠更年期综合征模型的治疗作用观察［J］. 山东医药工业，1998，17（4）:1 – 3.

［125］宋梅英，赖爱鸾. 雌激素对皮肤老化影响的研究进展［J］. 国际妇产科学杂志，2008，35（6）:444 – 446.

［126］隋龙，张令浩. 尼尔雌醇对女性更年期综合征患者白细胞雌激素受体作用的研究［J］. 现代妇产科进展，1996，5（1）:24 – 26.

［127］王斌，李德远. 细胞色素 P450 的结构与催化机理［J］. 有机化学，2009（4）:179 – 183.

［128］王冰，蔡霞. 抑制素 B 与卵巢早衰的研究进展［J］. 国际生殖健康/计划生育杂志，2009，28（3）:184 – 186.

［129］王凤兰. 更年期保健培训教程［M］. 北京医科大学出版社，1999.

［130］王莉，田禾. 循环一氧化氮在月经周期的变化［J］. 现代妇产科进展，1999，8（2）:152 – 154.

［131］王淑贞. 妇产科理论与实践［M］. 上海科学技术出版社，1981.

［132］王卫东，陈正堂. Bcl – 2/Bax 比率与细胞"命运"［J］. 中国肿瘤生物治疗杂志，2007（4）:393 – 396.

［133］王新，王北强. 女性更年期综合征血液流变性与微循环变化特点与讨论［J］. 循环医学杂志，1999（2）:47 – 48.

［134］夏建红，田丰莲，赵庆国，等. 围绝经期妇女就诊及激素替代治疗态度调查［J］. 中国公共卫生，2005，21（1）:83.

［135］徐苓. 性激素替代治疗的历史现状和展望［J］. 中国实用妇科与产科杂志，2004，20（8）:449 – 450.

［136］徐叔云. 药理实验方法学 2 版［M］. 人民卫生出版社，1991.

［137］薛晓鸥，牛建昭，王继峰，等. 卵巢切除对大鼠子宫雌激素受体亚型表达的影响［J］. 解剖学报，2004，35（2）:216 – 219.

［138］闫琳丽. 围绝经期卵巢功能及老化机制的研究［J］. 国外医学. 妇产科学分册，1996.

［139］杨帆，王进军. 昆虫细胞色素 P450 与抗药性关系研究进展［J］. 四川动物，2008，27（3）:460 – 463.

［140］杨连君，曹雪涛，于益芝. Bcl – 2，Bax 与肿瘤细胞凋亡［J］. 中国肿瘤生

物治疗杂志, 2003, 10(3):232 - 234.

[141] 杨敏, 李灿东, 梁文娜, 等. 围绝经期综合征肝郁, 肾虚病理与舌苔脱落细胞及性激素的相关性研究[J]. 中华中医药杂志, 2011, 26(9): 1984 - 1986.

[142] 杨玮琳, 钟艳萍, 关海兰. 性激素替代治疗对绝经后妇女血脂水平的影响[J]. 中国基层医药, 2008, 15(4):663 - 664.

[143] 杨小明, 熊海, 刘静, 等. 双能 X 线骨密度仪与定量 CT 测量骨密度的比较[J]. 中国临床康复, 2004, 8(12):2328 - 2328.

[144] 叶于薇, 董妙珠, 郑卫东, 等. 改善更年期综合征保健食品功能评价的实验研究[J]. 中国食品卫生杂志, 2003, 15(1):32 - 35.

[145] 叶元华. 雌激素替代疗法对绝经后妇女血浆一氧化氮的影响[J]. 中华妇产科杂志, 1998, 33(6):340.

[146] 余增丽, 张立实, 吴德生. 金雀异黄素的抗雌激素效应[J]. 卫生研究, 2003, 32(2):125 - 127.

[147] 原春玲, 欧阳玲莉, 梁晓, 等. 金雀异黄素、己烯雌酚对去势雄性大鼠骨代谢的影响[J]. 中国骨质疏松杂志, 2008, 14(9):635 - 637.

[148] 张洪泉, 余文新. 中华抗衰老医药学[M]. 科学出版社, 2000.

[149] 张清学, 杨冬梓, 谢梅青, 等. 对 500 名广州妇女关于激素替代疗法态度的调查[J]. 中山医科大学学报, 2002, 23(4):306 - 311.

[150] 张文众, 李宁, 李蓉. 大豆异黄酮的雌激素样作用研究[J]. 卫生研究, 2008(6):707 - 709.

[151] 周美清, 李亚里. 现代老年妇科学[M]. 人民军医出版社, 1999.

[152] 朱俊东. 大豆异黄酮抗癌作用的研究进展[J]. 国外医学:卫生学分册, 1998, 25(5):257 - 259.

第4章　大豆生物活性物质与多囊卵巢综合征

4.1　多囊卵巢综合征简介

多囊卵巢综合征(Polycystic ovary syndrome，PCOS)是最常见的妇科内分泌疾病之一，在育龄女性人群的发病率为7%～10%囊卵巢综合征临床表型具有高度的异质性，其诊断标准至今仍存在争议，且一直在不断地演进和更新。1935年PCOS首次由英国的Stein和leventhal医生发现及报道，又称Stein - Leventhal综合征。目前国内采用修正的2003年鹿特丹会议诊断标准作为多囊卵巢综合征诊断标准:稀发排卵或无排卵;高雄激素的临床体征和(或)生化证据;多囊卵巢，超声检查卵巢内见12个以上直径2～10mm以内的卵泡或卵巢体积>10 mL。上述3项有任意2项符合，并除外先天性肾上腺皮质增生症、cushing综合征、分泌雄激素的肿瘤等可导致高雄激素血症的原因，即可诊断PCOS。

妇女血中雄激素含量过高、活性过强的情况称为高雄激素血症(hyperandrogenism HA)。高雄激素血症是PCOS的最重要的内分泌特征，在PCOS发病中起至关重要的作用。在妇女月经周期的卵泡期时测血清，若其血清睾酮浓度高限为0.68 ng/mL，平均为0.43 ng/mL，如血清睾酮浓度过0.7 ng/mL，则是高雄激素血症。PCOS患者的病因学、病理生理学、临床表现具有复杂的异质性和明显的种族差异性。雄激素增高是PCOS的一个主要临床特点。雄激素过高是否是造成PCOS患者胰岛素抵抗的原因之一，目前尚无定论。动物实验和观察性研究均提示出生前暴露于高雄激素的环境能够降低出生后胰岛素敏感性。美国国家研究院制定了NIH诊断标准，将高雄激素血症和稀发排卵作为PCOS的主要诊断指标。PCOS最重要的内分泌特征即为高雄激素血症，高雄激素血症是诊断PCOS的重要标准。De Leo等曾经报道过，PCOS患者不排卵是因为卵巢局部高浓度的雄激素直接引起的。

4.1.1 PCOS 的临床表现

高雄激素血症有月经稀发等临床表现,功能失调性子宫出血或闭经等等月经改变症状,不孕、不排卵和一些男性化表现,比如音调变得嘶哑低沉、喉结变大、毛发过多过盛、肥胖、出现痤疮、乳房发育不良以及黑棘皮症等,卵巢偏大,子宫发育不好,糖脂代谢不正常,另外还有少数病例出现阴蒂变肥变大(阴蒂根部横径大于 1 厘米)、乳腺出现萎缩、核部有秃顶等等男性化表现。

雄激素过多在临床上最早的表现为多毛特别是性毛过多,前人有研究认为过早出现性毛可能是多囊卵巢综合征最早的可以辨认诊断的表现。多囊卵巢综合征患者的血睾酮水平往往和多毛的程度不符,具有活性的睾酮可引起多毛症状,人体内雌、雄激素在运输的过程中,有少量和非特异性白蛋白结合形成无活性睾酮,其中很大一部分和性激素结合球蛋白(sexhormone bindin gglobul in,sHBG) 结合形成无活性睾酮、只有比较少数是游离的,临床上测得的血睾酮水平是游离和结合的总和,由此可见,人体表面的多毛程度和睾酮水平是不一致的。其中单独存在的痤疮也是雄激素过多的一项重要潜在指标。

有关标准规定人体体重指数(bodymassindex,BMI) ≥ 25 时被视为肥胖。其中腰围与臀围的比值(WHR) ≤7 定为女性肥胖,女性肥胖的血雌二醇水平普遍比较高。WHR >0.85 被视力为男性肥胖,男性肥胖的游离睾酮和睾酮水平普遍增高,很容易导致血脂异常、高血压、高胰岛素血症、冠心病以及糖尿病等等各种疾病。睾酮等雄激素使得脂肪集中分布于内脏和腹部部位,因此多囊卵巢综合征高雄激素血征患者多表现为男性肥胖。不少欧美国家的统计资料显示多囊卵巢综合征患者有 50% 以上为肥胖患者,而亚洲人当中则不到此水平,由此可见PCOS 表现具有比较明显的人种差异。

人体中若睾酮过高既反馈性引起人体中枢分泌 LH 增加又大大影响卵泡的正常发育, 其中 LH/FSH 比值上升可导致排卵障碍的问题。继而伴随着高睾酮的 SHBG 水平下降,游离的睾酮水平上升,如此则进一步大大影响这卵泡的正常生长、成熟以及后面的排卵。临床上往往会有以下这些症状出现:继发性闭经或黄体功能不全、功能性子宫出血(无排卵型)、月经失调如无排卵月经等。目前医疗界在进行 PCOS 的诊断过程中,有符合以上几种临床表现或生化表现至少其中一项的即可定义为该患者患有雄激素过多症。

4.1.2　PCOS 高雄激素血症的激素来源

多囊卵巢综合征（Polycystic ovary syndrome，PCOS）患者中卵巢源性雄激素增多所形成高雄激素血症的形成机制主要有下面几个大的方面：①促黄体生成素（Luternizing hormone，LH）直接作用于卵巢的卵泡膜细胞中，卵泡膜细胞内的 CYP17 的活性增加了，使得卵巢内卵泡膜细胞中产生大量过剩的雄激素。②病患者的下丘脑促性腺激素释放激素增高，使得垂体分泌黄体生成素（uteinizing hormone，LH）的幅度和频率有所增加，使得其没有 LH 峰出现并失去周期性的改变。③细胞色素 P450c17α 氢化酶是人体内一种合成雄激素的关键酶，具有 17，20 裂解和 17 一轻化的两大关键功能。多囊卵巢综合征患者的细胞色素 P45oc17a 氢化酶功能亢进，雄激素的合成增加。④人体胰岛素直接刺激垂体分泌促黄体生成素及高胰岛素血症或卵巢功能通过影响下丘脑促性腺激素的作用，间接促进产生卵巢雄激素；此外，高胰岛素还可以促进多囊卵巢综合征患者卵巢间质细胞合成胰岛素样生长因子 – 1（Insulin – like growth facto – 1，IGF – 1），使得雄激素合成增加；高胰岛素使肝脏的 SHBG 合成分泌减少，继而血 SHBG 水平下降。血中游离睾酮（FT）的水平升高，使得雄激素利用度增加。⑤卵巢类固醇合成的阻滞：目前有不少研究发现，多囊卵巢综合征患者的 17 – 巡酮还原酶、芳香化酶和 3p – 轻类固醇脱氢酶的缺失。这三种酶的缺失造成了卵巢中类固醇的合成障碍，此时卵巢雄激素不能转换为雌激素，造成雄激素水平上升。妇女体内的雄激素主要包括脱氢表雄酮（dehy droe pian drosteron，DHEA）、雄烯二酮（androst – 4 – ene – 3，17 – dione，4AD）、双氢翠酮（dihydrotestosterone，DHT）、硫酸脱氢表雄酮（dehydroepiandrosteronesulfate，DHE – AS）和睾酮（testosterone，T）等。女性在生育期多囊卵巢综合征患者卵巢雄激素的分泌和基础雄激素的分泌能力均明显增强。

4.1.3　PCOS 与激素 LH 的关系

人体出现代谢障碍和内分泌紊乱，是多囊卵巢综合征的重要临床病理特征。目前国内外研究者公认，HPOA 功能出现异常是 PCOS 患者的重要发病机制之一。临床观察及相关实验研究发现，多囊卵巢综合征患者会出现其垂体分泌 LH 的幅度及频率增加的情况，而且其体内的 LH 不出现峰值以及周期性改变的情况。患者体内大量的 LH 分泌会导致多具有囊性的卵巢合成大量的雄激素，最终导致患者的卵子以及卵泡发育延迟或停滞，患者将出现月经稀发或闭经的症状。

正常女性体内雄激素的合成主要在两种内分泌腺体—卵巢和肾上腺,卵巢部位的雄激素主要由卵泡膜细胞、卵泡膜黄体细胞合成,胆固醇在细胞色素 P450 酶的作用下合成 T 和 A_2,卵泡膜间质细胞合成少量脱氢表雄酮(DHEA)。卵巢中的雄激素合成主要受黄体生成激素(LH)调节,LH 与卵泡膜细胞上的受体结合,激活雄激素合成酶的活性,合成雄激素。

高雄激素血症在 PCOS 的发病过程中起到了重要作用。一方面,卵巢内高雄激素浓度抑制卵泡成熟,不能发育成优势卵泡,从而导致多个闭锁卵泡,使卵巢呈多囊性改变(PCO);另一方面,由于雄激素增多造成的下丘脑—垂体—促性腺激素轴功能紊乱,以及增高的胰岛素的直接刺激,促使 PCOS 患者黄体生成激素(LH)增高,增高的 LH 又促进卵巢和肾上腺分泌雄激素,从而形成了一个雄激素过多,持续无排卵的恶性循环。

4.1.4　PCOS 与 P450 芳香化酶

(1)总述。

细胞色素 P450 芳香化酶　(eytoehromep45oAromatase,P45Oarom)是一种含高铁血红素的蛋白,广泛存在于生物界中。细胞色素 P450 芳香化酶主要催化机体内源和外源性物质在体内的氧化反应,是一种末端氧化酶。细胞色素 P450 芳香化酶是人体 CYP19 基因的产物,是细胞色素 P45O 产物中唯一的一种由单基因编码的酶。P450 arom 在卵巢中的主要底物为睾酮,P450 arom 在卵巢中的主要产物为雌二醇(estrodiol,EZ),另外还有很少一部分为雄烯二酮转化生成的产物为雌酮(estrone,E)。另外,基于卵巢韶体激素分泌的"两种促性腺激素,两种细胞"原理,促黄体生成素(Luternizing hormone,LH)刺激卵泡膜细胞分泌出雄激素,在 FSH 的影响下,在颗粒细胞中雄激素经 P450 arom 芳香化为雌激素。

P450 芳香化酶是一种卵巢颗粒细胞上催化雄激素转化为雌激素的限速酶,早期前人的研究曾认为 PCOS 卵泡发育障碍是由 P450 arom 的缺乏所引起的。有的研究表明多囊卵巢综合征患者的卵泡中出现睾酮(T)/E_2 值升高的情况,提示其芳香化作用的缺陷。

1998 年 Artur J 等(1998)运用 PCR 定量法对芳香化酶 mRNA 表达水平进行了相关的研究,认为多囊卵巢综合征患者因为细胞色素 P45O 芳香化酶 mRNA 表达水平的下降而引起了芳香化酶刺激活性的不足,从而使得雌激素浓度降低,E_2 和 A 的比值值降低,证明了卵巢中产物和前体的比值与其酶活性有比较好的相关性。有的研究发现雌激素致 PCOS 小鼠模型卵巢 P45O 芳香化酶 mRNA 的表达水平明显低于对照组。但 1979 年 Erickson 等研究发现多囊卵巢综合征患者卵泡芳香化酶不足并非因颗粒细胞本身缺陷所引起,而属低浓度的 FSH 引起芳香化酶活性减弱,使的雄激素不能在颗粒细胞中充分转化为雌激素。在后面的体外研究也证实了这些颗粒细胞实际上有芳香化酶活力,拥有其代替生成的潜在能力,在受 FSH 刺激后,其转化雌激素的能力比正常颗粒细胞更为显著,但应认为对 FSH 反应不良。Coffier 等在临床研究也证实与多囊卵巢综合征妇女正常妇女相比,其对重组 FSH 的刺激反应而产生 E_2 的能力明显增强。laMarcaA、vrbikovaJ 均在其实验中将 E2/A 作为芳香化酶活性的重要指标。最近几年妇女多囊卵巢综合征患者的相关研究发现其他影响 P45O 芳香化酶活性的因素,如:转移生长因子（TGF－a）,胰岛素样生长因子结合蛋白,表皮生长因子（EGF）以及 5－α 雄烯 3.17－二酮等。其他的一些相关研究均提示,多囊卵巢综合征卵巢的颗粒细胞的敏感性和芳香化酶活性与其 FSH 受体的结合力增强密切相关。

　　细胞色素 P450 芳香化酶(cytochrome P450 aromatase,P450 arom)合成的主要部位是妇女卵巢卵泡期的颗粒细胞。由颗粒细胞产生的雌二醇量的增加和 CYP19 基因的表达后对于卵泡的发育和排卵的进行起着关键性的作用。Picton 等在研究中将大卵泡的颗粒细胞置于无血清培养基中培养后,发现芳香化酶的表达对 FSH 敏感,但是较高浓度的 FSH 又会抑制黄体化细胞中芳香化酶的表达。P450 芳香化酶在人体内的表达具有组织特异性,一般情况下,同样功能的 P450 芳香化酶作用于不同的组织中的雄激素底物,其产生的活性激素不同。例如,在脂肪组织中,其作用的底物为 A_2,产物为 E_1;在胎盘组织中,底物是 DHEA,产物为 E_3;在卵巢组织中,P450 芳香化酶作用的底物是 T,产物为 E_2,另外还有小部分作用底物为 A_2,产物为 E_1;在子宫内膜组织中,其作用底物为 A_2,产物为 E_1,不过 P450 arom 在多囊卵巢综合征妇女体内的调控机制以及表达水平的研究还比较少,机制尚不明确。本试验主要采用 RT－PCR 技术检测食用金雀异黄素后多囊卵巢综合征大鼠卵巢和子宫中 P450 芳香化酶的表达,结合前面多囊卵巢综合征大鼠血清激素水平的情况,探讨 PCOS 妇女排卵障碍的发病机制。

　　(2)P450 arom 的表达。

　　人体 P450 超基因家族非常庞大,共有 72 个家族分 480 个成员,人体细胞色素 P450 芳香化酶是 CYP 19 基因的产物。相关研究发现,除卵巢外,P450 arom 在人体的很多部位,例如大脑、睾丸、骨的造骨细胞、胎盘、胎儿肝、脂肪组织、平滑肌血管等处都有表达。前人研究已证明,女性排卵时,细胞色素 P450 芳香化酶的 mRNA 在其排卵前的卵泡和妇女体内所有的黄体细胞上均有表达,各临床观察和试验研究表明,在 FSH 的调控下,细胞色素 P450 芳香化酶首先在排卵妇女卵巢颗粒细胞上表达。有关研究发现,细胞色素 P450 芳香化酶的 mRNA 在排卵妇女的间质腺、窦状卵泡和成熟黄体中均有表达。Okubo 运用逆转录—聚合酶链反应(RT-PCR)技术,在妇女的卵巢表面上皮细胞上发现到了细胞色素 P450 芳香化酶的表达,研究还发现细胞色素 P450 芳香化酶的表达在翻译和转录水平均受到调控。人体内的黄体生成激素(LH)刺激卵巢内卵泡膜细胞进而分泌出一定量的雄激素,分泌出的雄激素中包含卵泡刺激素(FSH),在卵泡刺激素(FSH)的刺激影响下人体内在颗粒细胞中的雄激素芳香化酶是一种雌激素。在卵巢内卵泡生长成熟的过程中,此类人体内从雄激素向雌激素的转换情况,芳香化酶活性的增加会对其进行一定程度的影响。相关研究表明,细胞色素 P450 芳香化酶是一种限速酶,细胞色素 P450 芳香化酶具有催化体内雄激素转化为雌激素的功能,其对胎儿内分泌、性别的分化以及中枢神经系统的生长和发育具有重要的调节作用;Kato 等在蛙模型的研究中发现,蛙卵巢的分化与芳香化酶的水平有关;另外,细胞色素 P450 芳香化酶对雌激素依赖性的肿瘤如妇女常见疾病子宫内膜癌、乳腺癌等的发生发展也起着重要的作用。同时,Kimoka 等在相关研究中也发现,在妇女子宫肉瘤组织中细胞色素 P450 芳香化酶的表达增强的情况下对疾病的预后更好,表达水平与治疗效果呈正相关。大量文献表明,妇女在生育期内,卵巢内排卵前高水平的(FSH)及体内随后升高的(LH)能增加卵巢中窦状卵泡中细胞色素 P450 芳香化酶的蛋白含量以及基因表达量。在更年期大鼠实验中,P450 芳香化酶 mRNA 表达却随着更年期 FSH、LH 水平升高而表达减弱,这与前面所述的,育龄妇女 FSH 与 P450 芳香化酶 mRNA 表达呈正相关的情况刚好相反,由此可见,细胞色素 P450 芳香化酶 mRNA 的表达除了受 FSH、LH 等激素水平的调节外还与其本身的一些调节因子反应有关。

目前对雄激素相关酶基因(如 CYP19 等)的研究发现,与雄激素相关的酶主要包括雄激素合成酶 P450c17a 和雄激素转化酶 P450 arom,其中 P450 芳香化酶是 P450 超基因家族中 CYP19 基因的产物,是卵巢颗粒细胞上催化雄激素转化为雌激素的限速酶。有学者发现 P450 arom mRNA 的表达与卵泡的发育有关,此酶生成减少或酶活性受到抑制都将直接影响 T 向 E2 的转化去路,从而引起卵巢及血清雄激素升高以及排卵障碍。

(3)P450 芳香化酶活性及其影响因素。

有研究表明,在 PCOS 患者中卵泡睾酮(T)/雌二醇(E_2)值升高,提示其芳香化作用的缺陷。早在 1979 年 Erickson 曾认为 PCOS 患者卵泡芳香化酶不足并非颗粒细胞本身缺陷,而系低浓度的 FSH 引起雄激素不能颗粒细胞充分在转化为雌激素。近年的 PCOS 相关研究发现其他影响 P450 芳香化酶活性的因素,如:5 - a 雄烯 - 3、17 - 二酮(5 alpha - androstane - 3、17 - dione),表皮生长因子(EGF),转移生长因子(TGF - a),胰岛素样生长因子结合蛋白 - 2(IGFBP - 2)及 IGFBP - 4,雄烯二酮(A)等。

Deshpande 研究认为 PCOS 患者血循环中 E_2 水平降低与 P450 arom mRNA 水平降低有关。Evan 认为 P450 芳香化酶基因的突变也是促成 PCOS 的原因,这些研究显示 PCOS 患者卵泡芳香化酶功能不足不是单一的因素所致。在 PCOS 患者,由于卵泡发育障碍,颗粒细胞较少,缺乏芳香化酶的活性,FSH 的活性阻遏,不能充分将 T 转化为 E_2。Agarwal 在体外用 FSH 刺激来自 PCOS 患者的颗粒细胞时 E_2 的产生明显升高,并发现 PCOS 患者卵泡液中存在一种或者几种抑制芳香化酶活性的因子影响 E_2 水平;5 - q 雄烯二酮的异常增高可能是雌激素生成的一个重要抑制因子。Lackey 认为,胰岛素样生长因子 - l(IGF - 1)可协同 FSH 增强 P450 芳香化酶表达和活性,促进颗粒细胞合成 E_2,卵泡液中 IGF - l 浓度与血 E_2 成正相关关系:卵泡膜及颗粒细胞中有 IGFBP - 1,2,3,4 的表达,PCOS 患者卵泡液中的 IGFBP - 2 及 IGFBP - 4 增高,与 IGF - l 形成的复合体可抑制 IGF - l 与受体结合,从而影响芳香化酶的活性。Stevensonde 的研究发现,EGF 在颗粒细胞培养系统中只对小卵泡颗粒细胞有促增殖作用,抑制大颗粒细胞分泌雌激素,促进孕激素的分泌。TGFβ2 可抑制 EGF 刺激促颗粒细胞生长,但也可与之协同作用提高芳香化酶活性,对卵巢细胞既有刺激作用也有抑制作用。Misajon 研究发现 EGF 及 TGFtx 可抑制小鼠及人的颗粒细胞芳香化酶活性从而减少 E_2 产生,这一抑制作用在 PCOS 患者卵巢的颗粒细胞明显比正常妇女强。体内研究显示,二甲双胍可降低芳香化酶活性。胰岛素可增强卵巢芳香化酶对 FSH 的反应性,二甲双胍通过降低胰岛素水平而降低芳香化酶对 FSH 的刺激活性。Yi. Ming Mu 发现曲格列酮对人卵巢颗粒细胞芳香化酶有抑制作用,并认为曲格列酮是通过过氧化物酶体增殖物激活受体 γ(PPARγ):RXR 异二聚体组成的核受体系统直接抑制卵巢颗粒细胞芳香化酶活性。

(4)P450 芳香化酶 mRNA 的表达。

随着对 PCOS 认识的深入,以及芳香化酶检测技术的提高。芳香化酶 mRNA 表达水平与 PCOS 的关系研究也不断深入。1996 年 Takayama 用免疫组化技术检测 5 例 PCOS 妇女卵巢的 P450 arom,根据颗粒细胞的发育情况将卵泡分为 3 类,结果都没检测到 P450 芳香化酶。N1998 年 Jakimiuk 等运用定量 PCR 法在对 16

例 PCOS 妇女及 48 例有正常月经周期的妇女不同直径大小的单个卵泡进行芳香化酶 mRNA 表达水平的研究后发现,P450 arom mRNA 只有在卵泡发育到直径接近 7 mm 时才开始表达,而且才开始产生雌激素。经检测发现,在正常妇女组,所有直径 < 7 mm 的卵泡的卵泡液中雌激素浓度很低。在直径大于或等于 7 mm 的卵泡中,其中一些卵泡的卵泡液中雌激素浓度升高,所有卵泡的卵泡液中則 E_2 值 < 4。只有在直径 > 7 mm 时,A/E_2 值 < 4 的卵泡的颗粒细胞 P450 arom mRNA 水平才升高,这些卵泡芳香化酶的刺激活性也升高。而直径 < 7 mm 时,A/E_2 值 >4 的卵泡其芳香化酶的刺激活性很小或无活性。而所有 PCOS 妇女的卵泡都含有低水平的雌激素、P450 arom mRNA 和芳香化酶刺激活性,其水平大小与其卵泡大小一致,认为批患者由于 P450 arom mRNA 表达水平下降而引起芳香化酶刺激活性不足,从而使雌激素浓度降低。Yi. Ming 等在研究曲格列酮对人卵巢颗粒细胞芳香化酶的抑制作用时,通过 PT – PCR 结果也显示出,随着芳香化酶活性的下降 P450 芳香化酶 mRNA 表达水平也下降了。2000 年科学家 Deshpande 对新生的小鼠注射雌激素后模仿 PCOS 患者的卵巢,然后检测 450 arom mRNA 水平和循环雌激素水平。结果发现,其 P450 芳香化酶 mRNA 水平和循环雌激素水平均降低,且两者具有相关性。因此,目前认为 PCOS 患者卵巢颗粒细胞芳香化酶活性、颗粒细胞上 P450 arom mRNA 水平以及循环雌激素浓度之间有着紧密相关性。目前对 PCOS 患者 P450 芳香化酶 mRNA 表达以及基因突变方面的研究国内外不多,尤其是国内相关内容研究较少。P450 芳香化酶与 PCOS 卵泡发育的关系以及具体机制尚未明确。还有待进一步研究。

4.1.5　PCOS 的治疗现状

多囊卵巢综合征(polycystic ovary syndrome, PCOS)的主要病理生理特征有:胰岛素分泌过多、雌酮分泌过多、雄激素分泌过多以及性腺激素比率失常等。其病因复杂,机理尚不明确,目前在医学界对 PCOS 的治疗大部分都是对症治疗,临床医师决定治疗方案主要取决于患者发病的主要症状、PCOS 病因以及患者的就诊目的等各种因素。目前所采用的药物治疗主要是根据 PCOS 患者的诊断标准,针对患者内分泌异常来对症治疗以及促排卵治疗。

中医学中根据多囊卵巢综合征患者的月经异常、痤疮多毛、不孕、肥胖等临床表现诊断为症瘕、崩漏、月经后期、经量过少、闭经、不孕等范畴。临床医师李小平发现皂角刺、当归、白芍、熟地等具有降低雄激素及胰岛素的作用,并且可以改善患者的卵巢微循环,进而促进患者的卵泡发育和排卵。金维新等对罗勒(Ocimum basilicum)进行了相关研究,结果表明,罗勒具有良好的雌激素样作用,罗勒的雌激素样作用可以促进患者的卵泡发育和成熟,促进其黄体功能的健全。目前众多研究表明,普通甘草具有可纠正排卵异常的糖皮质激素样作用。

复方醋酸环丙孕酮(复方CPA)是一种在临床治疗PCOS中被广泛应用的口服避孕药。复方CPA可显著降低患者体内循环中LH和FSH的水平,调整患者LH/FSH比值,使此两种重要激素恢复正常,而且患者在附后此药后,体内的雄烯二酮(A_2)的水平得到明显下降,由此可见,复方CPA可以从垂体水平抑制人体促性腺激素的分泌,打破患者体内LH与高雄激素之间的恶性循环,从而减少患者卵巢源性雄激素的产生。有不少研究表明,复方CPA具有比较弱的糖皮质激素激动剂的活性,而且此药可以直接抑制患者体内肾上腺的分泌活性,因此复方CPA可以抑制PCOS患者肾上腺来源的雄激素的产生。

患者服用环丙孕酮联合螺内酯后,T分泌减少,而且使体内LH/FSH比值恢复正常,同时体内的雌二醇(E_2)水平也恢复了正常,通过对LH、FSH、E_2和影响,改善了患者卵巢的微环境,此改善有利于患者卵子的成熟的同时亦提高了患者卵子的质量,有利于患者怀孕后受精及胚胎的生长,使患者可以进行自然受孕并可大大提高患者的促排卵的排卵率及妊娠率。

二甲双胍是一种用来治疗病患者糖耐量受损的药物。最新研究表明,二甲双胍对于出现肥胖病征的PCOS患者具有升高患者密度脂蛋白(HDL)、增强患者对胰岛素的敏感性、降低患者雄激素水平等疗效,但对没肥胖病征的患者并不表现出此种在无肥胖的PCOS患者中未表现出这作用。另外,医师在二甲双胍和雌孕激素联合用药中发现,此两种药联合使用可以降低多囊卵巢综合征患者雄激素的水平,但对改善患者胰岛素的敏感性却没有显著的效果。

目前临床治疗上经常常使用抗雄激素药物达因-35来治疗育龄PCOS患者,有关研究表明,联合应用二甲双胍和达因-35,可以明显降低治疗者的体重,改善患者体内脂肪分布情况,还可以降低患者体内血糖和患者受葡萄糖刺激后的胰岛素水平,且此两种药联合使用还可以体现出明显的抗雄激素疗效。

综上所述,目前临床上并没有应用到GEN对多囊卵巢综合征患者进行治疗,本试验拟具雌激素作用的GEN会多囊卵巢综合征患者具有一定影响,试图为多囊卵巢综合征患者带来新的希望,研究意义深远。

4.2 大豆生物活性物质与多囊卵巢综合征的关系

目前,PCOS 高雄激素血症的治疗主要是应用一些雌激素类药物,抑制雄激素的产生以及对抗雄激素的作用,但是这类药物大部分都会产生一定的副作用,如子宫内膜出血、高血压、多尿、高血钾、潮热、阴道干燥、骨质疏松,严重的还会诱发子宫内膜癌等。如何合理选择有效药物、用药剂量和疗程是临床医师共同关注的热点。因此,寻找一种安全、高效的植物性药物是目前 PCOS 防治中的重点和难点。

目前认为,PCOS 是卵巢病变,机制之一是卵巢原发性功能障碍。卵巢雄激素与卵泡的发育和闭锁有关,特别是卵巢局部的高雄激素血症,导致卵泡闭锁因高雄激素血症是的主要病理生理特征,与雄激素合成和雄激素转化相关酶的基因成为研究的靶基因。芳香化酶 P450(aromatase cytochrome P450, P450 arom)是雌激素形成的最后一步限速酶,主要存在于胎盘、卵巢组织,催化雄激素转化为雌激素。P450 arom 编码基因是 CYP 19 基因,它表达 P450 arom 的数量及活性直接决定了正常或异常组织中雌激素的水平,从而维持正常组织中与雌激素相关的生理功能,以及影响雌激素依赖性疾病的发生、发展及预后,因此 CYP 19 基因成为研究的靶基因之一。目前,关于 CYP 19 基因在妇女卵巢组织中的表达水平存在争议,有文献报道基因表达降低,而有的文献报道表达增高。CYP 19 基因表达降低则芳香化酶产生减少,可导致雄激素向雌激素转化减少以至于雄激素水平升高。有研究表明在 PCOS 患者卵泡中睾酮/雌二醇(T/E_2)比值升高,提示其芳香化作用的缺陷。那么,GEN 能否对雌雄激素转化过程中的关键酶即芳香化酶进行调控,激活其活性,促进雄激素向雌激素的转化,应该成为目前 PCOS 防治中研究的重点。

为了找到能替代雌激素治疗 PCOS 高雄激素血症的替代品,我们假设 GEN 可通过对高雄激素血症大鼠体内相关激素水平达到治疗的目的,并且是通过调节关键酶的活性来实现的。

基于以上研究现状,关于 GEN 对 PCOS 高雄激素血症大鼠的作用及机制研究具有重要意义。本实验拟通过动物实验,建立 PCOS 高雄激素血症动物实验模型,对大鼠的卵巢形态学及激素水平变化进行研究,观察 GEN 对高雄激素血症大鼠的治疗作用,并研究其对雄激素生成过程中关键酶的调控作用,从动物体内实验到蛋白和基因的水平进行研究,为寻找有效的雌激素替代物治疗 PCOS 高雄激素血症提供理论依据。

4.2.1　试验设计

4.2.1.1　建立 PCOS 高雄激素血症大鼠模型

试验开展前查阅了很多 PCOS 动物模型的相关文献,发现目前建立 PCOS 的方法已经报道有多种,选择试验动物的时候,理论上应该选择最接近于人类生理结构的动物,恒河猴等动物更接近人体生理结构,但考虑其物种稀少且价格昂贵,条件所限,不适宜本试验的选用。大鼠具有稳定的动情期,且周期较短(4 ~ 5天)在比较短的时间内能观察到其动情周期的变化,便于试验的进行。

目前国内外文献报道了不少关于建立 PCOS 大鼠动物模型的方法,其中较为成熟、比较常用的有:孕激素联合 HCG 造模法 、来曲唑造模法、雌激素造模法、雄激素造模法、胰岛素联合 HCG 造模法等。

根据研究目的本试验采用 Poretsky L 等发明的胰岛素(INS)联合 HCG 方法建立实验动物模型。胰岛素能刺激卵巢卵泡膜细胞和间质细胞合成雄激素,降低血中性激素结合蛋白水平,使雄激素浓度增加;HCG 为 LH 的类似物,能抑制卵泡颗粒细胞的有丝分裂,从而限制颗粒细胞的数量,在与 INS 共同作用下,出现高雄激素血症及卵泡闭锁,形成多囊。该动物模型可用于对 PCOS 患者卵巢形态学的相关研究,该模型动物适合体内高雄激素等一类激素变化的相关研究。

4.2.1.2　测血清激素水平的情况

本试验运用 ELISA 方法测定大鼠血清中睾酮、黄体酮、性激素结合球蛋白(SHBG)、LH、FSH 等激素水平,并计算 LH/FSH 比值。

酶联免疫试剂盒原理:

酶联免疫试剂盒应用双抗体夹心法测定大鼠中血清的激素水平。利用已经纯化的大鼠激素抗体包被微孔板,继而制成固相抗体,接着往已经被单抗的微孔中按顺序加入所测激素,微孔加好激素后与 HRP 标记的激素抗体结合,让其形成抗体—抗原—酶标抗体复合物,彻底洗涤,加入底物 TMB 显色。底物 TMB 在HRP 酶的催化条件下转化成蓝色,并且在酸的作用下最终转化成黄色。最终形成的黄色的深浅和样品中的激素呈正相关。酶标仪在 450nm 波长天剑吓测定吸光度(OD 值),计算样品中大鼠的激素浓度。

4.2.1.3　观察 GEN 对 PCOS 高雄激素血症大鼠卵巢组织的影响

电子显微镜下动态观察卵巢结构改变情况,取大鼠卵巢和子宫进行称重,测量卵巢长径(L)、短径(S),计算平均卵巢面积(MOP)= $L \times S$、卵巢体积 $V =$

4. 19 × [($L+S$) /2]3。用10%的福尔马林固定,将固定后的大鼠卵巢沿其最长周径作系列切片,显微镜下分析卵巢组织形态学的变化。透射电镜观察卵巢上皮细胞形态、完整性及细胞间连接变化情况;卵泡膜内层细胞及颗粒细胞、线粒体、内质网及溶酶体等结构变化;子宫上皮细胞、胞膜、细胞器等结构改变情况。

4.2.1.4 研究 GEN 对雌激素生成过程关键酶的作用

提取各组大鼠血清、子宫和卵巢的总 RNA,反转录各组大鼠血清、子宫和卵巢的 cDNA,进行实时荧光定量 PCR 检测 P450 芳香化酶的表达情况,明确 GEN 对雌激素生成关键酶芳香化酶 P450 及的调控作用。

4.2.1.5 试验应用前景和价值

基于以上研究现状,关于 GEN 对 PCOS 高雄激素血症大鼠的作用及机制研究具有重要意义。本项目拟通过动物实验,建立 PCOS 高雄激素血症动物实验模型,对大鼠的卵巢形态学及激素水平变化进行研究,观察 GEN 对高雄激素血症大鼠的治疗作用,并研究其对雄激素生成过程中关键酶的调控作用,从动物体内实验到蛋白和基因的水平进行研究,为寻找有效的雌激素替代物治疗 PCOS 高雄激素血症提供理论依据。

4.2.2 PCOS 大鼠模型的构建

PCOS 是育龄妇女中很常见的一种生殖内分泌疾病,此病在临床表现上有很大的差异性,至今仍不明确该病的发病机制。目前对 PCOS 的发病机制及其治疗机制存在较大的局限性,因此建立一种比较理想的接近人体多囊卵巢综合征的动物模型具有重要意义。本实验根据研究目的采用 Poretsky L 等发明的胰岛素(INS)联合 HCG(人体绒毛膜促性腺激素)造模法建立实验动物模型。

4.2.2.1 试验材料与仪器

(1)实验动物以及饲料。

清洁级大鼠,50 只,雌性,3 个月龄,体重160～200 g,由哈尔滨医科大学试验动物养殖中心(大庆校区)提供(清洁级,医动字 20－006)。

SAFD 饲料:富含 GEN 和紫花苜蓿成分由玉米、小麦和酪蛋白代替,以突出处理因素(GEN)对实验结果的影响。饲料成分组成如下(表 4－1):

表 4－1　SAFD 饲料成分

成分	含量
玉米面	30.56

续表

成分	含量
玉米油	2.00
小麦粉	27.27
酵母	2.00
含 60% 蛋白的鱼粉	10.00
含 60% 蛋白的玉米蛋白	3.00
脱脂奶粉	5.00
粗小麦	10.00
60% 活性成分的氯化胆碱	0.12
酪蛋白	7.00
维生素预混物	0.05
AIN 矿物盐	3.00
总计	100.00

（2）试剂及仪器。

①试剂。

名称	厂家
GEN	美国 sigma 公司
中效诺和灵	丹麦诺和诺德公司
葵花籽油	上海佳格食品有限公司苏州分公司
NACL	中盐宏博(集团)有限公司
高纯度乙醚	国药集团化学试剂有限公司
葡萄糖	汕头市英吉利食品有限公司
己烯雌酚片	沈阳同联药业有限公司
福尔马林(40% 甲醛水溶液)	天津市恒兴化学试剂制造有限公司
磷酸二氢钠($NaH_2PO_4 \cdot 2H_2O$)	天津市恒兴化学试剂制造有限公司
磷酸氢二钠($Na_2HPO_4 \cdot 12H_2O$)	天津市恒兴化学试剂制造有限公司
蒸馏水	黑龙江八一农垦大学分子生物学实验室

②仪器。

名称	型号	厂家
电子分析天平	AR2140	奥豪斯国际贸易(上海)有限公司
恒温箱	DGG－9140B 型	上海森信实验仪器有限公司生产
超纯水机器	PW60－B	上海森信实验仪器有限公司生产
液氮容器	YDS－3	乐山市东亚机电工贸有限公司
移液枪	Dragonlab 7855	上海汉森实验仪器有限公司
动物手术剪刀	第 1010761 号	上海医疗器械集团有限公司手术器械厂
动物手术镊子	901	上海医疗器械集团有限公司手术器械厂

4.2.2.2　试验方法

（1）大鼠剂量分组。

60 只约 3 个月龄大鼠根据体重采取随机分组方法分为 6 组,每组 10 只。按对照组(CG)、模型组(MG)、高剂量组(H－Gen)、高剂量组(H－Gen)、低剂量组(L－Gen)和雌激素组(EG),用随分机组法分成 6 组(见表 4－2)。

表 4－2　大鼠给药剂量分组

组别	药物名称	药物浓度	药物剂量
模型组	生理盐水	5 mg/mL	5 mL/kg
低剂量组	中效诺和灵	5 mg/mL	5 mL/kg
中剂量组	中效诺和灵	10 mg/mL	5 mL/kg
高剂量组	中效诺和灵	10 mg/mL	10 mL/kg
雌激素组	中效诺和灵	10 mg/mL	20 mL/kg
对照组	中效诺和灵	1 mg/mL	0.5mL/kg

（2）实验周期。

实验周期为 8 周。

（3）技术方案。

选择实验大鼠→按体重随机分为 6 组→第 1～10 天给予模型组、剂量组和雌激素组大鼠逐渐增加剂量的中效胰岛素诺和灵,由开始的 0.5 IU/d 逐渐增加至 6.0 IU/d;对照组以注射相同剂量的生理盐水为空白对照。(每周称量并记录体重)→第 11～22 天给予固定剂量 6.0 IU/d,并加用 hCG(人体绒毛膜促性腺激素)6.0 IU/d,其中 hCG 分 2 次注射,每次注射剂量为 3.0 IU;对照组以注射相同剂量的生理盐水为空白对照。(每周称量并记录体重)→连续阴道上皮细胞涂片两个性周期(每个周期 5 天)→给药 15 天→处死,腹主动脉取血,剥离大鼠内脏、子宫和卵巢→ −80℃ 低温保存内脏和部分子宫、卵巢→测血清激素水平→卵巢固定、HE 染色、切片待测。

出生约 2 个月的 SPF 级雌性 SD 大鼠 50 只,所有大鼠置于 SPF 级的动物饲养室中喂养,给予充足的食物和浓度为 5% 的葡萄糖饮水,每天给予 14 h 的周期性光照。实验的第 1～10 天给予模型组、剂量组和雌激素组大鼠逐渐增加剂量的中效胰岛素诺和灵,由开始的 0.5 IU/d 逐渐增加至 6.0 IU/d,第 11～22 天给予固定剂量 6.0 IU/d,并加用 hCG(人体绒毛膜促性腺激素) 6.0 IU/d,其中 hCG 分 2 次注射,每次注射剂量为 3.0 IU,对照组以注射相同剂量的生理盐水为空白对照。造模后,连续阴道上皮细胞涂片两个性周期(每个周期 5 天),阴道角化细胞持续出现,提示造模成功。造模成功后,给药 15 天:对照组:生理盐水灌胃;模型组:高雄激素血症模型大鼠,生理盐水灌胃;低剂量组:高雄激素血症模型大鼠,Gen 5 mg/kg 灌胃;中剂量组:高雄激素血症模型大鼠, Gen 10 mg/kg 灌胃;高剂量组:高雄激素血症模型大鼠, Gen 20 mg/kg 灌胃;雌激素组:已烯雌酚 0.5 mg/kg 灌胃。末次给药后,各组大鼠禁食 12 h,不禁水,用电子天平称重后腹主动脉取血,剥离大鼠内脏、子宫和卵巢,卵巢固定、HE 染色、切片待测。

4.2.2.3　试验结果与分析

(1)造模法的确定。

根据文献报道,各种方法各有各的优缺点根据试验需要,本试验采用 Poretsky 等胰岛素(INS)联合 HCG 造模法。

(2)一般情况观察。

对照组和非对照组大鼠均饮食正常,毛发色泽好,反应灵活,没感觉太多的不适;PCOS 并不会对大鼠的日常生活造成影响。GEN 及已烯雌酚灌胃试验中,非雌激素组大鼠继续保持饮食正常,体重增长正常,毛发色泽好,反应灵活的良好状态;雌激素组食欲稍微下降,肉眼可观其体重呈现轻微的下降趋势,但毛发色泽好,反应灵活。由此可见,GEN 治疗 PCOS 大鼠过程中,对其体重无明显影响,在此因素上不表现出副作用;已烯雌酚治疗 PCOS 大鼠过程中,对其体重有一定的影响,在此因素上表现出一定程度的副作用。

(3)大鼠体重变化。

表 4 – 3 结果显示,与对照组相比,模型组与各剂量组大鼠体重增长没有明显差异,说明 GEN 对大鼠体重无明显影响。而雌激素组大鼠体重增长缓慢,差异有显著性($P < 0.05$)。

表 4 – 3　各组大鼠体重比较结果（$\bar{x} \pm s$，$n = 10$）

组别	1 周	2 周	3 周	4 周	5 周	6 周	7 周	8 周
对照组	165.50 ± 3.00	185.8 ± 25.56	200.67 ± 25.33	216.50 ± 22.83	219.83 ± 22.83	224.00 ± 21.00	228.17 ± 20.17	232.67 ± 17.33
模型组	162.14 ± 26.69	192.1 ± 20.98	213.14 ± 21.83	230.28 ± 22.61	234.71 ± 20.16	227.57 ± 14.93	230.14 ± 15.59	238.14 ± 15.30
低剂量组	166.00 ± 16.00	185.1 ± 13.02	199.28 ± 8.33	217.57 ± 5.63	218.28 ± 8.89	210.87 ± 12.12	215.00 ± 11.75	225.62 ± 12.78
中剂量组	165.57 ± 25.63	184.5 ± 18.37	200.14 ± 12.41	220.28 ± 12.89	219.14 ± 13.26	212.28 ± 12.24	218.57 ± 15.06	227.86 ± 18.16
高剂量组	164.57 ± 31.22	193.1 ± 21.47	204.14 ± 17.27	227.00 ± 18.29	224.57 ± 20.49	221.14 ± 22.41	224.43 ± 22.82	230.00 ± 20.57
雌激素组	166.71 ± 24.69	195.7 ± 20.98	214.71 ± 17.27	237.14 ± 14.12	236.57 ± 13.35	225.14 ± 8.73	221.14 ± 9.55	221.71 ± 10.41 *

＊：与模型组相比，差异显著（$P < 0.05$）。

（4）大鼠脏/体结果。

从表 4 – 4 可以看出，与模型组相比，中、高剂量组大鼠的子宫/体比升高明显，差异有显著性（$P < 0.05$）。雌激素组卵巢/体比下降明显，差异有显著性（$P < 0.05$）。

表 4 – 4　各组大鼠脏/体比情况（$\bar{x} \pm s$，$n = 10$）

组别	肝脏/体比（×100）	脾脏/体比（×100）	肾脏/体比（×100）	子宫/体比（×100）	卵巢/体比（×100）
对照组	2.955 ± 0.023	0.517 ± 0.147	0.527 ± 0.037	0.023 ± 0.01	0.032 ± 0.003
模型组	2.862 ± 0.353	0.422 ± 0.193	0.515 ± 0.064	0.019 ± 0.007	0.036 ± 0.009
低剂量组	3.292 ± 0.360	0.373 ± 0.136	0.555 ± 0.059	0.021 ± 0.003	0.037 ± 0.009
中剂量组	3.236 ± 0.506	0.543 ± 0.249	0.542 ± 0.036	0.024 ± 0.012 *	0.035 ± 0.019
高剂量组	2.918 ± 0.203	0.333 ± 0.140	0.519 ± 0.069	0.028 ± 0.007 *	0.034 ± 0.003
雌激素组	4.344 ± 0.622 *	0.328 ± 0.131	0.539 ± 0.059	0.020 ± 0.005	0.026 ± 0.006 *

＊：与模型组相比，差异显著（$P < 0.05$）。

（5）大鼠阴道细胞涂片结果。

大鼠具有稳定的动情周期可分为：动情间期、动情前期、动情期和动情后期五个时期。在本实验使用了由哈尔滨医科大学（大庆校区）提供的约 3 个月龄清洁级大鼠，此品种大鼠一年四季均为多发情动物，且此品种大鼠性周期较为稳定，其性周期动情期期间大鼠每期的阴道黏膜细胞会发生各具自身特点的典型变化,因此,在建立动物模型过程中我们可以根据动情期各个阶段的特点通过阴道涂片的细胞学特征来判断大鼠处于哪个时,试验中大鼠连续阴道上皮细胞涂片两个性周期(共 10 天,每个周期 5 天。),阴道角化细胞持续出现(表 4 - 5),提示造模成功。

表 4 - 5　建模试验中大鼠动情周期内阴道细胞学的特征表现

动情周期	细胞类型
动情期	角化细胞或建有少量有核上皮细胞
动情前期	有核上皮细胞,偶见角化细胞
动情后期	白细胞、角化细胞、有核上皮细胞均可见
动情间期	大量白细胞及少量有核上皮细胞和黏液

4.2.2.4　讨论

(1)动物的选择。

动物模型只能起到接近人体的作用,其只能间接反映人类的某种疾病,并不能完全代替人类疾病,故选择适合的试验动物和试验方法,是试验的关键点。

经查阅大量的建立动物模型相关文献,目前用于建立 PCOS 动物模型的试验动物主要有猿猴、大鼠和家兔,相关研究表明,猿猴是目前试验水平中最接近人体生殖生理机能的试验动物。理论上,在动物试验中,试验动物直接就是人的替身,故应该选取最接近人体生理结构的试验动物。但猿猴等一类非人类灵长物物种珍稀,价格昂贵,繁殖周期长,且饲养过程中容易传播动物源性疾病,饲养条件要求非常严格。研究发现,家兔对雌激素不敏感,不利于 PCOS 动物模型的建立。大鼠价格低廉,且易于饲养,大鼠的性周期与人类接近,性周期稳定且对雌激素敏感。加之大鼠造模因素单一、造模具有稳定性等优点,经多方比较,大鼠是目前构建多囊卵巢综合征动物模型的最佳动物。

(2)造模方法的选择。

胰岛素能刺激卵巢卵泡膜细胞和间质细胞合成雄激素,降低血中性激素结合蛋白水平,使雄激素浓度增加;HCG 为 LH 的类似物,能抑制卵泡颗粒细胞的有丝分裂,从而限制颗粒细胞的数量,在与 INS 共同作用下,出现高雄激素血症及卵泡闭锁,形成多囊。本实验采用 Poretsky 等所发现的胰岛素(INS)联合 HCG 造模法进行动物模型建立,结果发现体重无增加,无排卵,卵巢大体及病理组织学检查呈典型多囊样改变,血清 LH、胰岛素水平明显增高等 PCOS 特征,且适用于本试验对激素水平、卵巢形态观察以及细胞色素 P450 芳香化酶的相关研究。

大鼠具有较为稳定的性周期,通过阴道细胞涂片可观察到大鼠具体处于哪个性周期,由此可以判断大鼠是否出现多囊卵巢综合征的不排卵现象,从而证明建模成功与否。试验中的阴道涂片结果提示,持续出现阴道角质化细胞,可清晰观察到大量的白细胞,偶尔会观察到少量的焦化细胞,动情周期不规律,大鼠处于动情间期,没有排卵现象,提示造模成功。

饲养大鼠过程中,周期性的体重观察可以跟踪大鼠的具体体重变化,大鼠的体重变化趋势有助于判断大鼠是否出现多囊卵巢综合征的病征。

在本动物模型建立试验中,模型组大鼠的卵巢体积明显增大,符合 PCOS 患者的病理特征,提示大鼠造模成功。根据大鼠动情期特点(表 4 – 5),造模后对大鼠进行 10 天连续阴道涂片,结果发现出现持续角质化的现象,提示造模成功。在本试验后面的血清激素水平检测试验中,模型组与对照组相比,大鼠血清 P 水平下降,T 水平上升,与文献所述的 PCOS 病征一致,提示造模成功。在本试验后面的卵巢、子宫形态学观察试验中,模型组与对照组相比,卵巢面积和体积都增加,子宫面积和体积都减小,这与文献所述的 PCOS 病征一致,提示造模成功。在本试验后面的测定卵巢、子宫 P450 表达水平试验中,模型组与对照组相比,P450芳香化酶表达水平升高,与文献所述的 PCOS 病征一致,提示造模成功。综上所述,本试验中的模型动物具有 PCOS 患者的多项病理特征,是目前研究水平当中一种比较理想的动物模型。

4.2.2.5　小结

①大鼠基本接近人体生殖生理结构,且具有稳定的性周期,每个性周期时间较短,价格低廉,易于饲养,加之其对雌激素敏感有利于判定 GEN 的雌激素样作用;经多方比较后,大鼠是 PCOS 建模动物的最好选择。

②本试验采用 Poretsky 等所发现的胰岛素(INS)联合 HCG 造模法进行动物模型建立,结果发现体重无增加,无排卵,卵巢大体及病理组织学检查呈典型多囊样改变,血清 LH、胰岛素水平明显增高等 PCOS 特征,动物模型建立效果显著。

③根据金雀异黄素在大豆异黄酮中的含量,以及安全用量范围,确定试验给药剂量分别为:低剂量组 5 mg/kg·bw·d、10 mg/kg·bw·d、20 mg/kg·bw·d。

④阴道细胞涂片结果可表明,大鼠性周期不规律,处于动情间期,不出现排卵现象,提示造模成功。

⑤建模试验中,模型组与空白对照组相比,体重略有下降,但不明显,可知,PCOS 病征对大鼠体重没有明显的影响作用;给药试验中,剂量组(L – Gen、M – Gen、H – Gen)与雌激素组(EG)相比,剂量组大鼠体重增长正常,雌激素组大鼠

体重急剧下降,在体重因素上,GEN 对多囊卵巢综合征大鼠的治疗没有明显的副作用,己烯雌酚对 PCOS 大鼠治疗有明显的副作用。

4.3　Gen 对 PCOS 大鼠激素水平的影响

本实验采用酶联免疫法测定大鼠体内相关激素的水平;免疫组化法测定大鼠卵巢组织中 FSHR 蛋白和 LHR 蛋白表达水平。探讨金雀异黄素的植物雌激素样作用对 PCOS 高雄血症大鼠体内性激素的影响。

4.3.1　试验材料及仪器

4.3.1.1　材料

血清。

4.3.1.2　试剂及仪器

(1)试剂。

试剂名称	试剂厂家
P 试剂盒	武汉博士德生物公司
T 试剂盒	武汉博士德生物公司
LH 试剂盒	武汉博士德生物公司
FSH 试剂盒	武汉博士德生物公司
SHBG 试剂盒	武汉博士德生物公司

(2)仪器。

名称	型号	厂家
电热恒温培养箱	DRP - 9082 型	上海森信实验仪器有限公司
离心机	TD4A	长沙英泰仪器有限公司
酶标仪	Suninise	美国 TECAN 生产

4.3.2　试验方法

4.3.2.1　原理

试剂盒应用双抗体夹心法测定标本中激素水平。用纯化的大鼠激素抗体包被微孔板,制成固相抗体,往包被单抗的微孔中依次加入激素,再与 HRP 标记的激素抗体结合,形成抗体—抗原—酶标抗体复合物,经过彻底洗涤后加入底物TMB显色。TMB在HRP酶的催化下转化成蓝色,并在酸的作用下转化成最终的黄色。颜色的深浅和样品中的激素呈正相关,用酶标仪在450nm波长下测定吸光度(OD值),通过标准曲线计算样品中大鼠激素浓度。

4.3.2.2　操作步骤

准备试剂样品和标准品→加入准备好的样品和标准品,37℃反应30 min→洗板5次,加入酶标试剂,37℃反应30 min→洗板5次,加入显色剂A、B,37℃显色10 min→加入终止液→15 min内读出OD值→计算。

(1)加样:分别设空白孔(空白对照孔不加样品及酶标试剂,其余各步操作相同)、标准孔、待测样品孔。在酶标包被板上标准品准确加样50 μL,待测样品孔中先加样品稀释液40 μL,然后再加待测样品10 μL(样品最终稀释度为5倍)。加样将样品加于酶标板孔底部,尽量不触及孔壁,轻轻晃动混匀。

(2)温育:用封板膜封板后置37℃温育30 min。

(3)配液:将20倍浓缩洗涤液用蒸馏水20倍稀释后备用。

(4)洗涤:小心揭掉封板膜,弃去液体,甩干,每孔加满洗涤液,静置30 s后弃去,如此重复5次,拍干。

(5)加酶:每孔加酶标试剂50 μL,空白孔除外。

(6)温育:操作同(2)。

(7)洗涤:操作同(4)。

(8)显色:每孔先加入显色剂A 50 μL,再加入显色剂B 50 μL,轻轻震荡混匀,37℃避光显色15 min。

(9)终止:每孔加终止液50 μL,终止反应(此时蓝色立转黄色)。

(10)测定:以空白孔调零,450 nm波长依序测量各孔的吸光度(OD值),测定应在加终止液后15 min以内进行。

4.3.2.3　标本要求

(1)标本采集后尽早进行提取,提取按相关文献进行,提取后应尽快进行实验。若不能马上进行实验,可将标本放于-20℃保存,但应避免反复冻融。

(2)不能检测含 NaN_3 的样本,因 NaN_3 抑制辣根过氧化物酶(HRP)的活性。

(3)分离血清应尽量微量分层移液,严格避免血清纯度不够,影响结果。

4.3.3　实验结果与分析

4.3.3.1　统计学分析

所有结果均采用 SPSS 17.0 软件包,多组均数进行方差齐性检验和单因素方差分析,$P < 0.05$ 被认为有统计学意义。

4.3.3.2　GEN 对大鼠血液中黄体酮、睾酮、性激素结合球蛋白的激素水平影响

表 4−6 结果显示,模型组同对照组相比,大鼠血清 P 水平下降,T 水平上升,大鼠建模成功。与模型组相比,中、高剂量组及雌激素组大鼠血清黄体酮水平上升,差异极显著($P < 0.01$)。低剂量组大鼠血清睾酮水平下降,差异显著($P < 0.05$);中、高剂量组和雌激素组睾酮水平下降,差异极显著($P < 0.01$)。与模型组相比,各剂量组大鼠血清 SHBG 水平均增高,差异极显著($P < 0.01$)。

表 4−6　各组中 P、T、SHBG 激素水平的变化情况($\bar{x} \pm s$, $n = 10$)

组别	P(μg/L)	T(nmol/L)	SHBG(nmol/L)
对照组	1.733 ± 0.335	6.528 ± 0.357**	53.162 ± 7.674**
模型组	1.645 ± 0.468	8.341 ± 0.425	23.225 ± 4.996
低剂量组	1.617 ± 0.330	7.510 ± 0.319*	77.678 ± 4.179**
中剂量组	3.189 ± 0.609**	7.137 ± 0.277**	58.265 ± 5.461**
高剂量组	5.177 ± 0.453**	7.269 ± 0.625**	73.598 ± 3.375**
雌激素组	6.623 ± 0.288**	7.138 ± 0.879**	48.043 ± 3.993**

*:与模型组相比,差异显著($P < 0.05$),**:与模型组相比,差异极显著($P < 0.01$)。

4.3.3.3　GEN 对大鼠血液中促黄体生成激素、促卵泡激素的激素水平影响

表 4−7 结果显示,与模型组相比,各剂量组大鼠血清中 LH 水平均下降,差异极显著($P < 0.01$);除了低剂量组外,各剂量组 FSH 水平上升,其中高剂量组和雌激素组增高明显,差异极显著($P < 0.01$);各剂量组 LH/FSH 比值呈下降趋势,其中中、高剂量组和雌激素组下降明显,差异极显著($P < 0.01$)。

表 4−7　各组中 LH、FSH 激素水平的变化情况($\bar{x} \pm s$, $n = 10$)

组别	LH(ng/L)	FSH(IU/L)	LH/FSH
对照组	3.695 ± 0.245**	1.910 ± 0.104	1.938 ± 0.137*
模型组	4.518 ± 0.477	1.752 ± 0.161	2.607 ± 0.446
低剂量组	3.776 ± 0.131**	1.635 ± 0.346	2.365 ± 0.692
中剂量组	3.045 ± 0.317**	1.831 ± 0.147	1.678 ± 0.282**

续表

组别	LH(ng/L)	FSH(IU/L)	LH/FSH
高剂量组	3.225 ± 0.405**	2.336 ± 0.186**	1.385 ± 0.184**
雌激素组	2.904 ± 0.454**	2.588 ± 0.149**	1.129 ± 0.211**

*:与模型组相比,差异显著($P < 0.05$),**:与模型组相比,差异极显著($P < 0.01$)。

4.3.4 讨论

实验结果显示,具有植物雌激素样作用的金雀异黄素会降低 PCOS 高雄血症大鼠血液中的雄性激素水平,这可能是通过对血清中的激素及其受体的直接或者间接作用来实现的。这些作用对解决女性排卵障碍和激素依赖性疾病来说非常值得关注。

胰岛素抵抗和高胰岛素血症是许多 PCOS 妇女的典型临床表现。胰岛素通过自身受体增强卵巢和肾上腺的甾体激素合成,同时增加垂体 LH 的释放,增高的胰岛素抑制肝脏合成性激素结合球蛋白(SHBG),使循环中的 SHBG 浓度下降,从而导致血清中的游离睾酮浓度升高。SHBG 浓度的降低使血游离雄激素增加较游离雌激素增加更为明显,表现为高雄激素活性。本实验结果显示 Gen 能显著增高大鼠血清中 SHBG 浓度,抑制游离睾酮浓度的升高,同时促进雌激素合成。这提示 Gen 可能会降低高雄激素血症女性体内的雄性激素水平,发挥与临床用药雌激素相似的治疗作用。

多项研究显示高 LH、高胰岛素血症、高雄激素血症是 PCOS 的重要临床特征,高雄激素血症是 PCOS 患者不排卵的重要因素。多年来,LH 升高被认为是诊断 PCOS 的主要内分泌变化之一,LH/FSH 比值常增大,通常 > 2。多囊卵巢综合征是由于不适当的 LH 刺激,产生过多雄激素和 FSH 相对不足,不能及时将雄激素芳香化为雌激素。FSH 是卵巢功能重要的内分泌调节激素,直接参与刺激卵泡发育、排卵、黄体生成及性激素的合成。实验结果显示 Gen[20 mg/(kg·bw·d)]可调节大鼠体内 LH 和 FSH 的水平,其变化趋势与雌激素组相似,说明 Gen 可发挥类似雌激素样的作用,增强相关激素 FSH 和 LH 对机体的作用,促进卵巢正常的生长发育。

4.3.5 本节小结

①模型组与对照组相比,大鼠血清 P 水平下降,T 水平上升,说明大鼠建模成功;模型组与对照组相比,大鼠 LH、FSH 均下降,且 LH 差异极显著,表明大鼠建模基本成功;因此,模型动物出现 PCOS 患者的病理特征,试验模型建立比较成

功,是一种比较理想的 PCOS 建模方法。

②与模型组比,各剂量组大鼠血清黄体酮和 SHBG 水平均增高,差异极显著($P < 0.01$);提示 GEN 对 PCOS 有疗效。

③与模型组比,各剂量组大鼠血清睾酮水平均下降,其中中剂量组、高剂量组和雌激素组差异极显著($P < 0.01$);提示 GEN 对 PCOS 有疗效,且中剂量及高剂量的 GEN 比低剂量治疗效果明显。

④与模型组相比,各剂量组大鼠血清中 LH 水平均下降,差异极显著($P < 0.01$);提示 GEN 对 PCOS 有疗效。

⑤除了低剂量组外,各剂量组 FSH 水平增高,其中高剂量组和雌激素组增高明显,差异极显著($P < 0.01$);提示 GEN 对 PCOS 有疗效,且高剂量的 GEN 比中、低剂量治疗效果明显。

⑥各剂量组 LH/FSH 比值呈下降趋势,其中中、高剂量组和雌激素组下降明显,差异极显著($P < 0.01$);提示 GEN 对 PCOS 有疗效,且中剂量及高剂量的 GEN 比低剂量治疗效果明显。

⑦GEN 对 PCOS 有疗效,且在安全用量范围内($4 \sim 24$ mg/d)剂量越高治疗效果越好。

4.4　金雀异黄素对 PCOS 高雄激素血症大鼠卵巢组织的影响

4.4.1　试验材料与仪器

4.4.1.1　材料

试验大鼠新鲜卵巢以及卵巢组织切片。

4.4.1.2　试剂及仪器

(1)试剂。

名称	厂家
福尔马林(40%甲醛水溶液)	黑龙江八一农垦大学动科院实验室
磷酸二氢钠($NaH_2PO_4 \cdot 2H_2O$)	黑龙江八一农垦大学动科院实验室
磷酸氢二钠($Na_2HPO_4 \cdot 12H_2O$)	黑龙江八一农垦大学动科院实验室
蒸馏水	黑龙江八一农垦大学食品院实验室
HE 染色试剂	哈尔滨医科大学检测学院实验室提供

（2）仪器。

名称	型号	厂家
电子分析天平	AR2140	奥豪斯国际贸易（上海）有限公司
拍片电子显微镜	EV5680	Aigo/爱国者

4.4.2　试验方法

4.4.2.1　HE 切片

卵巢组织在 10% 中性缓冲福尔马林中固定，普通石蜡包埋，4 μmol/L 的厚度切片，进行常规 HE 染色。切片制作过程中一定要注意组织块的处理、切片、染色等环节的操作，必须严格按照标准进行操作。

4.4.2.2　形态观察

光学显微镜下观察新鲜卵巢的情况，带拍片功能的光学显微镜下进行切片观察。

4.4.3　实验结果与分析

4.4.3.1　GEN 对 PCOS 大鼠子宫和卵巢体积、面积变化情况

表 4 - 8 结果显示，模型组与对照组相比，卵巢面积和体积都增加，子宫面积和体积都减小，这与文献一致，提示造模成功。与模型组相比，各剂量组大鼠卵巢面积和体积均下降，雌激素组下降明显，有显著性差异（$P < 0.05$）。

表 4 - 8　各组大鼠子宫和卵巢体积、面积计算结果（$n = 10$）

组别	子宫面积（cm^2）	子宫体积（cm^3）	卵巢面积（cm^2）	卵巢体积（cm^3）
对照组	0.429 ± 0.219	8.254 ± 2.259	0.515 ± 0.203	12.671 ± 2.244
模型组	0.356 ± 0.08	6.903 ± 1.133	0.611 ± 0.076	14.053 ± 0.869
低剂量组	0.33 ± 0.23	6.673 ± 3.672	0.553 ± 0.069	13.229 ± 0.830
中剂量组	0.373 ± 0.115	7.093 ± 1.176	0.589 ± 0.064	13.984 ± 0.850
高剂量组	0.314 ± 0.053	6.208 ± 0.510	0.583 ± 0.066	13.827 ± 1.235
雌激素组	0.329 ± 0.09	6.768 ± 1.841	0.515 ± 0.074 *	12.800 ± 0.863 *

　*：与模型组相比，差异显著（$P < 0.05$）。

4.4.3.2　GEN 对 PCOS 大鼠卵巢组织形态的影响

原理：PCOS 是卵巢泡膜细胞良性增生引起，会出现月经紊乱、持续排卵障碍、高雄激素血症、卵巢多囊样变等各种各样的不良症状。而众多症状中，患者

出现排卵障碍是多囊卵巢综合征的最大问题。实验通过观察各组大鼠卵巢形态学变化,证实金雀异黄素对 PCOS 大鼠的治疗作用。

(1)肉眼观察。

大鼠解剖后肉眼大致可辨清各组大鼠卵巢和子宫的情况,对照组相比,模型组大鼠卵巢体积增大,重量增加,颜色苍白,少或无黄体。

(2)组织学检查。

各组大鼠卵巢大体解剖并 HE 染色,观察光镜下形态学变化(图 4-1~图 4-6),可以看到对照组大鼠卵巢色泽较红润,表面可见多个黄体,组织颗粒细胞呈多层,形态完整,排列整齐,细胞间质正常。高剂量组(H-Gen)、中剂量组(M-Gen)、低剂量组(L-Gen)、雌激素以及模型组(MG)大鼠卵巢均呈多囊性改变。与对照组相比,模型组大鼠卵巢体积增大,重量增加,颜色苍白,少或无黄体。镜下观察显示高剂量组、中剂量组、低剂量组、雌激素以及模型组大鼠卵巢均有不同程度的囊性改变。其中模型组卵泡多数成囊性扩张,颗粒细胞排列较稀疏,可见囊性窦卵泡且窦腔明显扩大,黄体组织数量明显减少甚至消失,有核分裂象。高剂量 GEN组(20 mg/kg bw)大鼠卵巢卵泡膜细胞层较模型对照组变薄,颗粒细胞层数明显增多,形态完整,排列较整齐,黄体组织数量亦增多,成熟卵泡居多,囊肿卵泡极少。中剂量组也有一定的卵泡囊肿且数量相对高剂量组更多,低剂量组也有卵泡囊肿且比较明显,雌激素组有成熟卵细胞但囊肿卵细胞较中剂量多。

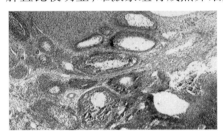

图 4-1　对照组卵巢(×100)

图 4-2　模型组卵巢(×100)

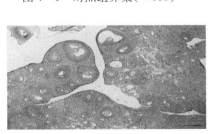

图 4-3　高剂量组卵巢(×100)

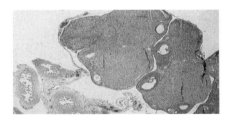

图 4-4　中剂量组卵巢(×100)

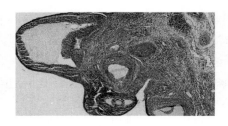

图4-5 低剂量组组卵巢(×100)

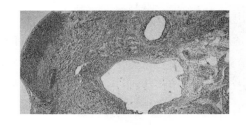

图4-6 雌激素组卵巢(×100)

4.4.4 讨论

2003年webbe取PCOS不孕妇女卵巢活组织检查发现,早期发育卵泡数量约是正常者的6倍,卵巢窦前卵泡尤其是初级卵泡数目增加。DaS等报道PCOS患者颗粒细胞凋亡率较对照组明显下降,而细胞增殖率明显增高,证明PCOS患者存在卵泡颗粒细胞凋亡异常。卵泡闭锁与颗粒细胞凋亡有关,颗粒细胞凋亡在卵泡闭锁中起主导作用。PCOS患者颗粒细胞增殖、分化明显增多同时由于颗粒细胞凋亡降低,两者导致卵巢内卵泡发育异常增多。

本研究通过观察大鼠子宫和卵巢大体解剖及卵泡形态的改变,探讨不同剂量的金雀异黄素对PCOS高雄血症大鼠子宫和卵巢形态学的影响。结果发现造模后大鼠的子宫面积、体积都减小,卵巢面积、体积、重量明显增加,与模型对照组相比,中、高剂量组大鼠的子宫/体比升高明显,差异有显著性($P < 0.05$)。另外,与模型对照组相比,各剂量组大鼠卵巢面积和体积均下降,雌激素组下降明显,有显著性差异($P < 0.05$)。提示GEN发挥了类雌激素样作用,对PCOS大鼠卵巢和子宫的形态产生了影响。

镜下观察可见卵泡多数成囊性扩张,颗粒细胞排列较稀疏,囊性窦卵泡且窦腔明显扩大,黄体组织数量明显减少甚至消失,这些均与人PCOS卵巢病理学改变相一致,可证实本研究中PCOS大鼠模型是成功的。说明多囊卵巢大鼠存在发育障碍,可能由于注射HCG造成异常增高的LH促使卵巢卵泡内膜细胞及间质细胞合成过多雄激素,过高浓度的雄激素转化为不能芳香化的双氢睾酮,而且抑制FSH诱导的芳香化酶活性及颗粒细胞LH受体生成,抑制卵泡的发育,促进卵泡的闭锁。不同发育阶段卵泡的闭锁情况是不同的。病理切片是衡量卵巢形态学变化的客观指标,给予不同剂量GEN后,大鼠卵巢形态学发生了改变,尤其是高剂量组(20 mg/kg bw)改变明显,与模型对照组相比,高剂量GEN组大鼠卵巢卵泡膜细胞层较模型对照组变薄,颗粒细胞层数明显增多,形态完整,排列较整齐,黄体组织数量亦增多,成熟卵泡居多,囊肿卵泡极少。研究结果提示 GEN 的植物雌激素样作用对 PCOS 高雄血症大鼠的生殖器官产生了影响,对子宫和卵巢有改善作用。

4.4.5　本节小结

①模型组与对照组相比,卵巢面积和体积都增加,子宫面积和体积都减小,这与文献所述的 PCOS 病征一致,提示造模成功。与模型组相比,各剂量组大鼠卵巢面积和体积均下降,雌激素组下降明显,有显著性差异($P < 0.05$),说明 GEN 对 PCOS 大鼠具有雌激素作用的治疗作用。

②与对照组相比,模型组大鼠子宫/体比减小,卵巢体/比增加,这与文献报道动物模型相一致提示造模成功;与模型组相比,中、高剂量组大鼠的子宫/体比升高明显,差异有显著性($P < 0.05$),雌激素组卵巢/体比下降明显,差异有显著性($P < 0.05$)证明 GEN 对多囊卵巢综合征大鼠雌激素样作用的治疗效果。

③子宫和卵巢可见,对照组相比,模型组大鼠卵巢体积增大,重量增加,颜色苍白,少或无黄体;说明大鼠具有多囊卵巢综合征病征,建模成功。镜下观察可见,模型组大鼠子卵巢出现 PCOS 病征的形态改变,证实试验造模成功;剂量组大鼠卵巢形态学发生了改变,尤其是高剂量组(20 mg/kg bw)改变明显,与模型对照组相比,高剂量 GEN 组大鼠卵巢卵泡膜细胞层较模型对照组变薄,颗粒细胞层数明显增多,形态完整,排列较整齐,黄体组织数量亦增多,成熟卵泡居多,囊肿卵泡极少。

4.5　GEN 对 PCOS 大鼠关键酶 P450 arom 的作用研究

P450 芳香化酶在人体内的表达具有组织特异性,一般情况下,同样功能的 P450 芳香化酶作用于不同的组织中的雄激素底物,其产生的活性激素不同。例如,在脂肪组织中,其作用的底物为 A_2,产物为 E_1;在胎盘组织中,底物是 DHEA,产物为 E_3;在卵巢组织中,P450 芳香化酶作用的底物是 T,产物为 E_2,另外还有小部分作用底物为 A_2,产物为 E_1;在子宫内膜组织中,其作用底物为 A_2,产物为 E_1,不过 P450 arom 在多囊卵巢综合征妇女体内的调控机制以及表达水平的研究还比较少,机制尚不明确。

细胞色素 P450 芳香化酶是催化雄激素转变为雌激素的关键酶,其数量和活性直接决定了正常和异常组织中雌激素的水平,P450 芳香化酶活性在多种组织中表达,如卵巢、脂肪组织、肌肉、肝脏及乳腺组织,另外多数乳腺肿瘤及子宫、睾丸、肾上腺肿瘤和异位种植的子宫内膜中都有 P450 芳香化酶的活性表达。P450 芳香化酶的表达具有组织特异性,这种组织特异性表达的特征与其编码基因(CYP19)转录启动子的组织特异性有关,CYP19 基因在不同组织的转录产物 Ⅱ 5'末端不相同,在胎盘组织,转录产物 Ⅱ 5'末端主要为未翻译外显子 Ⅰ.1;在卵巢,Ⅱ 5'末端为外显子 Ⅱ;而在脂肪细胞中,有 3 种不同的 Ⅱ 5'末端,Ⅰ.4、Ⅰ.3 和 Ⅱ。

本试验采用(RT－PCR)的检测方法,技术检测各试验组大鼠子宫和卵巢中细胞色素 P450 芳香化酶的表达情况,结合第三、第四章多囊卵巢综合征大鼠血清激素以及卵巢组织形态的变化,结合前人的经验进一步对多囊卵巢综合征患者出现排卵障碍病征的发病机制。

4.5.1　试验材料及仪器

4.5.1.1　材料

大鼠卵巢和子宫组织。

4.5.1.2　试剂与仪器

（1）试剂。

名称	厂家
DEPC 水	黑龙江八一农垦大学实验室配置
UNIQ－10 柱式 TRIZOL 总 RNA 抽提试剂盒	生工生物工程(上海)股份有限公司
第一链 cDNA 合成试剂盒	生工生物工程(上海)股份有限公司
细胞色素 P450 芳香化酶引物	生工生物工程(上海)股份有限公司
β－actin 引物	生工生物工程(上海)股份有限公司
Taq DNA 聚合酶	生工生物工程(上海)股份有限公司
DNAMarker	生工生物工程(上海)股份有限公司
琼脂糖	美国 RapidBio 公司
TAE 工作液	美国 RapidBio 公司

（2）仪器。

名称	型号	厂家
电子分析天平	AR2140	奥豪斯国际贸易(上海)有限公司
离心机	TD4A	长沙英泰仪器有限公司

名称	型号	厂家
酶标仪	Suninise	美国 TECAN 生产
液氮容器	YDS – 3	乐山市东亚机电工贸有限公司
电热恒温水浴锅	DK – S24 型	上海森信实验仪器有限公司
电热恒温箱	DK – 8D	上海森信实验仪器有限公司
低温离心机	LD4 – 1.8	北京京立离心机有限公司
电泳仪	AE – 813	日本 ATTO 公司
–80℃冰箱	KP – XW80	日本 SANYO 公司
–20℃冰箱	KP – JK30	日本 SANYO 公司
4℃冰箱	KP – JK20	日本 SANYO 公司
PCR 扩增仪	EDC – 810	东胜创新生物科技有限公司
紫外分光光度计	JK – I	美国 Bio – Rad 公司
Gel Doc2000 凝胶图像分析仪	JK – HP	美国 Ultralum 公司
OlymPus 光学显微照像系统	JK – TD4A	Olympus 公司
Olympus 光学显微	JK – AR	Olympus 公司

4.5.2　试验方法

4.5.2.1　试验取材

第二章中,大鼠处死、解剖后,取出子宫和卵巢称重后,子宫按组别分装好,置于液氮保存,两小时内转存至 –80℃冰箱进行保存,一侧卵巢用于切片,另一侧卵巢子宫按组别分装好,置于液氮保存,两小时内转存至 –80℃冰箱进行保存。且为了避免材料受到污染、变质等其他影响,该尽快进行下一步实验。

4.5.2.2　试验观察指标

子宫和卵巢组织中细胞色素 P450 芳香化酶的表达情况。

4.5.2.3　试验检测方法

用 RT – PCR 方法 UNIQ – 10 柱式 TRIZOL 总 RNA 抽提试剂盒提取总 RNA,第一链 cDNA 合成试剂盒逆转录合成 cDNA,合成 cDNA 后进行扩增目的片段。

4.5.2.4　实验准备

0.1% DEPC 水浸泡 EP 管、移液管和玻璃匀浆器 72 小时,72 小时后,全部一起进行高温高压灭菌,EP 管和移液管 70℃烘干备用,180℃干烤玻璃匀浆器 4 小时备用。

4.5.2.5　提取总 RNA

取出 –80℃冻存的卵巢和子宫组织,每 15 ~ 25 mg 组织中加入 0.5 mL

Trizol,倒入适量液氮,快速研磨;将磨碎裂解后的样品室温放置 5～10 min,使核蛋白与核酸完全分离;12000 r/min,4℃条件下离心 10 min,取上清液;加入0.2mL氯仿,手动颠倒混匀 2 min,室温放置 3 min,12000 r/min,4℃条件下离心 10 min;吸取上层水相转移至干净的离心管中,加入 0.5 倍体积无水乙醇,混匀;将吸附柱放入收集管中,用移液器将溶液和半透明纤维状悬浮物全部加至吸附柱中,静置 2 min,12000 r/min,4℃条件下离心 3 min,倒掉收集管中废液;将吸附柱放回收集管中,加入 500 μL RPE Solution,静置 2 min,10000 r/min,4℃条件下离心 30秒,倒掉收集管中废液;(重复此步骤 5 次)将吸附柱放回收集管中,10000 r/min,4℃条件下离心 2 min;将吸附柱放入干净的 1.5 mL 离心管中,在吸附膜中央加入 30 μL DEPC - treated ddH₂O,静置 5 min,12000 r/min,4℃条件下离心 2 min;(重复"静置 5 min,12000 r/min,4℃条件下离心 2 min"1 次)将所得的 RNA 溶液 -80℃ 冰箱保存。

4.5.2.6 电泳鉴定 RNA 产物

(1)琼脂糖凝胶的制备:以 1×TAN 缓冲液配置2%琼脂糖凝胶,在微波炉中煮沸数次充分溶解后,拿出观看是否充分溶解,若溶解不够充分,再次加热 30 秒钟,同理反复此样操作,冷却至 60℃ 时加入 Goldview I 型核酸染色剂 1 la 1/mL,倒入胶模中放好梳子,约 30 min 后待琼脂糖完全凝固后,小心去除梳子,将制好的凝胶连同胶模放于电泳槽中,将 1×TAN 电泳缓冲液放入电泳槽中,刚好没过凝胶约 2 mm 水平。

(2)将提出好的 RNA 小心加入加样孔中,要求防污染。

(3)电泳条件:100V 电泳电压,60 电泳,30 分钟等待时间,在紫外灯下检测,肉眼大致观察 RNA 电泳结果。若产物较低甚至没有时,需要重新提取,停止后面的操作。

(4)高像素相机照相:若 RNA 电泳结果条带清晰,则证明 RNA 没发生酶解,进行照相。

4.5.2.7 合成 cDNA

在无菌洁净的 PCR 管中加入提取出的总 RNA 5 μL、引物 Oligo d(T)181 μL,再加入 RNase - free ddH₂O 补足至 12 μL 轻轻混匀后 12000 r/min,4℃条件下离心 1 min;将离心好的混合物置于 70℃ 水浴 5 min 后立即冰浴 10 秒,12000 r/min,4℃条件下离心 1 min;迅速将离心好的混合物置于冰上,依次加入 5×Reaction Buffer 4 μL、RNase Inhibitor 1 μL 和 dNTP 2 μL,轻轻混匀混合物;将混匀后的混合物置于 37℃ 水浴 5 min;加入 1 μL M - MuLV 反转录酶(20 U/μL),使终体积

为 20 μL;将混合物置于 37℃ 水浴 60 min,70℃ 孵育 10 min,将混合物置于 −80℃ 冰箱低温保存。

4.5.2.8　PCR 扩增

配制 PCR 反应液:10 × Buffer 5 μL、Mgcl 24 μL、dNTP 4 μL、Taq DNA 聚合酶 0.5 μL、cDNA 2 μL、P450 arom 上下游引物各 1 μL 或 β − actin 上下游引物各 1 μL;加无离子水定容至 30 μL,将配制好的反应液在 PE − 480 型热循环仪上完成扩增,产物 −20℃ 冰箱里保存。

P450 arum 上游引物序列:5′—TATCTCACCTTCACTCTACCCACTCAACT—3′

P450 arum 下游引物序列:5′—TCCAATCCCCATCCACAACTAATC—3′

扩增产物片段为 429bp

将配制好的含 P450 arom 上下游引物的 PCR 反应液按下列条件扩增:

94℃	3 min	1 循环
55℃	30 s	卵 巢:30 循环
72℃	50 s	子 宫:32 循环
72℃	5 min	1 循环

β − actin 上游引物序列:5′—CTCTCTTCCCTCTTATCTCCTCT—3′

β − actin 下游引物序列:5′—CTATCTTCACCTCACCTATTTCC—3′

扩增产物片段为 220bp

将配制好的含 β − actin 上下游引物的 PCR 反应液按下列条件扩增:

94℃	3 min	1 循环
55℃	30 s	25 循环
72℃	50 s	25 循环
72℃	5 min	1 循环

4.5.2.9　PCR 扩增产物鉴定

干净的 100 mL 三角瓶中加 0.25 g 琼脂糖,加入工作液 1 × ATE 20 mL,微波炉加热,至琼脂糖呈完全透明状态;琼脂糖变凉后,加入溴化乙锭 1 μL;将混合物倒于制胶板上打孔,约比梳齿高出 3 mm,待凝固后,将琼脂糖凝胶放入电泳槽中,要求液面高出凝胶面 1 mm,把 Marker 注入凝胶的第 1 个孔中加,对照组扩增产物加入 2 ~ 6 孔中,实验组扩增产物加入 7 ~ 11 孔中,每孔均为 5 μL,80V 条件下电泳持续 30 分钟,在紫外灯下观察 PCR 扩增结果,用 Gel Doc 2000 凝胶图像分析仪扫描;进而统计 PCR 产物的光密度×面积,并计算出 P450 arom 扩增产物的相对含量。

4.5.3 试验结果与分析

4.5.3.1 结果统计方法

本试验中,所有数据采用 SPSS 17.0 软件分析,组间比较采用双侧 t 检验, $P < 0.05$ 差异有显著性,被认为有意义。

4.5.3.2 大鼠子宫总 RNA 提取物鉴定

如图 4 - 7 所示,电泳条带比较清晰,证明组织中有 RNA 提出,且该次提取比较成功,酶解不多,可继续下一步的扩增试验。

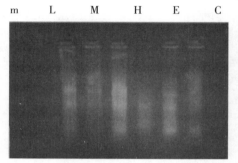

图 4 - 7 各组大鼠子宫总 RNA 电泳图

m:模型组;L:低剂量组;M:中剂量组;H:高剂量组;E:雌激素组;C:空白对照组

4.5.3.3 大鼠卵巢总 RNA 提取物鉴定

如图 4 - 8 所示,电泳条带比较清晰,证明组织中有 RNA 提出,且该次提取比较成功,酶解不多,可继续下一步的扩增试验。

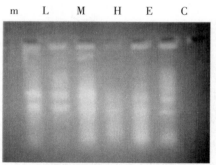

图 4 - 8 各组大鼠卵巢总 RNA 电泳图

m:模型组;L:低剂量组;M:中剂量组;H:高剂量组;E:雌激素组;C:空白对照组

4.5.3.4 大鼠子宫中 P450 芳香化酶的表达水平

如表 4 - 9 所示,与对照组相比,模型组大鼠子宫组织中 P450 芳香化酶扩增产物的相对含量明显增高,数据结果显示 $P < 0.05$,有显著性,提示造模成功。雌激素

组、高剂量组以及低剂量组与模型组比,P450 芳香化酶水平均有降低,其中雌激素组和高剂量组 P450 芳香化酶表达水平下降最为明显,几乎接近于对照组水平,数据结果显示 $P < 0.05$,极有显著性,较好证明了 PCOS 大鼠与细胞色素 P450 芳香化酶的表达水平有关,而且本试验中出现症状越不明显,细胞色素 P450 芳香化酶的表达水平越低的现象,症状与表达水平呈负相关的趋势;证明高剂量组金雀异黄素对 PCOS 大鼠有较好的疗效。中剂量组与模型组对比,P450 芳香化酶水平均有降低,但不明显,数据结果显示 $P > 0.05$,不具显著性,表明中剂量组金雀异黄素对 PCOS 大鼠治疗效果一般,在对细胞色素 P450 芳香化酶表达水平调控上,效果不明显。低剂量组与模型组对比,P450 芳香化酶水平相当,几乎没有变化,变化很不明显,数据结果显示 $P > 0.05$,不具显著性,表明低剂量组金雀异黄素对 PCOS 大鼠治疗效果不好,在对细胞色素 P450 芳香化酶表达水平调控上,效果很不明显。

如图 4 - 9 所示,各组大鼠子宫组织均扩增出现条带。条带结果如图:与空白对照组相比,模型组、雌激素组、高剂量组、中剂量组以及低剂量组大鼠子宫 P450 芳香化酶表达水平均有所升高,模型组与空白对照组相比,条带明显清晰,细胞色素 P450 芳香化酶表达水平明显升高,这与文献表达情况相一致,提示动物模型建立成功。与模型组相比,雌激素组大鼠与高剂量组大鼠子宫组织 P450 芳香化酶表达水平明显降低,中剂量组以及低剂量组 P450 芳香化酶表达水与模型组差异不大,不显显著性。

表 4 - 9　大鼠子宫中 P450 芳香化酶的表达情况

	对照组	模型组	雌激素组	高剂量组	中剂量组	低剂量组
子宫 P450 表达情况	0.39 ± 0.09	1.27 ± 0.300 *	0.52 ± 0.21 **	0.96 ± 0.19	1.11 ± 0.32	1.25 ± 0.27

　*:与对照组相比,差异显著($P < 0.05$);**:与模型组相比,差异显著($P < 0.05$)。

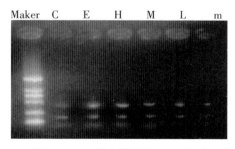

图 4 - 9　各组大鼠子宫 P450 表达
C:空白对照组;E:雌激素组;H:高剂量组;M:中剂量组;L:低剂量组;m:模型组

4.5.3.5 PCOS 模型大鼠卵巢中 P450 芳香化酶的表达情况

如表 4 - 10 所示,模型组同对照组相比,大鼠卵巢组织中 P450 芳香化酶扩增产物的相对含量明显增高,数据结果显示 $P < 0.05$,有显著性。雌激素组、高剂量组以及低剂量组同模型组比,卵巢组织中 P450 芳香化酶水平均有降低,其中雌激素组和高剂量组卵巢组织中 P450 芳香化酶表达水平升高最为明显,几乎接近于对照组水平,数据结果显示 $P < 0.05$,极有显著性。中剂量组同模型组对比,卵巢组织中 P450 芳香化酶水平均有降低,但不明显,数据结果显示 $P > 0.05$,不具显著性。

如图 4 - 10 所示,各组大鼠卵巢组织 P450 芳香化酶均出现条带。条带结果如图:同空白对照组相比,模型组、雌激素组、高剂量组、中剂量组以及低剂量组 P450 芳香化酶表达水平均有升高;同模型组相比,雌激素组、高剂量组 P450 芳香化酶表达水平明显降低,中剂量组以及低剂量组 P450 芳香化酶表达水同模型组差异不大,不显显著性。

表 4 - 10   大鼠卵巢中 P450 芳香化酶的表达情况($n = 6$)

	对照组	模型组	雌激素组	高剂量组	中剂量组	低剂量组
卵巢 P450 表达情况	0.52 ± 0.20	$2.72 \pm 1.02\ ^*$	$1.20 \pm 0.21\ ^{**}$	1.66 ± 0.59	2.52 ± 0.92	2.65 ± 0.27

* :与对照组相比,差异显著($P < 0.05$); ** :与模型组相比,差异显著($P < 0.05$)。

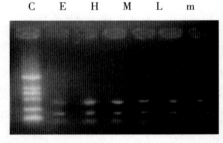

图 4 - 10   各组大鼠卵巢 P450 表达
C:空白对照组;E:雌激素组;H:高剂量组;M:中剂量组;L:低剂量组;m:模型组

4.5.4   试验结果讨论

研究观察了金雀异黄素对多囊卵巢综合征大鼠卵巢雌激素合成过程中的最后一步限速酶 P450 arom 表达的影响。结果表明:中、高剂量金雀异黄素可使 PCOS 大鼠卵巢 P450 arom 蛋白及其基因 CYP 19 mRNA 的表达量显著升高,而低剂量作用不明显,高剂量金雀异黄素组 P450 atom 蛋白及 CYP19 mRNA 的表达量与雌激素组相近。这一结果提示,与以往文献报道一样,金雀异黄素确能通过升高 PCOS 雌性动物体内雌二醇的含量,改善 PCOS 症状,而其对雌二醇的促进作用是通过促进雌激素合成经典通路上的关键酶 P450 arom 的表达实现的。为进一步探讨金雀异黄素对 P450 arom 基因 CYP19 表达的促进机制,研究建立了颗粒细胞体外培养系统,通过加入不同信号转导工具药物发现,酪氨酸蛋白激酶途径抑制剂 Genistein、PKA 途径激动剂 Forskolin、金雀异黄素可促进 P450 arom mRNA 表达。

以往有研究使用转基因小鼠发现,人卵巢特异性 CYP19 外显子 II a DNA5′末端的 278bp 就可以满足靶基因的卵巢特异性表达,此卵巢特异性启动子上包含 cAMP 反应元件结合蛋白(cAMP - response element - binding protein,CREB)和核受体 SF-1、LRH-1 的结合部位。Forskolin 的作用显然是通过与 CREB 结合实现的。最新的研究表明,孤儿核受体 LRH-1 不仅可作为 CYP19 上游的转录调节因子,调节 P450 arom 的表达,同时它也是颗粒细胞中雌激素受体 -α(ER-α)的重要靶基因。Genistein 除了是酪氨酸蛋白激酶途径抑制物外,还是从大豆中提取的植物雌激素,可选择调节 ER 的表达。研究推测,Genistein 对 CYP19 mRNA 表达的促进作用在大鼠卵巢中也是通过 ER-α→LRH-1→CYP19 途径实现的。DAVIES 等在乳腺癌的相关研究中,发现芳香化酶受 COX-2 表达的调节,COX-2 通过其代谢产物 PGE₂激活 PKA/PKC 路径,活化芳香化酶基因的转录过程。研究推断,卵巢中 P450 arom 转录过程的活化在某些特定情况下同样受 PKC 途径的调节,金雀异黄素可能就是作用在 PKC 途径上的某个环节,激活 CYP19 的表达。综上所述,金雀异黄素可通过促进大鼠卵巢 P450 arom 的表达,提高 PCOS 大鼠体内雌二醇含量。这种促进作用可能是通过激活 PKC 途径实现的。本研究不仅为金雀异黄素的临床应用提供了更可靠的理论依据,还为进一步寻找金雀异黄素促 P450 arom 表达的上游调节位点提供了实验基础。

4.5.5 本节小结

①其余 5 组与空白对照组相比,PCOS 大鼠子宫以及卵巢组织中细胞色素 P450 芳香化酶表达水平增高,提示建模成功, PCOS 大鼠与细胞色素 P450 芳香化酶表达水平有关。

②与模型组相比,雌激素组与高剂量组 PCOS 大鼠子宫以及卵巢组织中细胞色素 P450 芳香化酶表达水平明显减低,GEN 治疗效果显著。

③与模型组相比,中剂量组与低剂量组 PCOS 大鼠子宫以及卵巢组织中细胞色素 P450 芳香化酶表达水平差异不明显,治疗效果不显著。

参考文献

[1] Agarwal S K, Judd H L. Estrogen replacement therapy and breast cancer(editoria 1)[J]. Fertil Steril, 1999, 71(4):602 – 603.

[2] Annicotte, Jean – Sébastien, Chavey C, et al. The nuclear receptor liver receptor homolog – 1 is an estrogen receptor target gene[J]. Oncogene, 2005, 24:8167.

[3] Barroso G, Menocal G, Felix H, et al. Comparison of the efficacy of the aromatase in hibitor letrozole and clomiphene citrate as adjuvants to recombinant follicle stimulating hormone in controlled ovarian hyperstimulation: a prospective, randomized, blinded clinical trial[J]. Fertility & Sterility, 2006, 86(5):1428 – 1431.

[4] Beloosesky R, Gold R, Almog B, et al. Induction of polycystic ovary by testosterone in immature female rats: Modulation of apoptosis and attenuation of glucose/insulin ratio [J]. International Journal of Molecular Medicine, 2004, 14(2):207 – 215.

[5] Bestor T H, Laudano A, Mattaliano R, et al. Cloning and sequencing of a cDNA encoding DNA methyltransferase of mouse cells. The carboxyl – terminal domain of the mam malian enzyme is related to bac terial restriction methyltransferases [J]. Journal of Molecular Biology, 1988, 203(4):971 – 983.

[6] Brenda L P, Lema H, Amanda B, et al. Analysis of multiple data sets reveals no association between the insulin gene variable number tandem repeat element and polycystic ovary syndrome or related traits[J]. Journal of Clinical Endocrinology & Metabolism, 2005, 90(5):2988 – 2993.

[7] Brown N M, Wang J, Cotroneo M S, et al. Prepubertal genistein treatment modulates TGF – α, EGF and EGF – receptor mRNAs and proteins in the rat mammary gland[J]. Molecular and Cellular Endocrinology, 1998, 144(1 – 2):0 – 165.

[8] Calvod R M, Telleria D, Sancho J, et al. Insulin gene variable number of tandem repeats regulatory polymorphism is not associated with hyperandrogenism in Spanish women[J]. Fertil Steril, 2002, 77(4):666 – 668.

[9] Cheng X, Blumenthal R M. Mammalian DNA methyltransferases: a structural perspective[J]. Structure, 2008, 16(3):341 – 350.

[10] Coffler M S, Patel K, Dahan M H, et al. Evidence for abnormal granulosa cell responsiveness to follicle stimulating hormone in women with polycystic ovary syndrome[J]. Journal of Clinical Endocrinology & Metabolism, 2003, 88(4): 1742 – 1747.

[11] Das M, Djahanbakllch O, Haeihanefioglu B, et al. Granulosa cell survival and prolifer at on e altered in polycystic ovary syndrome[J]. Journal of Clinical Endocrinology & Metabolism, 2008, 93(3):881 – 887.

[12] Davies G. Cyclooxygenase – 2 (COX – 2), aromatase and breast cancer: a possible role for COX – 2 inhibitors in breast cancer chemoprevention[J]. Annals of Oncology, 2002, 13 (5):669.

[13] Editor T. Polycystic ovary syndrome: it's not just infertility[J]. American Family Physician, 2000, 62(5):1079 – 1088.

[14] Ehrmann D A. Polycystic ovary syndrome[J]. Journal of the American Academy of Nu rse Practitioners, 2000, 12(3):1223 – 1236.

[15] Ehrmann D A, Liljenquist D R, Kasza K, et al. Prevalence and predictors of the meta bolic syndrome in women with polycystic ovary syndrome[J]. Journal of Clinical Endocrinology & Metabolism. 2006, 91:48 – 53.

[16] Erickson G F, Magoffin D A, Cragun J R, et al. The effects of insulin and insulin – like growth factors – I and – II on estradiol production by granulose cells of polycystic ovaries[J]. Journal of Clinical Endo crinology & Metabolism, 1990, 70(4):894 – 902.

[17] Essah P A, Nestler J E, Carmina E. Differences in dyslipidemia between American and Italian women with polycystic ovary syndrome. [J]. Journal of Endocrinological Investigation, 2008, 31(1):35.

[18] Folman Y, Pope G S. The interactionin the immature mouse of potent oestrogens with coumestrol, genistein and other utero – vaginotrophic compounds of low potency[J]. Journal of Endocrinology, 1966, 34(2):215 – 225.

[19] Fulghesu A M, Villa P, Pavone V, et al. The impact of insulin secretion on the ovarian response to exogenous gonadotropins in polycysfie ovary syndrome[J]. Journal of Clinical Endocrinology & Metabolism, 1997, 82(2):644 – 648.

[20]Gallo D, Giacomei S, Cantelmo F, et al. Chemopre Ventjon of DMBA_induced mam mary cancer in rats by diotary soy[J]. Breast Caner Res Treat, 2001, 69(2):153 – 164.

[21]GELLER S E, STUDEE L. Botanical and dietary supplements for menopausal sympto ms: what works, what does not[J]. J Womens Health (Larchmt), 2005, 14(7):634 – 649.

[22]Greisen S, Ledet T, Ovesen F. Effects of androstenedione, insulin an dluteinizing hormone on steroidogenesis in human granulosa luteal cells[J]. Ham Reprod, 2001, 16(10):2 061 – 2065.

[23]HELFERICH W G. Paradoxical effects of the soy phytoestrogen genistein on growth of human breast cancer cells in vitro and in vivo[J]. American Journal of Clinical Nutrition, 1998:68.

[24]Hilakivi – Clarke L, Cho E, Clarke R. Maternal genistein exposure mimics the effects of estrogen on mammary gland development in female mouse offspring [J]. Oncology Reports, 1998, 5(3):609.

[25]Hilakivi – Clarke L, Onojafe I, Raygada M, et al. Prepubertal exposure to zearalenone or genistein reduces mammary tumorigenesis[J]. British Journal of Cancer, 1999, 80(11):1682 – 1688.

[26]Hilakivi – Clarke, Cho, Onojafe, et al. Maternal exposure to genistein during pregnancy increases carcinogen – induced mammary tumorigenesis in female rat offspring[J]. Oncology Reports, 1999.

[27]Hunter M H, Sterrett J J. Polycystic ovary syndrome: it s not just infertility[J]. Am Physician, 2000, 62(5):1079 – 1088,1090.

[28]Iwabuchi J, Wako S, Tanaka T, et al. Analysis of the P450 aromatase gene expression in the Xenopus brain and gonad[J]. Journal of Steroid Biochemistry & Molecular Biology, 2007, 107(3 – 5):149 – 155.

[29]Jakimiuk A J, Weitsman S R, Brzechffa P R, et al. Aromatase mRNA expression in dividualfollicles from poly cystic ovaries[J]. Molecular Human Reproduction,1998, 4(1):1 – 8.

[30]Jakimiuk A J, Weitsman S R, Magoffin D A. 52 – Reduetase activity in women with Polyey stie ovary syndrome[J]. Journal of Clinical Endocrinology & Metabolism, 1999, 84(7):2414 – 2418.

[31] Kim J J, Choung S H, Choi Y M, et al. Androgen receptor gene CAG repeat polymorphism in women with polycystic ovary syndrome[J]. Fertil Steril, 2008, 90(6):2318 – 2323.

[32] Kitano T, Takamune K, Kobayashi T, et al. Suppression of P450 aromatase gene expre ssion in sex – reversed males produced by rearing genetically female larvae at a high water temperature during a period of sex differentiation in the Japanese flounder (Paralic hthys olivaceus)[J]. Journal of Molecular Endocrinology, 2013, 23(2):167 – 176.

[33] Kitaoka Y, Kitawaki J, Koshiba H, et al. Aromatase cytochrome P450 and estrogenand progester one receptors in uterine sarcomas: correlation with clinical parameters[J]. Steroid Biochem Mol Biol, 2004, 88(2):183 – 189.

[34] Kritz – Silverstein D, Von Muhlen D, Barret – connor E, et al. Isoflavones and cognitive function in order women: the soy and postmenopausal health in aging (SOPHIA) Study[J]. M – NAMS, 2003, 10(3):196 – 202.

[35] Lackey B R, Gray S L, Henricks D M. The insulin – like growth factor(IGF) system and gona dotro pin regulation: actions and interactions[J]. Cytokine Growth Factor Rev, 1999, 10(3 – 4):201 – 217.

[36] La M A, Morgante G, Palumbo M, et al. Insulin – loweringtreatment reduces aromatas eactivity in response to follicle – stimulating hormone in women with polycystic ovary s yndrome[J]. Fertil Steril, 2002, 78(6):1234 – 1239.

[37] Lamartiniere C A, Murrill W B, Manzolillo P A, et al. Genistein Alters the Ontogeny of Mammary Gland Development and Protects Against Chemically – Induced Mammary Cancer in Rats[J]. Proceedings of the Society for Experimental Biology & Medicine Society for Experimental Biology & Medicine, 1998, 217 (3):358.

[38] Lamartiniere C A, Zhang J X, Cotroneo M S. Genistein studies in rats: potential for breast cancer prevention and reproductive and developmental toxicity[C].// 2nd Internationa l Symposium on the Role of Soy in Preventing and, 1998.

[39] Lamartiniere C A. Protection against breast cancer with genistein: a component of soy [J]. American Journal of Clinical Nutrition, 2000, 71(6):1705 – 1707.

[40] Lara H E, Ferruz J L, Luza S, et al. Activation of ovarian sympathetic nerves in poly cystic ovary syndrome[J]. Endocrinology, 1993(6):2690 – 2695.

［41］Lavoie H A, Singh D, Hui Y Y. Concerted regulation of the porcine steroido-
genic acute regulatory protein gene promoter activity by follicle – stimulating hor-
mone and insulin like growth factor I in granulosa cells involves GATA – 4 and
CCAAT/enhancer binding protein beta［J］. Endocrinology, 2004, 145（7）:
3122 – 3134.

［42］Lu Q, Nakmura J, Savinov A, et al. Expression of aromatase protein and mes-
senger ribonucleic acid in tulnor epithelial cells and evidence of functional signif-
icance of locally produced estrogen in human breast cancers［C］.//Endocrnolo-
gy, 1996, 137（7）:3061 – 3068.

［43］Mendelson C R, Kamat A. Mechanisms in the regulation of aromatase in develo-
ping ovary and placenta［J］. Journal of Steroid Biochemistry & Molecular Biolo-
gy, 2007, 106（1 – 5）:62 – 70.

［44］Messina, Mark J. Soy for Breast Cancer Survivors: A Critical Review of the Lit-
erature［J］. Journal of Nutrition, 2001, 131（11）:3095 – 3108.

［45］Mifsud A. Androgen Receptor Gene CAG Trinucleotide Repeats in Anovulatory
Infertility and Polycystic Ovaries［J］. Journal of Clinical Endocrinology & Me-
tabolism, 2000, 85（9）:3484 – 3488.

［46］Misajon A, Hutchinson P, Lolatgis N, et al. The mechanism of action of epider-
mal growth factor and transforming growth factor alpha on aromatase activity in
granulosa cells from polycystic ovaries［J］. Journal of Hellenic Studies, 2003,
114（5）:482 – 221.

［47］Ng E, Pak C. Polycystic ovary syndrome in asian women［J］. Seminars in Re-
productive Medicine, 2008, 26（1）:014 – 021.

［48］Okubo T, Mok S C, Chen S. Regulation of aromatase expression in human ovar-
ian surface epithelial cells［J］. J Clin Endocrinol Metab, 2000, 85（12）:
4889 – 4899.

［49］Orbetsova M, Kamenov Z, Kolarov G, et al. Effect of 6 – month treatment with
oral an tiandrogen alone and in combination with insulin sensitizers on body com-
position, homonal and metabolic parameters in women with polycystic ovary syn-
drome（PCOS）in order to determine therapeutic strategy［J］. Akusherstvo I
Ginekologiia, 2006, 45（7）:16 – 28.

［50］Poretsky L, Clemons J, Bogovich K. Hyperinsulinemia and human chorionic gonadotro pinsynergistically promote the growth of ovarian follicular cysts in rats [J]. Metabolism clinical & Experimental, 1992, 41(8):903.

[51]Rosenfield, Robert L. Ovarian and adrenal function in polycystic ovary syndrome [J]. Endocrinology & Metabolism Clinics of North America, 1999, 28(2): 265 – 293.

[52]Sergio E, Recabarren. Postnatal developmental consequences of altered insulin sensitivity in female sheep treated prenatally with testosterone[J]. Am J Physiol Endocrinol Metab, 2005, 289(5):801.

[53]Shi Yuhua, Guo Meng, Yan Junhao, et al. Analysis of clinical characteristics in large – scale Chinese women with polycystic ovary syndrome[J]. Neuro Endocrinol Lett, 2007, 28(6):807 – 810.

[54]Simpson E R, Clyne C, Rubin G, et al. Aromatase a brief overview. Annu Rev Physiol[J]. Annual Review of Physiology, 2002, 64(1):93 – 127.

[55]Stein I F, Leventhal M L. Amenorrhea associated with bilateral polycystic ovaries. Am[J]. Obstet Gynecol, l935, 29:181 – 191.

[56]Stevenson A F. Human granulosa cells in vitro:characteristics of growth, morph – ology and influence of some cytokines on steroidogenesis[J]. Indian Exp Biol, 2000, 38(12):1183 – 1191.

[57]Tacyildiz N, Ozyoruk D, Yavuz G, et al. Effects of soy isoflavenes (genistein) on che motherapy and radiotherapy toxicities in childhood cancer patients[J]. Journal of Clinical Oncology, 2010, 28(15):20008.

[58]Takayama K, Fukaya T, Sasano H, et al. Immunohistochemical study of steroidogenes is and cell proliferation in policystic ovarian syndrome[J]. Hum Reprod, 1996, 1l(7):1387.

[59]Toprak S, Yonem A, Cakir B, et al. Insulin resistance in nonobese patients with polycy stic ovary syndrome[J]. Horm Res, 2001, 55(2):65 – 70.

[60]Van N F, Stoop D, Cabri P, et al. Shorter CAG repeats in the androgen receptor gene may enhance hyperandrogenicity in polycystic ovary syndrome[J]. Gyneco logical Endocrinology, 2009, 24(12):669 – 673.

[61]Vincenzo D L, Antonio L M, Felice P. Insulin – Lowering Agents in the Management of Polycystic Ovary Syndrome[J]. Endocrine Reviews, 2003, 24(5): 633 – 667.

[62] Vincenzo D L, Danila L, Donato D, et al. Hormonal effects of flutamide in young women with polycystic ovary syndrome[J]. Journal of Clinical Endocrinology & Metabolism, 1998, 83(1):99 – 102.

[63] Vrbikova J, Hill M, Starka L, et al. The effects of long – term metformin treatment on adrenal and ovarian steroidogenesis in women with polycystic ovary syndrome[J]. European Journal of Endocrinology, 2001, 144(6):619 – 628.

[64] Wagner J D, Anthony M S, Cline J M. Soy phytoestrogens: research on benefits and risks[J]. Clinical Obstetrics & Gynecology, 2001, 44(4):843 – 852.

[65] Wallace T M, Levy J C, Matthews D R. Use and abuse of HOMA modeling[J]. Diabetes Care, 2004, 27(6):1487 – 1495.

[66] Webber L J, Stubbs S, Stark J, et al. Formation and early development of follicles in the polycystic ovary[J]. Laneet, 2003, 362(9389):1017 – 1021.

[67] Wilson E A, Erickson G F, Zarutski P, et al. Endocrine Studies of Normal and Poly cystic Ovarian Tissues in Vitro[J]. Obstetrical & Gynecological Survey, 1979, 34(10):766 – 768.

[68] Ye L, Chan M Y, Leung L K. The soy isoflavone genistein induces estrogen synthesis inex tragonadalpathway[J]. Mol Cell Endocrinol, 2009, 302(1):73 – 80.

[69] Zava D T, Duwe G. Estrogenic and antiproliferative properties of genistein andother flavonoids in human breast cancer cells in vitro[J]. Nutrition & Cancer, 1997, 27(1):31 – 40.

[70] Zawadzki J K, Dunaif A. Diagnostic criteria for polycystic ovary syndrome: towards a rational approach[J]. Boston, 1992, 21(3):77 – 84.

[71] 迟晓星, 张涛, 钱丽丽, 等. 大豆异黄酮对青年雌性大鼠卵巢、子宫组织中 Bcl – 2 mRNA 和 Bax mRNA 表达的影响[J]. 食品科学, 2010, 31(11):231 – 233.

[72] 范耀东. 植物雌激素对心血管系统的保护[J]. 临床荟萃, 2003, 18(13):772 – 773.

[73] 贾莉婷, 袁恩武, 杨丽珍, 等. 多囊卵巢综合征患者性激素、糖耐量和胰岛素测定[J]. 郑州大学学报(医学版), 2004, 39(5):813 – 815.

[74] 江胜芳, 曹书芬, 张昌军. 多囊卵巢动物模型的实验研究[J]. 时珍国医药, 2007, 018(2):388 – 389.

[75]金维新,单燕梅.罗勒胶囊治疗女性排卵功能障碍性不孕症的临床观察[J].中医杂志,1991,32(2):43-44.

[76]麻海英,刘复权.复方口服避孕药治疗多囊卵巢综合征[J].国外医学·妇幼保健分册,2005,16(3):170.

[77]尹仕红,邹秀兰.植物雌激素的作用及安全性[J].国际内分泌代谢杂志,2006(6):427-430.

[78]王婧,张跃辉,胡敏,等.胰岛素增敏方法在多囊卵巢综合征中的应用[J].世界中西医结合杂志,2008,3(6):364-365.

[79]邓文慧.植物雌激素与乳腺癌[J].国外医学妇产科学分册,2001(5):290-292.

[80]肖承悰,贺稚平.现代中医妇科治疗学[M].人民卫生出版社,2004.

[81]徐蓓,朱桂金.多囊卵巢综合征的高雄激素血症及其治疗[J].中国实用妇科与产科杂志,2007,23(9):669.

[82]许培.王勇.多囊卵巢综合征的病因学及诊断研究进展[J].徐州医学院学报,2009,29(2):123-127.

[83]姚元庆.多囊卵巢综合征的内分泌变化及临床意义[J].中国实用妇科与产科杂志,2002,18(7):391-393.

[84]袁园.溴隐亭治疗难治性多囊卵巢综合征的观察[J].西昌学院学报(自然科学版),2008(1):99-100.

[85]张涛,迟晓星,郭艳萍,等.大豆异黄酮对大鼠卵巢 Bcl-2 和 Bax 蛋白表达影响[J].中国公共卫生,2011,27(3):337-338.

[86]张维嘉,吴炳昕.多囊卵巢综合征几个相关问题[J].国外医学(计划生育分册),2005,24(1):42.

[87]张晓薇,邝健全,曾爱群,等.脱氢表雄酮诱导多囊卵巢综合征动物模型的研究[J].广州医学院学报.2000,28(3):14-18.

[88]章汉旺,陈丽萍,岳静.环丙孕酮与螺内酯辅助治疗多囊卵巢综合征65例[J].医药导报,2008(3):54-55.

第5章 大豆生物活性物质对卵巢储备功能的作用研究

　　随着社会的发展,人们对于健康的认知度也在逐渐提高,越来越多的人对于健康更加看重;女性到38岁开始出现卵泡闭锁加速现象,在40岁开始则被认为是卵巢低反应的高危因素,在51岁左右时女性到达绝经期,在绝经后体内雌激素含量下降、生理功能紊乱,骨质疏松等因绝经引发的各类并发症,经过研究证实绝经是由卵泡持续降低至彻底耗尽引发。绝经期由于体内激素水平的改变会使女性的生活质量、家庭幸福甚至社会稳定有一定的影响。而当今快节奏的生活,工作压力的剧增,生活负担的加重,致使很多女性或者很多家庭选择在较晚的时候进行孕育下一代,而女性在出生时仅有100万~200万卵泡,其中非常大的数目处于静息状态,一部分激活经过一系列过程,最终形成成熟卵泡。女性一生中随着每次月经的来临,每次排出一个卵子,一生仅能排出400~500个,而随着年龄的增加卵巢功能在逐渐衰退,各激素也开始降低,卵巢反应度也在减弱。有报道显示卵巢储备功能下降(Diminished ovarian reserve, DOR)和卵巢功能早衰(Premature ovarian failure, POF)发病率呈年轻化及高发病趋势。当DOR与POF发生时候会导致女性卵巢功能提前衰退,会诱发女性的不孕。造成POF和DOR的影响因素至今尚不明确。DOR定义是指卵巢产生卵子能力减弱,卵泡质量下降,导致女性生育能力下降及性激素的缺乏。DOR后,卵巢的反应性降低,当各级卵母细胞发育停止,各个发育期卵泡发生闭锁加速,呈现出过早绝经与围绝经期症候群的症状,即POF。目前已知的可对卵巢功能有影响的因素有,遗传因素、年龄、环境毒物、社会压力、腹腔镜手术、人流手术、促排卵、放疗和化疗等。DOR或POF导致造成体内内环境的紊乱雌激素水平降低,临床表现失眠、潮热、月经量少,严重者会发生卵巢早衰。卵巢功能正常与否关系到女性的身心健康,对于家庭的稳定,社会和谐有着积极的作用。

　　DOR及POF主要表现有卵巢功能异常,月经异常、成熟卵泡数量减少,有学者发现当基础FSH和E_2皆提高时,如果卵巢的反应性降低,可认为是卵巢储备降低的一项指标。关于卵巢形态与体积发生变化的研究,Frattarelli以卵巢最大平面的平均直径代替卵巢体积的预测,以 20 mm 为界限;认为在 FSH 升高前,卵巢体积即有变化;窦状卵泡计数,窦腔卵泡减少使卵巢抑制素下降,FSH 升高。生殖内分泌改变,主要体现在血清基础 FSH 水平、卵巢激素水平变化等方面。对于细胞因子变化的研究,AMH、INH – B 降低及 IGF、卵母细胞分泌的转化生长因子 B(Transfor – ming growth factor,TGFB)超家族的改变。

目前,对于植物雌激素能否改善女性卵巢储备功能及其作用机制还未见系统报道,综合查阅的相关资料表明,在卵泡各个发育时期发生的卵泡闭锁是引起 POF 的主要因素,同时,与卵巢闭锁相关的生长因子及细胞因子均受到体内雌激素的调节,因此,研究卵巢闭锁及雌激素相关的调控因素是解决上述问题的关键。

对于女性卵巢储备功能下降及卵巢早衰机制的研究目前尚未清楚,尤其是植物雌激素能否有效的代替雌激素发挥对卵巢尤其是对卵泡生长发育的调节作用,其作用途径和机制到底如何,成为目前亟待解决的问题。GEN 类植物化合物在治疗一些疾病等方面有一些作用,但更加广泛的生理影响还不清楚,同时对于卵巢的研究是有限的,研究显示,GEN 对于雌性大鼠的受孕率、子代雌鼠的性别有一定的影响,而具体对于青年雌鼠、初老雌鼠卵巢内功能因子有哪些影响,还未见到类似报道。

本研究将在前期研究工作基础上,拟通过体内试验,选择育龄期和初老期雌性大鼠作为动物试验对象,对大鼠卵巢功能、激素水平、细胞因子水平等进行研究,观察 GEN 提高卵巢储备功能的有效途径,并研究其对雌雄激素生成过程中关键酶的调控作用,从动物体内试验到蛋白和基因的水平进行研究,为寻找有效的雌激素替代物提高卵巢功能和缓解卵巢衰老提供理论依据。

5.1　金雀异黄素简介及对卵巢功能作用的研究进展

5.1.1　金雀异黄素简介

金雀异黄素(Genistein,GEN),分子式,$C_{15}H_{10}O_5$;熔点,297 ~ 298℃,溶于常用的有机溶剂,几乎不溶于水。GEN 的生物活性,如抗骨质疏松症、抗氧化、抗辐射、抗衰老、抗癌、抗炎症等,并对糖尿病的治疗、肝肾损伤有较好的保护效果,其是一种存在于豆科植物和齿状植物中的天然异黄酮化合物,是大豆(Glycine max)和大豆衍生产品中主要的植物雌激素,它占大豆异黄酮含量的三分之二,已被证明能够结合雌激素受体 α(ESR1)和雌激素受体 β(ESR2),而它为对 ESR2 具有比 ESR1 更大的亲和力。具有弱雌激素效应的同时又具有抗癌、抗衰老等作用,在去势雌性大鼠、子宫内膜增生、多囊卵巢综合征(PCOS)、围绝经期代谢综合征、卵巢癌、乳腺癌等疾病上研究广泛,总的来说 GEN 其具有广泛的生化及药理活性。其结构式图 5 – 1,虽然 GEN 属于黄酮类并且其结构与很多黄酮类化合物相近,但功能不能一概而论。

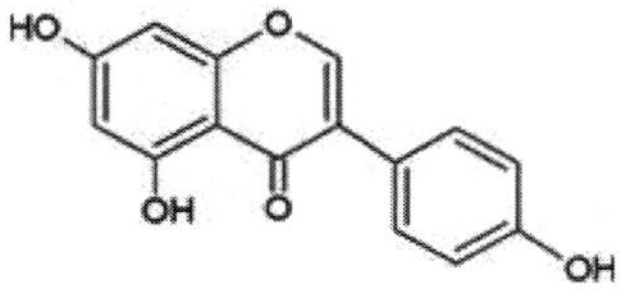

图 5 – 1　GEN 的结构式

5.1.2　金雀异黄素对卵巢作用的研究进展

5.1.2.1　大豆异黄酮对卵巢调节作用的研究现状

现在人们的生活环境中存在着大量的内分泌干扰物,是已知的针对女性生殖系统的干扰物质。植物雌激素来源于天然植物中,在日常饮食中其来源主要是豆类及豆类制品中的异黄酮,在多种植物雌激素中以大豆异黄酮倍受重视,在国内学者对于大豆异黄酮在动物卵巢研究较为广泛。试验中,将大豆异黄酮加入产蛋后期蛋鸡饲粮中,在饲料中含有 50 mg/kg 时能够显著提高产蛋率,同时其对蛋品质和繁殖器官无副作用;卢建等在饲粮中添加 50、100、200 mg/kg 大豆黄酮能够提高皋黄鸡的受精率与入孵化率,且未发生副作用。曹满湖等发现大豆异黄酮可能是通过升高血清雌二醇(E_2)和 β – 内啡肽水平含量,来调节卵巢功能。

5.1.2.2　金雀异黄素对卵巢调节作用的研究现状

(1)金雀异黄素对卵泡的作用研究。

卵巢内配子的产生是由一个卵母细胞经过复制减数第一次分裂形成 1 个第一极体和 1 个次级卵细胞,再由次级卵母细胞最终发育成成熟的卵子。而有学者表示 GEN 可以影响纺锤丝的生成,而纺锤丝是纺锤体的主要组成部位,可通过影响减数分裂调控去调节卵母细胞成熟,而在其他研究中证实 GEN 通过调节与细胞周期和细胞凋亡有关的基因而发挥多效性。Patel 发现在体外试验中采用从 DC – 1 小鼠分离的窦卵泡在 6.0 和 36 μmol/L 的 GEN 中培养 18 ~ 96 h,并每隔 24 h 测定卵泡直径等指标,发现 36 μmol/L 的 GEN 能够抑制细胞周期,抑制卵泡生长。Nagao 等与 Jefferson 等人发现高剂量 GEN 可以提高小鼠与大鼠多卵母细胞卵泡(Multiple - oocyte follicles，MOFs)数，而 MOFs 是卵母细胞囊未能彻底分开所致，有证据显示，若 BMP - 15 或 GDF - 9 突变体也会发生 MOFs 的发生。腹腔注射 GEN 能够抑制卵母细胞生发泡破裂(GVBD)与第一极体(PB1)释放，在 GEN - 50.0 组减弱受精及胚胎发育能力。另外，Evanthia 等指出 GEN 可改变人体内分泌，可能会对卵巢功能产生负面作用。而我们发现，在 PCOS 大鼠中，高剂量 GEN 可使颗粒细胞、黄体及卵泡增多，减少/变薄囊肿卵泡/卵泡膜细胞层。Medigovic 等，18 ~ 20 天未成熟的雌性大鼠每天皮下以二甲基亚砜为溶剂注射 50 mg/kg/bw 的 GEN 连续三天，GEN 诱导的原始卵泡数减少了 17.23%，原发卵泡数减少了 16.62%，次级卵泡减少了 12.29%，而闭锁次级卵泡数增加了 5.10 倍，健康大卵泡数量增加了 27.3%，同时伴有大卵泡增多 35.64%，GEN 作为雌激素拮抗剂，对卵泡发生的起始阶段具有抑制作用，在其他阶段 GEN 充当雌激素激动剂，刺激从卵泡发生的腔前阶段转移到卵泡期，并改变滤泡实质和卵巢间质的比率而有利于基质。苗淑红等采用 160 mg/(kg.d) 处理 4 及 10 月龄 SD 大鼠后发现，4 及 10 月龄鼠原始、次级卵泡比例提高，而且在卵巢中的闭锁卵泡比例降低；在 4 月龄中窦状卵泡比例也降低，并且 10 月龄鼠动情周期规律，表示 GEN 对 4 及 10 月龄大鼠有抑制卵泡闭锁的发生。Medigovic 等将胚胎、新生儿暴露在 GEN 下，结果表明胚胎或新生儿暴露在 GEN 下引起 MOFs 的发生。Cimafranca 等将 GEN 制备成 25 mg/mL 乳剂后处理新生幼鼠后发现，小鼠 MOFs 发生率增加，成年后能够能正常生育，但是在 6 个月出现发情期异常。Jourdehi 等采用 GEN 及雌马酚(Equol，EQ)对雌性欧洲鳇(Huso huso)进行干预，结果显示 GEN 与 EQ 均可以提高卵母细胞直径，Patel 等发现 DC - 1 小鼠分离的窦卵泡在 6.0 作用下，其窦状卵泡尺寸是提高。而艾浩等表示 GEN 能够提高 ATP 代谢相关基因，提高卵巢内的能量代谢。

(2)金雀异黄素对卵巢癌细胞系 SKOV3 的作用研究。

目前，癌症的发病率也是非常高，其中发生在女性身上的乳腺癌、子宫内膜癌、卵巢癌等，严重威胁女性的健康，虽然可以通过手术来清除癌变组织，但作为女性重要的性器官及激素生成场所，切除后会对女性造成非常严重的生活问题，继而预防癌症及癌症的发生至关重要。Andres 等与 Kim 等研究发现 GEN 有抵抗卵巢癌发生的作用，40 μmol/L 的 GEN 作用效果在抑制人卵巢癌细胞系 SKOV3 的体内外侵袭时效果最佳，徐琳琳等表示，GEN 可能是降低 miR - 27a 表达，抑制 SKOV3 的生长繁殖。Sheng 等研究表明，GEN 通过上调 EGR - 1/PTEN

表达的介导,抑制 PI3K/Akt 信号通路来达到调节 Bcl－2、Bax 与 caspase－3 的表达,继而对 SKOV3 细胞的凋亡进行调控。在动物试验中,唐琪等采用 GEN 与阿霉素合用,采用卵巢癌 A2780 制备成细胞悬液形式接种到裸鼠皮下,后采用 GEN 与阿霉素联用发现,对 c－myc 蛋白的表达。

(3)金雀异黄素对卵巢 Bcl－2、Bax 基因作用研究。

Bcl－2 在许多生理与病理性细胞凋亡的过程中是关键性调节因素,其作用机理是通过调控细胞内信息传导而调控细胞凋亡,其可以抑制或延缓细胞凋亡。Bax 蛋白是与 Bcl－2 相关的同源性蛋白,可作为 Bcl－2 的拮抗剂。我们研究显示,大豆异黄酮能够提高 Bcl－2mRNA,拮抗 Bax mRNA 的水平,发挥抗衰老作用;进一步研究发现 GEN 也能够提高卵巢中 Bcl－2mRNA,拮抗 BaxmRNA 的水平在多囊卵巢综合征(polycysticovarysyn－drome,PCOS)大鼠的卵巢(迟晓星等,2010;迟晓星等,2014)。GEN 可以调控 PCOS 大鼠卵巢、子宫内的 P450 arom mRNA,及卵巢内 Bcl 2 及 Bax mRNA 的表达调控卵巢功能,在围绝经期小鼠中,Gen 也可通过调节 Bcl－2 与 Bax 蛋白水平来保护卵巢功能。

(4)金雀异黄素对卵巢雌激素受体作用研究。

植物雌激素 GEN 因与人体雌激素受体能够结合,具有弱雌激素效果,Jarić等研究表明,给 12 月龄 Wistar 雌性大鼠皮下注射 GEN 与大豆苷元(DAI)连续 4 周,与对照组比较 GEN 可使 ERα 蛋白和基因表达下调,PR 和 ERβ 表达上调,而 DAI 仅上调 ERβ 的表达。GEN 也可抑制 ER 报告基因的转录水平,与 E_2 竞争结合细胞表面的 ER,并拮抗 ER 调控的靶基因表达,但在培养的猪颗粒细胞中不改变 ERα,却提高 ERβmRNA 水平,而与 ERα、ERβ 结合可减少孕激素的产生,也可不通过 ER－α 介导提高卵巢颗粒细胞 CYP19 和 LRH－1 mRNA 表达。

(5)金雀异黄素对亲代、子代作用研究。

人类和动物受到的雌激素干扰主要是植物雌激素(SA Gheshlagh et al.,2017),所以有学者表明,与 E_2 共存,高剂量的 GEN 可以使 SD 雌鼠的子宫液及水通道蛋白(Aquaporin,AQP)－1,2,5,7 降低。GEN 对生殖有一定的影响,首先表现为高剂量的 GEN 可以影响母鼠的受孕率,降低子代鼠的睾丸间质细胞、睾丸支持细胞与精原细胞的水平,及影响子代鼠的性别比率,但妊娠后期母猪每天肌肉注射 440 mg GEN 能提高新生仔猪胴体脂肪并对仔猪生产性能无影响。

(6)卵巢储备功能下降与其衰老机制研究。

卵巢储备功能下降及卵巢衰老的机制至今未明,细胞凋亡、激素受体、雌激素转化限速酶、雄激素生成关键酶等与卵巢衰老的关系一直是国内外学者研究的热点,在综合了国内外大量研究资料的基础上,确定 GEN 在卵泡闭锁过程中的调节作用及其对激素的调控作用机制是重中之重。雌激素效应基因 EGR - 1,在体内分布广泛,具有促进细胞生长,增殖,分化等多种生物功能。有研究发现,EGR - 1 基因参与卵泡从发育到闭锁全过程,在此过程中起着重要的调控作用。雌激素转化限速酶:P450 arom 是雌激素形成的最后一步限速酶,将雄激素转化成雌激素。雄激素代谢路径中 CYP19、CYP17 等基因检验出基因多态性,存在多个阳性单核苷酸多态性(SNP)位点,其中 CYP19 基因编码产物芳香化酶在雄激素代谢中发挥重要作用,因此该基因上的 SNP 在高雄激素血症的发生发展中扮演了重要角色,CYP19 基因也成为研究的靶基因之一。CYP19A1 位于染色体 15q21.2 区位,分为 30kb 编码区及 93kb 调控区,而编码产物芳香化酶在性腺内中是雌激素生成关键酶。SNP 位点 rs2899470 位于 CYP19A1 基因上,rs2899470 与血清多种类固醇激素的水平含量相关。雄激素生成关键酶是指卵泡膜—间质细胞和颗粒细胞在一些因素的作用下生成雄激素,这一过程中颗粒细胞上的关键酶有三个,分别是 StAR、P450 scc 和芳香化酶。

5.1.3　金雀异黄素在其他方面的研究

5.1.3.1　金雀异黄素在骨质方面的研究

研究显示,GEN 通过雌激素受体 α(ERα)增强钙结合蛋白 - D9K(CaBP - D9K)基因的表达,促进钙吸收及成骨分化作用,可以预防绝经期骨质疏松。大豆异黄酮大剂量补充可以改善处于生长期雌性鼠的骨矿密度(Bone mineraldensity,BMD),作为主要成分的 GEN 处理 ob/ob 小鼠具有比对照组更大的胫骨中轴直径和皮质骨与总组织面积的比值,降低骨总面积和股骨长度,阻止骨、软骨的进一步破坏的作用。在骨髓基质干细胞(BMSC)及骨肉瘤(OS)细胞试验中,GEN 可以通过调控过氧化物酶体增殖物激活受体 γ(PPARγ)等与 OP 相关的通路蛋白的表达,影响 OS 及 BMSC 的增殖与生长。

5.1.3.2　金雀异黄素在氧化损伤方面的研究

GEN 通过调控细胞的增殖与修复受损 DNA 能够对长时间暴露在紫外线 B(UVB)而导致的皮肤损伤有一定保护作用,也可抑制 ROS 的释放降低核转录因子(Nuclear factor - kappa B,NF - kB)的活性,下调细胞因子 IL - 6 及细胞间黏附分子 - 1(ICAM - 1)的表达,来缓解同型半胱氨酸(HCY)诱导的内皮细胞(ECV - 304 细胞)炎症损伤模型的细胞的凋亡及增殖障碍,对 db/db 小鼠的 LPO 也有抑制效果。超氧化物歧化酶(Superoxide Dismutase,SOD)是一种能够清除机体内代谢过程中不利产物的金属酶,如超氧阴离子自由基等,而热休克蛋白(Heat shock proteins,HSPs)是一类热应急蛋白,研究发现 GEN 可以增强 SOD - 3 和 HSP - 16.2,两者共同作用提高线虫应激耐受性。在哺乳动物中,降低丙二醛(MDA)水平,降低与真核细胞生长、分化及凋亡相关的半胱天冬酶 caspase - 3 及 caspase - 9 治疗脑缺血的氧化损伤型大鼠。

5.1.3.3　金雀异黄素在糖尿病方面的研究

Wang 等进行体外试验证实,GEN 等物质可以阻止 MGO 来抑制晚期糖基化终产物(AGEs)的产生,后 Rajput 等在体内试验中,GEN 对 DM 模型鼠的肿瘤坏死因子 α(Tumor nccrosis factor - alpha,TNF - α)、白介素 - 1β(Inter leukin - 1β,IL - 1β)和亚硝酸盐水平有改善作用,及 Yousefi 等对去势雌鼠治疗后发现 Nf - κB 和 IL - 1β 显著降低,组蛋白脱乙酰酶(Silent mating type information regulation 2 homolog 1,SIRT1)增加,表明 GEN 对 DM 模型鼠有降血糖效果,同时可以在一定程度上改善保护由 DM、脑缺血再灌注诱导的神经元损伤及链脲佐菌素诱导糖尿病小鼠的神经缺陷引发的神经炎症或组织损伤,同时可以保护雌性非肥胖型糖尿病(NOD)小鼠 1 型糖尿病(T1D)胰腺免受自身免疫破坏,降低其发病率。相关报道,大豆食品(豆浆,豆腐和绿豆芽)和主要异黄酮(ISO、GEN 和 GLY)等均可以降低 2 - 型糖尿病风险。

5.1.3.4　金雀异黄素在肝脏方面的研究

GEN 在吉富罗非鱼(Oreochromis niloticus)肝脏中调控 GHR2 与生长基因的表达,影响 Oreochromis niloticus 鱼生长;Jurjevic 等表示 GEN 治疗增加肝脏 1 型脱碘酶的活性,而 1 型脱碘酶可使 T4 脱碘为 T3。在雄性 ICR 小鼠酒精肝损伤试验中发现,GEN 能够改善并保护受损肝脏。Dai 等表示 GEN 可能通过抑制 NF - κB 介导的由一氧化氮合酶(Inducible nitric oxide　synthase,iNOS)来源的 NO 积累,对由氨诱导的星形胶质细胞肿胀而造成肝性脑病脑水肿症状有治疗效果,而在采用 d - 半乳糖胺(d - GalN)诱导雄性 Wistar 大鼠炎症和肝中毒模型中,发现 GEN 抑制 iNOS 和环氧合酶 - 2(COX - 2)蛋白,降低一氧化氮(NO)。同时 GEN 也对 d - GalN 对肝性脑病(HE)有强抗氧化性,可减轻由急性肝衰竭导致的 HE 神经精神病综合征。GEN 在肝癌细胞的作用中存在一定的争议,Dai 等表示 GEN 在肝癌细胞中逆转 TGF - β 诱导的上皮 - 间质转化(EMT),抑制癌细胞的迁移,但 Sanaei 等发现 GEN 处理对肝细胞癌 HepG2 细胞株细胞的生长具有双向调控作用。

5.1.3.5　金雀异黄素在其他方面的研究

GEN 的功能多样性,其在很多领域均有研究。归纳如表 5 - 1 所示。

表 5 - 1　GEN 在其他领域归纳表

组织/器官	应用
肠	恢复菌落
肾	辐射诱导的肾损伤等有较好的保护效果
肝脏/脂肪	促进脂肪分解
细胞	增强免疫力
	抑制巨吞噬细胞炎症反应
肿瘤/细胞	治疗
	降低甲基化
	抑制细胞转移
	防止癌变
机体(人)	药物不良反应

5.1.4　检测指标介绍

5.1.4.1　细胞因子

5.1.4.2　抑制素 - A、抑制素 - B

抑制素因其 β 亚基的不同将其分为两种,由 α 与 βA 组成的成抑制素 A (Inhibin A, INH - A),由 α 与 βB 组成的叫抑制素 B(Inhibin B, INH - B),其能够抑制垂体 FSH 的合成和分泌。抑制素 - B 是正常月经周期中滤泡选择的一个组成部分,发挥内分泌和旁分泌效应,促进所选滤泡的持续生长。而抑制素在卵巢内,其是由颗粒细胞分泌,在身体健康的女性体内抑制素在 40 岁以后会逐步下降,当抑制素下降时 FSH 合成提高,而随着 FSH 的提高会使卵巢内卵泡募集加快,会造成卵泡提前枯竭。抑制素基因包括 INHα、INHβA 及 INHβB,位于 2q33 - qter、7p15 - p14 和 2cenq13 上,当小鼠体内抑制素的缺失能够发生颗粒细胞瘤,导致不育。INHα 缺失对出生时期卵泡数没有影响,但在生长发育过程中提高卵泡募集;Prakash 等研究显示,在印度人中 INHα 基因的多态性与卵巢早衰(Premature ovarian failure,POF)的产生是相关的;李婷等研究表明 INHα 可以调控绵羊颗粒细胞生长和凋亡来影响绵羊排卵;在 GEN 的作用下围绝经期小鼠体内的血清抑制素提高，表明 GEN 可能是通过升高血清抑制素的水平含量间接调节卵巢功能。国外学者将 24 只孕鼠分成 3 组，分别在妊娠第 5、10、15 天注射生理盐水（对照），NSBFF 抗血清（NSFF – Ant）和抑制素 – α 抗血清（Inh. Ant.），分娩后发现，在 Inh. Ant. 与 NSFF – Ant 组 FSH 与催乳素浓度增加，但是雌激素和 INH – B 的浓度降低，进一步试验显示抑制素可以在分娩中发挥重要作用。INHα 基因沉默或抑制素 A 处理对绵羊颗粒细胞（GCs），探讨抑制素在 E_2 和 P 分泌中的作用发现，抑制素通过调控绵羊胃泌素分泌类固醇激素参与卵泡生长和排卵的过程。有报道称显示，卵泡优势选择中抑制素可能起主要作用。

5.1.4.3　抗苗勒氏管激素

抗苗勒氏管激素（Anti – mullerian hormone，AMH），它是于转化生长因子 β 超家族一员，其由颗粒细胞分泌，AMH 具有在整个月经周期中具有相对稳定水平的优点，是一种重要的卵巢评价指标，在 2011 年欧洲 ESHRE 推荐 AMH 预测卵巢反应指标，在时隔一年后的英国 NICE 研究所也发表关于 AMH 作为卵巢标准的相关声明。可以认定 AMH 激素水平含量是评估卵巢储备功能的一线指标。在人体内，AMH 的激素含量在青春期是峰值，超过 25 岁其 AMH 逐渐消退，直至绝经期消失为止。相关研究显示，血清 AMH 水平与控制性卵巢刺激后获得的卵母细胞数量之间存在关联。据报道，AMH 基因的 SNPs 也影响卵泡计数和卵泡发生，从而导致不孕症，当 AMH 敲除时小鼠的卵泡对 FSH 更敏感，敲除小鼠比野生型小鼠有更多数量的生长卵泡加速了卵泡的募集。AMH 降低胎儿卵巢芳香化酶活性的研究，认为 AMH 抑制卵巢 FSH 的作用。在 PCOS 患者中，PCOS 卵巢反应提高，血清中 AMH 和 INHB 含量显著升高。

5.1.4.4　骨形态发生蛋白 - 15、生长分化因子 - 9

骨形态发生蛋白 – 15（Bone morphogenetic protein – 15，BMP – 15），是一种卵母细胞分泌因子（oocyte – secreted factor，OSF），其分子结构与生长分化因子 – 9（Growth differentiation factor – 9，GDF – 9）具有高度的氨基酸同源性和相似的蛋白质结构，属于转化生长因子 B（Transfor – ming growth factor，TGFB）超家族。BMP – 15 在人、绵羊、牛、猪等体内，BMP – 15 在 X 染色体；BMP – 15 和 GDF – 9 均属于 TGF – β 超家族，通过自分泌和旁分泌机制，这两个因素可以调节卵巢局部的细胞分化，增殖等功能，此外，GDF – 9 和 BMP – 15 在卵泡生长，闭锁，排卵，受精，繁殖和维持中发挥重要作用；对哺乳动物的正常生殖能力是不可或缺的。魏莉娜指出 GDF – 9、BMP – 15 mRNA 表达水平与卵子成熟率、正常受精率、卵裂率有正相关性，李霖在兔的原始卵泡中未检测到 BMP – 15、GDF – 9 有表达。

Silvaj 在山羊、Laitinen 在小鼠，黄体中没有检测到 BMP－15 的表达。马良骁在建鲤体内 BMP－15 基因在卵巢中表达量最高，其他组织表达量相对较低。陈阿琴发现 GDF－9 与 BMP－15 可通过与其受体结合，以旁分泌或自分泌参与调控硬骨鱼类卵细胞的发生、发育与成熟。越来越多的证据表明 GDF－9 和 BMP－15 之间存在协同作用。BMP－15 的基因中的多态性可导致 BMP－15 蛋白的分泌受抑制或生物活性降低，BMP－15 水平与颗粒细胞上的促卵泡激素受体（FSHR）作用有关，其中 FSHR 增加卵泡对卵泡刺激素（FSH）的敏感性，敲除 BMP－15 的母鼠生育能力低下，即使在给予促性腺激素治疗后排卵率依然下降。李拥军发现 BMP－15 基因在早期卵母细胞中的表达会随着卵母细胞的生长成熟而发生变化，而 FSHR 基因的表达在初期较高，随后逐渐减弱。Otsuka 发现 BMP－15 基因敲出的小鼠会出现妊娠率下降现象，生育能力受到影响。左北瑶在美利奴羊基因分析中未发现 BMPR－IB 基因的 FecB 和 BMP－15 基因的 FecX（I、B、L、H、G、R）及 GDF－9 基因的 FecGH（G8）、FecTT 突变。马晓丽以崂山奶山羊的 BMPR－IB、BMP－15、GDF－9 基因作为研究显示，不存在基因多态性。金雯雯研究湖羊和巴什拜羊 BMP15 基因编码区序列的同源性为 99.92%，发现 1 个 SNP 多动态位点。周泽晓在 BMP－15 基因外显子 798 位点处发现碱基变异。马丽丽在 BMP－15 基因 rs79377927 位点发现基因突变，魏镜赞发现 BMP－15 538G＞A，两人都推测表示 BMP－15 其可能与 POF 有关。殷昆仑在 ICR 与 BALB/C 小鼠中发现 3 个 SNP 多动态位点，并证实其位点对下游基因有一定作用效果。证据表明 GDF－9 和 BMP－15 与其相应的 CC 受体结合，导致下游基因的级联反应，这些反应影响 CC 增殖和凋亡，从而调节卵泡发育和卵母细胞成熟，GDF－9 和 BMP－15 之间存在协同作用。然而，CC 对 BMP－15 和 GDF－9 受体表达的自我调节机制以及 BMP－15 和 GDF－9 影响 CC 增殖和凋亡的机制仍然是关键尚未确定的问题。

5.1.4.5　胰岛素样生长因子-1、胰岛素样生长因子结合蛋白-1

胰岛素样生长因子（Insulin－like growth factors，IGF）对卵巢作用主要是扩大促性腺激素（Gonadotropins，Gn）的效应，且在卵泡中期 FSH 含量低时，仍能使卵泡自行生长发育。IGF 能够刺激卵巢细胞的有丝分裂与类固醇生成及抑制凋亡。在血液中 IGF 家族的 IGF－1、胰岛素样生长因子结合蛋白－1（Insulin－like growth factor binding protein－1，IGFBP－1）主要由肝脏合成并分泌，其表达受多种营养条件调控，与动物所处生理状态也密切相关，血液中 IGFBP－1 主要功能是抑制 IGF－1 的活性，在血液中，胰岛素样生长因子结合蛋白 1～6（Insulin－

like growth factor binding protein – 1 to – 6,IGFBP – 1 ~ IGFBP – 6),可以延长血液中的 IGF – 1 的半衰期。IGFBP – 1 对 IGF – 1 的调节可以在伤口愈合中起到重要作用。IGF 家族还与糖尿病、甲亢、免疫系统、癌症等疾病的发生有关。IGFBP – 1 对 IGF – 1 活性的调节是复杂的,在空腹状态下,由于胰岛素的低抑制效应以及皮质醇和胰高血糖素对肝脏 IGFBP – 1 mRNA 转录的刺激作用,血液 IGFBP – 1 含量较高。因为 IGFBP – 1 对 IGF – 1 的亲和力超过 IGF – 1 对于 IGF – 1 受体的亲和力,高 IGFBP – 1 含量可以抑制 IGF – 1 结合 IGF – 1 受体,从而降低 IGF – 1 对外周代谢的胰岛素样活性。空腹检测较高 IGFBP – 1 含量与前列腺癌的相关性较低,而较高的 IGF – 1 却是相反的。有文献表示,IGFBP – 1 可以不与 IGF – 1 结合,直接与细胞膜上受体蛋白作用,刺激中国仓鼠卵巢细胞迁移。硬骨鱼卵母细胞发育及成熟过程中,人重组 IGF – 1 能刺激真鲷(Pagrus major)、纹犬牙石首鱼(Cynoscion nebulosus)卵巢中的生发泡破裂,促进其卵母细胞成熟。多囊卵巢综合征妇女的卵巢中,IGF – 1 与胰岛素、LH 协同作用,通过旁分泌、自分泌和内分泌协同作用增加雄激素的产生,IGFBP – 1 mRNA 的表达水平降低,引发高雄激素血症,抑制卵泡成熟和雌激素的合成。IGFBP – 1 mRNA 在各组织中的表达情况存在差异,在卵巢中的表达弱于肝脏。IGF – 1 mRNA 在正常卵巢的小窦卵泡和闭锁卵泡膜细胞上表达水平较低,在优势卵泡中则不表达,而 IGFBP – 1 mRNA 仅出现于优势卵泡的颗粒细胞上。研究表明,IGF – 1 在培养的颗粒细胞中的分泌和作用中可以以自分泌或旁分泌方式起作用,以增强 Gn 在卵巢组织中的作用,而 Gn 是调节脊椎动物性腺发育、促进性激素生成和分泌的糖蛋白激素,如垂体前叶分泌的 LH 和 FSH,两者协同作用,可刺激卵巢或睾丸中生殖细胞的发育及性激素的生成及分泌。

5.1.5 雌雄激素生成酶、雌激素效应基因

5.1.5.1 细胞色素 P450 芳香化酶、CYP19

细胞色素 P450 芳香化酶(Aromatase cytochrome P450,P450 arom)属于线粒体膜细胞色素 P450 超家族,是颗粒细胞中催化雄激素生成雌激素的关键酶,其合成或者活力降低会导致雌激素生成受到影响。而雌激素在性别分化、性腺发育及维持性特征等有影响作用,在女性怀孕期间缺乏芳香化酶会导致男性化的发生,以及由于产前暴露于肾上腺雄激素而导致女性胎儿的生殖器模糊现象发生。孙晓溪等采用植物雌激素 GEN 处理雌鼠发现,雌鼠子代鼠中雌鼠比例在一定范围内随着 GEN 的增加比例也随着提高,但在添加 GEN 5400 mg/kg 饲料中,

雌鼠没有受孕。据报道,芳香化酶缺乏导致青春期女孩青春期延迟,乳房发育最小或无,原发性闭经,高促性腺激素性性腺功能低下,身材高大,骨龄延迟,骨密度降低和多囊卵巢,而男性虽然生殖器官发育正常,但会在出生后在青春期后被诊断为身高高,骨龄延迟,骨密度降低和不孕。CYP19 是 P450 arom 编码基因,大多数物种由 CYP19 基因编码,对 P450 arom 的表达及活性有直接作用影响;但在猪中三种不同 CYP19 编码三种芳香化酶同工酶,而鱼中有两个 CYP19 基因已经被鉴定。卵巢作为女性的重要器官组织,并且是雌激素作用的靶点,利用免疫组织化学和 RT – PCR 分析,可以在人卵巢表面上皮肿瘤中检测到芳香化酶,转录及翻译可以在适当条件受到影响。P450 arom 在生物体不同位置表现出不同的作用功能,其中在卵巢内表现出将睾酮转化为 E_2,芳香化酶 P450 参与卵泡生长发育与优势卵泡的选择,而其活性主要受 FSH 的调控。FSH 刺激卵巢内 P450 arom 的表达水平提高,对结缔组织生长因子(CTGF)有影响,CTGF 能够促进卵泡颗粒细胞的生长及分化。薛青光等表示曲唑阻断卵巢内局部雄激素转化为雌激素,下调机体内雌激素含量,可以刺激卵泡发育。而雌激素合成不限于体细胞(Leydig 细胞/ Sertoli 细胞),生殖细胞也可以将雄激素转化为雌激素,并对于睾丸功能和精子发生是重要的。雄激素通过 CYP19 雌激素芳香化不在牛脂类组织(AT)发生;在猪在发情期,输卵管中有表达与类固醇合成酶的 mRNA 和蛋白。

5.1.5.2　类固醇激素合成急性调节蛋白、细胞色素 P450 胆固醇侧链裂解酶

黄体酮的生成是复杂的,任何一个相关酶基因的表达发生改变也会影响孕激素的生成。类固醇激素合成急性调节蛋白(Steroidogenic acuteregulatoryprotein,StAR),包括 37 kD、32 kD、30 kD 三种形式,是胆固醇从线粒体膜外向线粒体膜内的转运的蛋白质,是介导甾体生成的限速酶。环境内分泌干扰物(Environmental endocrine disruptor,EED)能够干预机体的正常代谢,对性激素的生成相关酶有干扰作用,而在正常或健康机体中,STAR 把胆固醇由细胞质向线粒体内运转后,在细胞色素 P450 胆固醇侧链裂解酶(P450 side – chain cleavage enzyme,P450 scc)的作用下,由胆固醇生成为孕烯醇酮,但 Dai 等研究显示 502 mg/kg 大豆异黄酮能够显著提高 STAR mRNA 的水平,但是对 P450 scc 或 3β – HSD mRNA 水平没有显著影响;同时 502 mg/kg 的大豆异黄酮可以增加精原细胞的发育及生殖细胞层数表明大豆异黄酮通过增加与 StAR 表达密切相关的生殖激素分泌来促进睾丸生长,从而正向调节幼公鸡的繁殖。Sopinka 等在慢性母体暴露对野生红鲑(Oncorhynchus nerka)后代应激反应/ HPI 活性的急性追赶压力的影响中发现,在其后代中 STAR 和 P450 scc 的表达均表现升高。Joibari 等通

过限制饮食方法,研究显示减肥可以对卵巢内 CYP19 及 StAR 基因的表达有提高作用。在多囊卵巢综合征(PCOS)中,林伟等发现 PCOS 高雄激素血症可能与 LHR 和 StAR 有关,而 Nazouri 等表示 StAR 基因 rs137852689 的杂合子基因分型在 7 名例 PCOS 患者中有发现,但因数据量较少不能确认其是否因基因突变影响 StAR 基因的表达,造成 PCOS 的发生。

5.1.5.3 早期生长反应基因 - 1

早期生长反应基因 -1(Early Growth Response Gene - 1,EGR - 1),存在各种真核生物基因库中,期分布是根据器官的反应能力决定的,高效快速则表达水平高,反之则低或者不表达。EGR - 1 具有促进细胞生长,增殖,分化及组织修复等多种生物功能,研究表明 EGR - 1 与 30 种以上与增殖、分化及凋亡相关基因的转录有关。Das 等在研究卵巢排卵的机制中发现,促性腺激素分泌高峰后 6 h 内,颗粒细胞中的 Egr - 1 表达骤增。对垂体切除的大鼠贯序给予卵泡刺激素和黄体生成素腹腔注射后在卵巢中可分别出现 Egr - 1 表达高峰,说明 Egr - 1 在下丘脑—垂体—卵巢轴(HPO) 的调控中起着重要作用。

5.1.5.4 基质细胞衍生因子 - 1

基质细胞衍生因子 -1(Stromal cell - derived factor,SDF - 1)又称趋化因子 CXCL12,在多种组织中均有表达,与胚胎发育、造血及多种肿瘤侵袭及转移有关,其参加机体的多种生命活动,具有非常重要的作用,参与神经干细胞、淋巴免疫、血管发生等活动,同时在发育中起重要作用。

5.1.6 拟解决问题

(1)通过动物模型试验找到 GEN 提高卵巢储备功能的有效作用途径,明确 GEN 对 StAR、P450、CYP 19 雌雄激素生成关键酶的作用,对卵泡发育的影响。

(2)通过动物试验明确 GEN 对青年与初老雌鼠作用的异同点,为 GEN 在不同年龄段雌鼠卵巢功能的调节做理论基础。

(3)关于雌激素提高女性卵巢储备功能及缓解卵巢早衰的作用机理研究较多,但其确切的作用机制还不明确,尚无定论,尤其是副作用甚微的植物雌激素的研究少之又少。明确 GEN 卵巢储备功能及缓解卵巢早衰的作用机制,为临床应用作前期基础。

5.1.7 技术路线

技术路线如图 5 -2 所示。

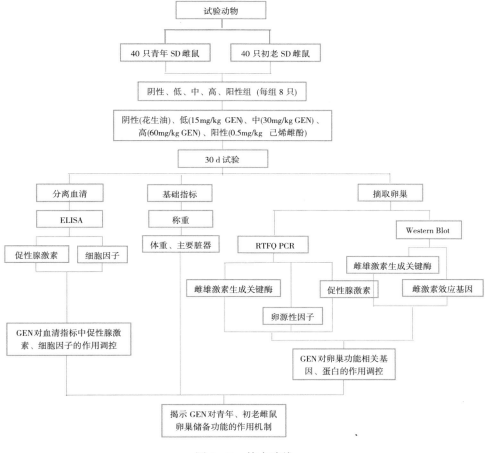

图 5 - 2　技术路线

5.2　金雀异黄素对实验动物卵巢储备功能的作用研究

5.2.1　试验材料

5.2.1.1　试验动物

青年雌性 SD 大鼠 40 只（49 日龄），体质量（200 g ± 20 g）；初老雌性 SD 大鼠 40 只（10～11 月龄），体质量（490 g ± 20 g），许可证号：SCXK（黑）203 - 001，由哈尔滨医科大学（大庆校区）提供。

5.2.1.2　其他材料

试验动物受试物，GEN（99.82％）购自上海融禾医药科技发展有限公司。

基础饲粮见表 5 - 2。

表 5 - 2　基础饲粮组成(基础)

原料	含量(%)
玉米面	30.56
小麦粉	27.27
鱼粉(60% 蛋白)	10.00
粗小麦	10.00
酪蛋白	7.00
脱脂奶	5.00
玉米蛋白粉(60% 蛋白)	3.00
玉米油	2.00
酵母	2.00
矿物质预混料	3.00
维生素预混料	0.05
氯化胆碱(纯度60%)	0.12
合计	100.00

5.2.2　仪器及试剂

5.2.2.1　仪器

试验所需的各类仪器见表 5 - 3。

表 5 - 3　主要仪器设备

设备	厂家
TGL - 16B 型台式离心机	上海安亭科学仪器厂
YB - P50001 电子天平	力臻卓越科学仪器有限公司
- 20℃冰箱	Haier
- 80℃冰箱	SANYO
纯水仪	Millipore
EV5680 型拍片电子显微镜	Aigo
剪刀	黑龙江八一农垦大学食品学院
镊子	黑龙江八一农垦大学食品学院
TG - 16M 低温冷冻离心机	上海卢湘仪离心机仪器有限公司
K30 旋涡振荡器	青浦泸西仪器厂
PRO200 电动匀浆机	FLUKO

续表

设备	厂家
垂直电泳仪	伯乐
Sunrise 酶标仪	TECAN
酶标仪	BioTec
TBST 脱色摇床	其林贝尔
SH – 250 型生化培养箱	上海森信试验仪器有限公司
Image Quant LAS 4000 mini	通用电气
数控恒温水浴锅	上海深信试验仪器有限公司
纯水仪	Millipore
移液枪	Thermo
多道移液枪	Dragonlab

5.2.2.2　试剂

所需试验试剂如表 5 – 4。

表 5 – 4　主要试剂及其生产公司

试剂	公司
INHA ELISA	上海研谨生物科技有限公司
INHB ELISA	上海研谨生物科技有限公司
FSH ELISA	上海研谨生物科技有限公司
LH ELISA Kit	上海研谨生物科技有限公司
E_2 ELISA	上海研谨生物科技有限公司
AMH ELISA	上海研谨生物科技有限公司
IGF – 1 ELISA	上海研谨生物科技有限公司
IGFBP – 1 ELISA	上海研谨生物科技有限公司
BMP – 15 ELISA	上海研谨生物科技有限公司
GDF – 9 ELISA	上海研谨生物科技有限公司
蛋白裂解液	天根生化科技(北京)有限公司
PMSF	天根生化科技(北京)有限公司
抗鼠	Cell Signaling 公司
抗兔	Cell Signaling 公司
β – 肌动蛋白(β – actin)	Sigma 公司
ECL	Thermo Fisher 公司
6 × 上样缓冲液	天根生化科技(北京)有限公司

续表

试剂	公司
PVDF	Millipore 公司
SDS – PAGE 试剂盒	上海熠晨生物科技有限公司
BCA 蛋白定量试剂盒	Thermo 公司

5.2.3 试验方法

5.2.3.1 试验设计

（1）试验动物分组。

按照体重随机分为 5 组，每组 8 只，单笼饲养。5 组分别为阴性对照（NC）组、GEN 低剂量（L）、中剂量（M）、高剂量（H）组及阳性对照（PC）组。NC 组灌胃花生油（其他组灌胃试剂以此为溶剂）；L、M、H 组分别灌胃 15、30、60 mg/kg GEN，PC 组灌胃 0.5 mg/kg 己烯雌酚。

（2）试验动物饲养环境。

每天给予 14 h 光照、10 h 黑暗的周期性光照，动物室温度 20℃ ±2℃，相对湿度 45% ±10%，自由饮水，自由采食。

（3）受试时间。

所有动物受试时间为 30 天。

（4）样品采集。

选取动情间期雌性 SD 大鼠（挑选出动情期进行后续试验，其余继续观察至动情间期在继续试验，完成在 10 天内即 2 个动情周期），禁食不禁水，12 h 后，进行乙醚麻醉，腹主动脉取血，分离血清，分离后的血清分样储存；摘取双侧卵巢，称量质量，立即至于液氮中，然后转移至 −80℃ 冰箱保存备用。

5.2.3.2 试验方法

（1）动情期观察。

固定时间早上 9:00 进行观察。抚摸雌鼠使其放松后固定，漏出外阴用无菌的小绵支蘸取少量生理盐水，刮取少许阴道内分泌物，涂抹于载玻片，HE 染色。

（2）酶联免疫吸附试验。

新鲜血液置于新离心管，室温放置 10 ~ 20 min，离心 20 min（2000 ~ 3000 r/ min），将上清液分装于不同大小的 PCR 管中，−20℃ 保存，待检。

试验步骤，严格按照试剂盒操作。

（3）Western blot 试验。

①样品制备。

于 –80℃取出卵巢，置于干冰上迅速剪切 30 mg 卵巢，在研钵中用液氮研磨，后置于离心管中。

②试验步骤。

a. 30 mg 卵巢组织，每样本加入 500 μL 蛋白裂解液和 5 μL 蛋白酶抑制剂（PMSF），60 Hz 匀浆 90 s，置于冰上 15 min，最后将裂解液转移至新 EP 管中，14000 g 离心 10 min，取上清。

b. 蛋白变性：蛋白用 BCA 蛋白定量试剂盒进行蛋白定量，酶标仪测定 OD 值，取等量蛋白加入 6×上样缓冲液 100℃孵育 10 min。

c. 电泳：利用垂直电泳仪进行 SDS – PAGE 胶电泳，蛋白处于浓缩胶时电压设置为 80 V，蛋白进入分离胶之后电压调制 120 V，电泳 1 h。

d. 转膜：将凝胶玻璃板置于盛有电泳转移缓冲液的容器中，浸泡 15~20 min，裁剪好滤纸 Whatman 3 MM CHR 和 PVDF 膜，滤纸和膜为 83 mm×75 mm，尽量避免污染滤纸和膜，将裁剪好的滤纸和膜浸泡于电泳转移缓冲液中，驱除留于膜上的气泡。打开转移盒并放置浅盘中，用转移缓冲液将海绵垫完全浸透后将其放在转移盒壁上，海绵上再放置一张浸湿的 Whatman 3 MM 滤纸。小心将凝胶放置于滤纸上，避免气泡。用去离子水清洗缓冲液槽，在缓冲液槽中放入搅拌子，将另一块海绵用转移缓冲液浸透后放在凝胶—膜"三明治"上，关上转移盒并插入转移槽。将冰盒装入缓冲液槽，注满 4℃预冷的转移缓冲液。350 mA 恒流转膜 75 min。

e. 电转完毕后，将 PVDF 膜置于 5% 的脱脂奶粉（TBST 配制）中封闭，37℃ 2 h 小时。

f. 一抗孵育：封闭结束之后，TBST 清洗 PVDF 膜三遍，分别加入以下一抗 4℃ 孵育过夜：β – actin（Sigma，1:5000，鼠），P450 arom（1:1000，兔），EGR – 1（1:1000，兔），P450 scc（1:1000，兔），StAR（1:1000，兔）。

g. 二抗孵育：一抗孵育结束后，用 TBST 洗三遍，anti – mouse/anti – rabbit（Cell Signaling，1:2000）二抗室温孵育 2 h，TBST 脱色摇床清洗三遍。

h. 免疫检测：PVDF 膜上均匀滴加 ECL 化学显色液，发光强度用 ImageQuant LAS 4000 mini 化学发光成像检测仪检测拍照。

（4）RTFQ PCR 试验。

①总 RNA 的提取。

RNA 提取步骤：

a. 卵巢 30 mg,1 mL TRIzol,匀浆 60 Hz/90 s,冰上放置 15 min;

b. 15 ~ 30℃放置 5 min;

c. TRIzol:氯仿比例为 5:1,剧烈振荡 15 s,15 ~ 30℃放置 3 min;

d. 2 ~ 8℃10000 × g 离心 15 min;

e. 异丙醇沉淀 RNA;TRIzol:异丙醇比例为 2:1,15 ~ 30℃放置 10 min;

f. 2 ~ 8℃10000 × g 离心 10 min;

g. 75% 乙醇洗涤 RNA,TRIzol:乙醇比例为 1:1;

h. 2 ~ 8℃不超过 7500 × g 离心 5 min,弃上清;

i. 15 ~ 30℃放置干燥 RNA 沉淀,5 ~ 10 min;

j. 25 ~ 200 μL 无 RNase 水或 0.5% SDS 定容,55 ~ 60℃放置 10 min;

k. – 70℃保存。

②总 RNA 的鉴定。

Nanodrop 2000 超微量分光光度计测定 RNA 的 OD 值,判断 RNA 的纯度和浓度。

③RNA 反转录。

a. RNA 反转录体系(表 5 – 5)。

表 5 – 5　25 μLPCR 反应体系

名称	体积
RNA – 引物混合物	12 μL
5 × RT 反应缓冲液	5 μL
25mm 脱氧核糖核酸	1 μL
25 U/μL 核糖核酸酶抑制剂	1 μL
200 U/μL M – MLV 反转录酶	1 μL
Oligo(dt)18	1 μL
ddH$_2$O(无脱氧核糖核酸酶)	4 μL
总体积	25 μL

b. 反转录体系条件。

反应程序:37℃,60 min;85℃,5 min;4℃,5 min;置于 – 20℃保存。

④试验引物信息。

采用 NCBI primer designing tool 设计 RTFQ PCR 扩增引物,引物由上海生工

生物技术有限公司合成,引物信息见表 5 - 6。

表 5 - 6 引物合成信息

基因	序列(5′ - 3′)	长度	起始	终止	温度	长度
β – actin	ACCCGCGAGTACAACCTTC	19	16	34	59.71	287
	ATGCCGTGTTCAATGGGGTA	20	302	283	59.67	
IGF - 1	CCGGGACGTACCAAAATGAG	20	17	36	58.63	174
	CCTTGGTCCACACACGAACT	20	190	171	60.18	
IGFBP - 1	TTCTTGGCCGTTCCTGATCC	20	183	202	60.04	139
	AGAAATCTCGGGGCACGAAG	20	321	302	60.11	
BMP - 15	CCCTCCTTGCTGAAAACCCT	20	344	363	59.89	119
	TCAGCATGTACCTCAGGGGA	20	454	435	59.96	
GDF - 9	CAGGCTGGAGCCAGTGAAAA	20	97	116	60.54	137
	TTAGGGGTCTCACTTCGCCT	20	233	214	60.25	
StAR	TGGCTGCCAAAGACCATCAT	20	864	883	59.96	124
	TGGTGGCAGTCCTTAACAC	20	987	968	59.89	
P450 scc	GAGCTGGTATCTCCTCTACCA	21	126	146	57.77	299
	AATACTGGTGATAGGCCACCC	21	416	396	59.23	
EGR - 1	CTCGCTCGGATGAGCTTACA	20	968	987	59.62	159
	TCCCACAAATGTCACAGGCA	20	1126	1107	59.82	
CYP19	CACAAGTTAAGCCCGGTTGC	20	2619	2638	60.04	105
	CTGGGAGCACGAACTGAGAG	20	2723	2704	60.11	
SDF - 1	AAGCACAACAGCCCAAAGGA	20	350	369	60.40	150
	GGCAAATCTCAGCATGACCC	20	499	480	59.26	

⑤RTFQ PCR 扩增。

a. RTFQ PCR 扩增体系(表 5 - 7)。

表 5 - 7 25 μL PCR 反应体系

试剂	体积
SYBRGreen Mix	12.5 μL
上游引物	0.5 μL
下游引物	0.5 μL
ddH$_2$O	9.5 μL
cDNA	2.0 μL
总体积	25 μL

b. RTFQ PCR 扩增条件。

反应程序:95℃,10 min(95℃,15 s;60℃,45 s)×40 循环;95℃,15 s; 60℃, 1 min;95℃,15 s;60℃, 15 s。

（5）结果处理。

分析各基因的 CT 值,计算标化后的 $-\triangle\triangle CT$ 值。采用 $2^{-\triangle\triangle CT}$ 法对目的基因的表达量进行评估。每个基因重复 3 次,最后取平均值。数据经 Excel 整理后,用 GraphPad Prism 5.0 软件进行分析,$P < 0.05$ 为显著差异。

（6）统计学分析。

数据采用 SPASS 19.0 软件中 t 检验程序进行分析,绘图采用 GraphPad Prism 5.0 软件作图。$P < 0.05$ 为差异显著,$P < 0.01$ 为差异极显著。

5.2.4 结果与分析

5.2.4.1 试验期间雌性 SD 大鼠体重变化结果

（1）青年雌鼠体重变化。

表 5−8 结果显示,试验期间各剂量组雌鼠的体重与 NC 组比较没有明显变化,无显著性($P > 0.05$)。

表 5−8　各组青年 SD 雌性大鼠体重比较结果($\bar{x} \pm s, n = 8$)

组别	0 周	1 周	2 周	3 周	4 周
空白剂量组	218.82 ±2.72	255.55 ±8.09	266.97 ±8.87	274.51 ±9.26	282.90 ±8.62
低剂量组	217.67 ±2.49	241.37 ±3.77	254.74 ±3.58	267.50 ±5.28	273.24 ±7.18
中剂量组	218.94 ±3.34	248.70 ±3.43	269.38 ±4.38	282.64 ±4.28	289.80 ±4.20
高剂量组	218.98 ±4.06	247.40 ±3.90	269.74 ±4.28	293.30 ±4.23	293.10 ±6.11
雌激素组	218.18 ±4.90	249.91 ±7.07	263.71 ±4.09	264.30 ±4.26	262.85 ±4.32

*:与空白剂量组比较,差异显著($P<0.05$);**:与空白剂量组比较,差异极显著($P<0.01$)。

（2）初老雌鼠体重变化。

表 5−9 结果显示,试验期间各剂量组雌鼠的体重与 NC 组比较没有明显变化,无显著性($P > 0.05$)。

5.2.4.2 雌性 SD 大鼠脏器质量结果

（1）青年雌鼠脏器质量结果。

表 5−10 结果显示,与 NC 空白对照组相比,肝脏/体与肾脏/体在各组均没有明显变化,无显著影响($P > 0.05$);脾脏/体有明显增高趋势,在 L、M 与 H 剂量组均表现有显著性($P < 0.05$ 或 $P < 0.01$),且试验剂量组增加效果均高于 PC 阳

性组;子宫/体均降低,在剂量组 M 与 H 组具有显著性($P<0.05$);在各剂量组卵巢/体表现降低,在 M 剂量组有显著性($P<0.01$)。

表 5 - 9　各组初老雌性大鼠体重比较结果($\bar{x}\pm s,n=8$)

组别	0 周	1 周	2 周	3 周	4 周
空白剂量组	492.15 ±19.74	478.51 ±14.23	457.06 ±10.84	451.34 ±10.81	440.48 ±9.34
低剂量组	493.21 ±15.48	478.20 ±13.71	489.08 ±21.25	483.01 ±19.21	482.02 ±20.81
中剂量组	492.65 ±19.13	468.58 ±16.59	459.74 ±17.48	460.14 ±18.46	460.58 ±16.41
高剂量组	492.34 ±18.49	488.58 ±17.44	453.96 ±13.99	448.50 ±18.55	448.33 ±17.89
雌激素组	492.35 ±13.66	483.60 ±15.74	455.73 ±6.11	425.83 ±10.36	403.70 ±12.80

＊:与空白剂量组比较,差异显著($P<0.05$);＊＊:与空白剂量组比较,差异极显著($P<0.01$)。

表 5 - 10　各组青年雌鼠内脏/体比($\bar{x}\pm s,n=8$)

组别	肝脏	脾脏	肾脏	子宫	卵巢
空白剂量组	2.965 ±0.164	0.301 ±0.038	0.679 ±0.064	0.032 ±0.001	0.0488 ±0.020
低剂量组	3.159 ±0.410	0.444 ±0.046 ＊＊	0.708 ±0.050	0.030 ±0.004	0.0421 ±0.015
中剂量组	2.861 ±0.264	0.376 ±0.031 ＊	0.647 ±0.051	0.026 ±0.002 ＊	0.0381 ±0.012 ＊＊
高剂量组	3.012 ±0.194	0.418 ±0.044 ＊	0.671 ±0.051	0.028 ±0.003 ＊	0.0421 ±0.016
雌激素组	3.574 ±0.460 ＊	0.365 ±0.0431 ＊	0.712 ±0.054	0.027 ±0.002 ＊	0.0378 ±0.012 ＊＊

＊:与空白剂量组比较,差异显著($P<0.05$);＊＊:与空白剂量组比较,差异极显著($P<0.01$)。

(2)初老雌鼠脏器质量结果。

表 5 - 11 结果显示,与 NC 空白对照组相比,肝脏/体与肾脏/体在各组均没有明显变化,无显著影响($P>0.05$);脾脏/体有明显增高趋势,在 L、M 与 H 剂量组均表现有显著性($P<0.05$ 或 $P<0.01$),且剂量组增加效果均低于 PC 阳性组;子宫/体均增高,在剂量组 M 与 H 组具有显著性($P<0.01$);卵巢/体在各试验剂量组降低,在 M 与 H 剂量组呈显著性差异($P<0.01$)。

表 5 - 11　各组初老雌鼠内脏/体比($\bar{x}\pm s,n=8$)

组别	肝脏	脾脏	肾脏	子宫	卵巢
空白剂量组	2.488 ±0.102	0.137 ±0.002	0.549 ±0.016	0.024 ±0.002	0.044 ±0.002
低剂量组	2.558 ±0.052	0.171 ±0.002 ＊＊	0.543 ±0.016	0.025 ±0.002	0.039 ±0.007
中剂量组	2.612 ±0.072	0.201 ±0.087 ＊＊	0.576 ±0.037	0.030 ±0.004 ＊＊	0.033 ±0.007 ＊＊
高剂量组	2.428 ±0.102	0.161 ±0.022 ＊	0.560 ±0.023	0.037 ±0.010 ＊＊	0.031 ±0.005 ＊＊
雌激素组	3.043 ±0.092 ＊＊	0.355 ±0.106 ＊＊	0.588 ±0.018	0.035 ±0.003 ＊＊	0.036 ±0.004 ＊＊

＊:与空白剂量组比较,差异显著($P<0.05$);＊＊:与空白剂量组比较,差异极显著($P<0.01$)。

5.2.4.3　雌性 SD 大鼠血清指标检测结果

（1）雌鼠血清中促性腺激素检测结果。

图 5 - 3（a、b）显示，与 NC 组比较，试验组血清中 FSH 与 LH 含量均表现上升趋势，但差异不显著（$P > 0.05$），PC 组血清中 FSH 与 LH 含量也升高。图 5 - 3（c、d）显示，与 NC 组比较，试验组血清中 FSH 含量表现降低在 L、M 及 H 剂量组均表现差异显著（$P < 0.05$）；而与 NC 组比较，剂量组 LH 虽然有降低，但差异不显著（$P > 0.05$）。综合来看，GEN 试验剂量下能够升高青年雌鼠血清中促性腺激素水平，但在初老组中却是降低趋势，但都不明显，仅在初老雌鼠血清中，FSH 降低且具有统计学意义。

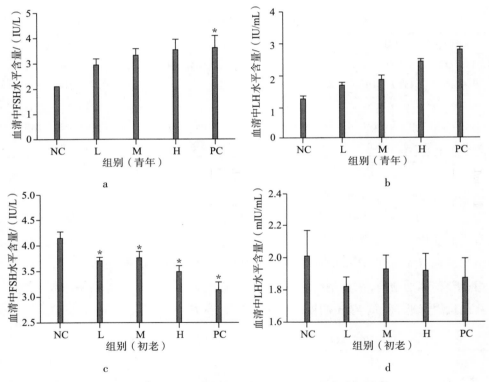

图 5 - 3　青年、初老雌鼠血清内 FSH、LH 的表达（$n = 8$）

a：青年 FSH；b：青年 LH；c 初老 FSH；d：初老 LH

*：与空白剂量组比较，差异显著（$P < 0.05$）；**：与空白剂量组比较，差异极显著（$P < 0.01$）。

（2）雌鼠血清中细胞因子检测结果。

①青年、初老雌鼠血清中 INH - A、INH - B 检测结果。

图 5 - 4（a、b）显示，与 NC 组比较，试验组血清中 INH - A 含量表现升高趋

势,但未表现显著性($P>0.05$);而与 NC 组比较,INH－B 表现降低,在 L、M 表现显著性($P<0.01$),但高剂量组却差异不显著($P>0.05$);图 5－4(c、d)显示,与 NC 组比较,试验组血清中 INH－A 含量有升高趋势,但未表现显著性($P>0.05$);而与 NC 组比较,INH－B 有升高趋势,但差异不显著($P>0.05$)。综合来看,GEN 能使青年及初老雌鼠血清 INH－A 的水平有升高趋势,但是没有明显作用,而 GEN 对于 INH－B 的作用,在青年组和初老组大鼠中是效果相反的,在青年组低剂量(L、M)表现降低且具有显著性,但是初老雌鼠(M、H)中表现是升高趋势,但无显著性。

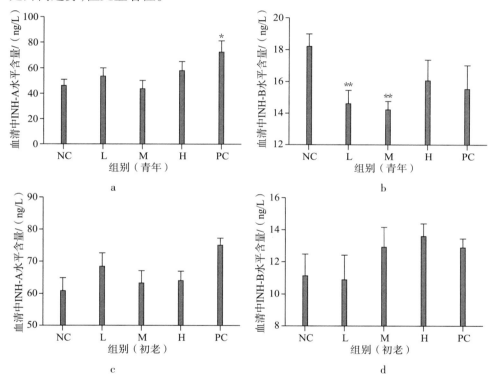

图 5－4　青年、初老雌鼠血清内 INH－A、B 的表达($n=8$)

a:青年 INH－A;b:青年 INH－B;c 初老 INH－A;d:初老 INH－B

* :与空白剂量组比较,差异显著($P<0.05$);** :与空白剂量组比较,差异极显著($P<0.01$)。

②青年、初老雌鼠血清中 AMH 检测结果。

图 5－5(a)显示,与 NC 组比较,青年试验组血清中 AMH 含量,在 L、M 组表现显著降低($P<0.05$ 或 $P<0.01$),与 PC 组表现作用相反;图 5－5(b)显示,与 NC 组比较,在初老试验组血清中,AMH 的含量没有明显变化,差异不显著($P>$

0.05）。综合来看，试验剂量下的 GEN 均能降低青年、初老雌鼠血清 AMH 的水平含量，区别在于同等剂量下的 GEN 作用于青年雌鼠更加明显一些，而初老雌鼠则较为不明显。

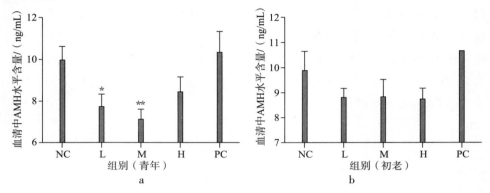

图 5 − 5　青年、初老雌鼠血清中 AMH 的表达（$n = 8$）
a:青年 AMH;b:初老 AMH
*:与空白剂量组比较，差异显著（$P < 0.05$）；**:与空白剂量组比较，差异极显著（$P < 0.01$）。

③青年、初老雌鼠血清中 IGF − 1、IGFBP − 1 检测结果。

图 5 − 6（a、b）显示，与 NC 组比较，青年大鼠 M、H 组血清中 IGF − 1 含量降低，但差异不显著（$P > 0.05$），试验剂量下血清中 IGFBP − 1 含量升高显著（$P < 0.05$ 或 $P < 0.01$）；图 5 − 6（c、d）显示，与 NC 组比较，初老大鼠各剂量组 IGF − 1 有升高趋势，IGFBP − 1 有降低趋势，皆无显著性（$P > 0.05$）。综合来看，GEN 在试验剂量下对青年、初老作用效果相反，且仅有 IGFBP − 1 水平在青年组大鼠中的差异具有统计学意义。

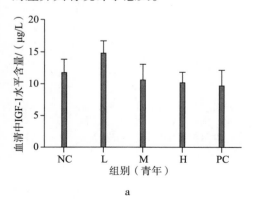

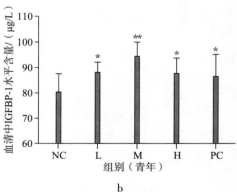

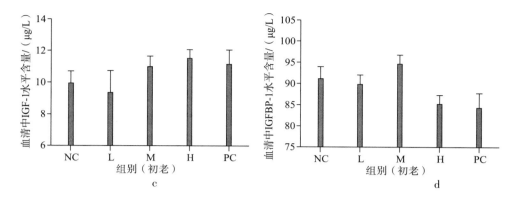

图 5 - 6　青年、初老雌鼠血清内 IGF - 1、IGFBP - 1 的表达（$n = 8$）

a：青年 IGF - 1；b：青年 IGFBP - 1；c 初老 IGF - 1；d：初老 IGFBP - 1

*：与空白剂量组比较，差异显著（$P < 0.05$）；**：与空白剂量组比较，差异极显著（$P < 0.01$）。

5.2.4.4　青年、初老雌鼠血清中 BMP - 15、GDF - 9 检测结果

图 5 - 7（a、b）显示，与 NC 组比较 GEN 可以提高 BMP - 15 在 L、M、H 组青年大鼠血清中的含量具有显著性（$P < 0.05$），尤其在 M 剂量组更显著（$P < 0.01$）；与 NC 组比较 GEN 可以提高各剂量组血清中 GDF - 9 的含量，在 H 剂量组表现显著性（$P < 0.05$）。图 5 - 7（c、d）显示，与 NC 组比较，血清中 BMP - 15 的含量虽然略有提高，但未表现出显著性（$P > 0.05$），且与 PC 对照作用相反；与 NC 组相比，GEN 能显著提高 GDF - 9 在血清中的表达，具有显著性（$P < 0.05$ 或 $P < 0.01$）。综合来看，相同试验剂量下，GEN 对于 BMP - 15 与 GDF - 9 的作用效果在青年组与初老组有很大区别。其中 BMP - 15 水平仅在青年组中有显著性差异，初老组变化不明显；而青年组 GDF - 9 水平仅在 H 剂量组下才有显著性，初老组则是在所有试验剂量下均有显著性。

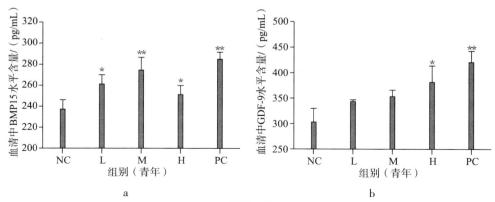

图 5 - 7

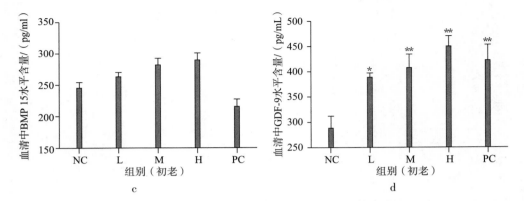

c   d

图 5 – 7　青年、初老雌鼠血清内 BMP – 15、GDF – 9 的表达（n = 8）

a:青年 BMP – 15;b:青年 GDF – 9;c 初老 BMP – 15;d:初老 GDF – 9

* :与空白剂量组比较,差异显著（$P < 0.05$）;** :与空白剂量组比较,差异极显著（$P < 0.01$）。

5.2.4.5　雌性 SD 大鼠卵巢内蛋白检测结果

（1）雌鼠卵巢内雌雄激素生成关键酶检测结果。

①青年、初老雌鼠卵巢内 StAR 蛋白检测结果。

图 5 – 8（a）显示,各剂量组青年大鼠卵巢中 StAR 蛋白的表达量均高于 NC 组,H 组 StAR 蛋白表达水平增加明显（$P < 0.05$）;图 5 – 8（b）显示,与 NC 组比较,初老大鼠 L、M、H 剂量的 GEN 可以显著提高初老组大鼠卵巢内 StAR 蛋白的表达水平,并且呈现剂量依赖,具有显著性（$P < 0.01$）。由结果不难看出,GEN 对于雄激素生成关键酶蛋白 StAR 在初老组作用更加明显。

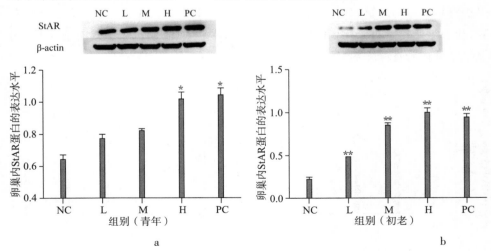

a   b

图 5 – 8　青年、初老雌鼠卵巢内 StAR 蛋白的表达（n = 8）

a:青年 StAR;b:初老 StAR

* :与空白剂量组比较,差异显著($P < 0.05$);** :与空白剂量组比较,差异极显著($P < 0.01$)。

②青年、初老雌鼠卵巢内 P450 scc 蛋白检测结果。

图 5 - 9(a)显示,与 NC 组比较,在 M、H 剂量下 GEN 处理后的青年大鼠卵巢内 P450 scc 蛋白的表达有明显提高,表现出与 PC 组具有相同的作用效果,具有显著性($P < 0.05$)。图 5 - 9(b)显示,初老大鼠 M 和 H 组的 P450 scc 蛋白表达水平增高,与 NC 组比较,差异显著($P < 0.05$)。在相同试验剂量下,GEN 对青年、初老雌鼠卵巢内 P450 scc 的水平发挥有效作用的起始剂量是相同的(均是从 M 剂量组开始作用),区别是在初老雌鼠中作用更加显著。

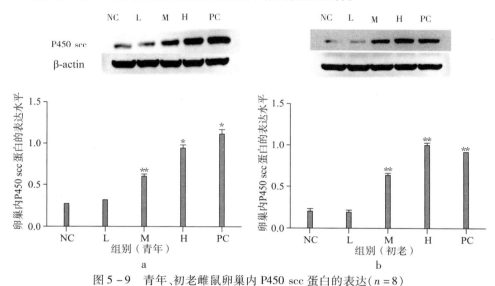

图 5 - 9　青年、初老雌鼠卵巢内 P450 scc 蛋白的表达($n = 8$)
a:青年 P450 scc;b:初老 P450 scc

* :与空白剂量组比较,差异显著($P < 0.05$);** :与空白剂量组比较,差异极显著($P < 0.01$)。

③青年、初老雌鼠卵巢内 P450 arom 蛋白检测结果。

图 5 - 10(a)显示,与 NC 组比较青年雌鼠卵巢内 P450 arom 蛋白的表达在 M、H 剂量组增加明显,具有显著性($P < 0.01$)。图 5 - 10(b)显示,与 NC 组比较 GEN 在在初老大鼠中各剂量组均能提高 P450 arom 的表达水平,具有显著性($P < 0.05$ 或 $P < 0.01$),且随着剂量增加而增加。试验结果不难看出,对于青年雌鼠,GEN 作用起效位点较高,M 剂量组开始有显著性,而在初老雌鼠中 GEN 在 L 剂量组就起到作用效果,青年和初老组大鼠在 M、H 剂量下的 P450 arom 表达量均表现极其显著的升高趋势。

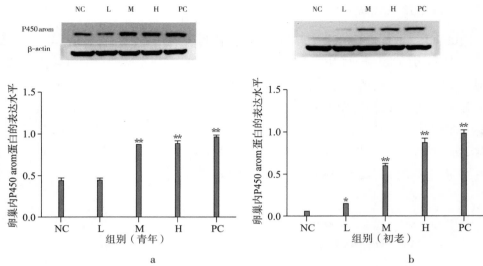

图 5 – 10　青年、初老 SD 雌鼠卵巢内 P450 arom 蛋白的表达($n=8$)

a:青年 P450 arom;b:初老 P450 arom

* :与空白剂量组比较,差异显著($P<0.05$); ** :与空白剂量组比较,差异极显著($P<0.01$)。

（2）雌鼠雌激素效应基因 EGR – 1 检测结果。

图 5 – 11（a）显示与 NC 组比较，GEN 能够显著提高青年雌性大鼠卵巢中 EGR – 1 的蛋白表达量，在 L、M、H 剂量组均表现显著性（$P<0.01$）。图 5 – 11（b）显示，与 NC 组比较，GEN 可以提高初老大鼠卵巢内 EGR – 1 的表达水平，在

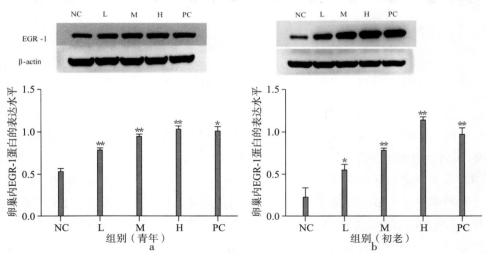

图 5 – 11　青年、初老雌鼠卵巢内 EGR – 1 蛋白的表达($n=8$)

a:青年 EGR – 1;b:初老 EGR – 1

* :与空白剂量组比较,差异显著($P<0.05$); ** :与空白剂量组比较,差异极显著($P<0.01$)。

L、M、H 剂量组均具有显著性($P < 0.05$ 或 $P < 0.01$),其中 H 剂量组最为显著($P < 0.01$)。综合来看,GEN 在试验剂量下对 EGR – 1 蛋白的影响均显著,且在初老组中 H 剂量组作用效果超过 PC 对照组。

(3)雌鼠卵巢内细胞因子 mRNA 的 RTFQ PCR 结果。

①青年、初老雌鼠卵巢 IGF – 1、IGFBP – 1RNA 的 RTFQ PCR 结果。

图 5 – 12(a、b)显示,与 NC 组比较,青年大鼠各剂量组卵巢组织中 IGF – 1、IGFBP – 1mRNA 表达水平均提高,其中 M、H 组显著升高($P < 0.05$);PC 组卵巢组织中 IGF – 1、IGFBP – 1 mRNA 表达水平显著升高($P < 0.05$)。图 5 – 12(c、d)显示,与 NC 组比较,各剂量组初老大鼠卵巢组织中 IGF – 1、IGFBP – 1 mRNA 表达水平均提高,其中 M、H 组显著升高($P < 0.01$);PC 组卵巢组织中 IGF – 1、IGFBP – 1 mRNA 表达水平显著升高($P < 0.01$)。由结果不难看出,GEN 对于 IGF – 1、IGFBP – 1 均有较好的促进效果,GEN 对青年大鼠卵巢中 IGFBP – 1 的促进效果在 M、H 组效果高于 PC 组,GEN 对初老大鼠卵巢中 IGF – 1 的促进作用在 M、H 组效果更好,高于 PC 组。

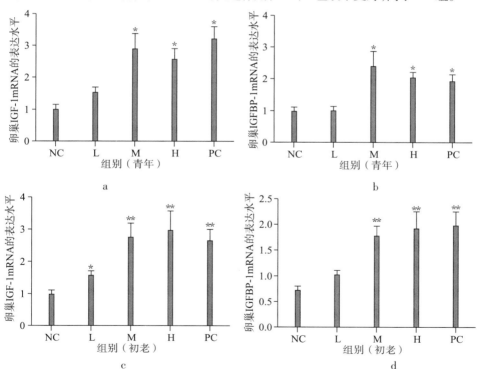

图 5 – 12　青年、初老雌鼠卵巢内 IGF – 1、IGFBP – 1mRNA 的表达($n = 8$)
a:青年 IGF – 1mRNA;b:青年 IGFBP – 1mRNA;c 初老 IGF – 1mRNA;d:初老 IGFBP – 1mRNA
＊:与空白剂量组比较,差异显著($P < 0.05$);＊＊:与空白剂量组比较,差异极显著($P < 0.01$)。

②青年、初老雌鼠卵巢 BMP-15、GDF-9 mRNA 的 RTFQ PCR 结果。

图 5-13(a、b)显示,与 NC 组比较,试验组青年大鼠卵巢组织中 BMP-15 mRNA 表达水平没有变化,无显著性($P > 0.05$);而 GDF-9 mRNA 表达水平在 GEN 作用下显著升高($P < 0.01$)。图 5-13(c、d)显示,与 NC 组比较,试验组初老大鼠卵巢组织中 BMP-15 mRNA 表达水平有升高趋势,但无显著性($P > 0.05$);而 GDF-9 mRNA 表达水平在 GEN 作用下显著升高($P < 0.05$ 或 $P < 0.01$)。不难看出,试验剂量下的 GEN 对于 BM-15 mRNA 没有明显作用,但对 GDF-9 却表现出显著的促进作用,区别是青年组在中剂量下效果明显,而初老组在高剂量下效果明显。

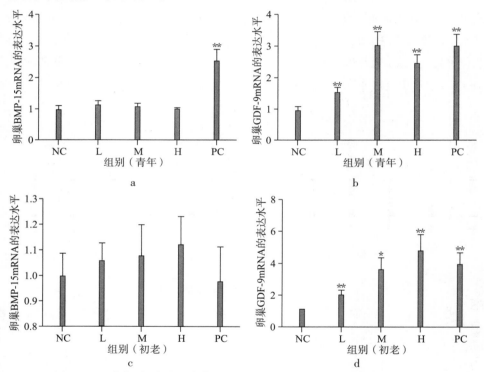

图 5-13 青年、初老雌鼠卵巢内 BMP-15、GDF-9 mRNA 的表达($n = 8$)
a:青年 BMP-15mRNA;b:青年 GDF-9 mRNA;c 初老 BMP-15 mRNA;d:初老 GDF-9 mRNA
* :与空白剂量组比较,差异显著($P < 0.05$);** :与空白剂量组比较,差异极显著($P < 0.01$)。

(4)雌鼠卵巢内雌雄激素生成关键酶 mRNA 的 RTFQ PCR 结果。

①青年、初老雌鼠卵巢 StAR、P450 scc mRNA 的 RTFQ PCR 结果。

图 5-14(a、b)显示,对于青年雌鼠,GEN 在 M、H 剂量下能够显著提高 StAR、P450 scc mRNA 的表达水平,具有显著性($P < 0.05$)。图 5-14(c、d)显

示,对于初老雌鼠,GEN 在 L、M、H 剂量下对 StAR mRNA 作用表现尤为明显,具有显著性($P<0.01$);而 P450 scc mRNA 在 M 剂量下增加明显,具有显著性($P<0.05$),在 H 剂量作用下更加明显($P<0.01$)。由结果可以看出,GEN 对于雄激素限速酶的作用在青年和初老组中基本一致,但在初老组作用更加明显。

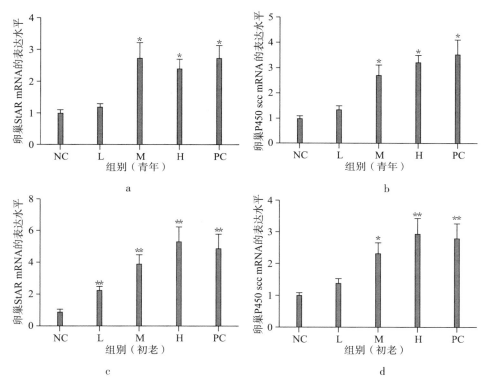

图 5 - 14　青年、初老雌鼠卵巢内 StAR、P450 scc mRNA 的表达($n=8$)

a:青年 StAR mRNA;b:青年 P450 scc mRNA;c 初老 StAR mRNA;d:初老 P450 scc mRNA
* :与空白剂量组比较,差异显著($P<0.05$); ** :与空白剂量组比较,差异极显著($P<0.01$)。

②青年、初老雌鼠卵巢 P450 arom、CYP19 mRNA 的 RTFQ PCR 结果。

图 5 -15(a、b)显示,对于青年组大鼠与 NC 组比较,M、H 剂量组的 GEN 能够使 P450 arom mRNA 在 M、H 剂量组显著提高($P<0.01$);对于 CYP19 mRNA 在 M、H 剂量提高明显,也具有显著性($P<0.05$)。图 5 -15(c、d)显示,在初老组中与 NC 组比较 GEN 能够使 P450 arom mRNA 在 L、M、H 剂量组显著提高($P<0.05$ 或 $P<0.01$);对于 CYP19 mRNA 在 L、M、H 剂量提高明显,也具有显著性($P<0.01$)。综合来看,在 GEN 作用下,对于初老组作用起始效应剂量优先于青年组,同时作用更加显著。

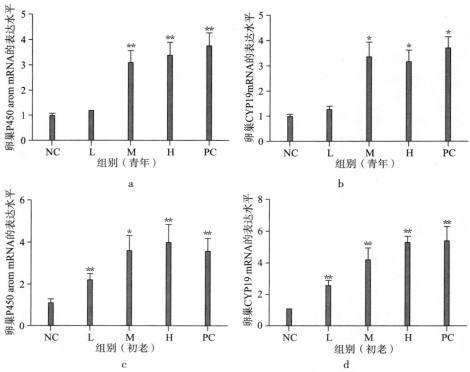

图 5 - 15　青年、初老雌鼠卵巢内 P450 arom、CYP19 mRNA 的表达(n = 8)

a:青年 P450 arom mRNA;b:青年 CYP19 mRNA;c 初老 P450 arom mRNA;d:初老 CYP19 mRNA

*:与空白剂量组比较,差异显著(P < 0.05); **:与空白剂量组比较,差异极显著(P < 0.01)。

(5)雌鼠卵巢内雌激素效应基因 EGR - 1 的 RTFQ PCR 结果。

图 5 - 16(a)显示,与 NC 组比较,GEN 能提高青年大鼠 M、H 组 EGR - 1 mRNA

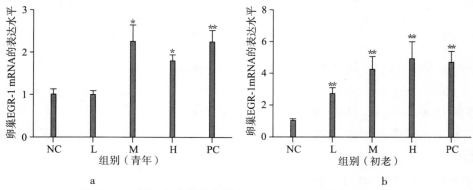

图 5 - 16　青年、初老雌鼠卵巢内 EGR - 1 mRNA 的表达(n = 8)

a:青年 EGR - 1;b:初老 EGR - 1

*:与空白剂量组比较,差异显著(P < 0.05); **:与空白剂量组比较,差异极显著(P < 0.01)。

的表达水平,具有显著性($P<0.05$),其作用效果与 PC 组相同。图 5-16(b)显示,与 NC 组比较,GEN 能提高初老大鼠 L、M、H 组 EGR-1 mRNA 的表达水平,具有显著性($P<0.05$ 或 $P<0.01$),其作用效果与 PC 组相同。由结果可以看出,对于初老大鼠卵巢 EGR-1 mRNA 水平的影响,GEN 在较低剂量下就能发挥作用,且更加显著。

(6)雌鼠卵巢内 SDF-1mRNA 的 RTFQ PCR 结果。

图 5-17(a)显示,与 NC 组比较,中、高剂量 GEN 能提高青年大鼠和初老大鼠卵巢中 SDF-1 mRNA 的表达水平,具有显著性($P<0.05$ 或 $P<0.01$),其作用效果与 PC 组相同。由结果可以看出,低剂量下 GEN 对青年和初老大鼠 SDF-1mRNA 的表达水平没有明显作用效果,而中、高剂量下作用均较为显著。

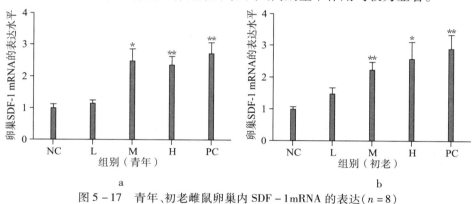

图 5-17　青年、初老雌鼠卵巢内 SDF-1mRNA 的表达($n=8$)

a:青年 SDF-1;b:初老 SDF-1

*:与空白剂量组比较,差异显著($P<0.05$);**:与空白剂量组比较,差异极显著($P<0.01$)。

5.2.5　讨论

脂肪具有保温、缓冲储藏能量等功能,其分为棕色与白色两种脂肪,其中白色脂肪可受雌激素调节,雌激素治疗可以降低白色脂肪,缺乏雌激素后会导致女性脂肪堆积。研究显示,在女性体内脂肪细胞核里发现雌激素受体蛋白,而在绝经期女性腹腔会发生脂肪堆积,Nogowski 研究表明,GEN 可以影响肝脏和脂肪组织中脂质代谢,来抑制脂肪合成,对血清中甘油三酯和游离脂肪酸水平有调节作用。而本试验结果显示,GEN 对青年与初老雌鼠体重没有明显影响,而且我们在前期研究中发现,GEN 对多囊卵巢综合征(PCOS)高雄血症动物模型试验中发现 GEN 对大鼠体重没有明显影响;对围绝经期小鼠试验中,在试验剂量下 15、30、60 mg/(kg·d)作用下小鼠体重及重要脏器无明显变化;但有学者表示当用含有

GEN 5400 mg/kg 的饲料喂养母鼠、父鼠会使其体重降低。Jarić等采用 GEN、DAI 皮下注射 12 月龄 Wistar 雌性鼠连续 4 周,与对照组比较 GEN 能增加子宫湿重,但 DAI 无改变。但 Cimafranca 等发现在新生幼鼠试验中,将 GEN 制成 25 mg/mL 乳剂治疗后会引起子宫重量增加。综合来看,GEN 对于处于不同的身体状况的大鼠、小鼠等体重以无明显影响为主,但在较高剂量下会有较明显的作用效果;而在众多研究中,不同剂量的 GEN 对卵巢/体与子宫/体的作用效果也是不同的,在本试验中 30 ~ 60 mg/kg GEN 作用下,大鼠卵巢/体与子宫/体降低。

IGFs 是脊椎动物生长及发育不可缺少的因子。IGFBP - 1 mRNA 在各组织中的表达情况存在差异,在卵巢中的表达弱于肝脏。IGF - 1 mRNA 在正常卵巢的小窦卵泡和闭锁卵泡膜细胞上表达水平较低,在优势卵泡中则不表达,而 IGFBP - 1 mRNA 仅出现于优势卵泡的颗粒细胞上。IGFs 家族包括,胰岛素样生长因子(IGF)、胰岛素样生长因子受体(IGFR)及胰岛素样生长因子结合蛋白(IGFBP)。IGFs 在机体中有很多生物功能,机体 IGFBP - 1 可以在低氧诱导因子 - 1(HIF - 1)的调控下使机体适应低氧情况,在筛选牙鲆低氧条件的选育中有积极作用。硬骨鱼卵母细胞发育及成熟过程中,人重组 IGF - 1 能刺激真鲷(Pagrus major)、纹犬牙石首鱼(Cynoscion nebulosus)卵巢中的生发泡破裂,促进其卵母细胞成熟。在卵巢内 IGF 可以扩大 Gn 对卵巢的作用,在卵巢内 IGF - 1 在卵泡膜与颗粒细胞合成,可以与 Gn 协同促进芳香化酶及 LH 受体生成,提高雄激素水平。我们试验结果显示 IGF - 1 在卵巢内表达是提高的,而 IGF - 1 能够使颗粒细胞增殖,与 LH 协同可提高卵泡内膜细胞增殖速度,与 LH 协同可提高雄烯二酮的表达,而 IGFBP - 1 mRNA 在优势卵泡的颗粒细胞中表达,其表达量体现出卵巢内卵泡的大小,在正常排卵前 IGFBP - 1 含量高,有文献表示,IGFBP - 1 可以不与 IGF - 1 结合,直接与细胞膜上受体蛋白作用,刺激中国仓鼠卵巢细胞迁移。Yao 等卵泡液中 IGF - 1 水平与卵巢期血清 E_2 水平呈正相关,卵泡数与卵子数呈正相关,卵泡液 IGFBP - 1 水平与卵泡数、卵子数呈正相关。Luo 等研究结果提示早期流产与 PCOS 患者血清中 IGF - 1 增加和 IGFBP - 1 下降有关。PCOS 妇女的卵巢中,IGF - 1 与胰岛素、LH 协同作用,通过旁分泌、自分泌和内分泌协同作用增加雄激素的产生,IGFBP - 1 mRNA 的表达水平降低,引发高雄激素血症,抑制卵泡成熟和雌激素的合成。

促性腺激素 LH 和 FSH 是专门在垂体前叶的促性腺激素细胞中产生的,并分泌到血液中,它们调节性腺中的类固醇生成和配子发生。FSH 受体是 Gplus 受体蛋白,主要表达于 Sertoli 睾丸细胞和卵巢颗粒细胞。作为下丘脑—垂体—性腺(HPG)轴的 FSH 激素的雇主,GnRH 受体可调节 FSH 的分泌。在卵巢内 FSH 刺激卵巢卵泡的生长和发育,卵子或卵细胞的发育促进卵巢分泌雌激素。在月经周期规律的女性中,FSH 可刺激卵巢 E_2 产生和卵泡生长至末期,而小鼠试验表明高出生后 FSH 浓度可确保编程成年生殖功能所需的 E_2 的供应,而在青春期之前不诱导卵泡成熟。Zin 等在一些研究中发现,断奶后大鼠试验中 10 mg/kgGEN 可以增加 E_2,而 100 mg/kg 抑制 E_2 的水平。陈玉庆等研究显示,在对 DOR(肾虚证)治疗后发现,血清中 FSH 下降、LH 提高同时 FSH/LH 也下降,表示对 DOR 有治疗效果。不难看出,IGF - 1 能够扩大 FSH 对卵巢的效应,刺激卵泡的生长及发育;能够使颗粒细胞增殖,IGF - 1 与 LH 协同可提高雄烯二酮。综合我们的试验结果,GEN 可以通过提高 IGF - 1 的表达,调控 LH、FSH 的水平,从而影响卵泡的发育及优势卵泡的筛选,同时能够促进颗粒细胞增殖,进一步验证我们在前期研究中得出的结论,即 GEN 能够促进 PCOS 大鼠卵巢颗粒细胞相关指标的机理。

GEN 对于抑制素的作用不明显,仅仅青年组有降低且显著($P < 0.01$),同时青年 FSH 表达升高($P > 0.05$)。有学者表示,当 INH - B 含量降低,FSH 升高表示生殖卵泡数减少或卵泡功能活性减弱。AMH 的作用之一是抑制原始卵泡激活,这会降低卵巢储备消耗的速度。现在有报道显示,AMH 检测卵巢的反应性,优于年龄、FSH、INH - B、E_2 等指标,也可以用来诊断 PCOS 患者。谭蓉蓉等运用 Meta 的分析方法表明,AMH 可单独作为检测 PCOS 指标。Skalba 表示血清中的 AMH 检测能够反应女性的卵巢储备功能,能够作为检测 POF 发生的指标参数。随着年龄的增长 INH - B 的含量逐渐降低,当妇女进入绝经后期,检测不到 INH - B。我们的研究显示 AMH 和 INH - B 在低、中组青年雌鼠中表现降低,具有显著性($P < 0.05$ 或 $P < 0.01$);在初老雌鼠组中则不然,对于初老组雌鼠,INH - B 水平的变化虽然无显著性($P > 0.05$),但有增高趋势,而对 AMH 则影响不大。推测 GEN 虽然能够在一定程度上促进青年雌鼠卵泡、颗粒细胞的发育及增殖,增加体内 E_2 的表达,但 INH - B 的降低可能预示着虽然对卵泡生长发育有影响,但可能会使促进生长繁殖的卵泡功能活性降低。这说明 GEN 能够通过调控卵巢、血清中 IGF - 1、IGFBP - 1 的表达水平,促进青年、初老雌鼠卵泡、颗粒细胞的发育及增殖,但可能会使青年雌鼠卵泡功能活性降低,这与孙晓溪等高剂量 GEN 可以使育龄雌鼠发生不受孕的现象相一致。为了深入研究,我们又选择了对卵泡发育与卵泡生长、闭锁、排卵、受精、繁殖卵子成熟率、卵裂率相关性的 BMP - 15 和 GDF - 9 指标进行研究。有研究显示在绵羊中,GDF9 mRNA 存在于卵巢滤泡形成之前和之后以及整个卵泡生长中的生殖细胞中,而 BMP15 mRNA 仅在来自生长初期的卵母细胞中,在 oGC 中 GDF-9 可以增强 BMP-15 对 AMH 启动子的活性调控,但 BMP-15 在卵泡内表达水平较为恒定。龙玲等表示 BMP-15 与 GDF-9 在人体作用是不同的,BMP-15 能提高 AMHR2 与 AMH 表达,但 GDF-9 不能。段彦苍等研究表明 GEN 可提高卵母细胞分泌因子 GDF-9、BMP-15 mRNA 与蛋白表达,对排卵有促进效果。本研究结果表明,GEN 对于青年、初老卵巢内 BMP-15mRNA 的表达几乎无影响,对血清中 BMP-15 水平有升高作用,而 GDF-9mRNA 的表达水平在青年、初老雌鼠卵巢内均明显升高($P < 0.05$)。因此,GEN 是通过促进 IGF-1、IGFBP-1 在卵巢内表达的同时,提高 GDF-9 的表达,扩大 Gn 对卵巢的作用效果,从而对青年及初老雌鼠的卵巢有调节效果,可促进卵泡成熟、排卵及颗粒细胞增殖。在 GEN 作用下,GEN 对初老雌鼠作用更加积极有效,能提高卵巢功能,对预防卵巢功能下降有积极效果。

众所周知,随着环境的改变、身体状况的改变,年龄的增长,会使机体发生一系列的变化,包括内分泌异常等,而体内的雌雄激素分泌异常会使女性健康及生活质量受到影响,研究表示,芳香化酶缺乏导致青春期女孩青春期延迟、乳房发育最小或无、原发性闭经、高促性腺激素性性腺功能低下、身材高大、骨龄延迟、骨密度降低和多囊卵巢,同时在男性中生殖器官虽然发育正常,但会在出生后在青春期后被诊断为骨龄延迟、骨密度降低和不孕。雌雄激素生成在身体健康中至关重要,Dai 等 502 mg/kg 大豆异黄酮能够显著提高 STAR mRNA 水平并增加精原细胞的发育及生殖细胞层数,对 P450 scc 或 3β-HSD mRNA 无影响。Sopinka 等发现在慢性母体暴露对野生红鲑(Oncorhynchus nerka)后代应激反应/HPI 活性的急性追赶压力的影响中其后代中 STAR 和 P450 scc 的表达均表现升高。Joibari 等通过限制饮食方法,可以提高卵巢内 CYP19、StAR 基因的表达。若芳香化酶缺乏会导致女孩生殖方面受到非常严重的影响,生殖诱发女性向男性化转变。CYP19 是 P450 arom 编码基因,对 P450 arom 的表达及活性有直接作用影响。本试验结果显示,在青年与初老雌鼠卵巢内,GEN 能够在试验剂量下使 StAR、P450 scc 与 P450 arom mRNA 与蛋白的表达均提高显著,同时作为 P450 arom 编码基因的 CYP19 mRNA 表达也提高($P < 0.05$ 或 $P < 0.01$),表明 GEN 可以通过提高卵巢内 P450 scc 的表达来提升孕烯醇酮的生成,并在 P450 arom 作用下将雄激素转化为雌激素,说明 GEN 可以通过提高卵巢内雌雄激素生成酶来影响卵巢功能,提高卵巢内雌雄激素的转化,有助于提高 E_2 的表达。

Aggarwal 等表示提高 EGR-1 的水平可以治疗宫颈癌,而在宫颈癌 Hela 细胞株中,EGR-1 与宫颈癌 Hela 细胞死亡率呈现正相关性。研究表示在子宫内的 EGR-1 mRNA 的含量受外来的雌激素影响,当给予雌激素时 EGR-1 会得到提高。Das 等在研究卵巢排卵的机制中发现,促性腺激素分泌高峰后 6 h 内,颗粒细胞中的 Egr-1 表达骤增。对垂体切除的大鼠给予 FSH 和 LH 腹腔注射后在卵巢中可分别出现 Egr-1 表达高峰说明 Egr-1 在下丘脑—垂体—卵巢轴(HPO)的调控中起着重要作用。SDF-1 在多种组织中均有表达,与胚胎发育、造血及多种肿瘤侵袭及转移有关,Kryczek 表示,颗粒细胞分泌的 SDF-1 有利于 T 淋巴细胞的募集,也抑制颗粒细胞的凋亡。SDF-1/CXCR4 能够在胚胎发育中起到作用,保证滋养层细胞在妊娠期间存活。在我们前期研究中,GEN 对于 PCOS 大鼠卵巢内的颗粒细胞有一定的影响,GEN 可使颗粒细胞、黄体及卵泡增多,减少/变薄囊肿卵泡/卵泡膜细胞层。本试验结果显示,在青年与初老雌鼠卵巢内,EGR-1、SDF-1 的表达在 M、H 剂量下表现明显($P < 0.05$ 或 $P < 0.01$)。那么综合来看,我们是否可以假设,我们前期试验中发现的 GEN 增加 PCOS 大鼠卵巢颗粒细胞可能是通过增加卵巢内 EGR-1 及 SDF-1 基因的表达来实现的呢,还有待进一步研究。

5.2.6　小结

5.2.6.1　结论

①给予不同剂量的 GEN 干预后,其对青年、初老雌性 SD 大鼠的基础指标,如体重、脏/体作用效果基本一致;而卵巢/体、子宫/体与本课题组前期的相关研究相一致。

②GEN 对青年与初老雌鼠血清中 FSH 和 LH 的作用效果相反。随着 GEN 剂量的升高,FSH 水平在初老雌鼠血清中有降低趋势。GEN 可降低青年大鼠血清中血清抑制素 INH-B 水平;对青年及初老大鼠血清中 AMH 均有降低效果;在 GEN 中高剂量下(30 mg/kg、60 mg/kg),卵巢内 IGF-1、IGFBP-1 mRNA 表达升高;青年组血清中 BMP-15 水平升高显著,而卵巢内 BMP-15 mRNA 无明显变化;GDF-9 在青年、初老大鼠血清与卵巢内 mRNA 的表达均升高。说明 GEN 可以通过调节与卵泡发育相关因子的表达,调节卵巢内卵泡的生长发育。

③通过研究 GEN 对大鼠卵巢内雌雄激素生成酶相关基因及雌激素效应基因的作用效果,发现 GEN 能够显著提高卵巢内 StAR、P450 scc、P450 arom 及 CYP19 的基因及蛋白表达,并且在较高剂量下 GEN(60 mg/kg)可提高 SDF-1 mRNA 的表达,说明 GEN 对卵巢储备功能的作用机制之一是通过调控雌雄激素生成关键酶基因的表达,影响卵巢内激素的生成。

④通过试验比较 GEN 对不同月龄大鼠卵巢功能相关指标的作用效果发现，相同剂量的 GEN 对青年及初老雌性大鼠的影响略有差别，GEN 对青年雌鼠的卵巢有一定影响，但会使卵泡功能活性降低；对于初老雌鼠有积极的作用，在一定程度上可提高卵巢储备功能及卵泡功能活性。

5.2.6.2　主要创新点

①前人对于植物雌激素的研究主要集中在疾病治疗方面，但本试验选择了与女性生育能力及健康关系最密切的卵巢作为研究靶向，以植物雌激素 GEN 作为研究对象，探讨其提高卵巢储备功能的有效作用途径及其作用机制，并且比较 GEN 对育龄期大鼠和初老期大鼠卵巢功能作用效果的异同点，探讨 GEN 在健康机体内的作用效果，用于改善卵巢及其治未病的研究。

②试验在以往对大豆异黄酮对青年雌性大鼠卵巢颗粒细胞凋亡作用研究及金雀异黄素对多囊卵巢综合征大鼠模型的试验研究基础上，进一步研究 GEN 对育龄期和初老期雌性大鼠卵巢储备功能的作用，具有系统性，并且以卵巢闭锁相关基因 EGR - 1 和 P450 基因为切入点，寻找 GEN 缓解卵巢衰老的作用靶点。

5.2.6.3　问题及展望

试验分析了 GEN 对于青年、初老雌鼠在细胞因子、雌雄激素生成关键酶等机制的作用，并分析 GEN 对于青年、初老卵巢储备功能的影响，及 GEN 作用的异同点，对于后期工作有较好的奠定基础，但同时也存在一些缺点，如机理研究深度还需加强，在后续研究中可以从 GEN 对雌鼠 miRNA - 375 在 BMP15/GDF9 受体表达调控中的作用及其对卵巢细胞增殖和凋亡的影响；EGR - 1 作用在正常青年雌鼠或初老雌鼠卵巢内的具体机制，GEN 如何通过 EGR - 1 来调控雌鼠卵巢及其作用途径等方面进一步研究。

参考文献

[1] Abeer M M, Umaima A A, Mohamed M A, et al. Genistein increases estrogen receptor beta expression in prostate cancer via reducing its promoter methylation [J]. Journal of Steroid Biochemistry & Molecular Bi, 2015, 152:62 - 75.

[2] Adem B A, Mustafa G, Tarik A, et al. Genistein Exerts Neuroprotective Effect on Focal Cerebral Ischemia Injury in Rats [J]. Inflammation, 2015, 38(3): 1311 - 1321.

[3] Afoze A, Peter J G, Mark T K. Role of IGF - 1 in glucose regulation and cardio-

vascular disease[J]. Expert Review of Cardiovascular Therapy, 2008, 6(8):
1135 – 1149.

[4]Aggarwal B B, Bhardwaj A, Aggarwal R S, et al. Role of resveratrol in preven-
tion and therapy of cancer: Preclinical and clinical studies[J]. Anticancer Re-
search, 2003, 24(5A):2783 – 2840.

[5]Ahmed A A, Goldsmith J, Fokt I, et al. A genistein derivative, ITB – 301, in-
duces microtubule depolymerization and mitotic arrest in multidrug – resistant ovar-
ian cancer [J]. Cancer Chemotherapy & Pharmacology, 2011, 68 (4):
1033 – 1044.

[6]Ahn H, Park Y K. Soy isoflavone supplementation improves longitudinal bone
growth and bone quality in growing female rats[J]. Nutrition, 2017, 37:68 – 73.

[7]Ailawadi R K, Jobanputra S, Kataria M, et al. Treatment ofen dometriosis and
chronic pelvic pain with letrozole and norethindrone acetate:a pilot study[J].
Fertil Steril, 2004, 81(2):290 – 296.

[8]Ajaz A G, Mohammad H. Genistein Alleviates Neuroinflammation and Restores
Cognitive Function in Rat Model of Hepatic Encephalopathy: Underlying Mecha-
nisms[J]. Molecular Neurobiology, 2018,55(2):1762 – 1772.

[9]Albertini D, Combelles C, Benecchi E, et al. Cellular basis for paracrine regula-
tion of ovarian follicle development [J]. Reproduction, 2001, 121 (5):
647 – 653.

[10]Alizadeh A, Sadri H, Rehage J, et al. 1088 mRNA abundance of steroid hor-
mone metabolizing enzymes (17β – HSD isoforms and CYP19) in adipose tissue
of dairy cows during the periparturient period[J]. Journal of Animal Science,
2016, 94(5):522.

[11]Allen N E, Appleby P N, Kaaks R, et al. Lifestyle determinants of serum insu-
lin like growth factor 1(IGF – 1),C – peptide and hormone binding protein lev-
els in British women[J]. Cancer Causes & Control, 2003, 14(1):65 – 74.

[12]Allshouse A A, Semple A L, Santoro N F. Evidence for prolonged and unique
amenorrhea related symptoms in women with premature ovarian failure/primary
ovarian insufficiency[J]. Menopause the Journal of the North American Meno-
pause Society, 2015, 22(2):166 – 174.

[13]Amato G, Izzo A, Tucker A, et al. Insulin like growth factor binding protein –

3 reduction in follicular fluid in spontaneous and stimulated cycles[J]. Fertility & Sterility, 1998, 70(1):141－144.

[14]Amiri G S, Mohammad J R, Algazo M, et al. Genistein modulation of seizure: involvement of estrogen and serotonin receptors[J]. Journal of Natural Medicines, 2017, 71(3):537－544.

[15]Andersen C Y. Inhibin－B secretion and FSH isoform distribution may play an integral part of follicular selection in the natural menstrual cycle[J]. Molecular Human Reproduction, 2017, 23(1):16.

[16]Aquino C P, Hernández V M, Hicks G J J, et al. The role of insulin like growth factor in polycystic ovary syndrome[J]. Ginecología Y Obstetricia De México, 1999, 67:267－271.

[17]Arany E, Afford S, Strain A J, et al. Differential cellular synthesis of insulin like growth factor binding protein－1 (IGFBP－1) and IGFBP－3 within human liver[J]. Journal of Clinical Endocrinology & Metabolism, 1995, 79(6):1871－1876.

[18]Asma, Chinigarzadeh, Sekaran, et al. Combinatorial effect of genistein and female sex steroids on uterine fluid volume and secretion rate and aquaporin (AQP)1, 2, 5, and 7 expression in the uterus in rats[J]. Environmental Toxicology, 2016, 32(3):832－844.

[19]Bai Yao, Li Xinyi, Liu Zhijun, et al. Effects of octylphenol on the expression of StAR, CYP17 and CYP19 in testis of Rana chensinensis[J]. Environmental Toxicology & Pharmacology, 2017, 51:9－15.

[20]Banerjee S, Li Yiwei, Wang Zhiwei, et al. Multi targeted therapy of cancer by genistein[J]. Cancer Letters, 2008, 269(2):226－242.

[21]Barbieri F, Bajetto A, Florio T. Role of Chemokine Network in the Development and Progression of Ovarian Cancer: A Potential Novel Pharmacological Target [J]. Journal of Oncology, 2010.

[22]Barrett J C, Fry B, Maller J, et al. Haploview: analysis and visualization of LD and haplotype maps[J]. Bioinformatics, 2005, 21(2):263－265.

[23]Bhattarai G, Poudel S B, Kook S H, et al. Anti inflammatory, antiosteoclastic, and antioxidant activities of genistein protect against alveolar bone loss and periodontal tissue degradation in a mous emodel of periodontitis[J]. Journal of Bio-

medical Materials Research Part A, 2017, 105(9):2510 - 2521.

[24] Binkert C, Landwehr J, Mary J L, et al. Cloning, sequence analysis and expression of a cDNA encoding a novel insulin - like growth factor binding protein (IGFBP - 2)[J]. Embo Journal, 1989, 8(9): 2497 - 2502.

[25] Bitto A, Arcoraci V, Alibrandi A, et al. Visfatin correlates with hot flashes in postmenopausal women with metabolic syndrome: effects of genistein[J]. Endocrine, 2016, 55(3):1 - 8.

[26] Britton O, Nathan D, Layla A N, et al. Genistein treatment improves fracture resistance in obese diabetic mice[J]. Bmc Endocrine Disorders, 2017, 17(1): 1.

[27] Budiani N N, Karmaya I N M, Manuaba I P, et al. The Number of Leydig Cells, Sertoli Cells, and Spermatogonia are Lower towards a Little Rats that Their Parent Given Genistein during Peric onception Period[J]. International Research Journal of Engineering, IT & Scientific Research, 2017, 3(2):1 - 8.

[28] Bulun S E, Sebastian S, Takayama K, et al. The human CYP19 (aromatase P450) gene: update on physiologic roles and genomic organization of promoters [J]. Journal of Steroid Biochemistry & Molecular Biology, 2003, 86(3 - 5): 219 - 224.

[29] Calogero A, Lombari V, Gregorio G D, et al. Inhibition of cell growth by EGR - 1 in human primary cultures fromma lignantglioma[J]. Cancer Cell Int, 2004, 4:1.

[30] Canyilmaz E, Uslu G H, Bahat Z, et al. Comparison of the effects of melatonin and genistein on radiationinduced nephrotoxicity: Results of an experimental study[J]. Biomedical Reports, 2016, 4 (1):45.

[31] Carreau S, Silandre D, Bourguiba S, et al. Estrogens and male reproduction: a new concept[J]. Brazilian Journal of Medical and Biological Research, 2007, 40(6):761 - 768.

[32] Charlotte M F, Florence P, Frank G, et al. A novel action of follicle stimulating hormone in the ovary promotes estradiol production without inducing excessive follicular growth before puberty[J]. Scientific Reports, 2017, 7:46222.

[33] Chen Jun, Duan Yuxin, Zhang Xing, et al. Genistein induces apoptosis by the inactivation of the IGF - 1R/p - Akt signaling pathway in MCF - 7 human breast

cancer cells[J]. Food & Function, 2015, 6(3):995 – 1000.

[34] Cheng Ji, Qi Jun, Li Xuetao, et al. ATRA and Genistein synergistically inhibit the metastatic potential of human lung adenocarcinoma cells[J]. International Journal of Clinical and Experimental Medicine, 2015, 8(3):4220 – 4227.

[35] Chiang S S, Pan T M. Beneficial effects of phytoestrogens and their metabolites produced by intestinal microflora on bone health[J]. Applied Microbiology and Biotechnology, 2013, 97(4):1489 – 1500.

[36] Chien C, Chen, Wan R, et al. Egr – 1 is activated by 17 – estradiol in MCF – 7 cells by mitogen activated protein kinase – dependent phosphorylation of ELK – 1[J]. Journal of Cellular Biochemistry, 2010, 93(5):1063 – 1074.

[37] Choi Y S, Ku S Y, Jee B C, et al. Comparison of follicular fluid IGF – 1, IGF – II, IGFBP – 3, IGFBP – 4 and PAPP – A concentrations and their ratios between GnRH agonist and GnRH antagonist protocols for controlledovarian stimulation in IVF-embwo transfer patients [J]. Hum Reprod, 2006, 21 (8): 2015 – 2021.

[38] Cimafranca M A, Davila J, Ekman G C, et al. Acute and chronic effects of oral genistein admini stration in neonatal mice[J]. Biology of Reproduction, 2010, 83(1):114 – 121.

[39] Clemente N D, Ghaffari S, Pepinsky R B, et al. A quantitative and interspecific test for biologic alactivity of anti mullerian hormone: the fetal ovary aromatase assay[J]. Development, 1992, 114 (3):721 – 727.

[40] Cohen J, Chabbert – Buffet N, Darai E. Diminished ovarian reserve, premature-ovarian failure, poor ovarian responder – a plea for universal definitions[J]. Journal of Assisted Reproduction and Genetics, 2015, 32(12):1709 – 1712.

[41] Dai H, Zhang T, Tian Y, et al. Effects of dietary soybean isoflavones (SI) on reproduction in the young breeder rooster[J]. Animal Reproduction Science, 2017, 177:124 – 131.

[42] Dai H L, Jia G Z, Wang Wei, et al. Genistein inhibited ammonia induced astrocyte swelling by inhibiting NF – κB activation-mediated nitric oxide formation [J]. Metabolic Brain Disease, 2017, 32(3):841 – 848.

[43] Dai Weiqi, Wang Fan, He Lei, et al. Genistein inhibits hepatocellular carcinoma cell migration by reversing the epithelial mesenchymal transition: partial me-

diation by the transcription factor NFAT1[J]. Molecular Carcinogenesis, 2015, 54(4):301.

[44] Daniel G P, Mercedes N S, Margalida T M, et al. The Phytoestrogen Genistein Affects Breast Cancer Cells Treatment Depending on the ERα/ERβ Ratio[J]. Journal of Cellular Biochemistry, 2016, 117(1):218.

[45] Das S, Chattopadhyay R, Ghosh S, et al. Reactive oxygen species level in follicular fluid embryo quality marker in IVF[J]. Human Reproduction, 2006, 21(9):2403 – 2407.

[46] Dewailly D, Gronier H, Poncelet E, et al. Diagnosis of polycystic ovary syndrome (PCOS): revisiting the threshold values of follicle count on ultrasound and of the serum AMH level for the definition of polycystic ovaries[J]. Human Reproduction, 2011, 26(11):3123 – 3129.

[47] Dixit H, Rao L K, Padmalatha V, et al. Mutational screening of the coding region of growth differentiation factor 9 gene in Indian women with ovarian failure [J]. Menopause, 2005, 12(6):749 – 754.

[48] Dixon R A, Ferreira D. Genistein [J]. Phytochemistry, 2002, 60 (3): 205 – 211.

[49] Durlinger A L L, Gruijters M J G, Piet K, et al. Anti – Müllerian hormone attenuates the effects of FSH on follicle development in the mouse ovary[J]. Endocrinology, 2001, 142(11):4891 – 4899.

[50] Ebner T, Moser M, Sommergruber M, et al. Incomplete denudation of oocytes prior to ICSI enhances embryo quality and blastocyst development[J]. Human Reproduction, 2006, 21(11):2972 – 2977.

[51] Elgindy E A, El – Haieg D O, El – Sebaey A. Anti – Müllerian hormone: correlation of early follicular, ovulatory and midluteal levels with ovarian response and cycle outcome in intracytoplasmic sperm injection patients[J]. Fertility & Sterility, 2008, 89(6):1670 – 1676.

[52] Elisabetta D, Benedetta G, Cristina L, et al. FSH receptor Ala307 Thr polymorphism is associated to polycystic ovary syndrome and to a higher responsiveness to exogenous FSH in Italian women [J]. Assist Reprod Genet, 2011, 28(10): 925 – 930.

[53] Eppig J J. Oocyte control of ovarian follicular development and function in mam-

mals[J]. Reproduction, 2001, 122(6):829.

[54]Evert A B, Boucher J L, Cypress M, et al. Nutrition therapy recommendations for the management of adults with diabetes[J]. Diabetes Care, 2013, 36(11): 3821 – 3842.

[55]Ewa C S, Katarzyna J, Marzenna G, et al. Assessment of FSHR, AMH, and AMHRII variants in women with polycystic ovary syndrome[J]. Endocrine, 2015, 48(3):1001 – 1004.

[56]Ezzat V A, Duncan E R, Wheatcroft S B, et al. The role of IGF – I and its binding proteins in the development of type 2 diabetes and cardiovascular disease [J]. Diabetes Obesity & Metabolism, 2010, 10(3):198 – 211.

[57]Fernanda P, Eduardo O, Melo. The Role of Oocyte Secreted Factors GDF9 and BMP15 in Follicular Development and Oogenesis[J]. Reproduction in Domestic Animals, 2011, 46(2):354 – 361.

[58]Findlay J K, Drummond A E, Britt K L, et al. The roles of activins, inhibins and estrogen in early committed follicles[J]. Molecular & Cellular Endocrinology, 2000, 163(1 – 2):81 – 87.

[59]Findlay J K, Drummond A E. Regulation of the FSH Receptor in the Ovary[J]. Trends Endocrinol Metab, 1999, 10(5):183 – 188.

[60]Fritz W. Fritz W A, Coward L, et al. Dietary genistein: Perinatal mammary cancer prevention, bioavailability and toxicity testing in the rat[J]. Carcinogenesis, 1998, 19(12):2151 – 2158.

[61]Gaasenbeek M, Powell B L, Sovio U, et al. Large scale analysis of the relationship between CYP 11A promoter variation, polycystic ovarian syndrome, and serum testosterone[J]. Journal of Clinical Endocrinology & Metabolism, 2004, 89 (5):2408 – 2413.

[62]Ganai A A, Khan A A, Malik Z A, et al. Genistein modulates the expression of NF – κB and MAP K (p – 38 and ERK1/2), thereby attenuating Galactosamine induced fulminant hepatic failure in Wistar rats[J]. Toxicology & Applied Pharmacology, 2015, 283(2):139 – 146.

[63]García B M J, Blanco E J, Carretero H M, et al. Local transformations of androgens into estradiol by aromatase P450 is involved in the regulation of prolactin and the proliferation of pituitary prolactin positive cells[J]. PLoS One, 2014, 9

(6):101403.

[64] Geun – Shik L, Kyung – Chul C, Hoe – Jin K, et al. Effect of Genistein As a Selective Estrogen Receptor Beta Agonist on the Expression of Calbindin D9k in the Uterus of Immature Rats [J]. Toxicological Sciences, 2004, 82(2): 451 – 457.

[65] Ghosh J, Das R, Manna R, et al. Protective effect of the fruits of Terminalia arjuna against cadmium induced oxidant stress and hepatic cell injury via MAPK activation and mitochondria dependent pathway[J]. Food Chemistry, 2010, 123 (4):1062 – 1075.

[66] Gilchrist R B. Signalling pathways mediating specific synergistic interactions between GDF9 and BMP15[J]. Molecular Human Reproduction, 2012, 18(3): 121 – 128.

[67] Graddy L G, Kowalski A A, Simmen F A, et al. Multiple isoforms of porcine aromatase are encoded by three distinct genes[J]. Journal of Steroid Biochemistry & Molecular Biology, 2000, 73(1 – 2):49 – 57.

[68] Guo T L, Germolec D R, Zheng J F, et al. Genistein protects female nonobese diabetic mice from developing type 1 diabetes when fed a soy and alfalfa – free diet[J]. Toxicologic Pathology, 2015, 43(3):435.

[69] Hammond J M, Ching – Ju H, John K, et al. Gonadotropins increase concentrations of immunoreactive insulin like growth factor – I in porcine follicular fluid in vivo[J]. Biology of Reproduction, 1988, 38(2):304 – 308.

[70] Hansen K R, Knowlton N, Thyer A C, et al. A new model of reproductive aging: the decline in ovariannon growing follicle number from birth to menopause [J]. Human Reproduction, 2008, 23(3): 699 – 708.

[71] Han Shengbo, Wu Hui, Li Wenxue, et al. Protective effects of genistein in homocysteine induced endothelial cell inflammatory injury[J]. Molecular and Cellular Biochemistry, 2015, 403(1):43 – 49.

[72] Harlow C R, Bradshaw A C, Rae M T, et al. Oestrogen formation and connective tissue growth actor expression in rat granulosa cells[J]. Journal of Endocrinology, 2007, 192(1):41 – 52.

[73] Huang Guannan, Xu J, Lefever D E, et al. Genistein prevention of hyperglycemia and improvement of glucose tolerance in adult nonobese diabetic mice are

associated with alterations of gut micr obiome and immune homeostasis[J]. Toxicology & Applied Pharmacology, 2017, (17):301588.

[74] Ilona K, Nelly F, Françoise G, et al. The chemokine SDF − 1/CXCL12 contributes to Tlymphocyte recruitment in human preovulatory follicles and coordinates with lymphocytes to increase granulosa cell survival and embryo quality[J]. American Journal of Reproductive Immunology, 2005, 54(5): 270 − 283.

[75] Ivana M, Nataša R, Svetlana T, et al. Genistein affects ovarian folliculogenesis: a stereological study[J]. Microscopy Research & Technique, 2012, 75(12): 1691 − 1699.

[76] Jaime, Palomino, Monica, et al. Temporal expression of GDF − 9 and BMP − 15 mRNAs in canine ovarian follicles [J]. Theriogenology, 2016, 86 (6): 1541 − 1549.

[77] Jari I, Ivanovi J, Miler M, et al. Genistein and daidzein treatments differently affect uterine home ostasis in the ovary − intact middle − aged rats[J]. Toxicology and Applied Pharmacology, 2017, 339:73 − 84.

[78] Jefferson W N, Couse J F, Padilla − Banks E, et al. Neonatal exposure to genistein induces estrogen receptor (ER) alpha expression and multioocyte follicles in the maturing mouse ovary: evidence for ERbeta mediated and nonestrogenic actions[J]. Biology Reproduction, 2002, 67(4):1285 − 1296.

[79] Jeffrey P, Tom B, Layla A N, et al. Genistein treatment increases bone mass in obese, hyperglycemic mice[J]. Diabetes Metabolic Syndrome & Obesity Targets & Therapy, 2016, 9:63 − 70.

[80] Johnny D, Christa F, Marie B, et al. Aromatase deficiency caused by a novel P450 arom gene mutation: impact of absent estrogen production on serum gonadotropin concentration in a boy[J]. Journal of Clinical Endocrinology & Metabolism, 1999, 84(11):4050.

[81] Joibari M M, Khazali H. Effect of food restriction and weight loss on ghrelin, ghrelin receptor, aromatase and StAR gene expression in female rat ovary[J]. Journal of Mazandaran University of Medical Sciences, 2014, 24 (118): 90 − 98.

[82] Jones J I, Gockerman A, Busby W H, et al. Insulin Like Growth Factor Binding Protein 1 Stimul ates Cell Migration and Binds to the α5β1 Integrin by Means

of its Arg – Gly – Asp Sequence[J]. Proceedings of the National Academy of Sciences of the United States of America, 1993, 90(22):10553 – 10557.

[83]Jones M R, Italiano L, Wilson S G, et al. Polymorphism in HSD17B6 is associated with key features of polycystic ovary syndrome[J]. Fertil Steril, 2006, 86 (5):1438 – 1446.

[84]Josso N, Clemente N D, Lucile Gouédard. Anti – Müllerian hormone and its receptors. [J]. Molecular & Cellular Endocrinology, 2001, 179(1 – 2):25 – 32.

[85]Jourdehi A Y, Sudagar M, Bahmani M, et al. Comparative study of dietary soy phytoestrogens genistein and equol effects on growth parameters and ovarian development in farmed female beluga sturgeon, Huso huso[J]. Fish Physiology & Biochemistry, 2014, 40(1):117 – 128.

[86]Kagawa H, Kobayashi M, Hasegawa Y, et al. Insulin and insulin – like growth factors Ⅰ and Ⅱ induce final maturation of oocytes of red seabream, Pagrus major, in vitro [J]. General & Comparative Endocrinology, 1994, 95 (2): 293 – 300.

[87]Kim M K, Kim K, Han J Y, et al. Modulation of inflammatory signaling pathways by phytochemicals in ovarian cancer[J]. Genes & Nutrition, 2011, 6(2): 109 – 115.

[88]Kishida M, Callard G V. Distinct cytochrome P450 aromatase isoforms in zebrafish (Danio rerio) brain and ovary are differentially programmed and estrogen regulated during early development[J]. Endocrinology, 2001, 142(2):740 – 750.

[89]Kishi H, Okada T, Otsuka M, et al. Induction of superovulation by immunoneutralization of endogenous inhibin through the increase in the secretion of follicle-stimulating hormone in the cyclic g olden hamster[J]. Journal of Endocrinology, 1996, 151(1):65 – 75.

[90]Kocabas, Gokcen, Unal, et al. Polycystic ovary syndrome is associated with increased osteopontin levels[J]. European journal of endocrinology, 2016, 174 (4):415 – 423.

[91]Kyle J T, Gon S, Mindy S C, et al. Use of antimullerian hormone for testing ovarian reserve: a survey of 796 infertility clinics worldwide[J]. Journal of Assisted Reproduction & Genetics, 2015, 32(10):1441 – 1448.

[92]Lee C, Raffaghello L, Longo V D. Starvation, detoxification, and multidrug resistance in cancer therapy[J]. Drug Resistance Updates Reviews & Commentaries in Antimicrobial & Anticancer Chemotherapy, 2012, 15(1 – 2):114 – 122.

[93]Lee E B, Ahn D, Kim B J, et al. Genistein from Vigna angularis Extends Lifespan in Caenorhabditis elegans[J]. Biomolecules & Therapeutics, 2015, 23 (1):77 – 83.

[94]Lee P D K, Giudice L C, Conover C A, et al. Insulin – like growth factor binding protein – 1:recent findings and new directions[J]. Experimental Biology and Medicine, 1997, 216(3):319 – 357.

[95]Lee S J, Akcurin S, Turkkahraman D, et al. A novel null mutation in P450 aromatase gene (CYP19A1) associated with the development of hypoplastic ovaries in humans[J]. Journal of Clinical Research in Pediatric Endocrinology, 2016, 8(2):205 – 210.

[96]Li Guannan, Simmler C, Chen Luying, et al. Cytochrome P450 inhibition by three licorice species and fourteen licorice constituents[J]. European journal of pharmaceutical sciences: official journal of the European Federation for Pharmaceutical Sciences, 2017, 109:182 – 190.

[97]Li Ting, Ma Aituan, Liu Yue qin, et al. Effects of Inhibin on the Secretion of Estrogen, Progesterone and Expressions of Related Genes in Sheep Granulosa Cells[J]. Acta Veterinaria Etz Ootechnica Sinica, 2017, 48(9):1648 – 1653.

[98]Liu Xiongxiong, Sun Chao, Liu Bingtao, et al. Genistein mediates the selective radiosensitizing effect in NSCLCA549 cells via inhibiting methylation of the keap1 gene promoter region[J]. Oncota rget, 2016, 7(19):27267 – 27279.

[99]Luo Lu, Wang Qiong, Chen Minghui, et al. IGF – 1 and IGFBP – 1 in peripheral blood and decidua of early miscarriages with euploid embryos: comparison between women with and without PCOS [J]. Gynecological Endocrinology, 2016:538 – 542.

[100]Lyubimova N V, Beyshembaev A M, Kushlinskiy D N, et al. Granulosa Cell Tumors of the Ovary and Inhibin B[J]. Bulletin of Experimental Biology & Medicine, 2011, 150(5):635 – 638.

[101]Marca A L, Stabile G, Artenisio A C, et al. Serum anti – Mullerian hormone throughout the human menstrual cycle[J]. Human Reproduction, 2006, 21

（12）:3103 - 3107.

[102]Maria L, Adam K, Daniel G. Plant growth regulators affect biosynthesis and accumulation profile ofisoflavone phytoestrogens in high - productive in vitro cultures of Genista tinctoria[J]. Plant Cell, Tissue and Organ Culture (PC-TOC), 2014, 118(3):419 - 429.

[103]Martyniak M, Zglejc K, Franczak A, et al. Expression of 3β - hydroxysteroid dehydrogenase and P450 aromatase in porcine oviduct during the oestrous cycle [J]. Journal of Animal and Feed Sciences, 2016, 25(3):235 - 243.

[104]Mcintosh C J, Lun S, Lawrence S, et al. The proregion of mouse BMP15 regulates the cooperative interactions of BMP15 and GDF9[J]. Biology of Reproduction, 2008, 79(5):889 - 896.

[105]Mcnatty K P, Smith P, Moore L G, et al. Oocyte - expressed genes affecting ovulation rate[J]. Mo lecular & Cellular Endocrinology, 2005, 234(1 - 2): 57 - 66.

[106]Meng K T, Walter L M. Phosphorylation of human cytochrome P450c 17 by p38α selectively increases 17, 20 lyase activity and androgen biosynthesis[J]. Journal of Biological Chemistry, 2013, 288(33):23903.

[107]Michael K R, Terrell W Z, Ziyue L. Urinary phytoestrogens and cancer, cardiovascular, and all cause mortality in the continuous National Health and Nutrition Examination Survey[J]. European Journal of Nutrition, 2015, 6:1 - 12.

[108]Mika L, Kaisa V, Risto J, et al. A novel growth differentiation factor - 9 (GDF - 9) related factor is coexpressed with GDF - 9 in mouse oocytes during folliculo genesis [J]. Mechanisms of Developme nt, 1998, 78 (1 - 2): 135 - 140.

[109]Morishima A, Grumbach M M, Simpson E R, et al. Aromatase deficiency in male and female siblings caused by a novel mutation and the physiological role of estrogens[J]. Journal of Clinical Endocrinology & Metabolism, 1995, 80 (12):3689 - 3698.

[110]Mottershead D G, Sugimura S, Al Musawi S L, et al. Cumulin, an Oocyte - secreted Heterodimer of the Transforming Growth Factor - β Family, Is a Potent Activator of Granulosa Cells and Improves Oocyte Quality[J]. Journal of Biological Chemistry, 2015, 290(39):24007 - 24020.

[111]Mullis P E, Yoshimura N, Kuhlmann B, et al. Aromatase deficiency in a female who is compound heterozygote for two new point mutations in the P450 arom gene: impact of estrogens on hypergonadotropic hypogonadism, multicystic ovaries, and bone densitometry in childhood[J]. Journal of Clinical Endocrinology & Metabolism, 1997, 82(6):1739 – 1745.

[112]Nazouri A S, Khosravifar M, Akhlaghi A A, et al. No relationship between most polymorphisms of steroidogenic acute regulatory (StAR) gene with polycystic ovarian syndrome[J]. International Journal of Reproductive Biomedicine, 2015, 13(12):771 – 778.

[113]Nagao T, Yoshimura S, Saito Y, et al. Reproductive effects in male and female rats of neonatale xposure to genistein[J]. Reprod Toxicol, 2001, 15(4):399 – 411.

[114]Nigel P, Anne P H, Jennifer L, et al. Is ABO blood type associated with ovarian stimulation response in patients with diminished ovarian reserve[J]. Assist Reprod Genet,2015, 32(6):985 – 990.

[115]Nogowski L, Maćkowiak P, Kandulska K, et al. Genistein induced changes in lipid metabolism of ovariectomized rats[J]. Annals of Nutrition & Metabolism, 1999, 42(6):360 – 366.

[116]Nynca A, Sadowska A, Orlowska K, et al. The Effects of Phytoestrogen Genistein on Steroidoge nesis and Estrogen Receptor Expression in Porcine Granulosa Cells of Large Follicles [J]. Folia Biologica, 2015, 63 (2):119 – 128.

[117]Ojo O O, Bhadauria S, Rath S K. Dose – dependent adverse effects of salinomycin on male reproductive organs and fertility in mice[J]. Plos One, 2013, 8(7):69086.

[118]Okubo T, Mok S C, Chen S. Regulation ofaromatase expression in human ovarian surface epith elial cells[J]. J Clin Endocrinol Metab, 2000, 85(12):4889 – 4899.

[119]Otsuka F, McTavish K, Shimasaki S. Integral Role of GDF – 9 and BMP – 15 in Ovarian Function [J]. Mol Reprod Dev, 2011, 78(1):9 – 21.

[120]Patel S, Peretz J, Pan Yuanxiang, et al. Genistein exposure inhibits growth and alters steroidogen esis in adult mouse antral follicles[J]. Toxicology & Ap-

plied Pharmacology, 2016, 293:53 – 62.

[121] Peluso C, Goldman C, Cavalcanti V, et al. Use of Bone Morphogenetic Protein 15 Polymorphisms to Predict Ovarian Stimulation Outcomes in Infertile Brazilian Women [J]. Genetic Testing & Molecular Biomarkers, 2017, 21 (5): 328 – 333.

[122] Peng Jia, Li Qinglei, Wigglesworth K, et al. Growth differentiation factor 9: bone morphogenetic protein 15 heterodimers are potent regulators of ovarian functions[J]. Proceedings of the National Academy of Sciences of the United States of America, 2013, 110(8):776 – 785.

[123] Peng J, Wigglesworth K, Rangarajan A, et al. Amino acid 72 of mouse and human GDF9 maturedomain is responsible for altered homodimer bioactivities but has subtle effects on GDF9:BMP15 heterodimer activities[J]. Biology of reproduction, 2014, 91(6):142.

[124] Pierre A, Estienne A, Racine C, et al. The bonemorphogenetic protein 15 up-regulates the anti – Müllerian hormone receptor expression in granulosa cells [J]. Journal of Clinical Endocrinology & Metabolism, 2016, 101(6):2602 – 2611.

[125] Piotr Skaba, Anna Cygal. Anti – Mullerian hormone: plasma levels in women with polycystic ovary syndrome and with premature ovarian failure[J]. Przeglad Menopauzalny, 2011, 10(3):232 – 236.

[126] Prakash G J, Kanth V V R, Shelling A N, et al. Mutational analysis of inhibin alpha gene revealed three novel variations in Indian women with premature o-varian failure[J]. Fertility & Sterility, 2010, 94(1):90 – 98.

[127] Prins J B, ORahilly S, Chatterjee V K K. Steroid hormones and adipose tissue [J]. European Journal of Clinical Investigation, 1996, 26(4):259 – 261.

[128] Rajpathak S N, Gunter M J, Wylie – Rosett J, et al. The role of insulin – like growth factor – I and its binding proteins in glucose homeostasis and type 2 dia-betes[J]. 2009, 25(1):3 – 12.

[129] Rajput M S, Sarkar P D. Modulation of neuroinflammatory condition, acetyl-cholinesterase and a ntioxidant levels by genistein attenuates diabetes associated cognitive decline in mice[J]. Chemico biological interactions, 2017, 268:93.

[130] Rajput M S, Sarkar P D, Nirmal N P. Inhibition of DPP – 4 Activity and Neu-

ronal Atrophy with Genistein Attenuates Neurological Deficits Induced by Transient Global Cerebral Ischemia and Reperfusion in Streptozotocin Induced Diabetic Mice[J]. Inflammation, 2017, 40(2):1 – 13.

[131]Ray P, Lewin S A, Mihalko L A, et al. Noninvasive Imaging Reveals Inhibition of Ovarian Cancer by Targeting CXCL12 – CXCR4[J]. Neoplasia, 2011, 13(12):1152 – 1161.

[132]Reader K L, Heath D A, Lun S, et al. Signalling pathways involved in the cooperative effects of ovine and murine GDF9 + BMP15 stimulated thymidine uptake by rat granulosa cells[J]. Reproduction, 2011, 142(1):123 – 131.

[133]Reeves P G, Nielsen F H, Fahey G C, et al. AIN – 93 purified diets for laboratory rodents: final report of the American Institute of Nutrition ad hoc writing committee on the reformulation of the AIN – 76A rodent diet[J]. Journal of Nutrition, 1993, 123(11):1939.

[134]Renato F, Schonäuer L M, Claudia R, et al. Serum anti – Müllerian hormone is more strongly related to ovarian follicular status than serum inhibin B, estradiol, FSH and LH on day 3[J]. Human Reproduction, 2003, 18(2):323 – 327.

[135]Righi E, Kashiwagi S, Yuan J, et al. CXCL12/CXCR4 Blockade Induces Multimodal Antitumor Effects That Prolong Survival in an Immunocompetent Mouse Model of Ovarian Cancer[J]. Cancer Research, 2011, 71 (16): 5522 – 5534.

[136]Sanaei M, Kavoosi F. Stimulatory and Inhibitory Effects of Low and High Concentrations of Genistein on Human Hepatocellular Carcinoma HepG2 Cell Line [J]. Global Journal of Medicine Researches and Studies, 2017, 4 (1): 13 – 17.

[137]Santos P R D S, Oliveira F D, Arroyo, et al. Steroidogenesis during postnatal testicular development of Galea spixii[J]. Reproduction, 2017, 154(5):645.

[138]Schuh – Huerta S M, Johnson N A, Rosen M P, et al. Genetic variants and environmental factors associated with hormonal markers of ovarian reserve in Caucasian and African American women[J]. Human Reproduction, 2012, 27 (2):594 – 608.

[139]Sezai Sahmay, Yavuz A, Mahmut O, et al. Diagnosis of Polycystic Ovary Syndrome: AMH in combination with clinical symptoms[J]. Journal of Assisted

Reproduction & Genetics, 2014, 31(2):2 13 – 220.

[140]Shelling A N. Mutations in inhibin and activin genes associated with human disease[J]. Molecular & Cellular Endocrinology, 2012, 359(1 – 2):113 – 120.

[141]Shimasaki S, Shimonaka M, Zhang H P, et al. Identification of five different insulin – like growth factor binding proteins (IGFBPs) from adult rat serum and molecular cloning of a novel IGFBP – 5 in rat and human[J]. Journal of Biological Chemistry, 1991, 266(16):10646 – 10653.

[142]Shunsaku F, Shigemei S, Atsushi F, et al. Continuous administration of gonadotrophin – releasing hormone agonist during the luteal phase in IVF[J]. Human Reproduction, 2001, 16(8):1671.

[143]Sighinolfi G, Grisendi V, La M A. How to personalize ovarian stimulation in clinical practice[J]. Journal of the Turkish German Gynecological Association, 2017, 18(3):148 – 153.

[144]Silva J R V, Hurk R V D, Tol H T A V, et al. Expression of growth differentiation factor 9 (G DF9), bone morphogenetic protein 15 (BMP15), and BMP receptors in the ovaries of goats[J]. Molecular Reproduction & Development, 2004, 70(1):11 – 19.

[145]Smith T J. Insulin – Like Growth Factor – I Regulation of Immune Function: A Potential Therapeutic Target in Autoimmune Diseases? [J]. Pharmacological Reviews, 2010, 62(2):199 – 236.

[146]Song Mingzhi, Tian Xiliang, Lu Ming, et al. Genistein exerts growth inhibition on human osteosarcoma MG – 63 cells via PPARγ pathway[J]. International Journal of Oncology, 2015, 46(3):1131 – 1140.

[147]Sopinka N M, Jeffrey J D, Burnett N J, et al. Maternal programming of offspring hypothalamic pituitary interrenal axis in wild sockeye salmon (Oncorhynchus nerka)[J]. General&Comparative Endocrinology, 2017, 242:30.

[148]Šoši ć Jurjevi ć B, D Lütjohann, I Jari ć, et al. Effects of ageand soybean isoflavones on hepatic cholesterol metabolism and thyroid hormone availability in acyclic female rats[J]. Experimental Ger ontology, 2017, 92:74 – 81.

[149]Suresh K A S. Original Article Genistein regulates tumor microenvironment and exhibits anticancer effect in dimethyl hydrazine – induced experimental colon carcinogenesis[J]. Biofactors, 2016.

[150]Terra V A, Souza − Neto F P, Frade M A C, et al. Genistein prevents ultraviolet Bradiationinduced nitrosative skin injury and promotes cell proliferation[J]. Journal of Photochemistry and Photobiology Biology, 2015, 144:20 − 27.

[151]Thomas P, Pinter J, Das S. Upregulation of the maturation inducing steroid membrane receptor in spotted seatrout ovaries by gonadotropin during oocyte maturation and its physiological significance[J]. Biology of Reproduction, 2001, 64(1):21 − 29.

[152]Toner J P, Seifer D B. Why we may abandon basal follicle stimulating hormone testing: a sea change in determining ovarian reserve using antimüllerian hormone[J]. Fertility & Sterility, 2013, 99(7):1825 − 1830.

[153]ValerieS H, Stefan W, Anna M R, et al. Preclinical evaluation of the anti tumor effects of the natural isoflavone genistein in two xenograft mouse models monitored by [18F]FDG, [18F]FLT, and [64Cu]NODAGA − cetuximab small animal PET[J]. Oncotarget, 2016, 7(19):28247 − 28261.

[154]Van Cauwenberge A, Alexandre H. Effect of genistein alone and in combination with okadaic acid on the cell cycle resumption of mouse oocytes[J]. Int J Dev Biol, 2000, 44(4):409 − 420.

[155]Vincenzo A, Marco A, Francesco S, et al. Antiosteoporotic Activity of Genistein Aglycone in Pos tmenopausal Women: Evidence from a Post − Hoc Analysis of a Multicenter Randomized Controlled Trial[J]. Nutrients, 2017, 9(3):179.

[156]Wang Pei, Chen Huadong, Sang Shengmin. Trapping of Methylglyoxal by Genistein and its Meta bolites in Mice[J]. Chemical Research in Toxicology, 2016, 29(3):406 − 414.

[157]Wendy J, Retha N, Elizabeth P B, et al. Neonatal Genistein Treatment Alters Ovarian Differentiation in the Mouse: Inhibition of Oocyte Nest Breakdown and Increased Oocyte Survival1[J]. Biology of Reproduction, 2006, 74(1):161 − 168.

[158]Wheatcroft S B, Kearney M T. IGF − dependent and IGF − independent actions of IGF − binding protein − 1 and − 2: implications for metabolic homeostasis [J]. Trends Endocrinol Metab, 2009, 20(4):153 − 162.

[159]Wu J M, Zelinski M B, Ingram D K, et al. Ovarian Aging and Menopause:

Current Theories, Hypotheses, and Research Models[J]. Experimental Biology and Medicine, 2006, 230(11):818 – 828.

[160]Xiao Xiao, Liu Zhiguo, Wang Rui, et al. Genistein suppresses FLT4 and inhibits human colorectal cancer metastasis[J]. Oncotarget, 2015, 6(5):3225 – 3239.

[161]Xu Pei, Shen Shanmei, Zhang Xinlin, et al. Haplotype analysis of single nucleotide polymorphisms in anti – Müllerian hormone gene in Chinese PCOS women[J]. Archives of Gynecology & Obstetrics, 2013, 288(1):125 – 130.

[162]Yan Changning, Wang Pei, De M J, et al. Synergistic roles of bone morphogenetic protein 15 and growth differentiation factor 9 in ovarian function[J]. Molecular Endocrinol, 2001, 15(6):854 – 866.

[163]Yoon K, Kwack S J, Kim H S, et al. Estrogenic endocrine disrupting chemicals: molecular mechanisms of actions on putative human diseases[J]. Journal of Toxicology and Environmental Health. Part B Critical Reviews. 2014, 17: 127 – 174.

[164]Yoo N Y, Jeon S, Nam Y, et al. Dietary Supplementation of Genistein Alleviates Liver Inflammation and Fibrosis Mediated by a Methionine Choline – Deficient Diet in db/db Mice [J]. Journal of Agricultural & Food Chemistry, 2015, 63(17):4305 – 4311.

[165]Yousefi H, Alihemmati A, Karimi P, et al. Effect of genistein on expression of pancreatic SIRT1, inflammatory cytokines and histological changes in ovariectomized diabetic rat[J]. Iranian Journal of Basic Medical Sciences, 2017, 20 (4):423 – 429.

[166]Yu Lin, Guo Jianwei, Yi Guobin. Inhibitory Effects of Natural Food Dyes Genistein on Invasion of SKOV3 Human Ovarian Carcinoma Cells In Vivo and In Vitro[J]. Advanced Materials Research, 2013, 781 – 784:1152 – 1155.

[167]Zarmouh N O, Messeha S S, Elshami F M, et al. Evaluation of the Isoflavone Genistein as Reversible Human Monoamine Oxidase – A and – B Inhibitor[J]. Evidence Based Complementary and Alternative Medicine, 2016, 2016(1): 1 – 12.

[168]Zhang Fan, Liu Xiaoling, Rong Nan, et al. Clinical value of serum antimullerian hormone and inhibin B in prediction of ovarian response in patients with

polycystic ovary syndrome[J]. Journal of Huazhong University of Science & Technology, 2017, 37(1):70－73.

[169]Zhang Liyan, Xue Haogang, Chen Jiyig, et al. Genistein induces adipogenic differentiation in human bone marrowmesenchymal stem cells and suppresses their osteogenic potential by upregulating PPARγ[J]. Experimental & Therapeutic Medicine, 2016, 11(5):1853－1858.

[170]Zhao Liang, Wang Yong, Liu Jia, et al. Protective Effects of Genistein and Puerarin against Chronic Alcohol－Induced Liver Injury in Mice via Antioxidant, Anti－Inflammatory, and Anti－Apoptotic Mechanisms[J]. Journal of Agricultural & Food Chemistry, 2016, 64(38):7291.

[171]Zin S R, Omar S Z, Khan N L, et al. Effects of the phytoestrogen genistein on the development of the reproductive system of Sprague Dawley rats[J]. Clinics (Sao Paulo, Brazil), 2013, 68:253－262.

[172]艾浩, 牛建昭, 薛晓鸥, 等. 金雀异黄素对肝肾阴虚证卵巢功能早衰小鼠基因差异表达作用研究[J]. 北京中医药大学学报, 2008, 31(7):452－455.

[173]蔡娟, 顾欢, 常玲玲, 等. 大豆黄酮在蛋鸡饲料中的安全性评价:生产性能、蛋品质和繁殖器官发育[J]. 动物营养学报, 2013, 25(3):635－642.

[174]曹满湖, 罗理成, 孙佳静, 等. 大豆异黄酮对产蛋后期蛋鸡卵巢机能的影响[J]. 动物营养学报, 2016, 28(8):2458－2464.

[175]陈阿琴, 刘志伟, 吕为群, 等. GDF9与BMP15受体基因在异育银鲫卵细胞中的表达[J]. 上海海洋大学学报, 2015, 24(5):656－661.

[176]陈栋, 金秋燕. 金雀异黄素对尼罗罗非鱼生长及生长轴相关基因表达的影响[J]. 饲料工业, 2016, 37(6):32－37.

[177]陈容. 金雀异黄素对多囊卵巢综合征大鼠的调节作用研究[D]. 大庆:黑龙江八一农垦大学, 2013.

[178]陈夏珠, 何援利. 抑制素基因多态性与卵巢早衰的关系[J]. 实用妇产科杂志, 2015, 31(4):260－263.

[179]陈玉庆, 刘迎萍, 黄腾辉, 等. 安坤种子丸对卵巢储备功能下降(肾虚证)患者FSH, LH, FSH/LH的影响[J]. 西部中医药, 2017, 30(3):109－111.

[180]迟晓星, 陈容, 张涛, 等. 金雀异黄素对PCOS高雄血症大鼠子宫和卵巢

形态学的影响[J]. 中国食品学报, 2013, 13(5):11-16.

[181] 迟晓星, 张明玉, 张涛, 等. 金雀异黄素对多囊卵巢综合征大鼠卵巢组织中 Bcl-2 及 BaxmRNA 表达的影响[J]. 动物营养学报, 2014, 26(4): 1120-1126.

[182] 迟晓星, 张涛, 钱丽丽, 等. 大豆异黄酮对青年雌性大鼠卵巢、子宫组织中 Bcl-2 mRNA 和 Bax mRNA 表达的影响[J]. 食品科学, 2010, 31(11): 231-233.

[183] 迟晓星, 张涛, 甄井龙, 等. 金雀异黄素调节围绝经期小鼠血清抑制素与性激素水平的研究[J]. 中国食品学报, 2016, 16(7):47-51.

[184] 迟晓星, 甄井龙, 张涛, 等. 金雀异黄素对 PCOS 大鼠卵巢和子宫组织中 P450 arommRNA 的作用[J]. 中国食品学报, 2016, 16(4):35-42.

[185] 单庆莲, 宋华, 王瑾. CXC 趋化因子受体 4/基质细胞衍生因子-1 反应轴及血管内皮生长因子与卵巢癌发病的相关性[J]. 中国妇幼保健, 2013, 28(31):5192-5193.

[186] 董克, 吕杰强, 朱雪琼. 转录因子 Egr-1 及其在女性生殖系统中的作用[J]. 中国妇幼健康研究, 2007, 18(4):333-336.

[187] 段彦苍, 宋翠森, 贺明, 等. 补肾调经方、逍遥丸对促排卵小鼠排卵前卵巢卵母细胞分泌因子表达的影响[J]. 北京中医药大学学报, 2017, 40(8): 635-640.

[188] 高连连, 蔡德培. 环境内分泌干扰物对性激素合成相关酶基因调控网络的不良影响[J]. 国际儿科学杂志, 2012, 39(5):764-767.

[189] 耿华, 徐美林. 趋化因子 CXCL12/CXCR4 在非小细胞肺癌中的表达[J]. 天津医药, 2012, 40(3):203-205.

[190] 耿华. 趋化因子 CXCL12/CXCR4 在非小细胞肺癌中的表达[D]. 天津: 天津医科大学, 2012.

[191] 顾欢, 施寿荣, 童海兵, 等. 大豆黄酮对产蛋后期蛋鸡生产性能、血液指标和经济效益的影响[J]. 动物营养学报, 2013, 25(2):390-396.

[192] 管永波, 郝鹏飞, 唐春宇, 等. 氟化钠对小鼠睾丸间质瘤细胞 StAR 和 P450 scc mRNA 表达的影响[J]. 卫生研究, 2012, 41(1):105-108.

[193] 郭碧涛, 刘冬岩, 马军, 等. 养肝和血方对初老雌性大鼠卵巢 Bcl-2 和 Bax 表达的影响[J]. 世界中西医结合杂志, 2010, 5(2):114-116.

[194] 郭焱, 冯娜. 抑制素 B 和抗苗勒管激素检测在辅助生殖技术中的应用分析

[J]．临床检验杂志：电子版，2017，6（2）：420－421．

[195]蒋彦．卵巢内调节因子与多囊卵巢综合征[J]．中国妇幼健康研究，2003，14（2）：104－107．

[196]金婧，阮祥燕．卵巢早衰的病因研究进展[J]．实用妇产科杂志，2007，23（3）：142－145．

[197]金雯雯，王德迪，潘增祥，等．湖羊和巴什拜羊 BMP15 基因 c－1760C＞A 变异与启动子区活性的关系[J]．南京农业大学学报，2016，39（4）：632－639．

[198]李霖，季金强，尹萍，等．生长分化因子9在兔卵巢中的免疫组织化学定位[J]．安徽农业科学，2009，37（33）：16684－16685．

[199]李春洋，程静，王建光，等．FSH 和 IGF－1 对大鼠卵巢细胞微囊化前后的影响[J]．温州医科大学学报，2011，41（3）：235－238．

[200]李丽美．加减益经汤干预卵巢功能减退的疗效与机制研究[D]．广州：广州中医药大学，2015．

[201]李霖，尹萍，季金强，等．骨形态发生蛋白15在兔卵巢中的免疫组化定位[J]．安徽农业科学，2009，37（36）：17999－18001．

[202]李曼，温冬梅，王伟佳，等．AMH、FSH、LH、E2 联合检测在不孕症患者卵巢储备功能中的预测价值[J]．检验医学与临床，2017，14（12）：1729－1731．

[203]李婷，马爱团，张英杰，等．RNA 干扰 INHα 基因对绵羊颗粒细胞周期及凋亡相关基因表达的影响[J]．畜牧兽医学报，2017，48（8）：1551－1556．

[204]李拥军，张光景，李太坤，等．幼龄新西兰兔不同成熟阶段卵母细胞体外 BMP－15、FSHR 基因表达[J]．中国兽医学报，2014，34（12）：2035－2041．

[205]梁秀云，覃桂芳．抗苗勒管激素和抑制素B调节女性生殖功能的研究进展[J]．检验医学与临床，2014，（7）：972－973．

[206]林松，沈维干．金雀异黄素对雌性小鼠卵母细胞成熟及其受精能力的影响[J]．南京医科大学学报（自然科学版），2008，28（7）：845－849．

[207]林伟，董磊．黄体生成素受体及类固醇激素合成急性调节蛋白在大鼠多囊卵巢综合征模型中的表达[J]．生殖与避孕，2016，36（1）：9－14．

[208]刘娣琴，张进隆．BMP－15 基因研究进展[J]．畜牧兽医科技信息，2011，（8）：21－22．

[209]刘丽莎，刘炘，邱文，等．大鼠野生型 IRF－1 基因和 IRF－1 shRNA 真核

表达质粒的构建及鉴定[J]. 南京医科大学学报（自然科学版），2010，
（2）:174 – 178.

[210]刘镘利，王宗仁，南亚昀，等. 温阳生精汤含药血清对肾阳虚大鼠睾丸间
质细胞中雌激素分泌的影响[J]. 中国中西医结合杂志，2012，32（2）:
248 – 252.

[211]柳桂萍，张育，王雯雯，等. 金雀异黄素对胶原诱导关节炎大鼠发病的预防
作用[J]. 中国医药导报，2016，13（32）:25 – 28.

[212]龙玲，周琦. GDF – 9/BMP – 15 对卵泡发育机制研究进展[J]. 世界最新
医学信息文摘:电子版，2017（35）:40 – 41.

[213]卢建，王克华，曲亮，等. 大豆黄酮对 45 – 58 周龄如皋黄鸡蛋鸡生产性
能、繁殖器官发育和种蛋孵化率的影响[J]. 动物营养学报，2014，26
（11）:3420 – 3425.

[214]马丽丽，刘春莲，徐仙，等. 卵巢早衰患者骨形态发生蛋白 15 基因突变的
研究[J]. 实用妇产科杂志，2012，28（12）:1019 – 1022.

[215]马良骁，董在杰，苏胜彦，等. 建鲤 BMP15cDNA 序列克隆及表达分析
[J]. 扬州大学学报（农业与生命科学版），2013，34（2）:35 – 40.

[216]马强，王洪飞，包俊强，等. 微波辐射对肾小管上皮细胞的影响以及金雀
异黄素对其保护作用[J]. 中国应用生理学杂志，2017，33（2）:109 – 111.

[217]马晓丽，刘开东，程明，等. BMPR – IB、BMP – 15 和 GDF9 基因多态性与
崂山奶山羊产羔数的相关研究[J]. 黑龙江畜牧兽医，2014（1）:55 – 57.

[218]苗淑红，傅玉才，许锦阶，等. 染料木素对成年及老年大鼠卵巢发育的影
响[J]. 中国现代医学杂志，2009，19（1）:59 – 63.

[219]宁召臣. PGE2 对芳香化酶的调节机制及雌激素效应基因 EGR – 1 功能研
究[D]. 天津:南开大学，2014.

[220]乔江. 补肾化瘀方对不孕大鼠促排卵及卵巢 IGFBP – 1mRNA、IGFBP –
3mRNA 表达影响的研究[D]. 湖南中医药大学，2007.

[221]邵康，周杰，吴小雪，等. 猪睾丸中脂联素受体与 LHR、CYP11A1、StAR 基
因表达的发育变化及其相关性研究[J]. 畜牧兽医学报，2011，42（12）:
1680 – 1685.

[222]盛连兵，孙凯，刘海萍，等. 金雀异黄素调控 Egr1/PTEN 信号通路诱导卵
巢癌 SKOV3 细胞凋亡的实验研究[J]. 中国妇产科临床杂志，2017，18
（4）:341 – 344.

[223]石如玲,许建功,杨磊,等.老年和青年大鼠大脑皮质脂肪酸组成及含量的对比分析[J].中国生物化学与分子生物学报,2010,26(12):1165 - 1169.

[224]宋娟娟,吴效科,侯丽辉.卵巢功能障碍与多囊卵巢综合征[C]// 哈尔滨多囊卵巢综合征国际论坛论文集.哈尔滨:黑龙江中医药大学,2006.

[225]孙晓溪,张云波,郭纪鹏,等.生育期金雀异黄素干预对亲代大鼠生育能力的影响[J].中国医药导报,2016,13(3):4 - 7.

[226]孙莹,孙肃,孙静.金雀异黄素对雌激素依赖靶基因转录的调节作用[J].中国医药导报,2015,12(4):12 - 14.

[227]覃玉凤,李维,陈瑶生,等.BMP15基因研究进展[J].农业生物技术学报,2017,25(2):324 - 334.

[228]谭容容,吴洁.多囊卵巢综合征诊断的潜在新指标——抗苗勒管激素:一项 Meta 分析[J].生殖与避孕,2017,(12):995 - 1002.

[229]唐琪,温玉库.金雀异黄素联合阿霉素对卵巢癌 A2780 细胞增殖和荷瘤裸鼠肿瘤生长的影响[J].中国生化药物杂志,2014,34(4):28 - 32.

[230]万宗明,董璨瑾,赵艳威,等.金雀异黄素对骨肉瘤细胞 U2OS 细胞生长和分化的影响[J].武警后勤学院学报医学版,2015,(12):938 - 941.

[231]王建明,孙静,齐峰,等.何首乌饮对大鼠睾丸间质细胞类固醇激素合成急性调节蛋白和细胞色素 P450 胆固醇侧链裂解酶蛋白表达的影响[J].解剖学报,2017,48(1):30 - 36.

[232]王玲,刘辉国.金雀异黄素对脂多糖诱导人肺泡上皮细胞 A549 炎症及凋亡的影响[J].中国中医药信息杂志,2017,24(3):57 - 60.

[233]王萌.CXCR4/CXCL12轴在非小细胞肺癌中抗顺铂诱导的凋亡机制研究[D].哈尔滨:哈尔滨医科大学,2011.

[234]王小倩,纪桂元,蒋卓勤.染料木黄酮对脂多糖诱导的 RAW264.7 细胞炎症因子、腺苷酸激活蛋白激酶磷酸化的影响[J].营养学报,2012,34(2):177 - 180.

[235]王懿,刘彩玲,于学文.雌激素和雌激素受体在脂肪组织中的作用[J].中国妇幼健康研究,2003,14(2):94 - 95.

[236]魏镜赞,王秀霞.骨形态发生蛋白15及雌激素受体1基因多态性与卵巢早衰关系 Meta 分析[J].中国实用妇科与产科杂志,2015,(9):846 - 852.

[237] 魏莉娜，李俐琳，方丛，等. 卵丘细胞生长分化因子 9 mRNA 和骨形态蛋白 15 mRNA 水平非侵入性评估卵子发育潜能 [J]. 实用妇产科杂志，2014，30(8):609 - 613.

[238] 温海霞，孟毅，杨永斌，等. Genistein 对大鼠卵巢颗粒细胞 CYP19 表达的影响 [J]. 中国医药导报，2016，13(35):20 - 23.

[239] 徐楗荧，朱伟杰. SDF - 1/CXCR4 在女性生殖系统肿瘤及胚胎着床中的作用 [J]. 生殖与避孕，2010，30(1):46 - 49.

[240] 徐琳琳，孙庆敏，罗璇，等. 金雀异黄素通过调控 miR - 27a 及其靶基因对卵巢癌细胞 SKOV3 生长的影响 [J]. 中国临床药理学与治疗学，2012，17(12):1321.

[241] 薛春洪，金宏，李培兵，等. 染料木黄酮的雌激素活性对辐照小鼠免疫功能的影响 [J]. 营养学报，2010，32(2):170 - 173.

[242] 薛青光，宋学雄，楚宁宁，等. 细胞色素 P450 芳香化酶活性调控对小鼠卵巢发育的影响 [J]. 中国畜牧兽医，2010，37(8):95 - 100.

[243] 薛昱，储明星，周忠孝. 抑制素基因的研究进展 [J]. 遗传，2004，26(5):749 - 755.

[244] 姚海蓉，刘永杰，李旭丽，等. 不同卵巢反应中 IGF - 1、IGFBP - 1 表达与 IVF 结局的关系 [J]. 宁夏医学杂志，2017，39(11):961 - 964.

[245] 易宏波，杨学芬. 妊娠后期添加外源性染料木黄酮对胚胎发育、母猪和仔猪生产性能的影响 [J]. 广东饲料，2016，(11):51 - 51.

[246] 殷昆仑，张长勇，王天奇，等. GDF - 9 和 BMP - 15 在不同品系小鼠中的多态性和生殖能力关联分析 [J]. 中国比较医学杂志，2013，23(3):8 - 13.

[247] 俞利娅，叶绍辉. BMP15 基因在哺乳动物中的研究进展 [J]. 家畜生态学报，2012，33(4):5 - 8.

[248] 俞萍. 鸡早期卵巢发育和原始卵泡形成激素调节的研究 [M]. 杭州：浙江大学，2014.

[249] 翟万营. 牙鲆 IGFBP - 1、HIF - 1α 基因的克隆及功能研究 [D]. 上海，上海海洋大学，2012.

[250] 张明玉，迟晓星，丁啸宇，等. 金雀异黄素对围绝经期模型小鼠卵巢组织及其安全性的影响 [J]. 黑龙江八一农垦大学学报，2016，28(3):51 - 55.

[251] 赵文燕，董耀，仇树林. 脂肪细胞雌激素受体的表达及其与人体脂肪分布的相关性 [J]. 中国美容医学杂志，2005，14(5):534 - 536.

[252]赵秀军，孙一翀，曲银娥，等. 何首乌饮对运动疲劳大鼠睾丸组织 P450 胆固醇侧链裂解酶和类固醇激素急性调节蛋白的影响[J]. 解剖学报，2012，43(4):524 – 529.

[253]周泽晓，王嘉福，冉雪琴. 贵州白山羊 GDF9 和 BMP15 基因多态性与产羔数的相关性研究[J]. 中国畜牧杂志，2012，48(21):9 – 14.

[254]朱涛涛，朱宇旌，张勇，等. 早期生长反应因子 – 1 生物学特性及功能[J]. 动物营养学报，2013，25 (4):685 – 691.

[255]邹军香. 卵巢储备功能下降证素特征与性激素水平、年龄关系相关性探讨[J]. 长江大学学报(自科版)，2014，(33):88 – 90.

[256]邹立军，龚婧，吉璐，等. 翘嘴鳜性腺型芳香化酶基因 CYP19a 的克隆及表达研究[J]. 生命科学研究，2017，(4):295 – 301.

[257]左北瑶，钱宏光，刘佳森，等. 德国肉用美利奴羊 BMPR – IB、BMP15 和 GDF9 基因 10 个突变位点的多态性检测分析[J]. 南京农业大学学报，2012，35(3):114 – 120.

第6章　大豆活性物质对亚急性衰老实验动物的研究

由于社会和疾病等因素的影响,卵巢功能降低甚至衰竭的发生率显著增加,卵巢早衰(premature ovarian failure,POF)、多囊卵巢综合征(polycystic ovarian syndrome,PCOS)等卵巢疾病受到越来越多的关注。卵巢是人类繁衍所必需的器官,除维持正常的生育功能外,卵巢所分泌的雌激素对女性的正常发育、健康、疾病抵御等起到至关重要的作用,卵巢衰老是女性机体衰老的开始。衰老涉及面广,机制复杂,对衰老调控的研究始终是生命科学领域中最关键的问题。到目前为止,PCOS 的病因还没有完全研究清楚,但是在研究影响下丘脑—垂体和卵巢轴激素及其受体功能因素的过程中,毫无疑问地证实了单核苷酸多态性的遗传变异有助于确定该病的易感性位点。在 FSHR 基因的数百个 SNPs 中,只有 5 个在编码区域被识别。其中有两种(rs6165 和 rs6166)连锁不平衡,具有不同的种群特征。随着卵巢相关疾病发病率的增加,基因与卵巢功能的关系逐渐受到重视,其中,卵泡刺激素受体(FSHR)基因已成为探究 POF、PCOS 等卵巢疾病的重要基因之一,在 FSH 发挥调节作用的过程中起着关键的调节作用。性腺是通过产生各种激素对垂体、下丘脑产生正负反馈,从而达到平衡的状态。在衰老过程中,伴随性腺衰老所发生的性激素分泌及其调节机制的改变导致了生殖功能的减退。这些变化是由体内 FSH、LH、E2 的变化而引起的,人体正常的生殖活动和性功能都依赖于生殖激素的调节和控制。垂体分泌的 FSH 对调节性腺功能的下丘脑—垂体—性腺轴有重要的作用。虽然卵巢卵泡的生长受到多种生长因子和激素的调节,但是 FSH 仍然是最重要一个调节因素。因此,影响卵泡对 FSH 敏感性的因素对于卵泡的生长是十分重要的。FSH 对于窦前卵泡到排卵期前的生长过程都是必需的。卵泡是卵巢的功能单位,通过下丘脑—垂体—性腺轴的内分泌信号对其生长、发育、成熟和类固醇活性起着至关重要的作用。一些生长因子起着关键和协同的作用。其中,抗缪勒管激素(Anti - mullerian hormone,AMH)和骨形态发生蛋白(Bone morphogenetic protein 15,BMP - 15)都是TGF - β超家族的一员,调节卵泡生长和卵母细胞成熟,以自分泌和旁分泌的形式发挥作用。小鼠实验已经确定了 AMH 可通过抑制卵泡激活和生长来保护原始卵泡的必要性,这与卵泡对 FSH 的敏感性相似。

目前临床中发现的能够发挥"预测性"诊断卵巢衰老的指标,如抗苗勒管激素(anti‐mullerian hormone,AMH)、抑制素 B(Inhibin B)、窦状卵泡数(antral follicle count,AFC)等。AMH 是转化生长因子 β 超家族成员之一,由卵巢中的初级卵泡、窦前卵泡、窦状卵泡等生长卵泡的颗粒细胞分泌,至绝经后可检测不出,它主要通过抑制窦前和窦状卵泡募集而参与卵泡形成过程的调控。AMH 是近几年发现的一种更敏感且稳定的女性卵巢储备功能的评价指标,在卵泡发育过程中,AMH 有抑制卵泡募集和影响优势卵泡选择的作用。既往研究表明,血清 AMH 水平降低预示卵巢储备功能的降低;AMH 水平在绝经前 5 年逐渐降低,可以预测绝经年龄。卵巢中 AMH 抑制了始基卵泡的募集和生长卵泡对卵泡刺激素的反应性。大量研究显示,血清 AMH 作为人体内的独立循环因子反应卵巢储备和卵巢反应性,是衡量女性卵巢储备功能的良好指标。已经有学者证明了 AMH 基因和 AMHR Ⅱ受体基因会影响卵巢对 FSH 的敏感性和芳香化酶活性。与 AFC、FSH 相比,AMH 更敏感、更稳定地反映卵巢储备功能。尽管 AMH 与女性生殖功能的相关性尚存在大量未知领域,但不可否认,AMH 具有重要的临床应用价值,AMH 及其衍生物(如显效剂和拮抗剂)将有望用于调控卵巢功能,延长卵巢寿命,增进女性生殖健康。因此,综合前人的研究成果,我们选择 AMH 基因作为研究抗卵巢衰老作用的靶点,并研究其与 FSHR 之间的相关性。

AMH 是由二硫键连接而成的糖蛋白二聚物,有 Ⅰ、Ⅱ、Ⅲ 3 型受体,目前已明确人类 AMH 通过 Ⅱ型受体发挥作用。卵巢中 AMHR Ⅱ主要表达于颗粒细胞,同时卵泡膜细胞中也有少量表达,其主要作用是其连接 AMH Ⅰ受体(AMHR Ⅰ)和 AMH,从而起到传递 AMH 信息的作用。有研究发现,AMH 的表达不受促性腺激素作用影响,能够较好地反应卵巢储备功能,并且 AMH 在调控卵泡生长和发育中具有一定的作用,主要是通过抑制卵泡的起始募集和循环募集而发挥作用。有研究证明 AMH 可以通过降低卵泡对 FSH 的敏感性,从而抑制卵泡生长。因此,AMHR Ⅱ型受体基因多态性在 AMH 发挥预测卵巢功能早衰的过程中起着关键性作用。女性卵巢储备功能下降及卵巢早衰机制目前尚未研究清楚,尤其是植物雌激素能否有效的代替雌激素发挥对卵巢的调节作用,其作用途径和机制到底如何,应该成为目前亟待解决的问题。

我们已通过动物实验证实 GEN 能调节青年雌性大鼠卵巢中激素水平,能对卵巢颗粒细胞中的相关蛋白和基因如 Bcl‐2、Bax、P450 mRNA 等具有调节作用。

另外,在前期研究中,我们也证实 GEN 对多囊卵巢综合征和围绝经期大鼠模型的卵巢功能有积极的调节作用。GEN 的雌激素样作用对于预防及改善卵巢早衰的效果及其作用机制是我们的研究重点。在这一背景下,我们结合前期的研究内容,选择亚急性衰老小鼠模型,从激素水平、细胞水平等方面探究 FSHR 和 AMH 基因与卵巢衰老之间的关系,从而确定 GEN 在调节卵巢功能中起到的作用及机制。

6.1　金雀异黄素的研究进展

6.1.1　金雀异黄素简介

异黄酮类化合物是一组与雌激素类固醇结构有密切关系的异环酚类,能低亲和地结合雌激素受体,介导雌激素样作用。金雀异黄素(genistein, GEN)即 5,7,4 - 三羟基异黄酮,也称染料木素,不溶于水,是大豆异黄酮的主要成分,1931年 Walz 首次从大豆中分离提取出,主要存在于富含豆肽的多种天然植物中,是食品中重要的环境雌激素,其分子相对的两极有两个酚羟基,结构与人体自身雌激素相同。进入人体后,金雀异黄素可完全与雌激素受体(ER)结合,发挥雌激素的作用,被认为是雌激素的天然替代品。

6.1.2　金雀异黄素与卵巢相关的研究现状

植物雌激素(Phytoestrogen, PE)是存在于植物中的天然化合物,在人类饮食中主要是来自豆类及其制品中的异黄酮,其中尤以大豆异黄酮倍受重视。研究发现植物雌激素具有双相调节作用。女性体内雌激素多由卵巢合成分泌,对细胞代谢增殖、生殖器官的生长发育具有重要作用。除卵巢外,乳房脂肪组织的间充质干细胞、成骨细胞、软骨细胞、主动脉平滑肌细胞也可以产生雌激素。绝经前女性卵巢为雌激素最重要的来源,绝经后的女性和男性体内的雌激素主要来源于性腺以外的其他组织合成。作为一种甾体类化合物,雌激素具有广泛的生物学效应,不仅能促进女性生殖器官的生长发育,还会影响骨脂代谢、心血管系统及神经系统。植物雌激素因具有与内源性雌激素相似的化学结构和功能,可直接或间接作用于雌激素受体,激活雌激素信号通路,发挥生物学效应。对于金雀异黄素功能的研究,主要集中在其对靶器官如乳腺、卵巢、子宫和骨骼的作用方面,对人体的作用也主要集中在抗癌、治疗骨质疏松、更年期综合征和降血脂等方面,而对其调节卵巢早衰方面的研究甚少。

6.1.3　金雀异黄素在其他方面的研究进展

6.1.3.1　金雀异黄素在抗肿瘤方面的研究

金雀异黄素存在抗肿瘤作用,其抗肿瘤的机制主要体现在其诱导细胞凋亡、调节细胞周期、抑制血管增生、抗氧化、雌激素及抗雌激素,以及抑制肿瘤转移和侵袭等方面。细胞凋亡是由凋亡相关基因进行调控的细胞自主性死亡的过程,当下调 Bcl - 2、p 53 或上调 Bax、Fas 等基因,均可促进多种因素诱导的肿瘤细胞凋亡,反之则抑制肿瘤细胞凋亡。韩小龙等人通过实验发现 GEN 能够通过刺激 ERβ 受体的表达显著抑制 ERβ 表达的宫颈癌细胞的增殖。刘颖等在金雀异黄素对体外培养的人乳腺癌 MCF - 7 细胞凋亡实验中证实,金雀异黄素可诱导 MCF - 7 细胞凋亡,并主要是通过调节 Bax 和 erbB - 2 蛋白表达实现的。张梅等通过 GEN 对小鼠黑色素瘤 B16BL6 细胞增殖等影响的研究,发现 GEN 可以抑制 B16BL6 细胞的增殖、迁移和与血管内皮细胞的黏附,诱导细胞的凋亡。

6.1.3.2　金雀异黄素在抗氧化方面的研究

研究表明金雀异黄素具有抗氧化作用,是一种有效的抗氧化剂,它能与氧自由基发生反应,使之形成相应的离子或分子,从而熄灭自由基,终止自由基的连锁反应。钱革等研究发现浓度为 0.0625 ~ 0.25 mg/L 的金雀异黄素可明显促进人皮肤成纤维细胞的增殖;但当浓度 > 0.5 mg/L 时,其对细胞的增殖有抑制作用。丁王辉等通过实验,慢性间歇性低氧导致大鼠颏舌肌内氧化应激水平的升高,金雀异黄素通过增强抗氧化酶的活性降低其氧化应激水平。施红等人通过实验证明金雀异黄素赖氨酸盐水溶液对小鼠有良好的抗氧化作用,这与翁春燕等人的研究一致。

6.1.4　FSHR 及 AMH 的研究现状

6.1.4.1　AMH 在预测卵巢早衰方面的研究现状

到 1999 年,Durlinger 等通过 AMH 基因敲除小鼠研究发现 AMH 具有抑制原始卵泡募集和降低生长卵泡对促卵泡刺激素(Follicle - stimulating hormone,FSH)敏感性的作用。体外研究结果已表明,AMH 抑制生长卵泡对 FSH 敏感性是通过调控 FSH 受体(FSH receptor, FSHR)信号通路实现的。与其他 TGF - β 超家族成员一样,AMH 通过与细胞膜上的 2 个丝氨酸/苏氨酸激酶受体(Ⅰ和Ⅱ型)相结合,激活胞浆内 Smad 分子,从而调控靶基因的转录(JOSSO N et al.,

2003）。其中，Ⅱ型受体（AMH receptor 2，AMHR Ⅱ）是 AMH 特异的，Ⅱ型受体则与 TGF－β 超家族另一个成员骨形态发生蛋白（Bone Morphogenetic proteins，BMPs）共享。Weenen 等研究表明：AMH 在始基卵泡中无表达，而初级卵泡的颗粒细胞能微量表达 AMH，并一直持续到窦状卵泡阶段。AMH 在次级卵泡、窦前卵泡和直径 <4 mm 的窦状卵泡的颗粒细胞中表达量最高，在较大的窦状卵泡（直径 4~8 mm）中表达量逐渐降低，在直径 >8 mm 的卵泡中几乎无表达。AMH 抑制卵泡的募集（包括起始募集和循环募集）并降低卵泡对卵泡刺激素（FSH）的敏感性，从而抑制优势卵泡的形成，防止原始卵泡池的过快消耗。缺乏 AMH 可加快始基卵泡募集和卵泡发育，从而加速卵泡池的耗竭。因此，血清 AMH 水平能反映卵泡池大小即卵泡数量，是预测卵巢储备功能的一个可靠指标，可用于卵巢年龄的评价。

近年来有学者在基因水平研究多囊卵巢综合征（PCOS）及 POF 发病机制，发现 PCOS 及 POF 的发病与其关键基因的多态性有关，其中 Kevenaar 等对 PCOS 患者 AMH 和 AMHⅡ的多态性研究分析发现 AMH 及其Ⅱ型受体的基因多态性与 PCOS 发生相关，且 AMH Ⅰ le49 Ser 的突变与 PCOS 的表型密切相关，而 POF 的发病与卵巢功能早衰基因 ACVR1 的多态性相关。已有研究发现 FSHR 基因外显子 10 上的 rs6165 和 rs6166 与日本女性的 PCOS 有关。rs6165 也存在于欧洲血统的 PCOS 女性体内，并且 rs6166 也与中国汉族的 PCOS 女性密切相关。

卵巢衰老是多因素多途径共同作用的结果，其中包括氧化应激、血管因素、端粒长度及端粒酶活性改变、神经—内分泌系统失调、周围环境等。促性腺激素受体（包括 FSH 和 LH）基因突变通过改变受体的功能，使靶细胞对促性腺激素不能产生反应，进而使促性腺激素丧失了对两性生殖器官的分化发育以及生殖功能的正常调控，生殖腺细胞不能在其调控下正常分泌性腺激素，从而在女性导致了 POF 的发生。近年来大量研究发现，AMH 与卵泡生长发育、卵巢储备功能、辅助生殖技术以及女性生殖内分泌疾病如多囊卵巢综合征、卵巢早衰等密切相关。在生殖内分泌领域中，AMH 的作用受到了广泛的关注，对其研究也日渐深入。在众多内分泌激素中，AMH 是最早的随年龄增长发生改变的激素，因此能更好地评估年龄相关的卵巢能力下降。国内也有学者研究发现多囊卵巢综合征 PCOS 患者血清 AMH 水平显著升高，而卵巢早衰 POF 患者血清 AMH 水平极低甚至检测不到，说明血清 AMH 水平在不同卵巢储备功能患者中的表达存在差异，而 AMH 主要是通过与其Ⅱ型受体（AMHRⅡ）结合发挥生物学效应的，故此推测 AMH 及 AMHRⅡ基因多态性在不同卵巢储备功能患者中也存在差异。

6.1.4.2 AMH 与 FSHR 对卵巢早衰的影响

随着卵巢功能异常疾病发病率的增多,有关遗传学改变与卵巢功能异常疾病的关系成为近年来国内外研究的热点。FSH 是一种由垂体前叶腺体细胞分泌的糖蛋白激素,是调控哺乳动物生殖功能的核心激素之一,它在促进卵泡发育与生殖激素合成等方面发挥不可替代的作用,其生理功能的发挥必须与其特异性受体(FSHR)的结合来完成。卵泡刺激素是一种重要的生殖激素,通过与分布于性腺的卵泡刺激素受体结合,激活下游的 cAMP - PKA 信号通路,引起靶蛋白发生磷酸化,从而参与并维持正常的性腺发育和生殖功能。目前 FSHR 基因已成为研究卵巢功能异常疾病如卵巢早衰(POF)、多囊卵巢综合征(PCOS)及卵巢过度刺激综合征(OHSS)的首选基因之一。自 1995 年芬兰学者 Aittomaeki 首次报道了第一个 FSHR 的基因突变位于 FSHR 基因第七外显子的 C566T 突变以来,目前已有多种与卵巢早衰有关的 FSHR 的基因突变被相继发现。AMH 是重要的卵巢局部调控因子之一,与颗粒细胞上 FSHR 的关系成为关注的问题。FSH 调控卵泡是通过与卵泡表面的 FSHR 结合而发挥作用的。有研究表明,AMH 在 POF 的发生机制中起一定作用,AMH 能够拮抗 FSH 对卵泡生长的促进作用。张迪等人用免疫组化方法对卵巢颗粒细胞上 FSHR 进行半定量分析,发现模型组颗粒细胞上 FSHR 的表达量明显低于对照组,甚至几乎没有 FSHR 阳性表达,而对照组颗粒细胞上 FSHR 则有丰富的阳性表达。POF 模型组小鼠的 FSHR 表达减少,并逐渐发展加重,由于颗粒细胞上 FSHR 逐渐减少,抑制了 FSH 对卵泡生长的促进作用,导致卵泡发育异常,颗粒细胞提前凋亡,又进一步使得 FSHR 表达减少,促使 POF 的发生,结果表明,AMH 可能通过影响 FSHR 的表达来参与 POF 的发生发展。

6.1.5 检测指标

6.1.5.1 生殖内分泌因子

(1)卵泡刺激素、黄体生成素。

卵泡刺激素又称促卵泡激素(Follicle Stimulating Hormone, FSH),是一种由动物垂体前叶嗜碱性细胞合成分泌的糖蛋白类促性腺激素,分子量在30KD左右,属于糖蛋白激素家族。它能促进颗粒细胞增生,刺激类固醇生成,调节配子细胞的发育和成熟,是下丘脑—垂体—性腺轴中主要的激素之一。它由两个非共价结合可解离的亚基组成,分别为 α - 亚基和 β - 亚基。1931 年首次成功地将垂体提取物分为两种不同的成分,后被定义为卵泡刺激素和黄体生成激素

（LH）。FSH 和 LH 统称促性腺激素具有促进卵泡发育成熟作用,可促进雌激素分泌。当雌激素升到一定值时,同时抑制 FSH 和 LH 的分泌。FSH 在不同哺乳动物之间存在明显的种属特异性,马和猪垂体中 FSH 的含量最高,人次之,牛、羊等含量较低。卵巢或睾丸发育不良时,黄体酮和睾酮浓度下降,对下丘脑和脑垂体的负反馈作用减弱使 FSH 浓度较高。由垂体分泌的 FSH、LH、促甲状腺激素及胎盘产生的绒毛膜促性腺素共同组成了糖蛋白激素家族。FSH 的分泌呈脉冲式,在血中浓度取决于脉冲分泌的频率、释放激素量及降解速率。动物刚出生时血液中 FSH 的含量很低,之后随着年龄的增长而缓慢上升,到发情前期,虽然腺垂体中 FSH 的浓度较高,但血液中 FSH 的浓度依然很低。到发情开始后,垂体大量分泌并释放 FSH,才使血液中 FSH 的浓度大幅度升高。血液中 FSH 的变化规律为:发情前期 FSH 波动性升高,然后降低,排卵前 FSH 达到最高水平,而在排卵后则降到较低水平,呈稳定的分泌方式,妊娠期血液中黄体酮高水平调控,浓度降低。FSH 能促进其他糖蛋白激素的合成,并能调节下丘脑—垂体—性腺轴,调节性腺激素的合成和分泌。FSH 在人类相关疾病的治疗的主要应用与治疗女性不孕及男性促性腺激素分泌不足等方面。

（2）雌二醇、黄体酮。

雌二醇（estradiol, E_2）是一种甾体雌激素,是雌性体内重要激素,活性最强,在发育中卵母细胞内颗粒层由睾丸酮转化而来,通过刺激肝脏产生卵黄原蛋白,进而分泌产生卵黄颗粒,雌二醇对雌性性成熟有重要作用。在膀胱癌中 E_2 可能通过诱导 eGREB1 的生成来调控 GREB1 基因的表达。多种研究表明 E_2 在膀胱癌的发生发展中发挥重要作用。在体外受精中,高水平的 E_2、P 可通过子宫内膜胞饮突膜、子宫内膜基质的发育及子宫内膜着床的相关因子等改变子宫内膜容受性,使胚胎子宫内膜发育不同步,最终影响胚胎着床和发育。卵泡早期 E_2 水平较低。当卵泡发育成熟时,E_2 分泌出现高峰;E_2 达到峰值一天后出现 LH 高峰。在 LH 高峰 38 h 左右后开始排卵,排卵后颗粒细胞在 LH 的作用下形成黄体细胞,主要产生孕激素,约在排卵后 6 天左右血清黄体酮值达到高峰。在 E_2、P 的协同作用下,孕激素促进子宫内膜细胞分泌糖原等营养物质,调节子宫内膜容受性,为受精卵着床和胚胎早期发育提供必要的条件。徐慧颖等研究发现,排卵前充足的 E_2 刺激和排卵后高水平的黄体酮对内膜的持续作用,是建立子宫内膜容受性良好的必需条件。随着卵泡的发育,卵泡晚期可能出现血清 P 水平不同程度的升高,且卵泡晚期血清 P 水平与卵泡发育的质量相关,较低的 P 值提示卵泡发育尚未成熟;P 水平增高预示内源性 LH 峰出现,使卵母细胞和胚胎质量受损。

因此血清 P 水平过低或过高均可导致卵泡成熟障碍或过早黄素化,子宫内膜种植窗提前关闭或显著缩短,最终影响胚胎的质量和着床。有学者认为,血清 P/E_2 比值可作体外受精助孕结果的预测指标。Schiller 等人通过实验发现,雌二醇具有抗抑郁的活性。杨剑虹等人在临床试验中发现,抑郁症患者治疗前血清中 E_2 要低于正常人,而在治疗后发现血清中 E_2 水平升高。

6.1.5.2 卵巢细胞因子

(1)抗缪勒管激素。

抗缪勒管激素又名苗氏管抑制物质(Mullerian inhibiting substance,MIS),是由二硫键连接而成的同源糖蛋白二聚体,由两个相对分子质量为 70×103 的单体组成。AMH 是 β 转化生长因子(Transfor ming growth factor β,TGF2β)超家族的成员,1947 年,首先发现 AMH 表达于睾丸,由睾丸的未成熟 Sertoli 细胞分泌,在性腺分化过程中,与苗勒管退化有关。AMH 参与胚胎的性别分化中早期性器官的定向分化。随着年龄的增长,AMH 逐渐下降,由于 AMH 由卵巢生长卵泡的颗粒细胞分泌,因而血清 AMH 水平可作为反映卵巢储备的指标。研究表明血清 AMH 水平是评估与年龄相关生殖能力下降最好的内分泌指标,AMH 浓度能较准确地反应卵巢的储备功能。女性 AMH 主要由卵巢颗粒细胞生成,其主要机制是通过减少 FSH 对窦前卵泡和小窦状卵泡的刺激作用而抑制始基卵泡的募集和窦状卵泡的发育,从而防止卵泡过早耗竭。在人类卵巢,AMH 持续表达于卵泡发育直到 $4 \sim 6$ mm 优势卵泡的产生,当卵泡发育至大于 8 mm 时,进入 FSH 依赖性发育阶段,几乎不分泌 AMH,此阶段卵泡发育依赖 FSH 的分泌。AMH 主要通过抑制卵泡募集和发育防止卵泡过多的消耗,使卵泡规律生成,从而更好地发挥卵巢储备的作用。

(2)基质细胞衍生因子 –1。

基质细胞衍生因子 –1(Stromal cell – derived factor – 1,SDF – 1)也叫作 CXCL12(CXC chemokine ligand – 12),基因位于 10 号染色体 10q11.1,是编码趋化因子超家族的成员之一。是由骨髓基质细胞产生的 CXC 类的趋化蛋白,也是唯一能与受体 CXCR4 结合的天然趋化因子。CXCL12 在原始生殖细胞迁移,定位,生长及原始卵泡向初级卵泡转化过程中发挥重要作用。在新生小鼠卵巢发育过程中,抑制原始卵泡向初级卵泡转化。Knauff 等人收集原发性患者和正常对照进行全基因组关联分析,结果提示 CXCL12 基因多态性与 POF 相关,提示 CXCL12 可能是卵巢早衰发病的一个新的候选基因。CXCL12 及其受体 CXCR4 在原始生殖细胞发育过程中发挥着重要作用。SDF –1 及其受体广泛地表达于多种组织和细胞中,包括免疫细胞以及心脏、肝肾等器官中,在中枢神经系统、免疫系统的发育中发挥着重要作用。

6.1.6　拟解决问题

通过亚急性衰老小鼠模型实验找到 GEN 预防和缓解卵巢早衰的有效作用途径。Western – blot 和 RT – PCR 法检测小鼠卵巢中不同卵泡发育期 FSHR 蛋白和 mRNA 表达水平。探索 GEN 缓解卵巢衰老的作用机制,明确 GEN 对 FSHR 与 AMH 基因的调控作用。

6.1.7　技术路线

技术路线见图 6 – 1。

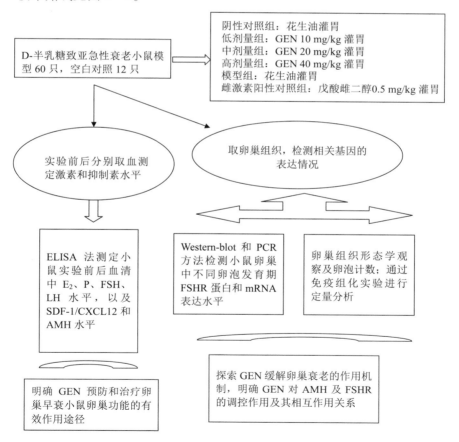

图 6 – 1　技术路线

6.2 材料与方法

6.2.1 试验材料

6.2.1.1 试验动物

雌性昆明小鼠 72 只,体质量 30 g ± 2 g,由哈尔滨医科大学(大庆分校)实验鼠类养殖中心提供〔许可证号:SCXK(黑)2013 – 001〕。

6.2.1.2 试验材料

金雀异黄素(99.82%),从上海融禾医药科技发展有限公司购买;戊酸雌二醇,购于拜耳医药保健公司广州分公司;花生油,购自山东鲁花集团有限公司;D – 半乳糖(纯度为 99%),由上海源叶生物科技有限公司生产。

基础饲粮组成见表 6 – 1。

表 6 – 1　基础饲粮组成及营养水平(风干基础)

原料	含量(%)
玉米面	30.56
小麦粉	27.27
鱼粉(60% 蛋白质)	10.00
粗小麦	10.00
酪蛋白	7.00
脱脂奶	5.00
玉米蛋白(60% 蛋白质)	3.00
玉米油	2.00
酵母	2.00
AIN93 矿物盐	3.00
维生素预混料	0.05
氯化胆碱(60% 活性成分)	0.12
合计	100.00
营养水平	
粗蛋白	19.05
干物质	93.48
有机物	89.26
钙	1.08
磷	0.91

①AIN93 矿物盐为每千克饲粮提供：Mg 5 000 mg，K 5 000 mg，Zn 30 mg，Fe 120 mg，Mn 75 mg，I 0.5 mg，Cu 10 mg。

②维生素预混物为每千克饲粮提供：维生素 D 1 500 IU，维生素 A 14 000 IU，维生素 E 120 IU，维生素 K 5.0 mg，泛酸 24.0 mg，核黄酸 12.0 mg，叶酸 6.0 mg，尼克酸 29.1 mg，维生素 B_6 12.0 mg，维生素 B_{12} 0.017 mg，生物素 0.2 mg。

③营养水平为实测值。

6.2.2　仪器与试剂

6.2.2.1　仪器

试验中所需的主要仪器见表 6 – 2。

表 6 – 2　主要试验仪器

仪器设备	生产厂家
移液枪	Thermo
TGL – 16B 型台式离心机	上海安亭科学仪器厂
TG – 16M 低温冷冻离心机	上海卢湘仪离心机仪器有限公司
HC – 2518R 高速冷冻离心机	安徽中科中佳仪器有限公司
LDZM – 80KCS 立式压力蒸汽灭菌锅	上海申安医疗器械厂
Sunrise 酶标仪	TECAN
DYY – 6C 电泳仪	北京六一
垂直电泳仪	伯乐
SH – 250 型生化培养箱	上海森信试验仪器有限公司
SMA4000 微量分光光度计	Merinton Instrument，Inc
Step One 型荧光定量 PCR 仪	ABI，Foster，CA，USA
FR980 凝胶成像系统	上海复旦科技有限公司

6.2.2.2　试剂

试验所需主要试剂见表 6 – 3。

表 6 – 3　主要试验试剂

试验试剂	生产厂家
小鼠抗苗勒管激素酶联免疫试剂盒	上海研谨生物科技有限公司

试验试剂	生产厂家
小鼠卵泡刺激素酶联免疫试剂盒	上海研谨生物科技有限公司
小鼠黄体生成素酶联免疫试剂盒	上海研谨生物科技有限公司
小鼠雌二醇酶联免疫试剂盒	上海研谨生物科技有限公司
小鼠黄体酮酶联免疫试剂盒	上海研谨生物科技有限公司
小鼠睾酮酶联免疫试剂盒	上海研谨生物科技有限公司
小鼠基质细胞衍生因子酶联免疫试剂盒	上海研谨生物科技有限公司
苏木素—伊红染色剂	上海金穗生物科技有限公司
UNlQ – 10 柱式 Trizol 总 RNA 抽提试剂盒	上海生工生物有限公司
琼脂糖	BBI
石蜡	上海国药集团
DAB 浓缩型试剂盒	上海长岛生物技术有限公司
4S Red Plus 核酸染色剂	BBI
通用的基因阶梯组合	Thermo Scientific
Maxima 逆转录酶	Thermo Scientific
6 × 上样缓冲液	天根生化科技(北京)有限公司
蛋白裂解液	碧云天
BCA 蛋白定量试剂盒	Thermo
中性树脂	北京索莱宝

6.2.3　试验方法

6.2.3.1　试验设计

(1)亚急性衰老模型制备。

参考李文彬等实验方法,选择 60 只普通青年雌性昆明小鼠(2.5 月龄),腹腔注射 D – 半乳糖生理盐水溶液 200 mg·kg^{-1}·d^{-1},连续给药 56 d,制备亚急性衰老动物模型,用于衰老研究试验。

(2)试验动物分组。

将 72 只小鼠按体重随机分成 6 组,每组 12 只。其中模型组、雌激素对照组以及 GEN 低、中、高剂量组为亚急性衰老动物模型小鼠。造模结束后,低剂量

（L）、中剂量（M）0、高剂量（H）组分别以 10 mg/kg、20 mg/kg、40 mg/kg GEN 灌胃，雌激素组（EG）以戊酸雌二醇 0.5 mg/kg 灌胃，对照组（CG）和模型组（MG）以花生油灌胃，灌胃周期 15 d。

（3）试验动物饲养环境。

每天给予 14 h 的周期性光照，温度 20℃ ±2℃，相对湿度 45% ±10%，饮水充足，自由采食基础饲粮。

（4）样品信息采集。

造模和灌胃结束后，分别在显微镜下观察大鼠阴道分泌物，选取动情间期的小鼠（此期相当于月经期，黄体退化并向卵泡期转换），尾部采血，静置 20～30 min，2000 r/ min 离心 30 min 收集上清液，用于测定性激素及血清抑制素基础水平。试验结束后，对小鼠禁食不禁水 12 h 后，进行乙醚麻醉，取出卵巢、子宫、肝肾等脏器并用电子天平称重后，置于液氮保存，2 h 内转存至 −80 ℃ 冰箱进行保存备用。

6.2.3.2 试验方法

（1）动情期观察。

每天上午十点钟，使用无菌棉签蘸取少量生理盐水，轻轻刮取少量小鼠阴道分泌物，涂于载玻片上，晾干后进行 HE 染色，染色后放于显微镜下观察动情期。

（2）酶联免疫吸附试验。

酶联免疫分析试剂盒采用的是双抗体夹心法测定小鼠血清中 AMH、E_2、LH、FSH、P 和 CXCL12 的水平。分别用纯化的小鼠 AMH、E_2、LH、FSH、P 和 CXCL12 抗体包被微孔板，制成固相抗体，往包被单抗的微孔中依次加入 AMH、E_2、LH、FSH、P 和 CXCL12，再用 HRP 标记的 AMH、E_2、LH、FSH、P 和 CXCL12 抗体结合，形成抗体—抗原—酶标抗体复合物，经过彻底洗涤后加底物 TMB 显色。TMB 在 HRP 酶的催化下转化成蓝色，并在酸的作用下转化成最终的黄色。颜色的深浅和样品中 AMH、E_2、LH、FSH、P 和 CXCL12 呈正相关。用酶标仪在 450 nm 波长下测定吸光度（OD 值），通过标准曲线计算样品中小鼠 AMH、E_2、LH、FSH、P 和 CXCL12 的浓度。

（3）卵巢组织形态学观察及卵泡计数。

取小鼠卵巢进行称重，测量卵巢长径（L）、短径（S），计算平均卵巢面积（MOP）= L×S，卵巢体积 V = 4.19 ×（L+S）/2。用 10% 的福尔马林固定，将固定后的小鼠卵巢沿其最长周径做系列切片，显微镜下分析卵巢组织形态学的变化。同时进行卵泡计数，卵巢分别经体积分数 4% 多聚甲醛固定，48 h 后乙醇逐级脱水,每只小鼠左、右卵巢分别进行石蜡包埋后 4 μm 连续切片,每隔 10 张取 1 张,直至切完整个组织,HE 染色后光学显微镜下计数所有整张切片上的各级卵泡数:原始卵泡、初级卵泡、次级卵泡、窦状卵泡(总数为左、右卵巢卵泡数相加,最终计数取 10 只小鼠卵巢各级卵泡总数均值)。

(4)免疫组化试验。

①样本包埋与固定。

a. 固定:根据需要取材后置于福尔马林中固定 48 h。

b. 洗涤与脱水:将固定后的组织用流水冲洗,去除残留的固定液和杂质。不同浓度的乙醇逐级脱水,50%、70%、85%、95% 直至纯酒精(无水乙醇),每级 2 h。

c. 透明:50% 酒精 +50% 二甲苯中 2 h,纯二甲苯 2 h,再一次纯二甲苯 2 h。

d. 浸蜡:先把组织材料块放在熔化的石蜡和二甲苯的等量混合液浸渍 1~2 h,再先后移入 2 个熔化的石蜡液中浸渍各 3 h 左右。

e. 包埋:将浸好蜡的组织块放入装有蜡液的容器中,摆好组织块位置。待石蜡凝固后将周围多余的石蜡去除,准备切片。

f. 切片:将切片刀装在刀片机的刀架上并固定紧,固定蜡块底座或蜡块,调整蜡块与刀至合适位置,刀刃与蜡块表面呈 5 度角。调整切片机上的切片厚度为 4 – 7 μm,然后切片。

②免疫组化染色。

a. 脱蜡:60℃、30 min;二甲苯 I 10 min、二甲苯 II 10 min。

b. 水化:将脱蜡后的切片经 100% 酒精、95% 酒精、85% 酒精、75% 酒精、双蒸水各 3 min。

c. 抗原修复:置 0.01 mol/L 柠檬酸钠缓冲溶液中高压修复 20~30 min。微波过程中避免溶液沸腾,自然冷却。0.02 mol/L PBS 洗 3 min×3 次。

d. 阻断:加 3% H_2O_2,阻断内源性过氧化物酶,湿盒孵育 10 min。0.02M PBS 洗 3 min×3 次。

e. 封闭:甩去 PBS,加非免疫、正常羊血清封闭非特异性抗原,37℃湿盒孵育 30 min。

f. PBS 洗 3 次,每次 3 min,滴加一抗(选择最佳稀释比例);4℃孵育过夜。取出室温放置 40 min,PBS 洗 3 次,每次 3 min。加 HRP 标记二抗(兔抗)37℃孵育 60 min。

g. PBS 洗 3 次,每次 3 min;DAB 染色,自来水冲洗,苏木精复染,0.1% 盐酸酒精分化,显微镜下观察,控制染色程度。

h. 脱水:75%酒精、85%酒精、95%酒精、100%酒精。梯度脱水,各 3 min。

i. 透明:二甲苯透明 3 min × 2 次。

j. 中性树胶封片。

③图像采集。

通过显微镜拍照,采集分析样本相关部位。

(5)蛋白质免疫印迹(Western blot)试验。

①总蛋白抽提。

称取 30 mg 卵巢组织,每样本加入 500 μL 蛋白裂解液和 5 μL 蛋白酶抑制剂,60 Hz 匀浆 90 s,置于冰上 15 min,最后将裂解液转移至新 EP 管中,14000 g 离心 10 min,取上清。

②蛋白变性。

蛋白用 BCA 蛋白定量试剂盒进行蛋白定量,酶标仪测定 OD 值,取等量蛋白加入 6 × loading buffer 100℃孵育 10 min。

③电泳。

利用垂直电泳仪进行 SDS – PAGE 胶电泳,蛋白处于浓缩胶时电压设置为 80 V,蛋白进入分离胶之后电压调制 120 V,电泳 1 h。

④转膜。

将凝胶玻璃板置于盛有电泳转移缓冲液的容器中,浸泡 15~20 min. 裁剪好滤纸和 PVDF 膜,滤纸和膜大小为 83 mm×75 mm,尽量避免污染滤纸和膜,将裁减好的滤纸和膜浸泡与电泳转移缓冲液中,驱除留于膜上的气泡。打开转移盒并放置浅盘中,用转移缓冲液将海绵垫完全浸透后将其放在转移盒壁上,海绵上再放置一张浸湿的 Whatman,3MM 滤纸。小心将凝胶放置于滤纸上,避免气泡。用去离子水清洗缓冲液槽,在缓冲液槽中放入搅拌子,将另一块海绵用转移缓冲液浸透后放在凝胶 – 膜上,关上转移盒并插入转移槽。将冰盒装入缓冲液槽,注满 4℃预冷的转移缓冲液。350 mA 恒流转膜 75 min。

电转完毕后,将 PVDF 膜置于 5%的脱脂奶粉(TBST 配制)中封闭,37℃ 2 h。

⑤一抗孵育。

封闭结束之后,TBST 清洗 PVDF 膜三遍,分别加入以下一抗 4℃孵育过夜:

AMH(蛋白科技,1∶200,兔)、AMHR2(北京博奥森,1∶500,兔)、LH(圣克鲁斯,1∶100,鼠)、LHCGR(蛋白科技,1∶200,兔)、FSH(圣克鲁斯,1∶100,鼠)、FSHR(蛋白科技,1∶200,兔)、CXCL12(蛋白科技,1∶200,兔)、CXCR4(蛋白科

技,1∶200,兔)、β – actin(希格玛,1∶5000,鼠)。

⑥二抗孵育。

一抗孵育结束后,用 TBST 洗三遍,anti – mouse/anti – rabbit(Cell Signaling, 1∶2000)二抗室温孵育 2 h,TBST 脱色摇床清洗三遍。

⑦免疫检测。

PVDF 膜上均匀滴加 ECL 化学显色液,发光强度用 ImageQuant LAS 4000 mini 化学发光成像检测仪检测拍照。

(6)逆转录—聚合酶链反应(RT – PCR)试验。

①引物合成信息。

引物序列由 Primer Premier 5.0 软件进行设计,引物由上海生工生物技术有限公司合成,引物信息见表6 – 4。

表6 – 4　引物合成信息

基因	序列(5'– 3')	温度/℃	长度
β – actin	GTGCTATGTTGCTCTAGACTTCG	56.8	
	ATGCCACAGGATTCCATACC	56.9	174bp
AMH	TTGGTGCTAACCGTGGACTT	58.0	
	ATAGAAAGGCTTGCAGCTGATC	58.4	118bp
AMHR Ⅱ	TGGCCCTGCTACAACGAA	57.9	
	TGGATTACCTGGGAGAAACG	57.5	124bp
LH	TTCTGCCCAGTCTGCATCAC	59.0	
	GAGGGCTACAGGAAAGGAGACT	58.6	195bp
LHCGR	ACGCTGAAACTGTATGGAAATG	57.3	
	TAGGATGACGTGGCGATGA	57.6	230bp
FSHR	CAAGATAGCAAGGTGACCGAGA	59.6	
	GCAAGTTGGGTAGGTTGGAGA	59.2	196bp
CXCL12	ACTCCAAACTGTGCCCTTCA	57.7	
	GGGCTGTTGTGCTTACTTGTT	57.2	129bp
CXCR4	TCGCTATTGTCCACGCCA	58.7	
	GGGTAAAGGCGGTCACAGAT	58.9	181bp

②总 RNA 提取。

a. 取 30 mg 卵巢组织,加入 1 mL Trizol,用匀浆器匀浆处理。

b. 将匀浆液室温放置 5 ~ 10 min,使得核蛋白与核酸完全分离。

c. 加入 0.2 mL 氯仿,剧烈震荡 30 s,室温放置 3 min。12000 r/min 4℃ 离心 10 min。

d. 吸取上层水相转移至干净的离心管中,加入 1/2 体积无水乙醇,混匀。

e. 将吸附柱放入收集管中,用移液枪将溶液和半透明纤维状悬浮物全部加至吸附柱中,静止 2 min,12000 r/min 离心 3 min,倒掉收集管中废液。

f. 将吸附柱放回收集管中,加入 500 μL RPE Solution,静置 2 min,10000 r/min 离心 30 s,倒掉收集管中废液。(重复一次该操作)。

g. 将吸附柱放回收集管中,10 000 r/min 离心 2 min。

h. 将吸附柱放入干净的 1.5 mL 离心管中,在吸附膜中央加入 30 μLDEPC - treated ddH$_2$O,静置 5 min,12 000 r/min 离心 2 min,将所得到的 RNA 溶液置于 -70℃ 保存用于后续试验。

③RNA 浓度及 OD 值测定。

采用 SMA4000 微量分光光度计测量 RNA 的 OD 值,用于 RNA 纯度和浓度的检测。

④RNA 反转录反应。

a. 在冰浴的 nuclease - free PCR 管中加入以下试剂。

组分	体积/μL
总 RNA	—
随机引物 p(dN)6(100 pmol)	1
dNTP 混合物(0.5 mmol 最终浓度)	1
ddH$_2$O(无核糖核酸酶)	定容至 14.5

b. 轻轻混匀后离心 3 ~ 5 s,反应混合物在 65℃ 温浴 5 min 后,冰浴 2 min,然后离心 3 ~ 5 s。

c. 将试管冰浴,再加入下列试剂。

组分	体积/μL
5X RT 缓冲液	4

续表

组分	体积/μL
Ribolock RNA 酶抑制剂	0.5
Maxima 缓冲液(200 U)	1

d. 轻轻混匀后离心 3～5 s。

e. 在 PCR 仪上按照下列条件进行反转录反应。

温度/℃	时间/ min
25	10
50	30
85	5

f. 将上述溶液 –20℃保存。

⑤RT – PCR 检测。

a. 配置反应混合液。

反应物组分	体积/μL
SybrGreen qPCR 预混液	10
引物 F (10 μmol/L)	0.4
引物 R (10 μmol/L)	0.4
ddH$_2$O	7.2
模板(cDNA)	2
总计	20

b. PCR 循环条件。

95℃预变性 3 min,95℃变性 5 s(45 循环),60℃退火/延伸 30 s(45 循环),完成上述操作后,把加好样品的 96 孔板放在 ABI Stepone plus 型荧光定量 PCR 仪中进行反应。

6.3　结果与分析

6.3.1　小鼠卵巢形态观察结果

6.3.1.1　小鼠卵巢形态对比结果

解剖后,对各组小鼠卵巢形态大小进行观察,如图 6 – 2 所示。

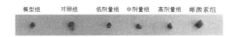

图 6-2 各组小鼠卵巢形态

从图 6-2 可以看出,模型组卵巢最小,对照组卵巢最大;GEN 剂量组随着剂量的增加卵巢逐渐增大,但差异不明显;雌激素组卵巢较对照组小,但较其他组明显增大。说明 D-半乳糖生理盐水对小鼠卵巢产生了一定程度的损伤,模型组卵巢较正常卵巢偏小。

6.3.1.2 小鼠卵巢长短径、平均卵巢面积及体积结果

由表 6-5 可以发现,与模型组相比较,GEN 高剂量组的卵巢长径较长,差异显著($P < 0.05$)。对照组、雌激素组及 GEN 低中剂量组的卵巢长径、短径、平均卵巢面积和平均卵巢体积均较模型组高。该结果说明模型组小鼠卵巢较正常卵巢尺寸会偏小,与图 6-5 结果吻合。

表 6-5 小鼠卵巢长短径、平均卵巢面积及体积($n = 12$)

组别	长径(L/mm)	短径(S/mm)	平均卵巢面积(MOP/mm²)	平均卵巢体积(V/mm³)
对照组	25.86 ± 9.58	21.29 ± 6.21	550.56	296.34
模型组	22.91 ± 2.63	18 ± 2.32	412.38	257.12
低剂量组	23.42 ± 3.48	16.25 ± 3.17	380.58	249.33
中剂量组	23 ± 5.56	17.25 ± 3.28	396.75	252.97
高剂量组	27.33 ± 3.92#	19 ± 2.52	519.27	291.18
雌激素组	25.36 ± 4.97	19.27 ± 3.55	488.69	280.50

#:与模型组比较,差异显著($P < 0.05$)。
平均卵巢面积 $MOP = L \times S$;卵巢体积 $V = 4.19 \times [(L + S)/2]3$。

6.3.2 小鼠卵泡观察及计数结果

6.3.2.1 小鼠卵巢石蜡切片 HE 染色光学显微镜观察结果

从光学显微镜下观察到,模型组小鼠卵巢中原始卵泡和初级卵泡减少,窦状卵泡增加(图 6-3a)。对照组卵巢中有不同发育时期的卵泡,包括原始卵泡、初级卵泡、次级卵泡及窦状卵泡(图 6-3b)。GEN 低中高剂量组和雌激素组中可

以看到,卵巢中也包括不同发育时期的卵泡[图 6 - 3(c - f)]。结果说明亚急性衰老模型小鼠卵巢中窦状卵泡数增加,而其他时期卵泡减少,卵巢呈现衰老状态。

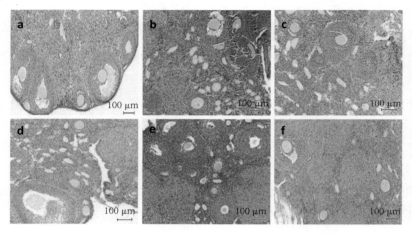

图 6 - 3   小鼠卵巢石蜡切片 HE 染色切片(HE ×20)
a:模型组;b:对照组;c:GEN 低剂量组;d:GEN 中剂量组;e:GEN 高剂量组;f:雌激素组

6.3.2.2   小鼠卵巢内各级卵泡数变化结果

表 6 - 6 结果显示,与对照组比较,模型组、GEN 低中高剂量组及雌激素组中原始卵泡和初级卵泡的个数减少,差异显著或极显著($P < 0.05$,$P < 0.01$)。模型组窦状卵泡数明显高于其他各组,差异极显著($P < 0.01$)。

表 6 - 6   灌胃后各组小鼠卵巢内各级卵泡数的变化($n = 12$)

组别	原始卵泡(个)	初级卵泡(个)	窦状卵泡(个)
对照组	$8.00 \pm 1.00^{\#}$	$6.33 \pm 1.53^{\#}$	$3.33 \pm 1.53^{\#\#}$
模型组	$3.00 \pm 1.73^{**}$	$3.00 \pm 1.00^{**}$	$11.67 \pm 2.52^{**}$
低剂量组	$2.67 \pm 1.53^{**}$	$2.00 \pm 1.00^{**}$	$4.33 \pm 2.31^{\#\#}$
中剂量组	$2.80 \pm 1.92^{**}$	$3.20 \pm 1.48^{**}$	$6.60 \pm 1.52^{*\#\#}$
高剂量组	$3.00 \pm 1.00^{**}$	$2.00 \pm 1.00^{**}$	$3.67 \pm 2.52^{\#\#}$
雌激素组	$4.67 \pm 0.58^{*}$	$4.00 \pm 1.00^{*}$	$4.67 \pm 0.58^{\#\#}$

*:与对照组比较,差异显著($P < 0.05$);** :与对照组比较,差异极显著($P < 0.01$)。
#:与模型组比较,差异显著($P < 0.05$);##:与模型组比较,差异极显著($P < 0.01$)。

6.3.3　小鼠动情期观察结果

6.3.3.1　小鼠动情周期阴道涂片的细胞变化结果

小鼠采血和解剖前需观察动情周期,阴道涂片显示出不同动情期经过的时间、此时卵巢的变化及细胞变化特点见表6－7。

表 6 – 7　小鼠动情周期阴道涂片的细胞变化

动情阶段	经过时间/h	卵巢变化	细胞变化特点
动情前期	17～21	卵泡加速生长	全部是有核上皮细胞 偶有少量角化细胞
动情期	9～15	卵泡成熟排卵	全部是无核角化细胞 或间有少量上皮细胞
动情后期	10～14	黄体生成	白细胞、角化细胞、有核上皮细胞均有
动情间期	60～70	黄体退化	大量白细胞及少量上皮细胞和黏液

6.3.3.2　小鼠动情周期细胞形态学变化结果

图6–4为光学显微镜下观察到的小鼠不同动情期下细胞的形态变化,与表6–7变化一致。动情前期基本全为有核上皮细胞,有少量角化细胞(图6–7a),动情期全部是无核角化细胞(图6–4b),动情后期存在几种不同的细胞,包括白细胞、角化细胞以及有核上皮细胞(图6–4c),动情间期有大量的白细胞以及少量上皮细胞和黏液存在(图6–4 d)。

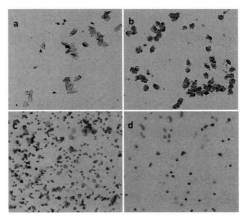

图6–4　小鼠动情周期细胞形态变化
a:动情前期;b:动情期;c:动情后期;d:动情间期

6.3.3.3　D-半乳糖生理盐水对小鼠动情周期的影响结果

腹腔注射 D-半乳糖生理盐水后,模型组小鼠与只注射生理盐水的小鼠比较,动情周期发生了变化,见表6-8。

表6-8　D-半乳糖生理盐水对小鼠动情周期的影响

组别	数量	造模前(d)	造模后(d)
对照组	12	3.83 ± 0.72	3.75 ± 0.45
模型组	60	3.75 ± 0.62	5.92 ± 0.90 *

*:与对照组比较,差异显著($P < 0.05$)。

从表6-8中可以看出,造模前各组小鼠的动情周期为3～4天,造模后对照组动情周期天数无明显变化,而模型组小鼠的动情周期延长为3～6天,差异显著($P < 0.05$)。主要表现为动情期缩短,动情间期延长,动情间期可持续2～3天,此时卵巢处于退化状态。

6.3.4　试验期间小鼠体重变化结果

6.3.4.1　造模期间小鼠体重变化结果

记录造模期间模型组小鼠与正常小鼠的体重变化,如表6-9所示。

表6-9　各组小鼠体重比较结果 ($\bar{x} \pm s$, $n = 12$)

组别	小鼠平均体质量/g						
	第1周	第2周	第3周	第4周	第5周	第6周	第7周
对照组	37.95 ± 3.14	39.27 ± 3.10	40.62 ± 3.09	42.28 ± 3.34	43.54 ± 3.33	45.93 ± 3.35	48.82 ± 2.49
模型组	34.98 ± 2.18	38.60 ± 2.71	40.18 ± 2.49	41.38 ± 2.64	41.14 ± 2.67	42.72 ± 2.70 *	45.78 ± 2.08 *
低剂量组	35.75 ± 3.08	37.54 ± 4.14	38.83 ± 4.15	39.92 ± 3.86	40.15 ± 4.34 *	40.95 ± 4.15 **	43.14 ± 3.46 **
中剂量组	35.82 ± 3.55	36.77 ± 4.26	38.53 ± 4.28	39.52 ± 4.46	39.24 ± 5.39 **	41.24 ± 5.03 **	42.93 ± 4.89 **
高剂量组	36.04 ± 2.58	37.07 ± 2.86	39.31 ± 2.92	40.83 ± 3.73	41.22 ± 3.40	43.31 ± 3.36	45.22 ± 3.12 *
雌激素组	35.26 ± 2.13	37.64 ± 2.71	40.18 ± 2.09	41.56 ± 2.76	42.68 ± 3.77	44.12 ± 4.02	44.87 ± 3.30 *

*:与对照组比较,差异显著($P < 0.05$);**:与对照组比较,差异极显著($P < 0.01$)。

如表6-9所示,造模开始后4周内,各组小鼠体重之间无明显差异,从第5周开始,模型组与对照组之间有差异产生,到第7周造模结束,全部模型组与对照组比较体重下降,均产生显著差异($P < 0.05$, $P < 0.01$)。说明注射 D-半乳糖

生理盐水会干扰小鼠的生长,不同程度上使小鼠体重下降。

6.3.4.2　开始灌胃到解剖前小鼠体重变化结果

开始灌胃到解剖前各组小鼠的体重变化,如表 6 − 10 所示。灌胃开始前与灌胃 1 周后对照组小鼠体重较模型组高,差异显著($P < 0.05$)。灌胃 2 周至解剖前对照组及 GEN 各剂量组与模型组之间没有显著差异。灌胃开始到解剖前,模型组小鼠体重呈持续下降趋势,但与其他各组差异不显著。体重结果说明灌胃对于小鼠体重的影响不大。

表 6 − 10　各组小鼠体重比较结果（$\bar{x} \pm s$, $n = 12$）

组别	小鼠平均体质量/g			
	灌胃前	灌胃 1 周	灌胃 2 周	解剖前
对照组	$48.82 \pm 2.49^{\#}$	$49.46 \pm 4.43^{\#}$	48.54 ± 3.08	46.08 ± 3.90
模型组	45.78 ± 2.08	45.71 ± 1.75	45.69 ± 3.18	44.81 ± 2.76
低剂量组	43.14 ± 3.46	42.43 ± 3.10	43.11 ± 5.98	43.10 ± 4.46
中剂量组	42.93 ± 4.89	42.77 ± 5.32	43.70 ± 5.04	42.44 ± 4.58
高剂量组	45.22 ± 3.12	45.21 ± 2.77	45.26 ± 3.03	43.45 ± 4.40
雌激素组	44.87 ± 3.30	46.83 ± 3.43	46.98 ± 4.59	45.75 ± 4.09

#:与模型组比较,差异显著($P < 0.05$)。

6.3.5　解剖后小鼠脏器质量结果

小鼠解剖后,称取脏器重量,比较各组小鼠脏器与体重比,结果见表 6 − 11。

表 6 − 11　各组小鼠内脏/体重比结果（$\bar{x} \pm s$, $n = 12$）

组别	肝脏/体重	肾脏/体重	脾脏/体重	心脏/体重	子宫/体重	卵巢/体重
对照组	30.38 ± 3.56	8.67 ± 1.38	1.86 ± 0.77	3.29 ± 0.56	0.35 ± 0.13	0.49 ± 0.24
模型组	32.14 ± 6.21	8.63 ± 1.26	1.86 ± 0.63	3.37 ± 0.40	0.34 ± 0.10	0.45 ± 0.18
低剂量组	32.33 ± 4.19	8.3 ± 1.04	1.76 ± 0.52	3.38 ± 0.64	0.28 ± 0.09	0.51 ± 0.16
中剂量组	31.62 ± 3.32	8.52 ± 0.86	$3.07 \pm 1.04 * \#$	3.48 ± 0.59	0.33 ± 0.10	0.43 ± 0.15
高剂量组	30.83 ± 3.00	$9.69 \pm 1.89^{\#}$	2.38 ± 1.07	$3.89 \pm 0.72 * \#$	0.37 ± 0.15	0.5 ± 0.15
雌激素组	31.49 ± 3.37	8.53 ± 0.79	2.2 ± 0.73	3.23 ± 0.55	0.26 ± 0.07	0.47 ± 0.20

* :与对照组比较,差异显著($P < 0.05$);#:与模型组比较,差异显著($P < 0.05$)。

如表 6 − 11 所示,除了 GEN 中剂量组的脾脏/体重和 GEN 高剂量组的心脏/体重与对照组比较差异显著($P < 0.05$)外,其他各组及其他脏器均较对照组无显著差异。GEN 高剂量组的肾脏/体重、GEN 中剂量组脾脏/体重和 GEN 高剂量组

的心脏/体重与模型组比较差异显著($P<0.05$)。综合以上结果,对照组与模型组无显著差异,说明造模和灌胃对于小鼠脏器的影响较小。

6.3.6　小鼠血清指标检测结果

6.3.6.1　小鼠血清内 AMH 水平检测结果

造模结束后,造模组小鼠血清中 AMH 浓度均较对照组有所下降,且差异显著或极显著($P<0.05$,$P<0.01$)(图6－5a)。灌胃结束后,对照组、GEN 低中高剂量组和雌激素对照组血清中 AMH 浓度均高于模型组,且对照组、GEN 低高剂量较模型组差异显著($P<0.05$)(图6－5b)。说明 D－半乳糖生理盐水干扰了小鼠 AMH 的分泌,亚急性衰老模型造模成功,且 GEN 对调节 AMH 水平起到了一定作用。

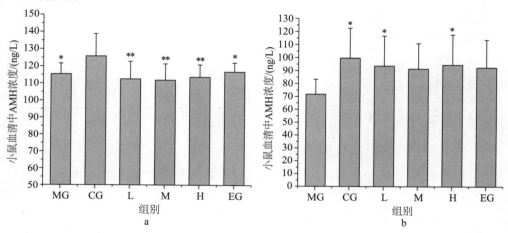

图6－5　小鼠血清中 AMH 浓度水平
a 造模完成后小鼠血清浓度;b 灌胃结束后小鼠血清浓度
＊:与对照组比较,差异显著($P<0.05$);＊＊:与对照组比较,差异极显著($P<0.01$)。
#:与模型组比较,差异显著($P<0.05$);##:与模型组比较,差异极显著($P<0.01$)。

6.3.6.2　小鼠血清内 FSH 水平检测结果

如图6－6所示,造模结束后,造模组小鼠血清中 FSH 浓度均较对照组有所上升,且差异显著或极显著($P<0.05$,$P<0.01$)(图6－6a)。灌胃结束后,对照组、GEN 低中高剂量组和雌激素对照组血清中 FSH 浓度均低于模型组,且与模型组差异极显著($P<0.01$)(图6－6b)。结果说明 D－半乳糖生理盐水制作亚急性衰老模型造模成功,干扰了小鼠血清中 FSH 的分泌,说明 GEN 能调节小鼠 FSH 水平。

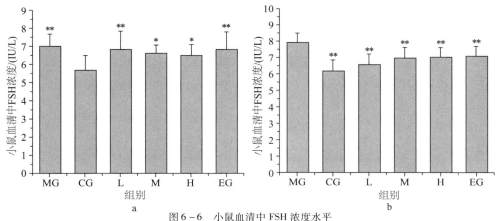

图 6-6　小鼠血清中 FSH 浓度水平

a 造模完成后小鼠血清浓度；b 灌胃结束后小鼠血清浓度

﹡：与对照组比较，差异显著（$P<0.05$）；﹡﹡：与对照组比较，差异极显著（$P<0.01$）。

#：与模型组比较，差异显著（$P<0.05$）；##：与模型组比较，差异极显著（$P<0.01$）。

6.3.6.3　小鼠血清内 LH 水平检测结果

如图 6-7 所示，造模完成后，造模组小鼠血清中 LH 浓度均较对照组升高，且差异极显著（$P<0.01$）（图 6-7a）。灌胃后，对照组、GEN 低中高剂量组和雌激素对照组血清中 LH 浓度均比模型组低，其中 GEN 中剂量组和雌激素对照组与模型组差异显著（$P<0.05$）；对照组、GEN 高剂量组与模型组差异极显著（$P<0.01$）（图 6-7b）。该结果说明亚急性衰老模型制作成功，造模干扰了小鼠血清中 LH 的分泌，同时说明 GEN 能降低小鼠血清中 LH 的水平。

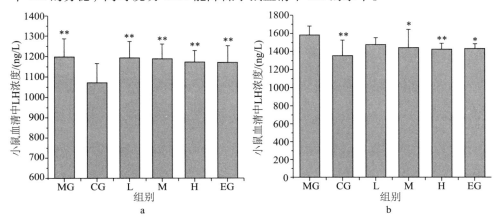

图 6-7　小鼠血清中 LH 浓度水平

a 造模完成后小鼠血清浓度；b 灌胃结束后小鼠血清浓度

﹡：与对照组比较，差异显著（$P<0.05$）；﹡﹡：与对照组比较，差异极显著（$P<0.01$）。

#：与模型组比较，差异显著（$P<0.05$）；##：与模型组比较，差异极显著（$P<0.01$）。

6.3.6.4 小鼠血清内 E_2 水平检测结果

由图 6 – 8 可知,造模完成后,亚急性衰老模型组小鼠血清中 E_2 浓度均较对照组降低,且与对照组比较差异极显著($P < 0.01$)(图 6 – 8a),该结果说明造模成功。灌胃后,其他组 E_2 浓度均较模型组升高,其中对照组、GEN 高剂量组和雌激素对照组血清中 E_2 浓度与模型组差异极显著($P < 0.01$)(图 6 – 8b),说明 GEN 提高了小鼠血清中 E_2 的激素水平。

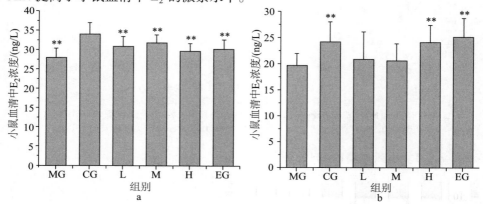

图 6 – 8　小鼠血清中 E_2 浓度水平

a 造模完成后小鼠血清浓度;b 灌胃结束后小鼠血清浓度

* :与对照组比较,差异显著($P < 0.05$); ** :与对照组比较,差异极显著($P < 0.01$)。

#:与模型组比较,差异显著($P < 0.05$);##:与模型组比较,差异极显著($P < 0.01$)。

6.3.6.5 小鼠血清内 P 水平检测结果

图 6 – 9 中,造模结束后造模组小鼠血清中 P 浓度均较对照组降低,且差异显著($P < 0.05$)(图 6 – 9a),结果显示亚急性衰老模型制作成功。灌胃结束后,

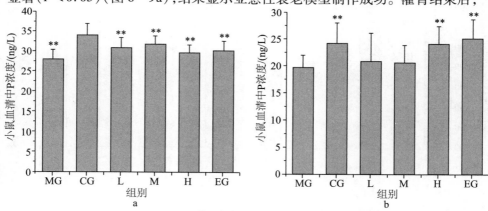

图 6 – 9　小鼠血清中 P 浓度水平

a 造模完成后小鼠血清浓度;b 灌胃结束后小鼠血清浓度

* :与对照组比较,差异显著($P < 0.05$); ** :与对照组比较,差异极显著($P < 0.01$)。

#:与模型组比较,差异显著($P < 0.05$);##:与模型组比较,差异极显著($P < 0.01$)。

对照组、GEN 低中高剂量组及雌激素对照组 P 浓度均高于模型组,且与模型组差异显著($P < 0.05$),其中 GEN 高剂量组如模型组差异极显著($P < 0.01$)(图 6 - 9b),该结果说明 GEN 能显著提高卵巢衰老小鼠血清中 P 的水平。

6.3.6.6　小鼠血清内 SDF‑1 水平检测结果

如图 6 - 10 所示,所有亚急性衰老模型组小鼠血清中 SDF - 1 浓度均较对照组降低,与对照组比较差异极显著($P < 0.01$)(图 6 - 10a),该结果说明造模会使小鼠血清中 SDF - 1 下降。灌胃后,模型组小鼠 SDF - 1 水平跟其他组比较最低,对照组、GEN 中高剂量组和雌激素对照组与模型组差异显著或极显著($P < 0.05; P < 0.01$)(图 6 - 10b),说明 GEN 能改善小鼠体内 SDF - 1 的水平。

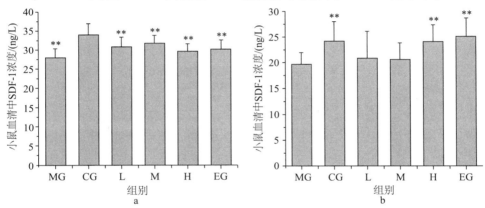

图 6 - 10　小鼠血清中 SDF - 1 浓度水平
a 造模完成后小鼠血清浓度;b 灌胃结束后小鼠血清浓度
＊:与对照组比较,差异显著($P < 0.05$);＊＊:与对照组比较,差异极显著($P < 0.01$)。
#:与模型组比较,差异显著($P < 0.05$);##:与模型组比较,差异极显著($P < 0.01$)。

6.3.7　小鼠卵巢蛋白检测结果

6.3.7.1　小鼠卵巢内 AMH、AMHRⅡ 蛋白检测结果

由图 6 - 11 可以看出,模型组 AMH 蛋白表达量最低,随着 GEN 剂量的增加,AMH 蛋白的表达量逐渐提高,差异极显著($P < 0.01$),且 GEN 高剂量组蛋白表达量与雌激素对照组接近(图 6 - 11a)。如图 6 - 11b 所示,对照组、GEN 剂量组及雌激素对照组 AMHRⅡ 的蛋白表达量均高于模型组,差异显著或极显著($P < 0.05, P < 0.01$),蛋白表达量随着 GEN 浓度的增加而增加,GEN 高剂量组表达量最高,与雌激素对照组表达量相近。AMH 蛋白的表达趋势与 AMHRⅡ 蛋白基本一致,且 GEN 高剂量表达量最高。

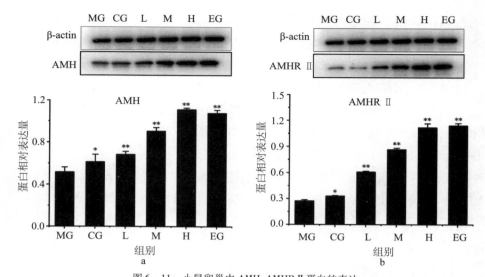

图6-11　小鼠卵巢内AMH、AMHRⅡ蛋白的表达

a:AMH蛋白;b:AMHRⅡ蛋白

*:与模型组比较,差异显著($P<0.05$); **:与模型组比较,差异极显著($P<0.01$)。

6.3.7.2　小鼠卵巢内FSH、FSHR蛋白检测结果

在FSH蛋白表达量中,模型组与其他组比较表达量最低,且与模型组都显示差异极显著($P<0.01$),随着GEN剂量的增加,FSH蛋白的表达量逐渐升高,GEN高剂量组FSH蛋白表达量最高且高于雌激素对照组(图6-12a)。对照组

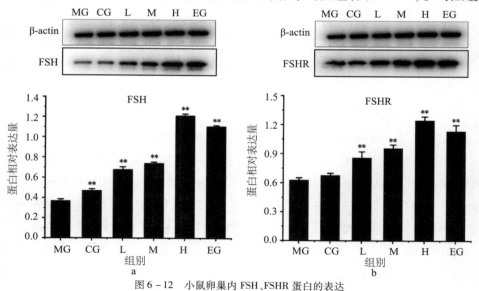

图6-12　小鼠卵巢内FSH、FSHR蛋白的表达

a:FSH蛋白;b:FSHR蛋白

*:与模型组比较,差异显著($P<0.05$); **:与模型组比较,差异极显著($P<0.01$)。

FSHR 蛋白的表达与模型组比较稍高,但差异不显著,而 GEN 剂量组表达量均高于模型组,且差异极显著($P < 0.01$),其中 GEN 高剂量下 FSHR 蛋白的表达量最高,并高于雌激素对照组(图 6 – 12b)。FSH 蛋白总体趋势与 FSHR 蛋白表达趋势基本一致,都是 GEN 高剂量表达量最高。

6.3.7.3　小鼠卵巢内 LH、LHCGR 蛋白检测结果

由图 6 – 13 可以看出,模型组 LH 蛋白表达量最低,随着 GEN 剂量的增加,LH 蛋白的表达量逐渐提高,差异极显著($P < 0.01$),且 GEN 高剂量组蛋白表达量与雌激素对照组接近(图 6 – 13a)。如图 6 – 13b 所示,GEN 剂量组及雌激素对照组 LHCGR 的蛋白表达量均高于模型组,差异极显著($P < 0.01$),蛋白表达量随着 GEN 浓度的增加而增加,GEN 高剂量组表达量最高,与雌激素对照组表达量相近。LH 蛋白的表达趋势与 LHCGR 蛋白趋于一致,且 GEN 高剂量下的表达量最高。

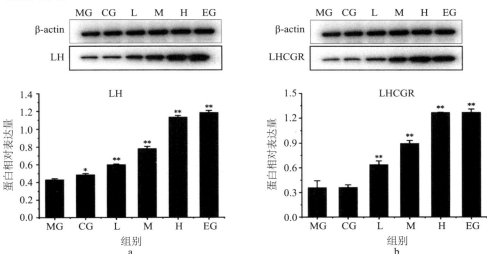

图 6 – 13　小鼠卵巢内 LH、LHCGR 蛋白的表达
a:LH 蛋白;b: LHCGR 蛋白
*:与模型组比较,差异显著($P < 0.05$);**:与模型组比较,差异极显著($P < 0.01$)。

6.3.7.4　小鼠卵巢内 CXCL12、CXCR4 蛋白检测结果

图 6 – 14 中,模型组 CXCL12 蛋白表达量最低,蛋白的表达量随 GEN 剂量的增加逐渐提高,差异极显著($P < 0.01$),GEN 高剂量组 CXCL12 蛋白表达量与雌激素对照组相近(图 6 – 14a)。GEN 中高剂量组及雌激素对照组 CXCR4 的蛋白表达量均高于模型组,差异极显著($P < 0.01$),其中 GEN 高剂量组蛋白表达量最高(图 6 – 14b)。

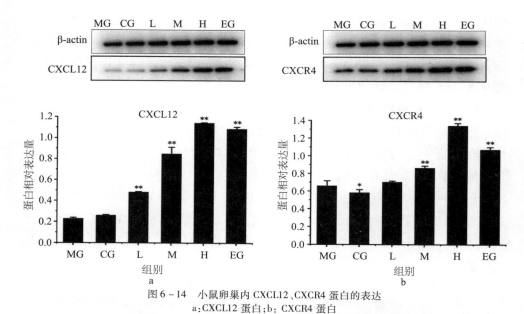

图 6 - 14　小鼠卵巢内 CXCL12、CXCR4 蛋白的表达

a:CXCL12 蛋白;b: CXCR4 蛋白

* :与模型组比较,差异显著($P < 0.05$); ** :与模型组比较,差异极显著($P < 0.01$)。

6.3.8　小鼠卵巢内各基因 mRNA 的 RTFQ - PCR 结果

6.3.8.1　小鼠卵巢 AMH、AMHR Ⅱ mRNA 的 RTFQ - PCR 结果

如图 6 - 15a 所示,与模型组比较,对照组、GEN 低高剂量组与雌激素对照组 AMH mRNA 的表达量均较低,而 GEN 中剂量组的表达量高于模型组,且差异显

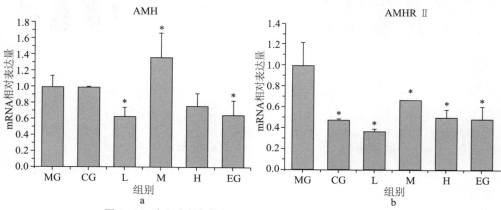

图 6 - 15　各组小鼠卵巢内 AMH、AMHR Ⅱ mRNA 的表达($n = 12$)

a:小鼠 AMH mRNA; b:小鼠 AMHR Ⅱ mRNA

* :与模型组比较,差异显著。

著($P < 0.05$)。在 AMHR Ⅱ mRNA 表达中,对照组、GEN 剂量组及雌激素对照组的表达量均低于模型组,差异显著($P < 0.05$),其中 GEN 中剂量组的表达量要高于其他剂量组(图 6 – 15b)。

6.3.8.2　小鼠卵巢 LH、LHCGR mRNA 的 RTFQ‑PCR 结果

由图 6 – 16 可知,GEN 中高剂量组 LH mRNA 的表达量高于模型组,且 GEN 中剂量组与模型组差异显著($P < 0.05$)(图 6 – 16a)。在 LHCGR mRNA 表达中,对照组、GEN 剂量组及雌激素对照组的表达量均低于模型组,差异显著($P < 0.05$),其中 GEN 中剂量组的表达量要高于其他剂量组,表达量与雌激素对照组相近(图 6 – 16b)。

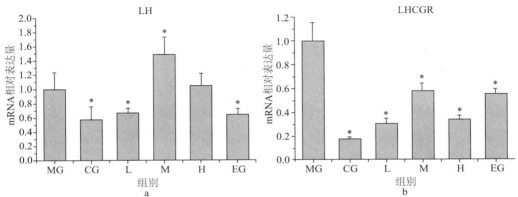

图 6 – 16　各组小鼠卵巢内 LH、LHCGR mRNA 的表达($n = 12$)

a:小鼠 LH mRNA;b:小鼠 LHCGR mRNA

*:与模型组比较,差异显著。

6.3.8.3　小鼠卵巢 FSHR mRNA 的 RTFQ‑PCR 结果

如图 6 – 17 所示,在小鼠卵巢 FSHR mRNA 的表达量中,与模型组比较,除 GEN 高剂量组外,其余各组表达量均降低,且与对照组和 GEN 低剂量组差异显著,

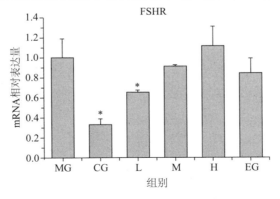

图 6 – 17　各组小鼠卵巢内 FSHR mRNA 的表达($n = 12$)

*:与模型组比较,差异显著。

（$P < 0.05$）随着 GEN 剂量的增加，FSHR mRNA 的表达量也随着增加。该结果显示 GEN 中剂量（GEN 20 mg/kg）时，FSHR mRNA 的表达最高。

6.3.8.4　小鼠卵巢 CXCL12、CXCR4 mRNA 的 RTFQ－PCR 结果

如图 6－18 所示，与模型组比较，对照组、GEN 低高剂量组与雌激素对照组 CXCL12 mRNA 的表达量均较低，而 GEN 中剂量组的表达量高于模型组，且差异显著（$P < 0.05$）（图 6－18a）。在 CXCR4 mRNA 表达中，对照组、GEN 中低剂量组表达量均低于模型组，差异显著（$P < 0.05$），而 GEN 高剂量组的表达量要高于模型组（图 6－18b）。

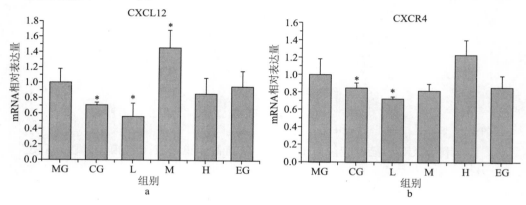

图 6－18　各组小鼠卵巢内 CXCL12、CXCR4 mRNA 的表达（$n = 12$）
a：小鼠 CXCL12 mRNA；b：小鼠 CXCR4 mRNA
*：与模型组比较，差异显著。

6.4　讨论

6.4.1　亚急性衰老模型的制备

衰老是人类共同关注的问题，尤其是有关生育的卵巢衰老的基础和临床研究逐渐受到重视。卵巢衰老是指女性卵巢储备功能逐渐衰退到衰竭的过程，表现为卵泡数量和质量的下降，最终出现绝经或绝育。研究认为卵巢衰老是女性衰老的开始，同时也是其他器官开始衰老的表现。卵巢衰老受多种因素影响，包括年龄、遗传、生活环境、生活方式等，这些因素都有可能影响到卵巢的状态，使卵泡质量降低，从而导致卵巢的储备能力下降，加速卵巢的衰老。

新陈代谢是生命活动的基础，而衰老是人体新陈代谢出现障碍的体现。糖

代谢作为重要的一种代谢方式,它的紊乱会引起机体重要脏器的代谢异常,最终导致衰老的发生。研究表明,卵巢早衰多见于半乳糖血症患者,因此推测卵巢早衰的发生可能与体内半乳糖升高关系密切。我们通过在连续的一段时间内给小鼠注射高浓度的 D - 半乳糖生理盐水,使小鼠细胞内半乳糖浓度升高,并在醛糖还原酶的催化下还原成半乳糖醇。由于半乳糖醇不能被细胞代谢,从而堆积在细胞内对渗透压造成影响,导致细胞功能丧失和代谢的紊乱,最终制作亚急性衰老小鼠模型。王少康等对 SD 大鼠采取腹腔注射 D - 半乳糖生理盐水溶液,连续给药 56 d 的方法制备亚急性衰老动物模型,实验结果显示,D - 半乳糖生理盐水溶液注射高剂量组(500 mg/kg/d)的大鼠有 54.5% 出现了卵巢囊肿,此结果说明 D - 半乳糖引起了大鼠内分泌功能的紊乱,从而加速了大鼠的衰老。该实验观察模型鼠的基础指标与自然衰老的大鼠相似,证明腹腔注射 D - 半乳糖生理盐水溶液制备亚急性衰老动物模型的方法是可行的。我们使用同样的方法制作模型后发现,模型组小鼠体重下降,卵巢与正常小鼠比较偏小,且动情期紊乱,血清激素水平分泌异常。这些指标都说明亚急性衰老动物卵巢衰老这一模型制作成功。何连利等人对小鼠腹腔注射 D - 半乳糖制备卵巢早衰动物模型,发现可使小鼠性激素水平发生改变,并引起小鼠卵巢功能的下降,这与我们动物模型的研究结果一致。

6.4.2　GEN 对小鼠激素水平的影响

小鼠行为、卵巢、子宫等的变化直接受性激素水平的调控,下丘脑中促性腺激素释放激素神经元是控制性激素分泌的主要因素。促性腺激素释放激素是一种调节下丘脑—垂体—卵巢轴生殖内分泌的关键因子,它作用于脑垂体上,影响 FSH 和 LH 的合成与分泌,进而能够调控卵巢中雌二醇和黄体酮的分泌。性腺通过产生各种激素对垂体、下丘脑产生反馈,使下丘脑—垂体—卵巢轴保持平衡状态。在衰老过程中,垂体功能会受到影响,性腺衰老所导致的性激素分泌的改变会使生殖系统功能衰退。同时也会伴随出现肿瘤、冠心病、骨质疏松等疾病的产生,这些变化都是由体内 E_2、FSH、LH 的激素水平的变化而引起的,人体正常的性功能和生殖水平都依赖生殖激素的调节和控制。女性的主要性腺是卵巢,卵巢中原始卵泡的数量和卵泡在发育过程中的丢失速率决定卵巢的寿命,卵巢内生长卵泡数及黄体数量是影响卵巢性激素分泌的重要因素。若能抑制卵母细胞的凋亡,减少卵泡的闭锁数量将延长卵巢的寿命。下丘脑脉冲式释放促性腺激素释放激素,刺激性腺和垂体分泌 FSH 和 LH,LH 对卵泡发育、黄体的生成有重要作用,同时它能刺激卵泡膜细胞产生雄激素,而 FSH 负责控制卵泡发育,使窦前卵泡和窦状卵泡颗粒细胞增殖分化,同时激活颗粒细胞内芳香化酶,将 LH 刺激卵泡膜细胞产生的雄激素转化为雌激素。雌激素水平是卵巢储备功能好坏的直接体现,E_2 的水平是预测卵巢储备能力的有效手段。E_2 主要来源于颗粒细胞,能促进女性生殖器官的生长发育,对卵泡的发育、成熟和排卵有重要作用。将 E_2 水平和 FSH 水平结合起来能更好地评价卵巢的储备能力。

我们的实验结果显示,亚急性衰老模型小鼠血清中 E_2、P 水平下降,FSH 和 LH 的水平升高。而灌胃 GEN 后,GEN 能显著升高小鼠血清中 E_2 和 P 的水平,降低 FSH 和 LH 的浓度。结果表明 GEN 可以直接或间接作用与卵巢、垂体来调节生殖内分泌功能。

6.4.3 GEN 对 AMH 与 FSHR 的调节作用

抗缪勒管激素是重要的卵巢局部调控因子之一,它与颗粒细胞上的 FSHR 的关系密切。卵泡刺激素是通过与卵泡表面的 FSHR 结合来调控卵泡,从而发挥作用的。研究表明,AMH 在卵巢发生早衰中起到一定的作用,它能够拮抗卵泡刺激素对卵泡生长的促进作用。目前有 1%~3% 的女性有卵巢早衰方面的困扰,因此尽快找出卵巢早衰的病因尤为重要。

卵巢早衰可能的发生机制为:卵泡细胞膜上 FSHR 功能异常或者表达减少而对 FSH 的刺激不够进而导致卵泡发育停止;卵巢中始基卵泡数量少,已经形成的卵泡闭锁速度较快,从而使卵巢过早地失去了卵泡池。我们通过检测亚急性衰老小鼠血清 AMH 的试验中发现,模型小鼠血清中 AMH 浓度显著低于正常小鼠,这可能与卵巢内卵泡数量减少有关,GEN 作为一种植物雌激素,给小鼠灌胃后发现,小鼠血清中 AMH 的浓度显著提高,这可能是 GEN 充分发挥了雌激素的作用,使卵巢内卵泡数量增加,卵巢功能得到改善,进而表现为 AMH 水平升高。FSH 是由垂体分泌的一种糖蛋白激素,能促进颗粒细胞增殖分化,通过与 FSHR 结合来发挥调节卵泡生长发育的作用。AMH 的重要作用体现在,它能抑制 FSH 依赖的芳香化酶活性,降低卵泡对于 FSH 的敏感性,进而造成卵泡生长受到抑制的问题。张迪等人通过免疫组化试验发现,卵巢早衰小鼠卵巢内 FSHR 的表达量明显低于正常小鼠,对照组小鼠卵巢颗粒细胞上 FSHR 阳性表达丰富。由于卵巢早衰小鼠卵巢颗粒细胞上 FSHR 的表达量减少,从而抑制了 FSH 对卵泡生长发育的促进作用,致使卵巢颗粒细胞凋亡,卵泡发育异常,又进一步影响 FSHR 的表达,最终导致卵巢早衰的发生。李亚丽经试验发现,FSHR 主要表达在卵巢颗粒细胞,阳性产物位于胞浆,呈弥散的颗粒状,亚急性衰老模型组 FSHR mRNA 表达比正常组要低,在给予不同剂量的受试物后,卵巢细胞内 FSHR mRNA 的表达水平有明显的提高,与我们的研究结果一致。

卵巢衰老与 AMH 和 FSHR 是相互关联和影响的,我们通过蛋白印迹试验发现,亚急性衰老模型小鼠卵巢内 AMH 和 FSHR 的蛋白表达量均较低,而 GEN 剂量组小鼠卵巢内 AMH 和 FSHR 蛋白的表达量均高于模型组,且随着 GEN 剂量的增大 AMH 和 FSHR 蛋白的表达量也逐渐提高。我们的试验结果说明亚急性衰老模型小鼠卵巢内窦状卵泡发育异常,卵泡过早地出现闭锁和黄体化,颗粒细胞逐渐凋亡,导致了 AMH 表达下降,AMH 表达异常导致 FSHR 表达异常,进而对 FSH 的刺激不够,最终表现为卵泡发育迟缓或停止发育,卵泡闭锁速度加快,导致卵巢衰老的发生。GEN 作为一种天然的植物雌激素,能调节内分泌激素水平,GEN 可能是通过调节 AMH 的水平进而影响 FSHR 的表达来参与卵巢功能的改善。

6.5　小结

6.5.1　结论

①在 D - 半乳糖生理盐水的干预下,模型组小鼠体重下降,动情周期紊乱,卵巢外观形态较正常组小,且血清内相关激素水平表达异常,造模成功。

②GEN 能调节小鼠血清中的激素水平,能上调血清中 E_2、P、SDF - 1、AMH 等激素水平,下调小鼠衰老后血清中升高 FSH、LH 的激素水平,说明 GEN 与雌激素起到相同的作用,使内分泌逐渐正常,从而改善卵巢功能。

③GEN 中剂量(20 mg/kg)下 AMH 和 LH 基因的表达量较模型组升高,GEN 高剂量(40 mg/kg)下 CXCL12 和 CXCR4 基因的表达量最高,AMH、FSHR 基因的表达随着 GEN 剂量的增加而提高。

④随着 GEN 浓度的增加,蛋白的表达水平不断提高,GEN 高剂量(40 mg/kg)下,AMH、FSHR 等蛋白的表达量最高。

综上所述:GEN 可以直接或间接作用与卵巢、垂体来调节激素水平,改善生殖内分泌功能;GEN 通过调节 AMH 的水平,进而影响 FSHR 的表达水平,起到调节卵巢生长发育的作用,最终达到改善卵巢功能的目的。

6.5.2　主要创新点

目前对于雌激素缓解卵巢早衰和提高女性卵巢储备功能的作用机理研究较多,但其确切的作用机制尚不明确,特别是缺乏对植物雌激素的研究。本试验以AMH 及 FSHR 等基因作为切入点,探讨植物雌激素 GEN 对亚急性衰老小鼠卵巢的有效作用途径。

6.5.3　问题及展望

本试验分析了 GEN 对于亚急性衰老小鼠在激素水平、细胞因子水平、蛋白水平的表达作用,分析了 FSHR 和 AMH 等基因与卵巢衰老之间存在的关联,对于后期进一步的研究奠定了良好的基础,但同时也存在研究深度不够、样本量过少等方面的问题,在后续研究中,可以增加样本量,提高结果的准确度,从 microRNA 方面检测 AMH、FSH 及其受体表达;采用正反测序方法检测 AMH 及其 II 型受体基因多态性,进一步探究 GEN 对于亚急性衰老雌鼠卵巢的作用途径及作用机制。

参考文献

[1]Aittomaki K, Lucena J L, Pakarinen P, et al. Mutation in the follicle stimulating hormoer receptor gene causes hereditary hypergonadotropic ovarian failure1[J]. Cell, 1995, 82:99 – 968.

[2]Azem F, Tal G, Lessing J B, et al. Does high serum progesterone level on the day of human chorionic gonadotropin administration affect pregnancy rate after intracytoplasmic sperm injection and embryo transfer[J]. Gynecol Endocrinol, 2008, 24(7):368 – 372.

[3]Broer S L, Broekmans F J M, Laven J S E, et al. Anti – Mullerian hormone: ovarian reserve testing and its potential clinical implications[J]. Human Reproduction Update, 2014, 20(5):688.

[4]Castelao J E, Yuan J M, Skipper P L, et al. Gender and smoking related bladder cancer risk [J]. JNCI Journal of the National Cancer Institute, 2001, 93 (7):538.

[5]CHANG H M, KLAUSEN C, LEUNG P C, et al. Anti – Mullerian hormone in-

hibits follicle stimulating hormone induced adenylyl cyclase activation, aromatase expression, and estradiol production in human granulosa lutein cells[J]. Fertil Steril, 2013, 100(2):585.

[6]Closset J, Hennen G. Porcine Follitropin[J]. Febs Journal, 1978, 86(1): 105 – 113.

[7]Djahanbakhch O, Warner P, Mcneilly A S, et al. Pulsatile release of LH and oestradiol during the periovulatory period in women[J]. Clin Endocrinol, 2010, 20(5):579 – 589.

[8]Doitsidou M, Reichman – Fried M, Stebler J, et al. Guidance of primordial germ cellmig ration by the chemokine SDF – 1[J]. Cell, 2002, 111(5):647 – 659.

[9]Du Jing, Zhang Wenjing, Guo Lingli, et al. Two FSHR variants, haplotypes and meta – analysis in Chinese women with premature ovarian failure and polycystic o-vary syndrome [J]. Molecular Genetics & Metabolism, 2010, 100 (3): 292 – 295.

[10]DURLINGER A L, GRUIJTERS M J, KRAMER P, et al. Anti – Mullerian hor-mone attenuates the effects of FSH on follicle development in the mouse ovary [J]. Endocrinolog y, 2001, 142(11):4891 – 4899.

[11]Durlinger A L, Kramer P, Karels B, et al. Control of primordial recruitment by anti – Mullerian hormone in the mouse ovary[J]. Endocrinology, 1999, 140: 5789 – 5796.

[12]Geller S E, Studee L. Botanical and dietary supplements for menopausal symp-toms:what works, what does not[J]. J Womens Health (Larchmt), 2005, 14 (7):634 – 649.

[13]Goswami D, Conway G S. Premature ovarian failure[J]. Hormone Research in Paediatrics, 2007, 68(4):196 – 202.

[14]Hall J E. Neuroendocrine changes with reproductive aging in women[J]. Semi-nars in Reproductive Medicine, 2007, 25(05):344 – 351.

[15]Hall J E. Neuroendocrine Control of the Menstrual Cycle[J]. Yen & Jaffe's Re-productive Endocrinology (Sixth Edition), 2009:139 – 154.

[16]Herpin A, Fischer P, Liedtke D, et al. Sequential SDF1a and b – induced mob-ility guides Medaka PGC migration[J]. Developmental Biology, 2008, 320 (2):319 – 327.

[17]Holt J E, Jackson A, Roman S D, et al. CXCR4/SDF1 interaction inhibits the primordial to primary follicle transition in the neonatal mouse ovary[J]. Developmental Biology, 2006, 29(2):449 – 460.

[18]JOSSO N, CLEMENTE N. Transduction pathway of anti – Mullerian hormone, a sex – specific member of the TGF beta family[J]. Trends Endocrinol Metab, 2003, 14(2):91 – 97.

[19]Juengel J L, McNatty K P. The role of proteins of the transforming growth factor-beta superfamily in the intraovarian regulation of follicular development[J]. Human Reprod Update, 2005, 11(2):143 – 160.

[20]Jürg S, Spieler D, Slanchev K, et al. Primordial germ cell migration in the chick and mouse embryo: the role of the chemokine SDF – 1/CXCL12. [J]. Developmental Biology, 2004, 272(2):351 – 361.

[21]Kanzler S, Galle P R. Apoptosis and the liver[J]. Seminars in Cancer Biology, 2000, 10(3):173 – 184.

[22]Kevenaar M E, Laven J S E, Fong S L, et al. A functional anti – müllerian hormone gene polymorphism is associated with follicle number and androgen levels in polycystic ovary syndrome patients[J]. The Journal of Clinical Endocrinology & Metabolism, 2008, 93(4):1310 – 1316.

[23]Kevenaar M E, Themmen A P, VanKerkwik A J, et al. Variantsin the ACVR1 gene are associated with AMH levels in women with polycystic ovary syndrome [J]. Hum Reprod, 2009, 24(1):241 – 249.

[24]Knauff E A, Eijkemans M J, Lambalk C B, et al. Anti – Mullerian hormone, inhibin B, and antralfollicle count in young women with ovarian failure[J]. J Clin Endorinol Metab, 2009, 94:786 – 792.

[25]Knauff E A, Franke L, Van E M, et al. Genome wide association study in premature ovarian failure patiens suggests ADAMTS19 as a possible candidate gene [J]. Human R eproduction, 2009, 24(9):2372 – 2378.

[26]Knaut H, Werz C, Geisler R, et al. A zebrafish homologue of he chemokine receptor Cxcr4 is a germ cell guidance receptor[J]. Nature, 2003, 421(6920): 279 – 282.

[27]Knight P G, Glister C. Local roles of TGF – beta superfamily members in the control ofovarian follicle development[J]. Animal Reproduction Science, 2003,

78(3 −4):165 −183.

[28]Knight P G, Glister C. TGF − beta superfamily members and ovarian follicle de-velopment[J]. Reproduction, 2006, 132(2):191 −206.

[29]Kogiso M, Sakai I, Mitsuya K, et al. Genistein suppresses antigen specific com-petition with 17beta estradiol receptors for estrogen in ovalbumin immunized BALB/c mice[J]. Nutrition, 2006, 22(7 −8):802 −809.

[30]Kumar N B, Cantor A, Allen K, et al. The specific role of isoflavones on estro-genmet abolism in premenopausal women [J]. Cancer, 2002, 94 (4): 1166 −1174.

[31]Lee F K, Lai T H, Lin T K, et al. Relationship of progester − one/estradiol ratio on day of hCG administration and pregnancy outcomes in high responders under-going in vitro fertilization[J]. Fertil Steril, 2009, 92(4):1284 −1289.

[32]Lutz M, Knaus P. Integration of the TGF pathway into the cellular signalling network [J]. Cellular Signalling, 2002, 14(12):977 −988.

[33]MAGIERA S, ADAMEK J. Evaluation of new natural deep eutectic solvents for the e xtraction of isoflavones from soy products [J]. Talanta, 2017, 168: 329 −335.

[34]Manuela S, Gromoll Jörg, Eberhard N. The follicle stimulating hormone recep-tor: biochemis try, molecular biology, physiology, and pathophysiology [J]. Endocrine Reviews(6):739 −77 3.

[35]MARZENA, RZESZWSKA, AGNIESZKA LESZCZ, et al. Anti − Müllerian hor-mone: structure, properties and appliance[J]. Via Medica, 2016, 87(9): 669 −674.

[36]Massimo D F, Francesca G K, Donatella F, et al. Establishment of oocyte pop-ulation in the fetal ovary: primordial germ cell proliferation and oocyte pro-grammed cell death[J]. Reproductive Bio Medicine Online, 2005, 10(2): 182 −191.

[37]Mcgee E A, Hsueh A J W. Initial and Cyclic Recruitment of Ovarian Follicles 1 [J]. Endocrine Reviews, 2000, 21(2):200 −214.

[38]Meg D S F, Sanches L F, Rodrigues D, et al. Evaluation of the isoflavone and total phenolic contents of kefir − fermented soymilk storage and after the in vitro digestive system simulation[J]. Food Chemistry, 2017, 229:373.

［39］Messinis I E, Messini C I, Dafopoulos K. The role of gonadotropins in the follicular phase［J］. Annals of the New York Academy of Sciences, 2010, 1205(1): 5 – 11.

［40］Molyneaux K A, Zinszner H, Kunwar P S, et al. The chemokine SDF1/CXCL12 and its receptor CXCR4 regulate mouse germ cell migration and survival ［J］. Development, 2003, 130(18):4279 – 4296.

［41］Mungan N A, Aben K K H, Schoenberg M P, et al. Gender differences in stage-adjusted bladder cancer survival［J］. Urology, 2000, 55(6):876 – 880.

［42］Nguyen B T, Kararigas G, Jarry H. Dose – dependent effects of a genistein enriched diet in the heart of ovariectomized mice［J］. Genes & Nutrition, 2013, 8 (4):383 – 390.

［43］Panay N, Kalu E. Management of premature ovarian failure［J］. Best Pract Res Clin O bstet Gynaecol, 2009, 23(1):129 – 140.

［44］Pellatt L, Hanna L, Brincat M, et al. Granulosa cell production of anti – Müllerian horm one is increased in polycystic ovaries［J］. Journal of Clinical Endocrinology & Metabolism, 2007, 92(1):240.

［45］Pellatt L, Rice S, Dilaver N, et al. Anti – Müllerian hormone reduces follicle sensitivity to follicle stimulating hormone in human granulosa cells［J］. Fertility & Sterility, 2011, 96(5):1246 – 1251.

［46］Pierce J G, Parsons T F. Glycoprotein Hormones: Structure and Function［J］. Annual R eview of Biochemistry, 1980, 50(1):465 – 495.

［47］Priscilla M, Eugene G, Pealver B B, et al. Evidence for Chromosome 2p163 Polycystic Ovary Syndrome Susceptibility Locus in Affected Women of European Ancestry［J］. J ournal of Clinical Endocrinology & Metabolism, 2013, 98(1): 185 – 190.

［48］Schiller C E, O" Hara M W, Rubinow D R, et al. Estradiol modulates anhedonia and behavioral despair in rats and negative affect in a subgroup of women at high risk for postpartum depression［J］. Physiology & Behavior, 2013, 119: 137 – 144.

［49］Silva A L B D, Even M, Grynberg M, et al. Anti – Miillerian hormone: Player and marker of folliculogenesis［J］. Gynecologie Obstetrique & Fertilit, 2010, 38 (8):471 – 474.

［50］SIMPSON E R. Sources of estrogen and their importance［J］. Journal of Steroid Bioche mistry & Molecular Biology, 2003, 86:225 – 230.

［51］Soledad R C, Estrada C E, Reyes R, et al. Synergistic effect of estradiol and fluoxeti ne in young adult and middle – aged female rats in two models of experimental depression［J］. Behavioural Brain Research, 2012, 233(2):351 –358.

［52］Sowers M F R, Eyvazzadeh A D, Mcconnell D, et al. Anti – Müllerian Hormone and In hibin B in the Definition of Ovarian Aging and the Menopause Transition ［J］. Obstetrical & Gynecological Survey, 2009, 64(2):111 –112.

［53］Sudo S. Genetic and functional analyses of polymorphisms in the human FSH receptor gene［J］. Molecular Human Reproduction, 2002, 8(10):893 –899.

［54］Suzuki M, Nishihara M, Takahashi M. Hypothalamic gonadotropin – releasing hormone gene expression during rat estrous cycle［J］. Endocrine Journal, 1995, 42(6):789.

［55］Teng J, Wang Z Y, Jarrard D F, et al. Roles of estrogen receptor α and β in modulating urothelial cell proliferation［J］. Endocr Relat Cancer, 2008, 15 (1):351.

［56］Tran N D, Cedars M I, Rosen M P. The role of anti – mullerian hormone (AMH) in assessing ovarian reserve［J］. Journal of Clinical Endocrinology & Metabolism, 2011, 96(1 2):3609 –3614.

［57］VAN H J, WEISKIRCHEN R. Performance of the two new fully automated anti-Mülle rian hormone immunoassays compared with the clinical standard assay ［J］. Human Repr oduction, 2015, 30(8):1918 – 1926.

［58］Van R I A, Frank J M, Scheffe G J. Serum anti – mullerian hormone levels best reflect the reproductive decline with age in normal women with proven fertility: a longitudinal study［J］. Fertil Steril, 2005, 83(4):979 –987.

［59］Van V I, Fatemi H M, Blockeel C, et al. Progesterone rise on HCG day in Gn-RH an tagonist/rFSH stimulated cycles affects endometrial gene expression［J］. Reprod Biomed Online, 2011, 22(3):263 –271.

［60］VISSER J A. AMH signaling: from receptor to target gene［J］. Mol Cell Endocrinol, 2003, 211(1/2):65 –73.

［61］Visser J A, Themmen A P. Anti – Mtillefian hormone and folliculogenesis［J］. Mol Cell E ndocrinol, 2005, 234(1/2):81 –86.

[62]Weenenc, Laven J S, Yon Bergh A R, et a1. Anti－mullerianhormone expression pattern in the human ovary：potentialimplications for initial and cyclic follicle recruitmnent[J]. Molecular Human Reproduction，2004，10(2)：77－83.

[63]Chi Xiao xing, Zhang Tao. The effect of soy isoflavone on bone density in north region of climacteric Chinese women[J]. Journal of Clinical Biochemistry & Nutrition，201 3，53(2)：102－107.

[64]陈传平，陈乃东，葛飞飞. 染料木素结构修饰及其抗氧化活性构效关系的研究[J]. 安徽农业科学，2013，41(16)：7061－7063.

[65]陈丽珊. 糖蛋白激素的糖组分[J]. 生物学教学，1998(09)：2－3.

[66]陈嫱，李文兰，丁振铎，等. 中药植物雌激素双相调节的机制研究[J]. 哈尔滨商业大学学报，2014，30(20)：138－141.

[67]陈勤. 抗衰老研究实验方法[M]. 中国医药科技出版社，1996.

[68]迟晓星，陈容，张涛，等. 金雀异黄素对 PCOS 高雄血症大鼠子宫和卵巢形态学的影响[J]. 中国食品学报，2013，13(5)：11－16.

[69]迟晓星，张涛，陈容，等. 金雀异黄素对实验性雌性大鼠高雄激素血症的治疗作用[J]. 营养学报，2013，35(1)：68－72.

[70]迟晓星，甄井龙，张涛，等. 金雀异黄素对 PCOS 大鼠卵巢和子宫组织中 P450 arom mRNA 的作用[J]. 中国食品学报，2016，16(04)：35－42.

[71]迟晓星，张涛，钱丽丽，等. 大豆异黄酮对青年雌性大鼠卵巢、子宫组织中 Bcl－2 mRNA 和 Bax mRNA 表达的影响[J]. 食品科学，2010，31(11)：231－233.

[72]迟晓星，张涛，甄井龙，等. 金雀异黄素调节围绝经期小鼠血清抑制素与性激素水平的研究[J]. 中国食品学报，2016，16(7)：47－51.

[73]迟晓星，张涛，郑丽娜，等. 大豆异黄酮对青年雌性大鼠的抗氧化作用研究[J]. 中国食品学报，2010，10(5)：78－82.

[74]丁梦婷，蔡志明. 雌二醇通过调控 GREB1 基因表达促进膀胱癌进展[J]. 深圳中西医结合杂志，2019(10)：1－4.

[75]苟德明，李文鑫，黄健，等. 人绒毛促性腺激素 α、β 亚基 cDNA 的筛选与序列分析[J]. 中国生物化学与分子生物学学报，1999，15(6)：899－902.

[76]关洪斌，李庆章. 卵泡刺激素研究进展[J]. 东北农业大学学报，2002，33(3)：209－212.

[77]韩小龙，王培玉，李子一，等. 金雀异黄素对宫颈癌细胞增殖的影响[J].

北京大学学(医学版)，2015，47(3):551-554.

[78]何连利. D-半乳糖致卵巢早衰动物模型建立的初步研究[J]. 临床医药实践，2016，25(10): 762-764.

[79]胡蓉，田春花，田进石，等. 抗苗勒管激素及其Ⅱ型受体基因多态性在多囊卵巢综合征患者表达的研究[J]. 实用妇产科杂志，2012，28(9):739-742.

[80]胡蓉，张晓梅，吴昕，等. 抗苗勒氏管激素(AMH)预测卵巢储备功能及反应性的研究[J]. 生殖与避孕，2009，29(8):515-519.

[81]赖春田，施晓波. 卵巢早衰患者 FSHR C1555A 和 LHR C1660T 基因突变的检测[J]. 华北煤炭医学院学报，2010，12(4):462-464.

[82]李蔚辉. 染料木素对小鼠抗氧化作用的研究[J]. 抗感染药学，2014，11(3):200-202.

[83]李文彬，韦丰，范明，等. D-半乳糖在小鼠上诱导的拟脑老化效应[J]. 中国药理学与毒理学杂志，1995，(9)2:93-95.

[84]李亚丽. 下丘脑—垂体—卵巢轴系衰老机理及何首乌饮延缓衰老的实验研究[D]. 河北医科 大学，2008.

[85]刘春龙，李思秋，孙海霞，等. 大豆异黄酮的生理作用及其在医学方面的研究进展[J]. 大学科学，2008，27(4):693-694.

[86]刘颖，张玉梅，宋丹凤，等. 金雀异黄素诱导人乳腺癌细胞凋亡作用机制研究[J]. 卫生研究，2005(1):69-71.

[87]罗爱月，杨书红，王世宣. 卵巢衰老的研究进展[J]. 实用医学杂志，2011，27(20):3800-3802.

[88]钱革，周武，吴剑波，等. 植物雌激素对体外培养的正常人皮肤成纤维细胞的作用[J]. 中国美容医学，2008(4):494-496.

[89]邱玲，李丹丹，程歆琦. 抗缪勒管激素的临床应用[J]. 协和医学杂志，2017，8(4):229-234.

[90]任春明，字向东，张重庆，等. 卵泡刺激素(FSH)的研究进展[J]. 畜禽业，2006(20):10-13.

[91]任文超，姜爱芳，乔鹏云，等. 多囊卵巢综合征肥胖患者血清基础黄体生成素水平及卵子质量分析[J]. 实用医学杂志，2014，30(24):3974-3976.

[92]邵丽，葛许华，耿德勤，等. 亚急性衰老动物模型的建立及机制[J]. 中风与神经疾病杂志，2012，29(6):499-501.

[93]施红，李立，杨旋，等. 染料木素盐溶液制备及小鼠抗氧化作用[J]. 荆楚

理工学院学报, 2016, 31(6):11 – 15.

[94] 史恩祥, 沈喜, 智强. 睾丸创伤后 FSH、LH、T 变化研究[J]. 中国优生与遗传杂志, 2003, 11(1):113 – 128.

[95] 田春花, 胡蓉, 贾韶彤, 等. 抗苗勒管激素及其Ⅱ型受体基因多态性与卵巢储备功能的关系[J]. 华中科技大学学报(医学版), 2012, 41(3):315 – 319.

[96] 田勇, 赖志文, 石良艳, 等. AMH 蛋白在性成熟小鼠卵泡发育不同阶段及自然衰老过程卵巢组织中的表达变化[J]. 现代妇产科进展, 2012, 21(12):936 – 940.

[97] 汪远金, 许金林, 张杰, 等. 大豆异黄酮对去卵巢大鼠骨质疏松症防治作用的研究[J]. 中国中医药科技, 2004, 11(3):156.

[98] 王少康, 孙桂菊, 张建新, 等. 亚急性衰老动物模型的建立及评价[J]. 东南大学学报(医学版), 2002, 21(3):217 – 220.

[99] 王赭, 赵新华, 陆乘荣, 等. D – 半乳糖亚急性中毒大鼠拟衰老生理生化改变[J]. 实验动物科学与管理, 1999, 16(2):24 – 25.

[100] 翁春艳, 杨艳, 李晓波. 染料木素抗动脉粥样硬化的研究进展[J]. 中国医药指南, 2016, 14(7):33 – 35.

[101] 徐慧颖, 李娜, 张云山. 胚胎植入子宫内膜容受性是关键[J]. 生殖医学杂志, 2014, 23 (3):198 – 202.

[102] 杨剑虹, 兰光华. 抑郁症患者的性激素水平及治疗后的变化与疗效的关系[D]. 苏州: 苏州大学, 2008.

[103] 杨培培, 刘长云, 朱海玲, 等. 外源性雌激素对雄性青春前期大鼠生殖系统的损伤及其自然修复过程[J]. 吉林大学学报(医学版), 2014, 40(03):554 – 558.

[104] 叶虹. 控制性促排卵与子宫内膜容受性[J]. 生殖与避孕, 2014, 34(7):560 – 563.

[105] 殷复建, 刘琳, 周英俏, 等. 染料木素对自然衰老大鼠抗氧化和脂肪代谢的调节作用[J]. 畜牧与兽医, 2012, 44(2):280 – 281.

[106] 印贤琴, 周燕, 张清. FSHR 基因多态性与卵巢早衰和多囊卵巢综合征的关系[J]. 广东 医学, 2016, 37(1):113 – 117.

[107] 张迪, 桑丽英, 赵花, 等. 卵巢早衰小鼠中抗苗勒管激素与卵泡刺激素受体相关性的研究[J]. 生殖医学杂志, 2013, 22(8):602 – 607.

[108] 张梅. 金雀异黄素对小鼠黑色素瘤 B16BL6 细胞增殖、迁移和黏附的影响

［J］．河北大学学报（自然科学版），2010，30（4）:413－418.

［109］张文众，李宁，李蓉，等．大豆异黄酮雌激素样作用研究．卫生研究，2008，37（6）:707－708.

［110］张雪洛，夏红．人绒毛膜促性腺激素注射日孕酮水平和体外受精／细胞质内单精子注射—胚胎移植妊娠结局的关系［J］．山西医药杂志，2014，（10）:1111－1114.

［111］朱文清，邹娜，杨亚东，等．染料木素对骨代谢和脂代谢的研究新进展［J］．中国骨质疏松杂志，2014，20（08）:978－981.

第 7 章　大豆异黄酮对女性骨骼健康的影响

近年来,在人、动物和细胞培养的试验研究中发现,大豆异黄酮(Soybean Isoflavones, SI)在预防和治疗骨质疏松、癌症和心血管疾病方面具有积极的作用,其类雌激素活性和抗雌激素活性的双重功效,可以诱导癌细胞分化、抑制酪氨酸激酶和 DNA 拓扑异构酶的活性及增强细胞抗氧化能力。本章从人群实验和动物实验两方面介绍了大豆异黄酮对女性骨骼健康的影响。

7.1　大豆异黄酮对骨骼健康的作用概述

据流行病学调查,约有 1/3 绝经后的妇女患骨质疏松症,特别在绝经后的 3~4 年,每年骨质丢失为 2%~7%,以后每年为 1%,8~10 年为稳定期。

骨质疏松症主要分为原发性骨质疏松症与继发性骨质疏松症两大类。原发性骨质疏松症包括女性绝经后骨质疏松症(Ⅰ型)和老年退化性骨质疏松症(Ⅱ型);继发性骨质疏松症则由许多后天性因素诱发所致,包括物理和力学因素,内分泌疾患,肾病、类风湿、消化系统疾病导致的吸收不良,以及肿瘤等。绝经后骨质疏松症一般在绝经后 5~10 年发生,但骨峰值低或骨丢失率高的妇女可在绝经后 5 年内发病。绝经后妇女约有 25% 患骨质疏松症,雌激素替代疗法(ERT)虽能够有效防治绝经后骨质疏松症,但惧于其毒副作用,例如阴道出血及与增加患乳腺癌的危险性等,为许多妇女所不能接受。植物雌激素大豆异黄酮带有两个或三个羟基和芳香环,与雌激素结构相似,在组织中能够与雌激素受体结合,具有弱类雌激素样作用,被认为是雌激素的天然替代品,引起了人们极大的关注。

7.1.1　大豆异黄酮治疗骨质疏松症的临床研究

1998 年 Potter 等报道了大豆异黄酮对绝经后妇女骨密度及骨矿含量的影响,其实验采用随机双盲对照设计,66 名绝经后妇女分为三组,两组服用含有不同异黄酮剂量的大豆蛋白(40 g/d):低剂量组,每克大豆蛋白含 1.39 mg 异黄酮;高剂量组,每克大豆蛋白含 2.25 mg 异黄酮,另外一组服用酪蛋白及脱脂奶粉,实验共进行 6 个月。结果发现,高剂量组腰椎骨密度及骨矿含量上升,低剂量组保持不变,酪蛋白组下降。2000 年,Wangen 等报道绝经前妇女进食低剂量异黄酮后胰岛素样因子 I(IGF-I)、胰岛素样因子结合蛋白 3(IGFBP3)水平上升,而高剂量异黄酮在月经周期的某些时候能升高脱氧吡啶酚水平。绝经后妇女进食异黄酮后,骨源性碱性磷酸酶下降,骨钙素,胰岛素样因子 I(IGF-I)、胰岛素样因子结合蛋白 3(IGFBP3)水平随异黄酮的浓度增加有下降趋势。虽然大豆异黄酮能够影响骨转换指标,但由于幅度变化较小,所以他们不支持膳食异黄酮对妇女骨转换产生有益影响的观点。与此同时,Alekel 等则报道经过 6 个月的随机双盲临床实验,他们发现大豆异黄酮能够防止围绝经期妇女腰椎骨矿含量及骨密度的下降,而大豆蛋白则不能。Chen 等报道给予绝经期妇女 40 mg/d(中剂量)和 80 mg/d(高剂量)的大豆异黄酮后,髋骨骨密度显著升高。最近,Hsu 等报道健康绝经后妇女每天 2 次共服用 150 mg 大豆异黄酮 6 月后,跟骨骨密度与基础值比较无明显改善。而 Somekawa 经过对 478 名绝经后妇女调查研究后,结果表明大量进食豆制品(54.3 mg/d),能够提高腰椎骨密度。以上可以看出,对于大豆异黄酮治疗骨质疏松症临床效果的观点还不一致。

7.1.2 大豆异黄酮治疗骨质疏松症的分子机制

雌激素受体(ER)属核受体超家族中的一员,有 ERα 和 ERβ 两个亚型,现代认为成骨细胞及破骨细胞都有 ERα 和 ERβ 存在。大豆异黄酮随血液分布全身,被组织摄入细胞后,与细胞核中的雌激素受体结合,对基因的表达进行调节,从而影响细胞的增殖分化。据报道,异黄酮具有雌激素样及抗雌激素样双相作用,这是否和异黄酮与不同受体结合所产生的生理效应不同有关尚不清楚。2000 年,Yamaguchi 等报道大豆异黄酮能够激活氨基酰 tRNA 复合物合成酶,从而使成骨样细胞合成蛋白增加,促进骨形成。1996 年,Blair 等报道 genistein 在体内外能通过抑制酪蛋白激酶活性来减少破骨细胞的活性。1999 年,gao 等报道 genistein 作用于培养的大鼠骨髓基质细胞后,不仅能抑制破骨样细胞的形成,而且可通过 Ca^{2+} 信号传导途径诱导其凋亡。最近,Yamagishi 等研究发现 genistein 能够降低骨髓基质 ST2 细胞 RANKL mRNA 的水平,而升高其护骨因子(OPG)mRNA,而且 genistein 是拓扑异构酶 II 的特异性抑制剂,它可通过抑制其活性来减少破骨样细胞的形成。从上可以看出大豆异黄酮在分子水平发挥作用的途径可包括基因组(细胞核受体途径)和非基因组(膜受体途径)两种方式。非基因组途径主要作用抑制 ATP 依赖酶:酪氨酸蛋白激酶和拓扑异构酶Ⅱ等。

综上所述,大豆异黄酮防治绝经后骨质疏松症的研究结果还不太一致,其可能原因如下:第一,大豆异黄酮的最佳摄入量还未有统一标准,上述研究中大豆异黄酮的用量往往是主观性的。而且不同研究者实验用大豆异黄酮来源及成分存在较大差异,有的是食物来源,有的是异黄酮,还有的是异黄酮中的某一单体,所观察到的结果有可能受食物中的成分及异黄酮中单体成分之间比例的影响。第二,大豆异黄酮代谢吸收受肠道菌群、膳食以及内源性雌激素水平的影响,因此,即使异黄酮摄入量相同,不同个体血浆异黄酮浓度也有很大的差异。第三,不同研究者的实验设计方案不同,尤其是临床试验结果受研究对象和观察例数等的诸多因素影响。虽然对大豆异黄酮防治绝经后骨质疏松症作了不少研究,但仍需大量长期的研究以彻底证明其临床有效性及安全性。大豆异黄酮对骨代谢调节作用的机制不明之处还很多,也需进一步深入探讨。现已证实,除防治骨质疏松症外,大豆异黄酮对绝经后妇女还发挥着多重有益的作用。因此,异黄酮及其衍生物是一类具有良好开发和应用前景的保健品及药物。

7.1.3 细胞因子 IL－6 和 TNF－α 与绝经后骨质疏松的关系

骨代谢是一个由成骨细胞的骨形成和破骨细胞的骨吸收构成的动态平衡过程。成骨细胞来源于骨髓中的多能基质干细胞,从成纤维细胞集落形成单位分化而来。破骨细胞一般认为来源于骨髓造血细胞,从粒巨噬细胞集落形成单位分化而来。正常情况下,骨重建是一个循环的过程,破骨细胞黏附到骨表面,通过酸化及蛋白水解等侵蚀骨质,促使骨吸收,继之成骨细胞移到该地区,分泌类骨质,矿化沉积形成新骨。一旦这种平衡被打破,破骨活动大于成骨活动即可至骨质疏松。

研究表明,随着妇女绝经后雌激素水平降低,导致一系列细胞因子如白细胞介素 1(IL－1),白细胞介素 6(IL－6),肿瘤坏死因子(TNF)等在体内分泌增多,由此推测,雌激素减少后出现的骨吸收增强最先是由 IL－6 启动的。由 IL－6 诱导的破骨活性增强,溶骨所释放的产物激活巨噬细胞产生更多的细胞因子包括TNF,后者反过来增加和扩大溶骨的应答。因此 IL－6 及 TNF－α 近年来被认为是病理条件下调节骨吸收的重要因子,它们与雌激素的关系更是研究的热点。

IL - 6 是一种多功能的细胞因子,由 T 细胞、B 细胞、单核巨噬细胞、纤维母细胞及某些肿瘤细胞、基质细胞和成骨细胞激活后分泌。在体内含量甚微,以自分泌和旁分泌作用于局部,发挥多种生物学活性,对骨细胞吸收有独特的作用,并能促进造血干细胞的生长。有研究证实 IL - 6 对骨代谢的作用是通过调节破骨细胞和成骨细胞发育和功能实现的。IL - 6 与其受体结合促进破骨细胞前体增殖、分化,刺激干细胞形成成骨细胞或增强这些细胞对 IL - 6 的反应性;这些细胞又分泌更多的 IL - 6,使其成骨作用进一步加强。IL - 6 可以直接加强破骨细胞的活性、抑制其凋亡,并延长破骨细胞的寿命。IL - 6 的作用可被雌激素拮抗,雌激素对骨代谢的影响与 IL - 6 作用相反。雌激素可下调成骨细胞和骨髓细胞中的 IL - 6 基因的表达,抑制其表达,这可能与其抑制转录因子 NF - κB 和 NF - IL - 6 的活性有关,而 NF - κB 能上调 IL - 6 基因的表达。雌激素还可抑制 TNF - α 诱导的成骨样细胞分泌 IL - 6 的作用,因此应用雌激素替代治疗,可以降低 IL - 6 水平,防止骨质疏松。妇女在绝经期前体内 E_2 含量较高,而外周血中 IL - 6 含量较低。甚至不易测出。进入绝经期后血 E_2 水平急剧下降,血中 IL - 6 水平也明显上升。研究表明,当 E_2 下降时,促使成骨细胞和骨基质细胞分泌 IL - 6 增加,IL - 6 可进一步刺激原始破骨分化为成熟的破骨细胞,增加小梁骨中破骨细胞数,促使骨吸收增加。E_2 水平下降也刺激单核细胞产生 IL - 6、TNF 增加成骨细胞和骨基质细胞数,间接调节骨吸收的增加。E_2 调节 IL - 6 分泌是在基因转录水平,并由 E_2 受体介导,间接地调节影响 IL - 6mRNA 启动子大约 255bp 序列的转录活化。因此有研究认为,IL - 6 在人体 E_2 水平正常时对破骨细胞并无调节作用,只有当 E_2 水平下降时 IL - 6 才影响破骨细胞基因的表达。因此,E_2 水平下降,是引起 IL - 6 水平增加,促进骨吸收的主要原因。

TNF 根据来源和结构不同分为 TNF - α 和 TNF - β,其中 TNF - α 与骨质疏松关系密切。TNF 主要由单核巨噬细胞产生。另外,活化的 T 细胞、自然杀伤细胞、肥大细胞、软骨细胞也能分泌这种因子。Zhang 等研究结果表明血清 TNF - α 水平在 PMOP 妇女显著高于无骨质疏松的绝经后妇女。利用转基因技术高水平表达可溶性 TNF 受体的小鼠切除卵巢后无明显骨代谢变化,而对照小鼠骨量减少,骨转换加快。当喂服 IF - 6 及 TNF - α 的活性抑制剂后能阻止卵巢切除导致的骨丢失。以上这些提示 TNF - α 在卵巢功能减退后骨质疏松的发病中有不可忽视的作用。

TNF - α 对骨代谢的影响也是通过影响破骨细胞的增殖、分化、融合及成熟来介导的。TNF - α 刺激巨噬细胞集落刺激因子、粒 - 巨细胞集落刺激因子、

IL－6 的分泌,后者促进破骨祖细胞的增殖。TNF－α 对成熟骨细胞的骨吸收功能也有促进作用,以上所有这些 TNF－α 的作用结果是使破骨细胞量及活性增强,骨吸收增加,导致骨质疏松。TNF－α 对骨代谢的作用也受雌激素的调节,雌激素可下调 TNF－α 基因的表达。

综上所述,在 PMOP 发生的过程中,IL－6、TNF－α 起着重要的作用。对 IL－6、TNF－α 与雌激素关系的研究,可加深对骨质疏松发病机制的认识,并为以 IL－6、TNF－α 等细胞因子作为靶因子治疗骨质疏松提供理论依据。但骨代谢是一个复杂的生理过程,PMOP 的发生绝非单一细胞因子的改变,而是多种细胞因子共同作用的结果。进一步深入研究对于临床预防、诊断、治疗 PMOP 具有重要的意义。

7.1.3.1　SI 对骨骼代谢的作用效果

目前,绝大多数试验证明,理想剂量的 SI,特别是 Genistein 和 Glycitein,对骨骼组织具有积极的作用,例如可以提高骨骼质量。对啮齿类动物骨骼发育产生最佳影响的合理剂量可能是体内雌二醇水平的 1000 倍。当高于或低于这种理想剂量时,SI 促骨骼生长的作用随之减弱,并且可能产生双向的影响。Fanti 等为了观察植物雌激素对骨骼系统生长发育的影响,对 2 月龄的雌性大鼠分别进行卵巢切除和假卵巢切除手术,饲喂酪蛋白基础日粮,每日皮下注射植物雌激素的代表物质——Genistein,并在试验进行 21 d 后处死。结果显示,每天注射5 $\mu g/(g \cdot bw)$ Genistein 的大鼠明显改善了由于卵巢切除所引起的骨骼矿物质密度降低的现象($P < 0.05$),但是 1 $\mu g/(g \cdot bw)$ Genistein 对骨骼流失现象并没有产生抑制效果。随后 Fanti 又采用 2×2 析因试验设计和组织形态学方法,观察 Genistein 对骨流失的改善效果。他发现皮下注射 5 $\mu g/(kg \cdot bw)$ Genistein 可以明显抑制由于卵巢切除而导致的小梁骨体积减小的趋势($P < 0.01$)。Picherit 等以添加有 4 种水平〔0、20 $mg/(kg \cdot bw)$、40 $mg/(kg \cdot bw)$、80 $mg/(kg \cdot bw)$〕的 SI 半纯合日粮切除卵巢的雌性大鼠,结果显示:饲喂 SI 的大鼠股骨骨干、干骺端亚区和远端股骨网状结构的矿物质密度明显强于切除卵巢的大鼠($P < 0.05$);在试验期的第 64 天,添加量为 40 $mg/(kg \cdot bw)$ 和 80 $mg/(kg \cdot bw)$ SI 的大鼠血液中钙离子和脱氧吡啶酮的含量低于去势雄鼠。Yoshida 等将雄性小鼠进行去势处理,试验组小鼠每天皮下分别注射 Genistein（0.8 $mg/(kg \cdot bw)$）和 17－β 雌二醇（E_2）0.03 μg,持续 3 周。在刚去势之后,试验鼠骨髓细胞显著增加,其中主要是呈微阳性的 B 细胞前体。结果显示,试验组小鼠血液中增加的 B 淋巴细胞水平完全恢复正常;由于去势所造成的骨

骼矿物质密度降低趋势得到明显抑制;在组织形态学方面,股骨干骺端小梁骨体积减小的现象得到显著改善。但是也有研究发现 SI 对改善骨的质量和其他代谢指标的效果不是非常明显。Deyhim 等以 90 日龄的去除卵巢的 Sprague – Dawley 大鼠为试验动物模型,以此检验 SI 在因雌激素缺失而导致骨流失方面的治疗效果。饲喂添加 SI 强化日粮的大鼠相对于去势大鼠,股骨强度平均提高了 9.2%,这种改善程度对于骨骼整体强度并没有显著的影响。Farzad 推测这也许是由于试验所用的 SI 剂量低,并没有达到影响骨骼代谢所需要有效水平的原因。Picherit 等的另一项试验发现 SI 并不能抑制因卵巢切除而导致的肥胖 Zucker 大鼠的骨骼流失趋势,这个结果的产生也许是由于 3～6 月龄肥胖大鼠成骨细胞活性相对较低的原因。

7.1.3.2　SI 对骨骼代谢的作用机理

植物雌激素可以提高并维持骨骼形成的速度,这种生物活性的机理与传统的雌二醇对骨骼的作用机理相比,既有相似之处,又有差异,并且其促进骨骼重吸收以维持骨骼质量的作用机理也并不是唯一的。成骨细胞是参与骨代谢的重要细胞,它与破骨细胞共同维持着骨代谢的平衡,其增殖分化都很活跃,可合成分泌种类众多的酶和蛋白,其中碱性磷酸酶(ALP)和骨钙素(BGP)是其分化早期和中晚期的特异性指标。ALP 可水解有机磷酸释放出无机磷,用于羟磷灰石的形成,是骨形成的特异性酶;BGP 可作为阳离子螯合剂,维持骨的正常钙化,是在成骨细胞分化中晚期的特异性指标,也是成骨细胞完成其成骨功能的重要物质。王媛等采用新生大鼠颅骨分离培养成骨细胞,培养液中加入不同浓度的 SI,以 17 – β 雌二醇(E_2)作为雌激素组,测定细胞增殖情况。与对照组相比,SI 可增加成骨细胞数量($P < 0.01$),提高细胞的 ALP 活性和 BGP 含量($P < 0.01$)。除 ALP 和 BGP 之外,其余作用均低于 E_2($P < 0.01$)。结果表明:SI 可促进成骨细胞增殖,提高细胞的 ALP 活性和 BGP 含量;同时 SI 促进成骨细胞增殖、分化的作用随其剂量增加而增强,较高剂量 SI 的作用与 E_2 相似,而低剂量的作用则明显低于 E_2。对于雄性去势小鼠,Genistein 和 E_2 一样,具有调节骨髓中血细胞生成和选择性调节 B 淋巴细胞的作用。雄性去势小鼠因为睾酮分泌不足,导致骨吸收作用增强,Genistein 能够通过降低骨骼吸收作用而抑制骨骼流失。

7.1.3.3　SI 组分的生物活性

从目前所得到的资料来看,在抑制骨流失方面,Daidzein 比 Genistein 的效果好。Picherit 等利用去除卵巢的成年 Wistar 大鼠,通过口服给予相同剂量的

Daidzein、Genistein 和 17α – 乙炔基雌二醇,检测三者的生物活性,试验期为 90 天。试验结束后通过对富含网状结构和皮质骨的腰椎、股骨及其干骺端和骨干区域骨骼矿物质密度的测定,发现在抑制股骨干骺端网状结构的骨流失方面, Daidzein 的效果最好;在骨骼细胞更新方面,三者没有显著差别。这种现象的产生也许是因为与 Daidzein 和 Genistein 发生作用的靶器官中雌激素受体 α 和雌激素受体 β 的比例不同而导致的。

Daidzein 在肠道微生物的作用下,转化为 Equol。Equol 比 Daidzein 具有更强的类雌激素活性。Fujioka 等以去除卵巢的 8 周龄小鼠为试验动物,观察 Equol 和 E_2 对骨流失的抑制效果。结果显示:给予 0.5 mg/d Equol 的小鼠骨骼矿物质密度与给予 0.03 mg/d E_2 的小鼠相同;值得注意的是,给予 0.5 mg/d Equol 的小鼠骨骼矿物质密度与假卵巢切除手术的小鼠相同,并且破骨细胞数量低于去除卵巢的小鼠。虽然这个结果产生的机理尚未明确,但是可以提示我们在未来的研究中,通过调节肠道中能够分解 SI 产生 Equol 的微生物的活性,获得抑制骨流失的最佳效果开辟了一条新的途径。

7.1.3.4 SI 与钙的协同作用

Breitman 等以去除卵巢的大鼠为动物模型,观察 SI 和钙添加剂的组合与仅添加 SI 或钙相比,是否在抑制骨流失和骨强度降低方面具有更好的作用效果。他发现 SI 和钙组合处理组中大鼠股骨和脊椎骨矿物质密度明显高于单独添加 SI 或钙的大鼠($P<0.05$);股骨中点的生物机械性能,各组间没有差别,也许是由于这个部位网状结构并没有受到卵巢切除的影响而发生骨流失的缘故;SI 和钙组合处理组和单独添加钙的处理组中大鼠脊椎生物机械强度高于单独添加 SI 的大鼠。从结果可以看出,骨骼的微结构受到组合效应的影响而发生变化,这种可变化能是由于基质的产量和含量发生了改变,但是并没有影响到脊椎的矿物质组成比例。目前,大豆蛋白能够促进肠道对钙的吸收的机理还没有完全被阐明,并且试验动物的年龄差异也会对结果产生影响。李文仙的研究也发现,受试大鼠对股骨干骺端矿物质密度和含量的作用强度明显大于对股骨中点的作用,表明 SI 和钙复合剂能有效抑制雌激素缺乏所诱发的小梁骨的骨丢失,明显增加股骨干骺端的骨密度,进一步证实了上述结论。这种作用可能主要是由受试物中的钙元素发挥的,SI 在其中的作用尚不清楚。

7.1.3.5 对人体骨骼代谢的影响

大豆异黄酮可预防骨质疏松症,骨质疏松症是指骨骼失去致密性而变得粗疏与脆弱,主要特征表现为全身骨量减少和骨组织微细结构退化,引起骨脆性增加和骨密度降低,骨折危险性增加。60 岁以上女性骨质疏松发病率为 60%~70%,雌激素缺乏是绝经后骨质疏松症的首要病因,雌激素替代疗法是治疗骨质疏松的首选方案,但这一方案有一些副作用,大豆异黄酮的结构与雌激素相似,具有雌激素样活性,流行病学调查结果显示以豆类食品为主的东方女性中骨质疏松和骨折发病率明显低于食用脂肪和肉类的西方女性,排除人种、遗传、锻炼、体形等因素,豆类制品中的异黄酮对骨代谢的影响成为目前研究的热点。研究发现,染料木黄酮具有预防骨质疏松症的作用。临床实验结果证实妇女只要每人每日摄入含 1.39 mg 染料木黄酮的大豆食品,连续 6 个月即可显著提高骨骼的矿化度。邹海滨等试验证实,染料木黄酮不仅促进大鼠成骨细胞数目增加,而且对其各个时期的分泌也有明显促进作用,从而进一步推测,染料木黄酮促进成骨细胞的增殖和分化是促进大鼠骨小梁数目和面积增加,增加骨密度,预防骨质疏松的机理之一。

　　只有随着大豆食品消费量的增加,大豆制品中具有多种生物学作用的异黄酮类化合物才能达到有效水平,研究开发大豆异黄酮对改善人们健康水平,降低癌症、冠心病和骨质疏松症的发病率和死亡率将具有重要意义。

7.2　大豆异黄酮对更年期女性骨密度的影响

7.2.1　研究对象选择与分组

具体方法见第 3 章。

7.2.2　骨密度测定方法

采用骨定量超声测定仪(QUS)测定受试对象桡骨远端和胫骨中段的骨密度。定量超声是近年来发展的最新技术,测量的超声速度可以反映骨的强度,是其他方法(如单光子、双光子、双能 X 线吸收法、定量 CT、磁共振成像等)所不及的。其原理是应用超声波在胫骨或桡骨皮质层中轴向传播,传播速度与骨骼的强度成正比,即强度越大,超声波的传播速度越快,这种传播速度不仅反映骨骼的机械强度,同时还反映骨骼的密度、弹性、微结构和脆性,探头测试频率为 250 kHz/1 MHz。

　　结果判定标准:骨密度值 >0 为正常,0 ~ -2.0 为骨密度缺失, -2.0 ~ -2.5 为骨密度严重缺失, < -2.5 可诊断为骨质疏松。

7.2.3 骨密度测定结果

服用大豆异黄酮胶囊六个月后,剂量组受试对象骨密度相比于基础值都有增加的趋势,胫骨骨密度有显著性差异(图7-1),但桡骨骨密度无显著性差异(见表7-1、表7-2,图7-2)。而对照组受试对象的桡骨骨密度和胫骨骨密度与基础值比较没有增加,均没有显著性差异。

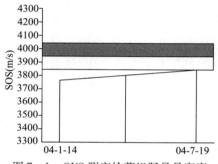

图7-1 QUS测定给药组胫骨骨密度

表7-1 两组服用异黄酮6个月后骨密度的变化

组别		例数	桡骨	胫骨
对照组	服药前	33	1.08 ± 1.52	-1.65 ± 1.35
	服药后	33	1.08 ± 1.98	-1.68 ± 1.35
剂量组	服药前	37	0.75 ± 1.33	-1.46 ± 1.29
	服药后	37	0.78 ± 1.46	-1.13 ± 1.44 *

* :$P < 0.05$ 表示和基线相比。

表7-2 服用异黄酮前后两组骨密度的变化

组别		例数	桡骨	胫骨
服药前	对照组	33	1.08 ± 1.52	-1.65 ± 1.35
	剂量组	37	0.75 ± 1.33	-1.46 ± 1.29
服药后	对照组	33	1.08 ± 1.98	-1.68 ± 1.35
	剂量组	37	0.78 ± 1.46	-1.13 ± 1.44 *

* :$P < 0.05$ 表示两组之间比较。

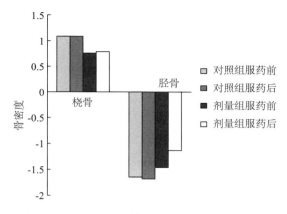

图 7 - 2　两组服用异黄酮 6 个月后骨密度的变化

7.2.4　讨论

骨密度的测量可分为定性、半定量及定量三类。其中无创定量方法正日益受到重视。20 世纪 50 年代以来,骨密度的定量测量方法及设备有了较大的发展。主要有 X 光片光密度法、单光子吸收法、单能 X 线吸收法、双光子吸收法、双能 X 线吸收法、定量 CT 法、定量超声法、定量 MRI 法。定量超声法(QUS)测定胫骨骨密度是一种反映骨强度的新方法,测定的胫骨超声传播速度(SOS)数值,精确度好,重复性好,可准确反映骨骼的生理变化,评价药物疗效,具有很高的临床诊断价值,对于患骨质疏松症的人群,能够提供有用的信息,对于评价周围骨的骨骼危险性尤为合适。

骨质疏松症的主要诊断标准是骨密度的降低。骨密度的测定可以定量反映当前骨量的大小,并能作为骨质疏松早期诊断及观察体内骨密度动态变化的灵敏指标和评价骨质疏松症的治疗效果及预防措施的作用效果。膳食中钙和维生素 D 的摄入以及运动情况对骨密度的影响很大,因此本试验采用调查表的方式详细了解了受试对象膳食摄入情况,尤其是与钙摄入密切相关的奶制品和海产品的摄入以及运动情况,并且对受试对象的平时生活习惯不加干预,结果显示在原来的膳食摄入及运动情况不变的情况下,两组受试对象膳食中钙元素的摄入及运动情况基本保持平衡,没有对试验结果产生影响。

在骨密度测定上,国内外现有文献一般测定的都是腰椎或者脊椎的骨密度,得出结论都是大豆异黄酮增高骨密度的作用比较明显。由于桡骨和胫骨均是绝经后骨质疏松高发部位之一,因此本次研究选择了测定桡骨远端和胫骨中段骨密度,目的是观察大豆异黄酮对更年期妇女周围骨骼密度的改善作用,而以往的研究多集中在测定脊椎骨和髋骨骨密度上。本研究表明大豆异黄酮组桡骨和胫骨骨密度均呈正向增长,胫骨骨密度增长显著,有统计学意义($P < 0.05$)。这说明大豆异黄酮对更年期妇女腿部骨骼的骨密度作用明显,可显著提高绝经妇女的胫骨骨密度。桡骨骨密度也呈正向增长,但无统计学意义,这说明大豆异黄酮对更年期妇女的手臂部骨骼密度的作用不是很强,也可能是更年期妇女本来桡骨骨密度缺失就不明显所致。

7.3　从细胞因子水平上探讨大豆异黄酮
对更年期妇女骨密度的作用

大量流行病学资料显示东西方妇女骨折和骨质疏松发生率不同,日本妇女发病率明显低于欧美等国家。这至少部分依赖于膳食摄入的植物雌激素——大豆异黄酮的作用。日本居民每日大豆异黄酮的摄入量约为 40 mg/d,而欧美居民摄入含大豆异黄酮的豆制品的数量极低。这种饮食习惯的区别导致日本妇女尿中异黄酮的排泄量比美国、芬兰妇女高百倍之多的差异,也造成西方雌激素依赖性疾病的发病率的极大差异,同时也为骨质疏松的防治提供了新的途径。

女性绝经后骨质疏松,多发生在绝经后 5～10 年内。众所周知,雌激素的缺乏是绝经后骨质疏松症发病中的重要因素。临床上应用雌激素替代疗法能减少骨质疏松的发生。但是雌激素防止骨质疏松的机理一直不很清楚。目前,已经证实在骨微环境中产生大量的免疫及造血因子,这些复杂的、作用相互重叠的因子影响骨的形成和吸收,其中主要包括白细胞介素 1(IL－1),白细胞介素 6(IL－6),肿瘤坏死因子(TNF),巨噬细胞集落刺激因子(CM－CSF),颗粒－巨噬细胞集落刺激因子(GM－CSF)。其中 IL－6 及 TNF 近年来被认为是病理条件下调节骨吸收的重要因子,它们与雌激素的关系更是研究的热点。

大豆异黄酮(soy isoflavone)是一类植物雌激素,主要有金雀异黄素(染料木黄酮,genistein)和大豆苷原(daidzein)两种,其结构与雌激素相似,故能够与雌激素受体(ERs)结合,从而表现出两种重要的生物学活性:雌激素活性和抗雌激素活性。现很多研究把大豆异黄酮作为雌激素替代物防治绝经后骨质疏松症。有关大豆异黄酮减少骨丢失的人体研究报道结果不一,有关机制也未阐明。本研究拟从细胞因子水平上探讨大豆异黄酮防治更年期妇女骨质丢失的机制。

7.3.1　材料与方法

7.3.1.1　研究对象

选择 45～55 岁,绝经 5 年以内且有更年期综合征症状的围绝经期妇女 90 人为研究对象,排除停经五年以上者或 55 岁以上者;妊娠或哺乳期妇女、过敏体质者;晚期畸形、残废、丧失劳动力;合并有心血管、脑血管、肝、肾和造血系统等严重原发性疾病、精神病患者;长期服用其他相关药物、保健食品不能立即停用者;不符合纳入标准,未按规定食用,无法判定疗效和资料不全影响效果和安全性判定者。

7.3.1.2　方法

90 人随机双盲分为两组,大豆异黄酮 90 mg/d 组和安慰剂对照组,每组 45人。试验期限六个月,两组在年龄、绝经年限、体重、孕产次等指标分布上无显著性差异。

7.3.1.3　检测指标

采用调查表方式了解受试对象平时的豆制品、奶制品、海产品以及运动情况;采用 Sunlight 超声式骨密度测定仪(以色列生产)测量受试对象桡骨远端和胫骨中段骨密度(BMD);酶联免疫学方法(ELISA 法)测定受试对象血清中细胞因子 IL－6 和 TNF－α 的水平。酶联免疫试剂盒购自上海森雄科技实业有限公司。

7.3.1.4　受试物及服用方案

大豆异黄酮从大豆豆胚中提取,经低温喷雾干燥获得。经 HPLC 法测定大豆异黄酮含量为 8.5%,按比例配以淀粉混合制成每粒含大豆异黄酮 22.5 mg 的胶囊。全部试食对象每日口服大豆异黄酮胶囊 2 次,每次 2 粒(即每人每天共摄入大豆异黄酮 90 mg)。安慰剂胶囊主要由淀粉制成。

7.3.1.5　统计方法处理

所有结果均以均数 ± 标准差 $(x \pm s)$ 示,数据采用 SAS 6.12 统计软件进行统计分析。

7.3.2　结果

7.3.2.1　受试对象一般膳食情况以及运动情况(见表 7-3、表 7-4)

通过调查表的方式调查了试验对象一般膳食摄入及运动情况,重点调查了和骨密度有密切联系的、含钙丰富的常见食品如豆制品、奶制品和海产品的摄入情况。并且受试对象在试验期间保持现有的饮食及运动习惯。从表7－3和表7－4可以看出,两组受试对象这三类食品的摄入水平(分别为不吃、每周摄入小于3次和每周摄入大于3次)和运动情况(分别为不经常锻炼、有意锻炼和无意锻炼)相当,没有显著性差异,基本上可以排除膳食摄入及体育运动对本试验结果的影响。

表7－3　两组豆制品、奶制品、海产品摄入量(%)

食物种类	组别	未服用	每周摄入小于3次	每周摄入大于3次
大豆产品	对照组	9	78.8	12.2
	剂量组	3	75	22
奶制品	对照组	15.1	45.5	39.4
	剂量组	25	30.6	44.4
海产品	对照组	24.2	72.7	3.1
	剂量组	16.7	80.5	2.8

表7－4　两组运动情况(%)

组别	不经常锻炼	有意锻炼	无意锻炼
对照组	45.4	36.3	18.3
剂量组	47.2	30.6	22.2

7.3.2.2　各部位 BMD 的变化(见表7－5、表7－6)

从表7－5可以看出,服用大豆异黄酮胶囊六个月后,剂量组受试对象骨密度相比于基础值都有增加的趋势,胫骨骨密度有显著性差异,但桡骨骨密度无显著性差异。而对照组受试对象的桡骨骨密度和胫骨骨密度与基础值比较没有增加,均没有显著性差异。

从表7－6可以看出,试验前后对照组和剂量组的骨密度的横向比较均没有显著性差异。

表7－5　两组服用异黄酮6个月后骨密度的变化($n=45$)

组别		桡骨	胫骨
对照组	服药前	1.0788 ± 1.5173	-1.6515 ± 1.3452
	服药后	1.0848 ± 1.9752	-1.6818 ± 1.3459
剂量组	服药前	0.7454 ± 1.3255	-1.4576 ± 1.2889
	服药后	0.7818 ± 1.4643	-1.1333 ± 1.4437 *

＊:与基线相比,差异显著($P < 0.05$)。

表 7 – 6　两组服用异黄酮 6 个月前后骨密度的变化($n = 45$)

	组别	桡骨	胫骨
服药前	对照组	1.0788 ± 1.5173	− 1.6515 ± 1.3452
	剂量组	0.7454 ± 1.3255	− 1.4576 ± 1.2889
服药后	对照组	1.0848 ± 1.9752	− 1.6818 ± 1.3459
	剂量组	0.7818 ± 1.4643	− 1.1333 ± 1.4437

7.3.2.3　受试对象血清中 IL – 6 和 TNF – α 水平的变化(见表 7 – 7、表 7 – 8)

从表 7 – 7 可见,服用大豆异黄酮 6 个月后,对照组受试对象血清中两种细胞因子的水平变化不大,没有显著性差异;而服用大豆异黄酮的剂量组受试对象血清中 IL – 6 和 TNF – α 的水平均下降明显,有显著性差异($P < 0.05$)。

表 7 – 8 可以看出,对照组和剂量组 IL – 6 和 TNF – α 的基础水平没有显著性差异,6 个月后剂量组的 TNF – α 水平要比对照组下降的明显,存在显著性差异。

表 7 –7　两组服用异黄酮 6 个月后 IL –6 和 TNF – α 的变化($n = 45$)

组别		IL – 6	TNF – α
对照组	服药前	0.1528 ± 0.0176	0.1418 ± 0.0130
	服药后	0.1358 ± 0.0173	0.1366 ± 0.0086
剂量组	服药前	0.1559 ± 0.0231	0.1299 ± 0.0248
	服药后	0.1365 ± 0.0132 *	0.1035 ± 0.0082 *

* :与基线相比,差异显著($P < 0.05$)。

表 7 –8　两组服用异黄酮 6 个月前后 IL –6 和 TNF – α 的变化($n = 45$)

	组别	IL – 6	TNF – α
服药前	对照组	0.1528 ± 0.0176	0.1418 ± 0.0130
	剂量组	0.1559 ± 0.0231	0.1299 ± 0.0248
服药后	对照组	0.1358 ± 0.0173	0.1366 ± 0.0086
	剂量组	0.1365 ± 0.0132	0.1035 ± 0.0082 *

* :两组之间相比,差异显著($P < 0.05$)。

7.3.3　讨论

IL－6 和 TNF－α 都是机体免疫系统调节骨代谢的主要蛋白质因子之一，IL－6对成骨和破骨细胞的分化、成熟起着重要作用，而 IL－6 能更多地活化破骨细胞。绝经期后雌激素水平下降引起的骨质疏松可能与成骨细胞及其分泌的IL－6 作用有关，IL－6 受雌激素的抑制，如果雌激素水平下降则 IL－6 作用加强，骨吸收超过骨形成。有研究表明，血清 IL－6 水平与雌激素、骨密度之间存在负相关。TNF－α 在体内外都是强有力的骨吸收刺激因子，其刺激骨吸收作用通过成骨细胞介导，并能抑制成骨细胞合成 I 型胶原。雌激素可抑制成骨细胞 TNF－α 的释放。综上所述，在绝经后骨质疏松的发病机制中，雌激素和骨细胞相互作用，调节着控制骨质再形成的细胞因子网络。当雌激素充足时，作用支配因子，降低了细胞因子的产生，维持正常的骨形成；而当雌激素下降时，其调控作用消失，不仅使骨髓中 TNF－α、IL－6 等细胞因子的分泌增加，而且破坏了各细胞因子间的协同作用，促使成骨细胞和破骨细胞产生的比例失调，骨形成和骨吸收失衡，最终导致骨吸收增加，引起绝经后骨质疏松的发生。

许多动物实验和人体实验均证实大豆异黄酮可增加更年期妇女的骨密度，防治绝经后骨质疏松，但其机理还未明。本研究通过人体试食试验，排除了影响骨密度的膳食摄入及运动情况，首次从细胞因子水平上探讨了大豆异黄酮增加更年期妇女骨骼密度的机制。本项研究结果显示，服用大豆异黄酮 6 个月后，受试对象的骨密度显著增加，血清中细胞因子 IL－6 和 TNF－α 的水平显著降低，提示大豆异黄酮可能通过降低血清 IL－6 和 TNF－α 的水平达到防治更年期妇女骨质疏松的作用。

7.4　大豆异黄酮对去卵巢大鼠骨量及骨密度影响的作用研究

大豆异黄酮为杂环多酚类化合物，与雌激素的结构相似，能与雌激素受体结合发挥微弱的雌激素效应，而被称作植物雌激素。动物学研究发现给予去卵巢的实验大鼠喂食一定量的大豆异黄酮，抑制了其股骨及腰椎骨的减少，对子宫和子宫内膜细胞几乎没有影响。本文进行了大豆异黄酮对去卵巢大鼠脂代谢、骨代谢影响的研究。

随着人类寿命的延长和生活水平的提高，心血管疾病和骨质疏松症的发病率逐年增加,已成为影响人类健康的主要因素之一。妇女绝经后由于体内雌激素水平下降,导致脂代谢和骨代谢紊乱,成为心血管疾病和骨质疏松症的高发人群。

异黄酮类化合物是天然存在的具有弱雌激素活性的化学物质,是植物雌激素家族中的一大类。流行病学调查和医学研究均发现大豆及大豆制品具有的生物学功效,如抑制肿瘤生长、预防心血管疾病、改善妇女骨质疏松和更年期综合征等,都与其所含大豆异黄酮有关。

最初对大豆异黄酮的研究多集中在防治肿瘤、降血脂等作用上,近年来又发现大豆异黄酮对绝经妇女的骨丢失、更年期综合征有较好的预防作用。本研究结合国际研究热点,用去卵巢大鼠进行了大豆异黄酮降血脂、预防骨质疏松。

7.4.1　材料与方法

7.4.1.1　实验动物及模型制备

选用黑龙江省药品检验所动物室提供的 4 月龄 Wistar 大鼠,体重 $200 \sim 250$ g,根据体重随机分为 6 组,每组 8 只。所有大鼠均以 2% 戊巴比妥钠 40 mg/(kg·bw)腹腔内注射麻醉,除 1 组行单纯开腹术外,其他 5 组切除双侧卵巢,分别为:假手术对照组(sham);去卵巢对照组(ovx)、高剂量大豆异黄酮组〔H-SI , 大豆异黄酮187 mg/(kg·bw)〕、中剂量大豆异黄酮组〔M-SI ,大豆异黄酮60 mg/(kg·bw)〕、低剂量大豆异黄酮组〔L-SI , 大豆异黄酮 18 mg/(kg·bw)〕、雌激素组〔EC,已烯雌酚 41 μg/(kg·bw)〕。纯合成饲料喂养,16 周后,处死大鼠分离血清进行分析指标的测定。

7.4.1.2　样品来源及纯度

大豆异黄酮为本课题组自己提取,总异黄酮含量为 40% 。已烯雌酚从药店购买。

7.4.2　检测指标及试剂

7.4.2.1　血脂指标

用北京中生生物公司试剂盒酶法测定血清中高密度脂蛋白(HDL)、低密度脂蛋白(LDL)、甘油三酯(TG)、总胆固醇(TC)。

7.4.2.2　骨代谢生化指标

血清中总碱性磷酸酶(AKP)、抗酒石酸酸性磷酸酶(TRAP)、骨钙素(BGP)的测定分别采用南京建成生物研究所提供的试剂盒和德普公司提供的放免试剂盒。

7.4.2.3 血激素和细胞因子

血清中雌激素水平雌二醇（E_2）及降钙素（CT）、胰岛素样生长因子（IGF）的测定采用解放军总医院提供的放免试剂盒测定。

7.4.3 统计分析

使用 SAS 6.1 统计软件进行分析。

实验结果显示与去卵巢对照组比较，给予大豆异黄酮和雌激素的各组血清中骨吸收指标抗酒石酸酸性磷酸酶的活性显著降低（$P < 0.05$）。H – SI 和 L – SI 组对骨形成指标 AKP 有明显的促进作用。ovx 组的 BGP 水平明显下降，给予大豆异黄酮和雌激素后，血清中骨钙素水平显著提高。

7.4.4 结果

7.4.4.1 不同剂量大豆异黄酮对实验大鼠血脂指标的影响

实验结束时，分离血清进行 HDL 、LDL 、TG 、TC 的测定，结果见表 7 – 9。

表 7 – 9 大豆异黄酮对实验大鼠血脂指标的影响

组别	HDL	LDL	TG	TC
对照组	0.982 ± 0.332	1.456 ± 0.587	1.028 ± 0.210	3.463 ± 1.051
卵巢切除组	0.966 ± 0.278	1.326 ± 0.522	1.048 ± 0.302	3.651 ± 0.680
高剂量组	1.013 ± 0.197	1.533 ± 0.649	0.869 ± 0.398	3.277 ± 1.025
中剂量组	1.277 ± 0.398	1.477 ± 0.476	0.929 ± 0.147	3.206 ± 0.865
低剂量组	1.303 ± 0.366	1.744 ± 0.779	1.122 ± 0.308	3.070 ± 1.241
标准组	0.764 ± 0.282	1.297 ± 0.411	1.188 ± 0.324	2.028 ± 0.646 *

＊:与对照组相比,差异显著（$P < 0.05$）。

表 7 – 9 结果表明，去卵巢大鼠给予高、中、低剂量的大豆异黄酮后，血清中 HDL 含量与去卵巢对照组相比分别增加 4.9 ％ 、32.2 ％ 和 34.9%；TC 指标分别下降 10.2 ％ 、12.2% 和 15.9%。说明大豆异黄酮具有一定的降血脂功能，且具有一定的剂量—效应关系。

7.4.4.2 不同剂量大豆异黄酮对实验大鼠骨代谢指标的影响

生化指标的改变反映体内骨代谢平衡的变化，可用来评价骨转换率，客观地反映骨吸收和骨形成情况。临床上将生化指标作为骨质疏松早期诊断的指标之一。本研究测定血清中碱性磷酸酶（AKP）、抗酒石酸酸性磷酸酶（TRAP）和骨钙素（BGP）的含量，观察大豆异黄酮对骨吸收和骨形成的影响，结果见表 7 – 10。

表7-10 大豆异黄酮对血清骨代谢生化指标的影响

组别	TRAP(UL)	AKP(UL)	BGP(UL)
对照组	3.077 ±0.852	9.860 ±3.019	0.649 ±0.512
卵巢切除组	4.126 ±1.078	9.227 ±2.227	0.588 ±0.857
高剂量组	2.430 ±0.712*	11.982 ±3.234	0.908 ±0.654
中剂量组	1.329 ±0.415*	8.788 ±3.890	0.970 ±0.503
低剂量组	1.958 ±0.836*	12.538 ±4.088	0.897 ±0.285
标准组	1.136 ±0.603*	7.933 ±3.905	1.013 ±0.618

*:与对照组相比,差异显著($P<0.05$)。

测定结果表明,大鼠切除卵巢后,体内雌激素水平显著下降($P<0.05$)。大豆异黄酮具有增加血清中降钙素的作用,但对胰岛素样生长因子作用不大。

7.4.5 讨论

人体内雌激素水平的高低与脂代谢和骨代谢密切相关,体内雌激素水平下降,是绝经后妇女心血管疾病和骨质疏松症发病率增高的主要原因。有研究表明,雌激素可促进血脂的降解,降低 TC 、LDC 水平;减少胆固醇在动脉壁的沉着,抑制动脉粥样硬化斑块形成;同时抑制骨吸收,减少妇女绝经后的骨丢失,预防骨质疏松的发生。在对大豆异黄酮的研究中发现,作为植物雌激素的大豆异黄酮在降血脂、预防骨质疏松方面有很好的相关性。降钙素可抑制骨吸收,是体内钙、磷代谢的重要激素之一;胰岛素样生长因子是调节骨细胞的分化和增殖的重要细胞因子,是雌激素作用的中间介质之一,它们在体内的表达与雌激素水平呈正相关。本研究的结果显示,大豆异黄酮对去卵巢大鼠的血脂有一定的调节作用,对骨吸收有一定的抑制作用,并能显著降低实验大鼠的体重,在降血脂、预防骨质疏松方面起到一定的预防作用。

文献报道,去除卵巢后实验大鼠体重有所增加,给予 E_2 或含有大豆异黄酮的大豆蛋白后,体重恢复到对照组水平,说明雌激素和具有雌激素样作用的大豆异黄酮与体内的脂代谢有一定相关性。本研究在实验期间,各组大鼠体重均匀增加,高剂量大豆异黄酮组体重略高于其他组,但经统计学分析无显著差异。另外我们在对大豆异黄酮预防动脉粥样硬化的研究中发现,实验组和对照组体重无明显变化。近来,由于植物雌激素包括大豆异黄酮可能引起体内内源性激素失调的问题而引起研究者的注意,本研究对实验大鼠的脏体比值,尤其是子宫和卵巢与体重的比值进行比较,发现各组无显著变化,表明该剂量的大豆异黄酮对子宫和卵巢无刺激作用。

从目前发表的文献看,研究大豆异黄酮预防骨质疏松的作用,多是将实验动物摘除卵巢,使体内雌激素水平降低,造成骨质疏松模型。在一定实验期间内,给予不同剂量的大豆异黄酮,观察骨量丢失情况,确定大豆异黄酮的作用效果。如 Arjmandi 等人进行大豆蛋白预防骨损失的系列研究,证实大豆蛋白中的大豆异黄酮具有减少骨损失的作用,人体实验多以老年绝经妇女为对象进行研究,像本文这样以正常大鼠为研究对象的文献还未见到。

本研究的结果表明,大豆异黄酮对体内雌激素水平正常的断乳大鼠可使骨钙和骨矿物质含量增加,并随着大豆异黄酮剂量的增加而增加,表明大豆异黄酮具有促进体内钙吸收,促进骨骼生长的作用。将此研究结果推广到人体,在日常生活中多食用含大豆异黄酮多的大豆制品或将大豆异黄酮添加到食物中,可促进人体对钙的吸收,延缓骨量的丢失,预防骨质疏松的发生。

反映骨形成与骨吸收的生化指标近年来发展迅速,学者们认为测定骨代谢的生化标志物可判断骨的转换情况。实验除测定骨密度及骨钙含量等指标外,还测定了反映骨形成和骨吸收的生化指标骨钙素、碱性磷酸酶和抗酒石酸酸性磷酸酶的活性,其结果显示高剂量大豆异黄酮组抗酒石酸酸性磷酸酶的活性显著降低,说明大豆异黄酮对骨吸收指标的影响较大。有研究表明对于切除卵巢的动物模型,由于体内雌激素水平的降低,造成骨代谢失衡、骨吸收大于骨形成、骨转换率提高形成的骨质疏松,给予雌激素可同时抑制骨吸收和骨形成,但对骨吸收的作用较大,本实验研究结果与此一致。由于大豆异黄酮的结构与雌激素相似,具有弱雌激素作用,其活性约为雌激素的 $10^{-3} \sim 10^{-5}$,能够与雌激素受体结合,在体内起雌激素作用,预防老年性骨质疏松和减轻更年期综合征;同时大豆异黄酮又具有抗雌激素作用,可抑制乳腺癌的发生,所以大豆异黄酮具有双向调节功能。动物实验证实去除卵巢大鼠给予大豆异黄酮能够提高血清雌激素水平。本研究测定结果发现对于正常生长的雌性大鼠,给予大豆异黄酮组的雌激素水平高于对照组,经分析认为可能有两种原因:一是摄入大豆异黄酮使内源性雌激素的分泌发生改变,体内雌激素水平提高,由于缺乏相关的参考资料,这个推断还需进行深入研究加以证实;二是实验大鼠体内雌激素水平低下,摄入大豆异黄酮,显示其弱雌激素作用,使测得的雌激素水平显示较高的数值,这同样需要进一步研究探讨。

参考文献

[1] Alekel D L, Germain A S, Peterson C T, et al. Isoflavone rich soy protein isolate attenuates bone loss in the lumbar spine of perimenopausal women[J]. American Journal of Clinical Nutrition, 2000, 72:844 – 852.

[2] Anderson J J B, Ph D. The effects of phytoestrogens on bone[J]. Nutrition Research, 1997, 17(10):1617 – 1632.

[3] Arjmandi B H, Alekel L, Hollis B W, et al. Dietary soybean protein prevents bone loss in an ovariectomized rat model of osteoporosis[J]. Journal of Nutrition, 1996, 126(1):161 – 167.

[4] Arjmandi B H, Birnbaum R, Goyal N V, et al. Bone – sparing effect of soy protein in ovarian hormone – deficiency rats is related to its isoflavone content[J]. American Journal of Clinical Nutrition, 1998, 68(6):1364 – 1368.

[5] Arjmandi B H, GetlingerM J, Goyal N V, et al. Role of soy protein with normal or reduced isoflavone content in reversing bone loss induced by ovarian hormone – deficiency in rats [J]. American Journal of Clinical Nutrition, 1998, 68(6):1358.

[6] Blum S C, Heaton S N, Bowman B M, et al. Miller Dietary soy protein maintains some induces of bone mineral density and bone formation in aged ovariectomized rats[J]. The Journal of Nutrition, 2003, 133(5):1244 – 1249.

[7] Breitman P L, Fonseca D, Cheung A M, et al. Isoflavones with supplemental calcium provide greater protection against the loss of bone mass and strength after ovariectomy compared to isoflavones alone[J]. Bone, 2003, 33(4):597 – 605.

[8] DeK M J J, Vand S Y T, Wilson P W F, et al. Dietary intake of phytoestrogens isas sociated with afavorable metabolic cardiovascular risk profile in postmenopausal U. S. women: the Framingham study[J]. Journal of Nutrition, 2002, 132(2):276 – 282.

[9] Deyhim F, Stoecker B J, Brusewitz G H, et al. Effects of estrogendepletion and isoflav one on bone metabolism in rat[J]. Nutrition Research, 2003, 23(1):123 – 130.

[10] Fanti P, Monier – Faugere M C, Geng Z, et al. The phytoestrogen genistein re-

duces bone loss in short – term ovariectomized rats[J]. Osteoporos International, 1998, 8(3):274 – 281.

[11]Harrison E, Adjei A, Ameho C, et al. The effect of soybean protein on bone loss in a rat model of postmenopausal osteoporosis[J]. Journal of Nutritional Science & Vitaminology, 1998, 44(2):257.

[12]Hsu C S, Shen W W, Hsueh Y M, et al. Soy isoflavone supplementation in post-meno pausal women: Effects on plasma lipids, antioxidant enzyme activities and bone density [J]. The Journal of reproductive medicine, 2001, 46 (3): 221 – 226.

[13]Ishimi Y, Arai N, Wang X, et al. Difference in Effective Dosage of Geni stein on Bone and Uterus in Ovariectomized Mice[J]. Biochem Biophys Res Commun, 2000, 274 (3):697 – 701.

[14]Ishimi Y, Yoshida M, Wakimoto S, et al. Genistein, a soybean isoflavone, affects bone marrow lymphopoiesis and prevents bone loss in castrated male mice [J]. Bone, 2002, 3 1(1):180 – 185.

[15]Kurzer M, Xu X J. Dietary phytoestrogens[J]. Annual Reviews of Nutrition, 1996, 17 (17):353.

[16]Lee A D, St G A, Peterson C T, et al. Isoflavone – rich soy protein isolate attenuates bone loss in the lumbar spine of perimenopausal women[J]. American Journal of Clinical Nutrition, 2000, 72:844 – 852.

[17]OFanti, M C Faugere, Z Gang, et al. Systematic administerion of genistein partially prevents bone loss in ovariectomized rats in a nonestrogen like mechanism[J]. American Journal of Clinical Nutrition, 1998, 68(6):1517 – 1517.

[18]Picherit C, Bennetau Pelissero C, Chanteranne B, et al. Soybean Isoflavones Dose – Dependently Reduce Bone Turnover but Do Not Reverse Established Osteopenia in Adult Ovariectomized Rats [J]. Journal of Nutrition, 2001, 131 (3):723 – 728.

[19]Picherit C, Horcajada M N, Mathey J, et al. Isoflavone consumption does not increase the bone mass in osteopenic obese female zucker rats[J]. Annals of Nutrition & Metabolism, 2003, 47(2):70 – 77.

[20]Potter S M, Baum J A, Teng H, et al. Soy protein and isoflavones: their effects on blood lipids and bone density in postmenopausal women[J]. American Jour-

nal of Clinical Nutrition, 1998, 68(6 suppl):1375.

[21]Pottor S M, Baum J A, Teng H, et al. Soy protein and isoflavones: their effects on blood lipids and bone density in postmenopausal women[J]. American Journal of Clinical Nutrition, 1998, 68(6):1375.

[22]Scheiber M D, Liu J H, Subbiah M T R, et al. Dietary inclusion of whole soy food results in significant reductins in clinical risk factors for osteoporosis and cardiovascular disease in normal postmenopausal women[J]. Menopause, 2001, 8(5):384-392.

[23]Setchell K D R. Phytoestrogens: the biochemistry, physiology, and implications for human health of soy isoflavones[J]. American Journal of Clinical Nutrition, 1999, 68:1333-1346.

[24]Setchell L, Zimmer-Nechemias L, Cai J, et al. Phytoestrogens:the biochemistry, physiology, and implications for human health of soy isoflavones[J]. American Journal of Clinical Nutrition, 1998, 68(suppl):1333-1335.

[25]Uesugi T, Fukui Y, Yamori Y. Beneficial effects of soybean isoflavone supplementation on bone metabolism and serum lipids in postmenopausal Japanese women: a four-week study[J]. Journal of the American College of Nutrition, 2002, 21(2):97-102.

[26]Uesugi T, Toda T, Tsuji K, et al. Comparative study on reduction of bone loss and lipid metabolism abnormality in ovariectomized tars by soy isoflavones, daidzin, genistin,and glycitin[J]. Biological & Pharmaceutical Bulletin, 2001, 24(4):368-372.

[27]Yoshiko I, Chisato M, Mineko O, et al. Selective eff ects of genistein, a soybean isoflavone on B-lymphopoiesis and bone loss caused by estrogen deficiency[J]. Endocrinlogy, 1999, (4):4.

[28]李里特, 王海. 功能性大豆食品[M]. 化学工业出版社, 2002.

[29]李文仙, 刘兆平, 于波, 等. 大豆异黄酮加钙复合剂对卵巢切除大鼠骨密度和骨钙含量 的影响[J]. 中国食品卫生杂志, 2003, (4):308-310.

[30]刘兆平, 卢承前, 刘期成. 大豆异黄酮与女性慢性疾病[J]. 环境卫生学杂志, 2000(4):201-204+222.

[31]孙铁铮, 吴荣福, 陶天遵. 雌激素、细胞因子与绝经后骨质疏松症[J]. 中国骨质疏松杂志, 1998, (4):87-90.

[32]王媛，常红，黄国伟，等. 大豆异黄酮对体外原代大鼠成骨细胞增殖、分化的影响[J]. 天津医科大学学报，2004，（1）:53－55.

[33]薛延. 骨质疏松症诊断与治疗指南[M]. 科学出版社，1999.

第8章 大豆异黄酮和金雀异黄素安全性研究

近年来,流行病学研究表明大豆在预防许多慢性疾病如心血管疾病、癌症、骨质疏松症以及在改善妇女绝经期的症状方面起着重要作用。然而对大豆异黄酮安全性的系统研究,对人体是否有潜在的不利影响,这些并没有被报道或证实。弄清大豆异黄酮对人体是否产生不利影响以及影响因素,对大豆异黄酮的研究有重要的指导意义。大豆异黄酮安全性方面的研究将会为研制和开发药食两用的大豆异黄酮保健食品提供科学依据。我们采用动物实验方法,分别以青年雌性大鼠、更年期大鼠为研究对象,检验大豆异黄酮对雌性动物的安全性。

8.1 大豆异黄酮对去卵巢大鼠更年期模型的安全性研究

8.1.1 材料与方法

8.1.1.1 试剂

受试样品(大豆异黄酮):日本国立健康营养研究所提供,总大豆异黄酮含量为40.20%,其他成分为:蛋白质20.48%,脂肪12.34%,碳水化合物13.01%,灰分5.20%,水分6.73%,其他2.04%。

无机盐:氯化钠、碘化钾、碳酸钙、磷酸二氢钾、硫酸镁、硫酸亚铁、硫酸锰、硫酸铜、硫酸锌、氯化钴(均为分析纯的化学试剂)。

维生素:维生素 A、维生素 B、维生素 K、维生素 B_2、维生素 B_6、维生素 B_{12}、胆碱、对氨基苯甲酸、肌醇、烟酸、泛酸钙、叶酸、生物素(医用试剂或化学试剂)。

淀粉、色拉油:市购。

酵母蛋白:哈尔滨啤酒厂。

免疫组化试剂:

一抗:美国 Santa Cruz Biotechnology 公司原装进口。

二抗:北京中杉金桥生物技术有限公司 二步法免疫组化试剂。

DAB:北京中杉金桥生物技术有限公司 浓缩型 DAB 试剂盒。

8.1.1.2 试验器材

自动平衡离心机:北京医用离心机厂, Allegra™64R Centrifuge,Beckman 病理切片机:美国拜尔公司生产。

8.1.1.3 试验动物来源

4 月龄雌性 Wistar 大鼠,购自黑龙江省药品检验所动物室,一级动物,体重 200~250 g,共 80 只。

8.1.2 动物试验设计

8.1.2.1 动物喂养

雌性 Wistar 大鼠购回后,在动物室内用普通饲料喂养 1 周,再用自行配制的基础饲料喂养 3 天后,根据动物体重随机分为 7 组。实验期间,大鼠单笼饲养,每日定量喂食,每周定时称量大鼠体重一次,记录给食量、撒食量,饮水量不限。动物室温度 20℃ ±2℃,相对湿度为 45% ±10%,通风良好。

8.1.2.2 绝经期骨质疏松动物模型建立

本研究采用腹部手术切除双侧卵巢的方法,使大鼠体内雌激素水平下降,造成大鼠更年期骨质疏松模型。术后喂养一周,根据体重重新分组,使各组体重一致。实验周期 8 周。

8.1.2.3 实验动物分组情况

本实验将大鼠分为 7 组,分别是:正常大鼠对照组(Control group):喂饲基础饲料,假手术对照组(Sham group):喂饲基础饲料

去卵巢组包括:去卵巢对照组(Ovx group):喂饲基础饲料

高剂量大豆异黄酮组(H - SI):大豆异黄酮含量 0.4%

中剂量大豆异黄酮组(M - SI):大豆异黄酮含量 0.2%

低剂量大豆异黄酮组(L - SI):大豆异黄酮含量 0.05%

雌激素对照组(EC):己烯雌酚含量 0.06 mg

8.1.3 饲料配方

表 8 - 1 为饲料配方

表 8 - 1 按照美国实验动物营养饮食配方 AIN - 93M 进行配制

组成	含量(g/kg)
玉米淀粉	465.692

组成	含量（g/kg）
酪蛋白	140.000
四聚糖糊精	155.000
蔗糖	100.000
豆油	40.000
纤维素	50.000
矿物质	35.000
维生素	10.000
胱氨酸	1.800
酒石酸氢盐胆碱	2.500
叔丁基对苯二酚	8.000

8.1.3.1　混合矿物质配方（AIN-93M-MX）:1 kg

无水 $CaCO_3$（10.04% Ca）:357 g　　KH_2PO_4:250 g　　NaCl:74 g

K_2SO_4:46.60 g　　　　　　　$MgCl_2$:24.00 g　　$ZnCO_3$:1.65 g

$Na_2SiO_3 \cdot 9H_2O$:1.45 g　　$MnCO_3$:0.63 g　　$CuCO_3$:0.30 g

KI:10.0 mg　　　　　　　　MgO:24.00 g　　硼酸:81.5 mg

$4H_2O$ 仲钼酸铵:7.95 mg　　　矾酸铵:6.6 mg　　柠檬酸氢钾:28.00 g

柠檬酸铁:6.06 g　　　　　　NaF:63.5 mg　　碳酸镍:31.8 mg

无水酒酸钠:10.25 mg　　蔗糖粉:209.806 g　　$12H_2O \cdot KCoSO_4$:0.275 g

8.1.3.2　维生素配方（93M）:1 kg

维生素 B_{12}:2.500 g　　　维生素 E:15.000 g　　维生素 A:0.800 g

维生素 D_3:0.250 g　　　　维生素 K:0.075 g　　叶酸:0.200 g

烟酸:3.000 g　　　　　　泛酸钙:1.600 g　　　生物素:0.020 g

吡哆素-HCl:0.700 g　　硫胺素-HCl:0.600 g　　蔗糖粉:974.655 g

根据文献资料和以往的研究结果确定本实验中各组饲料中大豆异黄酮含量如下:

高剂量组饲料:每千克基础饲料中加入大豆异黄酮1.6 g（40%大豆异黄酮4 g）

中剂量组饲料:每千克基础饲料中加入大豆异黄酮0.8 g（40%大豆异黄酮2 g）

低剂量组饲料:每千克基础饲料中加入大豆异黄酮0.2 g（40%大豆异黄酮0.5 g）

雌激素组饲料:每千克基础饲料中加入己烯雌酚0.6 mg

8.1.4 动物实验结束时样品的采集

实验动物喂养 16 周后,断头处死,摘取肝、脾、肾、子宫、脑称重,计算各脏体比值。各脏器放入 0.2 MPBS 配制的 4% 的多聚甲醛固定液中固定保存,以备进行病理学检验和免疫组化法测定子宫雌激素受体。

8.1.5 测定指标及方法

8.1.5.1 动物生长指标的观察

体重:实验过程中,每周称量大鼠体重一次,记录并观察大鼠体重增长情况。

摄食:每周计算给食量、剩食量和撒食量,观察大鼠的摄食情况,根据个实验期间大鼠摄入的饲料重量和增加的体重计算食物利用率及大豆异黄酮的摄入量。

脏体比值:实验结束后,称量大鼠肝、脾、肾、子宫的重量,计算脏体比值。

8.1.5.2 大鼠各脏器病理组织学检查

切片机:lac 来卡德国制造

石蜡切片,常规固定,脱水,浸蜡包埋

8.1.5.3 大鼠子宫雌激素受体 α(ER-α)水平测定

(1)将大鼠子宫用 4% 甲醛固定,乙醇梯度脱水,石蜡包埋,切片石蜡切片脱蜡至水。

(2)3% H_2O_2 室温孵育 5～10 min,以消除内源性过氧化物酶的活性。

(3)蒸馏水冲洗,PBS 浸泡 5 min。

(4)5%～10% 正常山羊血清(PBS 稀释)封闭,室温孵育 10 min。倾去血清,勿洗,滴加适当比例稀释的一抗或一抗工作液,37℃孵育 1～2 h 或 4℃过夜。

(5)PBS 冲洗,5 min×3 次。

(6)滴加适当比例稀释的生物素标记二抗(1% BSA – PBS 稀释),37℃孵育 10～30 min;或滴加第二代生物素标记二抗工作液,37℃或室温孵育 10～30 min。

(7)PBS 冲洗,5 min×3 次。

(8)滴加适当比例稀释的辣根酶标记链霉卵白素(PBS 稀释),37℃孵育 10～30 min;或第二代辣根酶标记链霉卵白素工作液,37℃或室温孵育 10～30 min。

(9)PBS 冲洗,5 min×3 次。

(10)显色剂显色(DAB 或 AEC)。

(11)自来水充分冲洗,甲基绿复染,封片。于显微镜下观察、存图,胞浆染黄色的为阳性细胞,并用真彩色病理图像处理系统处理分析图像。

8.1.6　结果

8.1.6.1　大豆异黄酮对去卵巢大鼠体重的影响

实验过程中每周称量大鼠体重一次,分别进行统计学分析比较,结果见表 8 - 2。表 8 - 3 ~ 表 8 - 7 表示不同体重的方差分析结果。

表 8 - 2　各组体重比较($\bar{x} \pm s$,g)

组别	0 周	2 周	4 周	6 周	8 周
对照组	230.85 ± 11.93	262.05 ± 19.03	275 ± 23.63	277.35 ± 24.99	285.7 ± 27.48
假手术组	227.56 ± 8.47	256.06 ± 13.66	277.81 ± 26.47	284.62 ± 26.18	292.37 ± 30.97
去卵巢对照组	228.2 ± 14.64	249.6 ± 21.57	285.4 ± 29.09	300.7 ± 30.33	323.1 ± 31.74
高剂量组	229.6 ± 15.05	244.8 ± 25.84	263.4 ± 31.16	270.55 ± 30.79	287.2 ± 34.36
中剂量组	228.44 ± 14.88	248.22 ± 22.17	277.38 ± 30.85	287.17 ± 33.5	299 ± 38.09
低剂量组	229.4 ± 18.79	257.25 ± 21.91	286.4 ± 24.76	301.7 ± 28.76	323.1 ± 36.20
雌激素组	231.67 ± 14.88	$194.22 \pm 20.8^*$	$209.67 \pm 27.47^*$	$216 \pm 25.49^*$	$220 \pm 26.61^*$

$*$:与假手术组、去卵巢组相比,差异显著($P < 0.01$)。

表 8 - 3　体重(0 周)方差分析

来源	自由度	平方和	均方	F 值	P 值
模型	6	117.25524	19.54254	0.09	0.9971
错误	59	12883.8659	218.37061		
校正总和	65	13001.12121			

表 8 - 4　体重(2 周)方差分析

来源	自由度	平方和	均方	F 值	P 值
模型	6	28897.47	4816.25	10.73	<0.0001
错误	59	26484.68	448.89		
校正总和	65	55382.16			

表 8 - 5　体重(4 周)方差分析

来源	自由度	平方和	均方	F 值	P 值
模型	6	39297.38	6549.56	8.74	<0.0001
错误	59	44218.56	749.47		
校正总和	65	83515.94			

表 8 – 6 体重(6 周)方差分析

来源	自由度	平方和	均方	F 值	P 值
模型	6	47008.78	7834.79	9.46	<0.0001
错误	59	48861.83	828.17		
校正总和	65	95870.61			

表 8 – 7 体重(8 周)方差分析

来源	自由度	平方和	均方	F 值	P 值
模型	6	66993.25	11165.54	10.58	<0.0001
错误	59	62269.37	1055.41		
校正总和	65	129262.62			

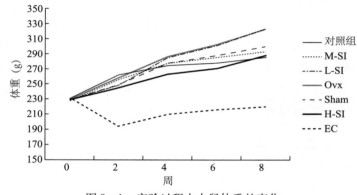

图 8 – 1 实验过程中大鼠体重的变化

由表 8 – 2 和图 8 – 1 可以看出,实验前,各组大鼠的平均体重没有显著性差异。在实验进行过程中,雌激素对照组的大鼠体重从实验开始就呈明显下降趋势,第二周时与对照组和去卵巢对照组相比就有显著性差异($P < 0.01$),此后,这一差异保持到实验结束。其他各大豆异黄酮剂量组大鼠体重与去卵巢对照组相比均无显著性差异。

8.1.6.2 大豆异黄酮的摄入量

实验期间大鼠平均体重、平均每天摄入的饲料重量及大豆异黄酮或雌激素的摄入量见表 8 – 8。大鼠每日摄食量的方差分析见表 8 – 9。

表 8 – 8 大鼠异黄酮或雌激素摄入量($\bar{x} \pm s$)

组别	数量	平均体重(g)	饮食量 (g/天)	异黄酮或雌激素摄入量 (mg/(kg·bw)/天)
对照组	10	293.19 ± 21.83	16.79 ± 1.32	0.00

续表

组别	数量	平均体重（g）	饮食量 （g/天）	异黄酮或雌激素摄入量 （mg/（kg·bw）/天）
假手术组	8	268.87 ±21.53	17.46 ±1.65	0.00
去卵巢对照组	10	277.73 ±25.97	20.08 ±9.66	0.00
高剂量组	10	258.65 ±27.55	15.79 ±1.39	96.44 ±6.91
中剂量组	9	235.89 ±27.97	16.19 ±1.54	47.45 ±4.65
低剂量组	10	279.93 ±25.93	17.66 ±1.41	12.42 ±1.23
雌激素组	9	211.46 ±2.19 *	12.87 ±2.62 *	0.036 ±0.006

*:表示与去卵巢组相比,差异显著（$P < 0.01$）。

表 8 - 9　大鼠每日摄食量的方差分析

来源	自由度	平方和	均方	F 值	P 值
模型	6	229.712889	38.285482	2.41	0.0402
错误	59	777.50789	15.867508		
校正总和	65	1007.220787			

8.1.6.3　对脏/体比值的影响

实验结束时,摘取大鼠的肝、脾、肾、子宫称重,计算各脏器与体重的比值,结果见表 8 - 10。各脏器与体重比值的方差分析见表 8 - 11 ~ 表 8 - 14。

表 8 - 10　各组器官体重比（$\bar{x} ±s$,%）

组别	数量	肝脏	脾脏	肾脏	子宫
对照组	10	2.971 ±0.256	0.351 ±0.189	0.622 ±0.053	0.202 ±0.064 *
假手术组	8	3.048 ±0.535	2.295 ±0.064	0.683 ±0.098 *	0.193 ±0.080 *
去卵巢对照组	10	2.790 ±0.286	0.294 ±0.049	0.571 ±0.044	0.084 ±0.079
高剂量组	10	2.808 ±0.284	0.275 ±0.091	0.583 ±0.058	0.137 ±0.116
中剂量组	9	2.893 ±0.294	0.271 ±0.046	0.574 ±0.038	0.114 ±0.081
低剂量组	10	2.753 ±0.279	0.285 ±0.067	0.553 ±0.057	0.075 ±0.054
雌激素组	9	3.346 ±0.083 *	0.312 ±0.132	0.648 ±0.055 *	0.188 ±0.036 *

*:表示与去卵巢组相比,差异显著（$P < 0.01$）。

表 8 - 11　肝体重比的方差分析

来源	自由度	平方和	均方	F 值	P 值
模型	6	2.34	0.39	3.78	0.003
错误	59	6.09	0.10		
校正总和	65	8.42			

表 8 - 12   脾体重比的方差分析

来源	自由度	平方和	均方	F 值	P 值
模型	6	0.04	0.007	0.65	0.6864
错误	59	0.65	0.01		
校正总和	65	0.69			

表 8 - 13   儿童体重比的方差分析

来源	自由度	平方和	均方	F 值	P 值
模型	6	0.12	0.019	5.72	<0.0001
错误	59	0.21	0.003		
校正总和	65	0.33			

表 8 - 14   子宫体重比方差分析

来源	自由度	平方和	均方	F 值	P 值
模型	6	0.16	0.026	4.52	0.0008
错误	59	0.35	0.005		
校正总和	65	0.51			

对以上数据进行统计学分析可知,各组大鼠的脾/体比均无显著性差异。去除卵巢后,给予大豆异黄酮的各组肝/体比、肾/体比和子宫/体比与去卵巢对照组(ovx 组)相比无显著性差异,而给予雌激素组的肝/体比、肾/体比和子宫/体比与去卵巢对照组相比有显著性差异($P < 0.01$),说明大豆异黄酮对大鼠的性器官(子宫)没有明显的刺激作用,图 8 - 2 可以看出,去卵巢后,雌激素组大鼠的子宫/体比显著高于各大豆异黄酮剂量组,说明雌激素对大鼠子宫有明显的增生作用,这与文献报道的结果一致。

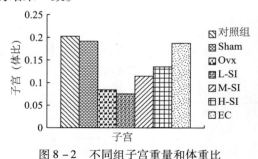

图 8 - 2   不同组子宫重量和体重比

8.1.7   各组大鼠病理组织学检查

从大鼠各脏器病理组织学检查结果(图 8 - 3 ~ 图 8 - 14)来看,各组大鼠的肝脏和脑都没有明显的病理改变。雌激素组的子宫发生了明显的病理学改变:内膜上皮细胞增生,细胞呈高核状,腺体数量增多,子宫内膜间质细胞肥大,间质疏松。大豆异黄酮高剂量组的子宫内膜上皮有时可见细胞高度不一,腺体数量及间质无明显变化。

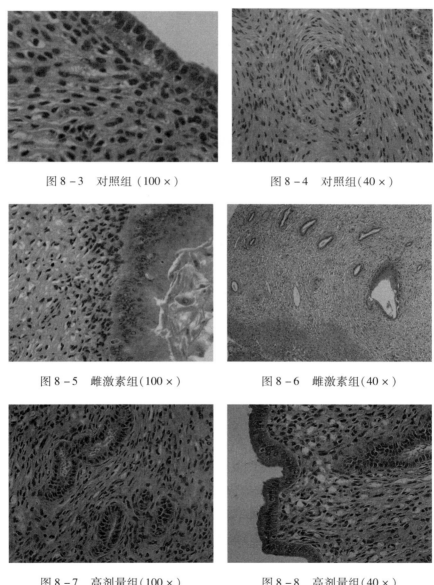

图8-3　对照组(100×)　　　　图8-4　对照组(40×)

图8-5　雌激素组(100×)　　　　图8-6　雌激素组(40×)

图8-7　高剂量组(100×)　　　　图8-8　高剂量组(40×)
苏木精伊红染色子宫内膜和子宫内膜腺的组织学分析

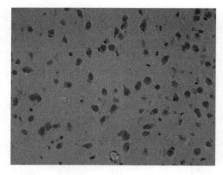
图 8 – 9　对照组（40×）

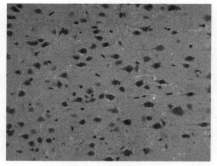
图 8 – 10　雌激素组（40×）

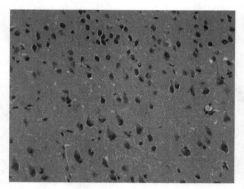
图 8 – 11　高剂量组（40×）
苏木精伊红染色的脑组织学分析

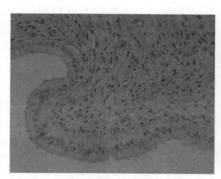
图 8 – 12　对照组（40×）

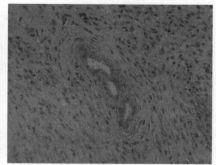
图 8 – 13　雌激素组（40×）

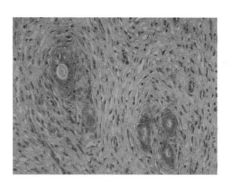

图 8 - 14　高剂量组(40×)
苏木精伊红染色的肝组织学分析

8.1.8　大鼠子宫雌激素受体 α(ER - α)水平

　　生理条件下,激素生理效应的实现不仅决定于激素水平,也决定于靶细胞中相应激素受体的水平和功能。正常情况下,雌激素及受体参与子宫生理功能的调节。雌激素的作用是由靶细胞内雌激素受体(ER)所介导的,ER 有 ERα 和 ERβ 两种亚型,它们在体内的分布,与配体的亲和力,促转录活性上均存在差异。在子宫及乳腺组织中,以 α 型占优势,而在人与大鼠骨骼中,则以 β 型占优势,因此本试验主要采用免疫组化法测定了大豆异黄酮对大鼠子宫 ERα 的调节作用,镜下观察,染成棕黄色颗粒者为阳性。由图 8 - 15 ~ 图 8 - 17 可见,结果显示 ERα 在雌激素组大鼠子宫的上皮细胞、间质细胞及肌细胞核均有表达,且表达明显,说明雌激素可使大鼠的子宫 ERα 受体明显上调;大豆异黄酮组能增加大鼠子宫组织中 ER 的含量,以高剂量组最为明显,与对照组相比均有上调子宫组织 ER 含量的作用,因此,大豆异黄酮对靶器官 ER 含量的上调作用,可能是治疗更年期综合征的主要途径之一。

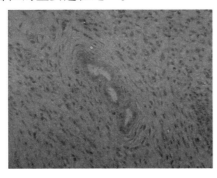

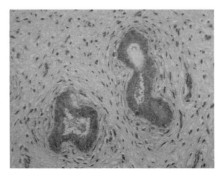

图 8 - 15　对照组子宫雌激素受体　　　图 8 - 16　雌激素组子宫雌激素受体

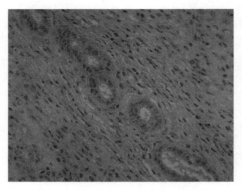

图 8 - 17   高剂量组子宫雌激素受体

8.2   金雀异黄素对围绝经期模型小鼠卵巢组织及其安全性的影响

围绝经期包括即将绝经前的时期和绝经后的第 1 年,其本质是卵巢功能动态衰退的过程,包括卵巢储备加速下降和生殖激素波动性变化,表现为月经模式改变、生育能力下降、绝经症状逐渐出现、发生各种慢性疾病的危险性逐渐上升,卵巢功能减退引起的内分泌紊乱是导致围绝经期综合征发生的主要原因。近年来围绝经期综合征有发病率上升、发病年龄提早的趋势,由于病程缠绵、反复发作,给广大围绝经期妇女的学习和工作造成了危害和痛苦,目前已成为影响妇女健康的严重问题。长期以来,国内外一直采用激素替代疗法治疗围绝经期综合征,虽然取得了一定疗效,但由于可能导致某些妇科肿瘤的患病概率增加,甚至具有致癌的潜在危险,因此寻求更安全有效的雌激素替代药物,已成为当前围绝经期综合征防治工作的首要任务。

植物雌激素在人类饮食中主要体现在豆类及其制品中的异黄酮。金雀异黄素是大豆异黄酮中活性较强的主要成分,主要以游离型苷元和结合型糖苷的形式存在。在富含豆肽的多种天然植物中含量较多,其抗氧化、类雌激素、抗肿瘤、影响骨代谢及心血管系统等作用已受到国内外的重视。金雀异黄素分子结构与人体自身雌激素相同,能与雌激素受体结合,这种结合力虽然很低,活性只有内源雌激素的千分之一,但进入人体后可完全与雌激素受体结合,发挥雌激素的作用,在生物体内可产生典型的雌激素反应。对于不同组织,还可产生与雌激素相拮抗的作用,具有雌激素表达双向调节效应,至于表现为何种活性主要取决于其局部浓度、内源性雌激素含量以及组织器官的 ERs 水平。除了研究金雀异黄素对围绝经期女性的有益作用之外,我们还要考虑其安全性问题,因此本研究通过建立围绝经期小鼠模型,以金雀异黄素为受试物,观察金雀异黄素对小鼠体重、重要脏器、卵巢组织中 Bcl – 2 蛋白和 Bax 蛋白的影响,探讨金雀异黄素对围绝经期小鼠的安全性。

8.2.1　材料与方法

8.2.1.1　材料

金雀异黄素:分子式 $C_{15}H_{10}O_5$,分子量 270.23,溶解性:溶于 DMSO、甲醇,几乎不溶于水。上海融禾医药科技发展有限公司,纯度 > 98%;戊酸雌二醇:拜耳医药保健有限公司,每片 1 mg;羧甲基纤维素钠;酶标仪:澳大利亚 TECAN 公司;小鼠酶联免疫检测试剂盒:上海史瑞可科技有限公司。

8.2.1.2　试验动物与分组

雌性 ICR 小白鼠 50 只,11 ~ 12 月龄,体重 35 g ± 10 g,由长春市亿斯实验动物技术有限责任公司提供(SPF 级)。根据体重随机分组,把小白鼠分成 5 组,每组 10 只,分别为对照组、雌激素组、高剂量组、中剂量组、低剂量组。

8.2.1.3　围绝经期小鼠模型建立与试验设计

SAFD 饲料配方:富含 GEN 和紫花苜蓿成分由玉米、小麦和酪蛋白代替,以突出处理因素(GEN)对实验结果的影响。

金雀异黄素不溶于水,用羧甲基纤维素钠助溶。对照组(C – Gen):0.5% 羧甲基纤维素钠灌胃;低剂量组(L – Gen):Gen 15 mg · kg^{-1} 灌胃;中剂量组(M – Gen):Gen 30 mg · kg^{-1} 灌胃;高剂量组(H – Gen):Gen 60 mg · kg^{-1} 灌胃;雌激素组(P – Gen):戊酸雌二醇 0.5 mg · kg^{-1} 灌胃。试验持续 8 周。

8.2.1.4　指标检测与方法

末次给药后,各组小鼠禁食 12 h,不禁水,用电子天平称重后,断头取血,低速离心分离血清 – 20℃ 保存,迅速取出两侧卵巢,液氮冻存。ELISA 试剂盒检测小鼠卵巢组织 Bcl – 2 蛋白、Bax 蛋白。用酶标仪(波长 450 nm)测定吸光度,并通过标准曲线计算测定指标浓度。分别摘取肝脏、脾脏、肾脏、脑、卵巢、子宫称重。一部分样品固定,HE 染色,切片。

8.2.1.5　统计与分析

应用 SPASS 19.0 软件进行方差分析,对结果进行 t 检验统计学处理,$P < 0.05$ 为差异有显著性意义。

8.2.2　结果与分析

8.2.2.1　小鼠体重分析

表 8 - 15 结果显示各组小鼠体重生长趋势无明显差异,生长状态良好,说明金雀异黄素对小鼠体重无明显影响。

表 8 - 15　各组小鼠体重测定结果($\bar{x} \pm s, n = 10$)

组别	1 周	2 周	3 周	4 周	5 周	6 周	7 周	8 周
对照组	43.91 ± 5.64	38.76 ± 4.54	35.17 ± 5.44	31.64 ± 4.00	30.51 ± 2.97	30.48 ± 4.01	29.94 ± 3.61	29.90 ± 4.28
雌激素组	43.81 ± 3.06	41.80 ± 2.63	41.73 ± 2.30	40.13 ± 2.70	41.06 ± 3.30	37.27 ± 2.77	31.88 ± 4.28	31.28 ± 3.62
高剂量组	43.78 ± 2.96	41.10 ± 1.88	41.55 ± 1.94	41.01 ± 2.47	40.66 ± 2.59	37.80 ± 4.65	32.66 ± 4.12	30.45 ± 2.01
中剂量组	43.68 ± 2.48	39.77 ± 2.91	43.85 ± 5.07	40.43 ± 3.40	39.04 ± 4.39	34.53 ± 5.81	32.75 ± 7.70	32.58 ± 6.71
低剂量组	42.65 ± 2.91	40.71 ± 3.29	40.70 ± 4.34	36.87 ± 4.67	32.84 ± 5.50	29.41 ± 2.95	30.03 ± 3.07	30.15 ± 4.30 *

＊:与对照组相比,差异显著($P < 0.05$)。

8.2.2.2　小鼠内脏/体比结果

表 8 - 16 结果表明,与对照组比较高剂量组小鼠卵巢/体比降低,差异显著($P < 0.05$)与雌激素组作用相似。

表 8 - 16　各组小鼠内脏/体比测定结果($\bar{x} \pm s, n = 10$)

组别	肝脏/体比	脾脏/体比	肾脏/体比	子宫/体比	卵巢/体比
对照组	1.294 ± 0.044	0.184 ± 0.006	0.42 ± 0.014	0.02 ± 0.001	0.123 ± 0.004
雌激素组	1.601 ± 0.055	0.271 ± 0.01	0.483 ± 0.017	0.023 ± 0.001	0.113 ± 0.008 *
高剂量组	1.528 ± 0.052	0.251 ± 0.009	0.528 ± 0.018	0.03 ± 0.001	0.115 ± 0.005 *
中剂量组	1.384 ± 0.052	0.217 ± 0.008	0.464 ± 0.0175	0.024 ± 0.001	0.125 ± 0.004
低剂量组	1.607 ± 0.059	0.268 ± 0.009	0.507 ± 0.018	0.022 ± 0.001	0.103 ± 0.004

＊:与对照组相比,差异显著($P < 0.05$)。

8.2.2.3　小鼠主要脏器病理检查结果

图 8 - 18 ~ 图 8 - 20 对小鼠卵巢、脑和肝脏组织进行病理组织学检查,可以看出各组小鼠的肝脏和脑的病理组织学检查都没有明显的病理改变。雌激素组小鼠卵巢发生了明显的病理学改变,腺体数量增多,细胞呈高柱状,内膜上皮细胞数量增多,增生明显,间质疏松。高剂量组小鼠卵巢腺体数量轻度增多,但不

明显,内膜上皮细胞排列基本正常,偶尔可见细胞高度不一,间质无明显变化。由此可见,在当前剂量下,金雀异黄素对围绝经期小鼠的重要脏器无明显影响。

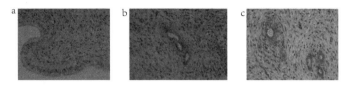

图 8 - 18　小鼠卵巢腺体组织病理学检查(a:CG;b:PG;c:H - Gen,40 ×)

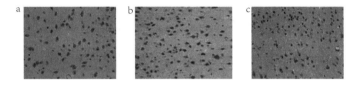

图 8 - 19　小鼠脑组织病理学检查(a:CG;b:PG;c:H - Gen,40 ×)

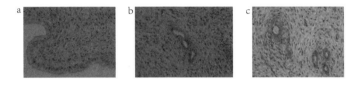

图 8 - 20　小鼠肝脏组织病理学检查(a:CG;b:PG;c:H - Gen,40 ×)

8.2.2.4　小鼠 Bcl - 2 蛋白、Bax 蛋白检测结果

表 8 - 17 可知,中、高剂量 GEN 可升高小鼠卵巢组织中 Bcl - 2 蛋白水平,但差异无统计学意义,($P > 0.05$);各剂量组小鼠卵巢组织中 Bax 蛋白水平呈下降趋势,其中高剂量组和雌激素组下降明显,与对照组相比差异显著($P < 0.05$),说明金雀异黄素可通过调节促细胞凋亡蛋白和抗细胞凋亡蛋白的水平来保护卵巢细胞功能。

表 8 - 17　各组小鼠卵巢组织 Bcl - 2 蛋白和 Bax 蛋白表达结果($\bar{x} \pm s, n = 10$)

组别	Bcl - 2 蛋白	Bax 蛋白
对照组	2.57 ± 1.14	23.22 ± 3.45
雌激素组	3.88 ± 1.58	9.06 ± 3.13 *
高剂量组	3.02 ± 1.23	9.28 ± 2.65 *
中剂量组	2.67 ± 1.38	19.33 ± 3.57
低剂量组	2.53 ± 1.22	23.02 ± 2.11

* :与对照组相比,差异显著($P < 0.05$)。

8.2.3　讨论

①金雀异黄素作为一种存在于大豆异黄酮中的活性成分而具有许多生物学活性,包括能够与雌激素受体结合的弱的雌激素样作用及在药理作用下能够抑制蛋白酪氨酸激酶的作用,也被称为植物雌激素。围绝经综合征主要是由于卵巢老化,雌激素分泌减少而引起的。实验以 11～12 月龄雌性 ICR 小鼠模拟女性围绝经期阶段,以不同浓度的金雀异黄素对围绝经期小鼠灌胃,通过金雀异黄素对小鼠体重、重要脏器、卵巢组织中 Bcl-2 蛋白和 Bax 蛋白的影响作为研究,探讨金雀异黄素对围绝经期小鼠的安全性。灌胃期间小鼠体重变化及主要脏器病理检查无异常变化,证明金雀异黄素在实验剂量下对小鼠的正常生长无异常影响,与雌激素对围绝经期小鼠卵巢的副作用相比,在当前剂量下,不会影响小鼠体重及重要脏器功能,对小鼠是安全的。

②作为许多化学作用靶器官之一的卵巢,其细胞结构和功能状态与女性性腺和生殖功能密切相关。围绝经期的本质是卵巢功能动态衰退的过程。Bcl-2 蛋白抑制一切生物体细胞凋亡过程,它可以在正常细胞激活和发展中表达,也能在成熟组织中表达,但在凋亡细胞中表达量很低甚至无表达。Bcl-2 在卵巢细胞凋亡调控过程中发挥重要的作用。Bax 蛋白是 Bcl-2 蛋白的同系物,在器官和组织中的分布要比 Bcl-2 蛋白广泛,其促进细胞凋亡的机理可能与抗凋亡蛋白 Bcl-2 蛋白有关,后者会促使 Bax 蛋白失去促蛋白凋亡的作用。多项资料表明 Bcl-2 和 Bax 是细胞凋亡调控机制中两个非常重要的因子,当 Bcl-2 大量表达时,形成 Bcl-2 同源二聚体,细胞受到保护;当 Bax 大量表达时,形成 Bax 同源二聚体,细胞趋向凋亡。实验以金雀异黄素为试受药物,通过检测卵巢组织中 Bcl-2 和 Bax 含量以达到对围绝经期小鼠安全性的研究。研究结果表明,高剂量 GEN(60 mg·kg^{-1})可明显降低促凋亡基因 Bax 在围绝经期小鼠卵巢组织中的表达,效果与雌激素相似,提示金雀异黄素对卵巢功能的保护作用可能与抑制 Bax 蛋白表达,从而抑制卵巢细胞凋亡有关。

③金雀异黄素是来源于植物并有与雌激素相似结构的植物雌激素,其雌激素的调节作用引起广泛关注。目前植物雌激素作为激素替代药物、抗癌药物以及食品添加物和补充物应用。在研究金雀异黄素与人类健康的关系时,从细胞分子水平、动物模型到人体实验、大规模流行病学调查的结果存在较大的争议,实验室中金雀异黄素用量通常远高于食物中的含量,且使用的种类、纯度、用量、采用的细胞系以及其他实验条件等均不尽相同,缺乏统一的评价标准,给金雀异黄

素的研究工作和广泛应用带来一定的困难。随着对金雀异黄素功能性和营养性的深入研究,其提取及精制工艺的不断完善,金雀异黄素将会在医药、保健品、食品、饮料及其他行业得到越来越广泛的应用。

8.3　大豆异黄酮对青年雌性大鼠的安全性研究

8.3.1　实验材料

8.3.1.1　实验动物
选择 SPF 级青年雌性大鼠,60 只,2 月龄,体重 150~180 g。

8.3.1.2　实验剂量分组
采取体重随机分组的方法分为 5 组,分别为:

对照组(基础饲料);

低剂量组〔大豆异黄酮 100 mg/(kg·bw)〕;

中剂量组〔大豆异黄酮 200 mg/(kg·bw)〕;

高剂量组〔大豆异黄酮 300 mg/(kg·bw)〕;

雌激素组(己烯雌酚 0.5 mg/kg)。

每组各 12 只动物。

8.3.1.3　实验周期
6 周。

8.3.1.4　实验原料
大豆异黄酮:由黑龙江双河松嫩大豆生物工程有限责任公司提供,含量 42.54%
己烯雌酚:合肥久联制药有限公司,每片 0.5 mg。

8.3.1.5　实验设备
TK-218 型恒温摊片烤片机,YD-1508B 轮转式切片机,DGG-9070A 型电热恒温鼓风干燥箱,LEICA DM2500 多功能显微镜,电热恒温培养箱,生物显微镜,恒温水浴锅等。

8.3.2　实验方法

8.3.2.1　实验步骤
选择实验大鼠→按不同剂量给予大豆异黄酮→实验周期为 6 周→取实验动物的肝脏、脾脏、肾脏及卵巢等做病理检测及相关安全性指标→验证其安全性。

8.3.2.2 动物病理检测

取内脏组织→组织固定→浸液→浸蜡→包埋→切片→烤片→染色→封片固定→生物显微镜下观察。

8.3.3 结果

8.3.3.1 动物体重变化

通过表 8 - 18、图 8 - 21 可以看出每组大鼠的体重都是随着时间周期而增重的,其中对照组所增重的幅度最大,依次为高剂量组、低剂量组、中剂量组、雌激素组。其中雌激素组的变化幅度不大,并与对照组存在显著差异($P < 0.05$)。大豆异黄酮的各剂量组与对照组相比体重增幅没有对照组高,但存在差异不显著。

表 8 - 18　各组大鼠体重变化比较表($\bar{x} \pm s$, g)

组别	1 周	2 周	3 周	4 周	5 周	6 周
对照组	150.50 ± 16.17	159.33 ± 6.22	178.83 ± 13.89	190.50 ± 15.00	197.17 ± 14.44	198.17 ± 15.06
低剂量组	151.33 ± 18.56	149.33 ± 16.22	164.33 ± 16.89	171.17 ± 18.11	181.50 ± 16.17	184.33 ± 16.33
中剂量组	151.83 ± 13.50	144.67 ± 19.67	163.00 ± 15.67	171.67 ± 4.67	176.50 ± 12.67	179.17 ± 8.89
高剂量组	153.83 ± 5.89	158.67 ± 9.00	170.33 ± 14.67	184.50 ± 15.50	183.67 ± 13.11	187.50 ± 11.67
雌激素组	152.00 ± 14.33	146.67 ± 15.67 *	157.17 ± 15.50 *	160.33 ± 13.67 *	162.67 ± 11.11 *	158.83 ± 16.50 *

* :与对照组相比,差异显著($P < 0.05$)。

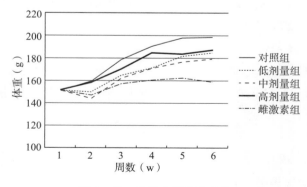

图 8 - 21　各组大鼠体重变化

8.3.3.2　动物脏体比

通过表 8 - 19、图 8 - 22 可以看出内脏体比中,肝/体比方面中剂量组与对照组存在显著差异($P < 0.05$),其他剂量组存在的差异不显著。脾/体比方面各剂量组与对照组都存在显著差异($P < 0.05$)。肾/体比,卵巢/体比方面无显著差异。

表 8 - 19　各组大鼠脏体比表($\bar{x} \pm s$, g)

组别	周期	肝/体比	脾/体比	肾/体比	卵巢/体比
对照组	6	3.404 ± 0.359	0.424 ± 0.69	0.692 ± 0.57	$0.056 \pm .006$ *
低剂量组	6	3.254 ± 0.167	0.320 ± 0.70 *	0.696 ± 0.036	0.054 ± 0.005 *
中剂量组	6	2.949 ± 0.227 *	0.288 ± 0.67 *	0.671 ± 0.039	0.049 ± 0.009
高剂量组	6	3.230 ± 0.32	0.302 ± 0.064 *	0.684 ± 0.034	0.053 ± 0.006
雌激素组	6	3.186 ± 0.323	0.292 ± 0.061 *	0.750 ± 0.087	0.045 ± 0.012

* :与对照组相比,差异显著($P < 0.05$)。

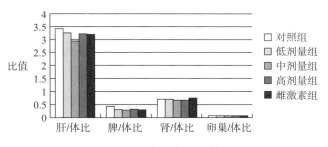

图 8 - 22　各组大鼠脏体比

8.3.3.3　脏器病理检测

图 8 - 23 ~ 图 8 - 25 为脏器病理检测图。

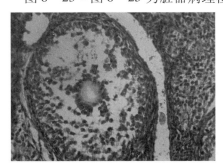

图 8 - 23　卵巢对照组(× 40)

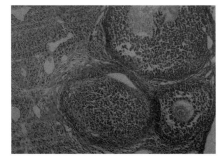

图 8 - 24　卵巢大豆异黄酮高剂量组(× 40)

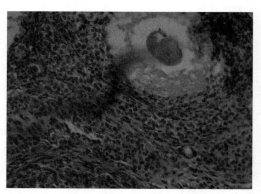

图8-25 卵巢雌激素(×40)

肝脏方面:对照组肝小叶排列规则,肝细胞多边形,胞浆红染,肝血窦裂隙状。窦壁上有内皮细胞。雌激素组与对照组相比,部分肝血窦扩张,但差异不显著。大豆异黄酮高剂量组与对照组相比,未见差异。

肾脏方面:对照组肾小管排列规整,肾小管的近曲小管上皮细胞红染,高柱状。雌激素组、大豆异黄酮高剂量组与对照组相比,未见差异。切片可见,肾小球体积稍大,但与对照组相比,差异不显著。

脾脏方面:几组相比,未见差异。

卵巢方面:对照组卵泡中央有一卵细胞,周围为排列松散的颗粒层细胞,有少量卵泡液。大豆异黄酮高剂量组卵泡增多,体积增大,卵泡内颗粒层细胞增多,厚度增加。卵泡液丰富。雌激素组卵泡数量较高剂量组增多,体积进一步增大,卵泡内颗粒层细胞增多程度更大,厚度也增加。有的卵泡内颗粒层细胞几乎添满整个卵泡腔。

8.3.4 讨论

近年来,流行病学研究表明大豆在预防许多慢性疾病如心血管疾病、癌症、骨质疏松症以及在改善妇女绝经期的症状方面起着重要作用。但是,目前国内外大豆异黄酮安全性的系统研究报道却很少。其中,张晓鹏等进行了一项大豆异黄酮对不同发育期雌性大鼠生殖系统毒性作用的研究,并表明本研究发现,孕鼠或母鼠暴露于150 mg/(kg·bw)的大豆异黄酮中,可对雌性仔鼠表现出明显的不良作用,胎儿期和新生儿期是对大豆异黄酮生殖毒性的两个敏感期,但并没有对生殖系统的毒性特点及其可能的作用机制进行更深入的研究。迟晓星也曾进行的一项植物雌激素及其对雄性生殖系统影响的研究中表明有关雌激素,尤其是植物雌激素对男性生殖系统发育异常有一定的影响,但是目前还停留在假设阶段,因此有必要对植物雌激素在其中所起的作用进行进一步研究评价,以便采取更有效、更快速的措施加以预防。

本实验结果可以看出每组大鼠的体重都是随着时间周期而增重的,其中对照组所增重的幅度最大,依次为高剂量组、低剂量组、中剂量组、雌激素组,其中雌激素组的变化幅度不大,并与对照组存在显著差异($P < 0.05$),说明雌激素对青年雌性大鼠的体重增长具有一定的影响。大豆异黄酮的各剂量组与对照组相比体重增幅没有对照组高,但是存在的差异不显著,说明大豆异黄酮有可能会对青年雌性大鼠的体重增长具有一定影响作用。另外脏体比结果显示,各剂量组与对照组脾/体比都存在显著差异($P < 0.05$)推测大豆异黄酮可能会对青年雌性大鼠的脾脏具有影响作用,影响其免疫方面的功能。

从病理检验的结果中可以看出大豆异黄酮对青年雌性大鼠的肝脏、肾脏及脾脏的病理变化不明显。大豆异黄酮低剂量组和中剂量组对青年雌性大鼠的卵巢影响不大,而高剂量组对青年雌性大鼠的卵巢产生了一定的影响,可能是由于大豆异黄酮具有植物雌激素样作用,在大豆异黄酮剂量为 300 mg/(kg·bw)时,青年雌性大鼠的卵巢发生了病理变化。本实验结果显示大鼠脾体比发生了异常,但是病理检查结果无变化,还需要进一步研究。

8.4　植物雌激素及其对雄性生殖系统影响的研究

在过去的 30~50 年里,男性生殖系统发育异常的发生率增加了一倍多,精子数量减少了约一半。有研究表明,暴露于己烯雌酚(DES)能引起雄性大鼠生殖系统发育的结构和功能性改变,这提示除 DES 外,外源性雌激素可能也会改变雄性动物的性分化,对雄性生殖系统产生影响。外源性雌激素主要包括植物雌激素、人工合成的药用雌激素和具有雌激素作用的化合物。其中虽然植物雌激素活性相对较低,但由于人们可能大量接触,因此存在潜在的危险。植物雌激素存在于大量可食用植物中,它们是最重要的环境雌激素。现在有关植物雌激素对乳腺癌、心血管疾病、更年期综合征、骨质疏松等疾病的预防作用有较多的研究,但有关它们对雄性生殖系统和胚胎发育影响的研究报道较少。有学者指出,天然的东西并不都是有益无害的,植物雌激素对人类健康也有双面作用,应该加强对其安全性的研究。

8.4.1 植物雌激素概况

8.4.1.1 分类

植物雌激素是一类存在于天然植物中结构与雌激素相似并具有雌激素效能的天然化合物,包括异黄酮(isoflavones)、木酚素(lig‑nans)和 coumestans 3 大类。异黄酮主要存在于豆类植物中,如大豆及其制品中的大豆异黄酮,其中金雀异黄素(染料木黄酮,genistein,GEN)和大豆苷原(daidzain,DAI)是最主要的 2 种,具有许多生物学功能。木酚素不仅存在于植物性食物中,也存在于哺乳动物体内。植物木酚素开环异落叶松树脂酚(secoisolariciresinol)和鸟台树脂酚(mataires‑inol)在胃肠道细菌作用下转变为哺乳动物体内木酚素肠二醇(enterodiol)和肠内酯(en‑terolactone)。亚麻籽中的木酚素含量最丰富,约百倍于其它植物。香豆雌酚(coumestrol)和 4′‑甲氧‑香豆雌酚(4′‑methoxycoumestrol)是植物中 coumestans 类化合物,coumestans 的主要膳食来源是三叶草和苜蓿芽。

8.4.1.2 作用部位

体内所有细胞均可摄取循环中的雌激素,但目前发现只有一小部分组织细胞对该类分子有反应,或者说比较敏感。植物雌激素作用的主要靶器官依次为生殖系统中的子宫、乳腺、前列腺、心血管组织中的动脉,还有骨骼组织。因此在人体内具有最多雌激素受体的生殖细胞最有可能受该类分子影响,但高浓度的雌激素仍可对具有较少雌激素受体的其他组织产生影响,不同组织对雌激素受体的亲和力也不同。

8.4.1.3 主要生物学功能

植物雌激素的作用非常复杂,异黄酮和木酚素既可以表现出弱的雌激素样作用,也可以呈现雌激素拮抗剂的特点,并且具有种属特异性,其生物学效应还与它们和雌激素受体(ER)的亲和力的差异有关。这里主要以 GEN 为代表说明其功能。GEN 是大豆异黄酮的主要活性成分,由于其结构类似雌二醇,通过与 ER 竞争性地结合而具有某些雌激素样作用,从而干扰雌激素发挥其生物学效应。虽然 GEN 结合 ER 的能力是雌激素结合其受体能力的 1175,活性仅为雌二醇的 11000,但它在循环中的浓度比内源性雌二醇高 1000 倍,因此 GEN 可应用于雌激素替代治疗,治疗更年期综合征、骨质疏松、心血管疾病,以及调节与雌激素相关的乳腺癌生长的作用。雌激素受体竞争实验表明,当血液中 GEN 的浓度达到 5×10^{-7} mol/L 时可使标记的雌二醇与受体的结合能力降低 50 %,这说明低浓度的 GEN 主要通过与雌激素竞争 ER 而干扰雌激素功能,抑制细胞生长。

8.4.2　植物雌激素对雄性生殖系统的影响

生殖系统组织细胞具有较多的雌激素受体,几乎为其他组织的 10 倍,因此生殖系统最易受植物雌激素影响。植物雌激素在膳食中含量很少,一般认为其单独作用也许不足以造成成年男性生殖系统的损害。但是这类雌激素的种类较多,存在于数百种植物中,因此进食某些特殊类型的膳食可能会摄入较大 量的植物雌激素。日本和中国膳食中豆类作物所占比例明显高于西方国家,从而能从膳食中摄入较多植物雌激素,其乳腺癌和前列腺癌的发病率较低。但植物雌激素在发挥这种作用的同时,是否能够引起男性生殖系统发育异常或功能障碍,目前尚无资料可查。

8.4.2.1　对新生动物的影响

Whitten 在对新生鼠的研究中发现,给新出生的大鼠喂饲含有植物雌性动物 10 d 的"关键时期"喂饲香豆雌酚,其对雄性大鼠产生的影响比对雌性大鼠更大,导致断奶的雄性大鼠体重暂时减轻,射精频率和次数减少及射精的潜伏期延长。但睾丸的重量和血浆睾丸酮水平与对照组相比并未出现差异,表明雄性性行为的缺乏并不是由于成年后的性腺功能障碍引起的。此外,Fisher 研究发现在动物实验中,给新生大鼠喂饲金雀异黄素或其他植物雌激素,可对青春期至成年期的雄鼠生殖系统,特别是输精管结构和功能造成一定损害。因此,人们怀疑婴儿食品中的异黄酮是否会对婴儿生殖系统的发育产生不良的影响这种担心主要集中于大豆配方食品中的异黄酮含量较高,因此对大豆配方食品的安全性引起了广泛的争论。

8.4.2.2　对成年动物的影响

在一项研究 GEN 对雄性大鼠转移性附属性腺肿瘤(主要是前列腺)抑制作用的实验中,其中一组大鼠每 12 h 皮下注射 GEN(50 mg·kg)31 天,发现在该组大鼠中出现了雌激素样副作用,包括体重减轻,附属性腺的重量减轻、垂体重量增加、睾丸重量减轻、血清睾丸酮无法查得和血清前列腺特异性磷酸酶的活性比对照组低 38%。另外,Whitten 等研究发现给大鼠喂饲 GEN 还可改变雌、雄鼠神经内分泌的发育,对它们的行为发展和促性腺激素的作用造成一定程度的影响。

8.4.2.3　不同年龄段的动物对植物雌激素的敏感性

有研究表明,给啮齿动物饲以大豆为基础的饲料,其中所提供的异黄酮类化合物如金雀异黄素的水平,对雄性成年大鼠的前列腺起雌激素激动剂的作用:而对于新生动物,没有观察到其对前列腺的持久性效应。这与 Strauss 的发现是一致的,即给雄性成年小鼠喂饲以大豆为基础的饲料,其中所提供的 GEN 水平可引起典型的雌激素样副作用,但对于新生小鼠则需要较高剂量。

8.4.2.4　体外研究发现

对雄性动物生殖系统的影响外,在体外研究中还发现一些外源性雌激素包括 GEN 是人的性激素结合球蛋白(hSHBG)的配体,可与 hSHBG 结合后转运至组织,发挥生物活性。外源性雌激素也可从 hSHBG 结合位点置换内源性类固醇性激素,干扰雄—雌激素平衡。但外源性雌激素 – hSHBG 配体能否在血液中达到可置换内源性类固醇性激素的浓度还有待于进一步研究。

由于对植物雌激素在人体内的生理作用、代谢和分子效应尚未完全清楚,以及很难确定适宜的观察时机和观察终点,都给研究带来了困难。

8.4.3　展望

近半个世纪以来,男性(雄性)生殖系统受到环境中化合物的影响越来越大,也越来越受到人们的重视,但是有关雌激素,尤其是植物雌激素对男性生殖系统发育异常的影响。目前还停留在假设阶段,因此有必要对植物雌激素在其中所起的作用进行进一步研究评价,以便采取更有效、更快速的措施加以预防。

参考文献

[1] Dechaud H. Xenoestrogen interaction with human sex hormone binding globulin (hSHB G)[J]. Steroids, 1999, 64(5):328 – 334.

[2] Fisher J, Turner K, Brown D, et al. Effect of neonatal exposure to estrogenic compounds on development of the excurrent ducts of the rat testis through puberty to adulthood[J]. Environmental Health Perspectives, 1999, 107(5):397 – 405.

[3] Krajewski S, Krajewska M, Shabaik A, et al. Immunohistochemical determination of in vivo distribution of Bax, Dominant inhibitor of Bcl – 2[J]. American Journal of Pathology, 1994, 145(06):1323 – 1336.

[4] Mari K, Tohru S, Kaori M, et al. Genistein suppresses antigen – specific immune responses through competition with 17β – estradiol for estrogen receptors in ovalbumin – immunized BALB/c mice[J]. Nutrition, 2006, 22(7 – 8):802 – 809.

[5] Molteni A, Ward W F, Ts'Ao C H, et al. Serum copper concentration as an index of cardiopulmonary injury in monocrotaline – treated rats[J]. Annals of Clinical

& Laboratory science, 1988, 18(6):476 – 483.

[6]Naciff J M, Lynn J M, Torontali S M, et al. Gene expreasion profile induced by 17 α – ethynyl eatradiol, bispheno – IA, and genistein in the developing female reproductive system of the rat[J]. Toxicological Sciences An Official Journal of the Society of Toxicology, 2002, 68(1):184.

[7]Porter D, Harman R, Cowan R. Relationship of Fas ligand expression and atresia during bovine follicle development[J]. Reproducing, 2001, 121(4):561 – 569.

[8]Ravid S, Abraham A. Stimulation of apoptosis in human granulosa cells from in vitro fertilization patients and its prevention by dexamethasone: involvement of cell contact and bcl – 2 expression[J]. J Clin Endocrinol Metab, 2002, (7): 3441 – 3451.

[9]Santti R, Mkel S, Strauss L, et al. Phytoestrogens: Potential Endocrine Disruptors in Males [J]. Toxicology and Industrial Health, 1998, 14(1 – 2): 223 – 237.

[10]Schleicher R L, Lamartiniere C A, Zheng M, et al. The inhibitory effect of genistein on the growth and metastasis of a transplantable rat accessory sex gland carcinoma[J]. Cancer Letters, 1999, 136(2):195 – 201.

[11]Sharpe R M, Skakkebaek N E. Are oestrogens involved in falling sperm counts and disorders of the male reproductive tract[J]. The Lancet, 1993, 341(8857): 1392 – 1395.

[12]Strauss L, Mkel S, Joshi S, et al. Genistein exerts estrogen – like effects in male mouse reproductive tract[J]. Mol Cell Endocrinol, 1998, 144(1 – 2):83 – 93.

[13]Vickers S L. Expression and activity of the Fas antigen in bovine ovarian follicle cells[J]. Biology of Reproduction, 2000, 62(1):54 – 61.

[14]Wang T T Y, Sathyamoorthy N, Phang J M. Molecular effects of genistein on estrogen receptor mediated pathways [J]. Carcinogenesis, 1996, 17(2): 271 – 275.

[15]Wagner J D, Anthony M S, Cline J M. Soy phtoestmgens: research on benefits and risks[J]. Clinical Obstetrics Gynecology, 2001, 44(4):843 – 852.

[16]Whitten P L, Lewis C, Russell E, et al. Phytoestrogen Influences on the Development of Behavior and Gonadotropin Function[J]. Proceedings of the Society for Experimental Biology & Medicine, 1995, 208(1):82.

[17]曹泽毅. 中华妇产科学[M]. 人民卫生出版社, 2014.

[18]迟晓星, 陈容, 张丽媛. 金雀异黄素对青年雌性大鼠血清性激素水的影响[J]. 黑龙江八一农垦大学学报, 2013, 25(2):36 – 38.

[19]迟晓星, 张明玉, 张涛, 等. 金雀异黄素对多卵囊巢综综合征大鼠卵巢组织中 Bcl – 2 及 Bax mRNA 表达的影响[J]. 动物营养学报, 2014, 26(4):1120 – 1126.

[20]迟晓星, 张涛, 陈容, 等. 金雀异黄素对实验性雌性大鼠高雄激素血症的治疗作用[J]. 营养学报, 2013, 35(1):68 – 72.

[21]杜丹, 魏洁玲, 陈妙云. 六味地黄丸联合激素替代治疗卵巢早衰的临床研究[J]. 中华中医药学刊, 2013, 31(12):2738 – 4000.

[22]傅萍, 赵宏利, 姜萍, 等. 自然衰老 ICR 小鼠进入围绝经期时限的研究[J]. 中华中医药学刊, 2008, 26(5):974 – 975.

[23]刘云嵘. 九十年代绝经研究[M]. 人民卫生出版社, 1998.

[24]许银燕, 管静. Genistein 的生物学功能研究进展[J]. 医学综述, 2010, 16(5):735 – 737.

[25]杨敏, 李灿东, 李红, 等. 围绝经期综合征中医证素与性激素水平的相关研究[J]. 中华中医药杂志, 2012, 27(2):366 – 368.

[26]张晓鹏, 李丽, 张文众, 等. 大豆异黄酮对不同发育期雌性大鼠生殖系统毒性作用的研究[J]. 中国食品卫生杂志, 2006(6):508 – 514.

[27]郑高利. 大豆异黄酮的药理作用 I[J]. 中国现代应用药学, 1998, 15(1):4 – 5.

[28]郑高利. 大豆异黄酮的药理作用 II[J]. 中国现代应用药学, 1998, 15(2):9 – 11.

[29]郑杰. 金雀异黄素[J]. 国外医学(卫生学分册), 1998, 05:6 – 9.

[30]周素梅. 食物中的植物化学成分及功能性[J]. 食品与机械, 1999(01):13 – 14.

附录

与本书有关的成果

课题

1.国家自然科学基金面上项目(81673170):基于 EGR－1 和 P450 基因表达途径研究 GEN 对雌性大鼠卵巢储备功能的调节作用,2017.1－2020.12。

2.国家自然科学基金青年基金(81102136):GEN 对 PCOS 大鼠高雄血症的调控作用,2012.1－2014.12。

3.黑龙江省高校青年学术骨干项目(1252G040):金雀异黄素对 PCOS 高雄激素血症大鼠的作用研究,2012.6－2015.6。

4.黑龙江省青年科学技术基金(QC08C42):大豆异黄酮对青年雌性大鼠的抗衰老作用及安全性研究,2008.10－2010.5。

5.黑龙江省博士后科研启动基金(LBH－Q15112):基于 EGR－1 和 P450 基因表达途径研究金雀异黄素调节雌性大鼠卵巢储备功能的作用机制,2016.1－2017.12。

6.黑龙江八一农垦大学引进人才博士启动基金(校启 B2005－13):大豆异黄酮抗氧化作用及安全性研究 2006.3－2008.12。

7.博士后启动基金项目:金雀异黄素抑制围绝经期大鼠卵巢衰老作用的分子机制研究 2013.6－2015.6。

8.黑龙江省"粮食、油脂及植物蛋白"领军梯队后备带头人项目:金雀异黄素对免疫低下小鼠抗疲劳作用及机制研究,2020.1－2023.12。

9.黑龙江省教育厅项目(11531214):大豆异黄酮副作用及安全摄入量研究 2008.1－2010.12。

10.黑龙江省教育厅项目(12521238):大豆异黄酮缓解更年期综合征的作用机制研究,2012.1－2014.12。

11. 黑龙江省应用技术研究与开发计划重大项目("南病北治,北药南用"专项,GY2017YD0215):人参、蒲公英系列药食同源食品和新资源食品研制,2018.1 – 2020.12。

12. 黑龙江省科技厅自然基金研究团队项目(TD2020C003):杂粮与主粮复配科学基础及慢病干预机制,2020.71 – 2023.7.1。

13. 国家重点研发计划,科技部国家重点研发计划(2018YFE0206300):杂粮食品精细化加工关键技术合作研究及应用示范,2019.12.1 – 2022.11.30。

实用新型专利

1. 大鼠连续采血器 ZL 201220564890.5,2013.3.27,迟晓星,张涛,郑丽娜,李秀波

2. 大鼠安全灌胃装置 ZL201220564891.X,2013.3.27,迟晓星,张涛,郑丽娜

3. 一种食品卫生快速检测盒 ZL201220564889.2,2013.3.27,迟晓星,郑丽娜,李秀波

文章

[1]Chi Xiaoxing, Chu Xiaoli, Zhang Tao, et al. Effect of genistein on gene expressions of androgen generating key enzyme StAR, P450 scc and CYP19 in rat ovary[J]. Polish journal of veterinary sciences, 2019, 22(2):279 – 286.

[2]Chi Xiaoxing, Zhang Tao, Chu Xiaoli. Effect of genistein on IGF – 1 and IGFBP – 1 in young and aged female rat ovary[J]. Journal of animal physiology and animal nutrition, 2019, 103:1594 – 1601.

[3]Chi Xiaoxing, Zhang Tao, Chu Xiaoli, et al. The regulatory effect of Genistein on granulosa cell in ovary of rat with PCOS through Bcl – 2 and Bax signaling pathways[J]. Journal of veterinary medical science, 2018, 80(8): 1348 – 1355.

[4]Chi Xiaoxing, Zhang Tao. The effects of soy isoflavone on bone density in north region of climacteric Chinese women[J]. Journal of Clinical Biochemistry & Nutrition, 2013, 53(2):102 – 107.

[5]Chi Xiaoxing, Zhang Tao, Zhang Dongjie, et al. Effects of isoflavones on lipid and a polipoprotein levels in patients with type 2 diabetes in Heilongjiang Province in China[J]. Journal of Clinical Biochemistry & Nutrition, 2016, 59(2):

134 - 138.

[6] Chu Xiaoli, Zhang Tao, Kong Fanxiu, et al. The regulatory effect of Genistein on P450 aromatase and FSHR in mice experimental model of menopausal metabolic syndrome[J]. Journal of animal physiology and animal nutrition, 2020, 104(1):371 - 378.

[7] Zhang Tao, Chi Xiaoxing. Effect of genistein on lipid levels and LDLR, LXRα, ABCG1 expressions in postmenopausal women with hyperlipidemia[J]. Diabetology & Metabolic Syndrome, 2019, 11(1):111.

[8] Zhang Tao, Chi Xiaoxing. Estrogenic properties of genistein acting on FSHR and LHR in rats with PCOS[J]. Polish journal of veterinary sciences, 2019, 22(1): 83 - 90.

[9] 迟晓星, 陈容, 张涛, 等. 金雀异黄素对 PCOS 高雄血症大鼠子宫和卵巢形态学的影响[J]. 中国食品学报, 2013, 13(5):11 - 16.

[10] 迟晓星, 崔洪斌. 大豆异黄酮对妇女更年期综合征及骨密度的作用研究[J]. 中国骨质疏松杂志, 2005, 11(3):311 - 312.

[11] 迟晓星, 张明玉, 张涛, 等. 金雀异黄素对多囊卵巢综合征大鼠卵巢组织中 Bcl - 2 mRNA 及 Bax mRNA 表达的影响[J]. 动物营养学报, 2014, 26(4): 1120 - 1126.

[12] 迟晓星, 张涛, 陈容. 金雀异黄素对实验性雌性大鼠高雄激素血症的治疗作用[J]. 营养学报, 2013, 35(1):68 - 72.

[13] 迟晓星, 张涛, 崔洪斌. 四种豆子中大豆异黄酮含量比较研究[J]. 大豆通报, 2007(6):37 - 39.

[14] 迟晓星, 张涛, 崔洪斌. 大豆异黄酮对更年期妇女骨密度的影响[J]. 中国公共卫生, 2008, 24(2):163 - 164.

[15] 迟晓星, 张涛, 崔洪斌. 大豆异黄酮对青年雌性大鼠的副作用研究[J]. 食品科技, 2008(2):246 - 248.

[16] 迟晓星, 张涛, 李百祥, 等. 大豆异黄酮对更年期动物模型的安全性研究[J]. 毒理学杂志, 2008(22):121 - 123.

[17] 迟晓星, 张涛, 钱丽丽, 等. 大豆异黄酮对青年雌性大鼠卵巢、子宫组织中 Bcl - 2 mRNA 和 Bax mRNA 表达的影响[J]. 食品科学, 2010, 31(11): 231 - 233.

[18] 迟晓星, 张涛, 王楠. 微生物发酵法制备大豆多肽的研究[J]. 食品科

技, 2012, 37(2):69 - 72.

[19]迟晓星, 张涛, 张园园. 酶法水解大豆分离蛋白的研究[J]. 中国食物与营养, 2007(1):33 - 35.

[20]迟晓星, 张涛, 郑丽娜, 等. 大豆异黄酮对青年雌性大鼠的抗氧化作用研究[J]. 中国食品学报, 2010, 10(5):78 - 82.

[21]迟晓星, 张涛, 甄井龙, 等. 金雀异黄素调节围绝经期小鼠血清抑制素与性激素水平的研究[J]. 中国食品学报, 2016, 16(7):47 - 51.

[22]迟晓星, 赵东星. 水酶法提取葵花籽油的研究[J]. 中国粮油学报, 2010, 2(2):71 - 73.

[23]迟晓星, 甄井龙, 张涛, 等. 金雀异黄素对 PCOS 大鼠卵巢和子宫组织中 P450 arom mRNA 的作用研究[J]. 中国食品学报, 2016, 16(4):36 - 42.

[24]迟晓星, 甄井龙, 张涛, 等. 金雀异黄素对围绝经期小鼠卵巢和子宫组织中芳香化酶和 FSHR 的调控作用[J]. 中国食品学报, 2017, 8(17):86 - 91.

[25]迟晓星. 植物雌激素对雄性动物生殖系统的影响[J]. 国外医学卫生学分册, 2001, 28(6):346 - 347.

[26]初晓丽, 丛莎, 孔凡秀, 等. 里氏木霉发酵提取黑豆异黄酮及其对雌性大鼠卵巢早期生长反应基因 -1 表达的影响[J]. 动物营养学报, 2019, 31(10):4766 - 4775.

[27]崔洪斌, 迟晓星, 李百祥, 等. 大豆异黄酮对雄性大鼠生殖系统的影响[J]. 卫生毒理学杂志, 2003, 17(3):164 - 166.

[28]张涛, 迟晓星, 郭艳萍, 等. 大豆异黄酮对青年雌性大鼠卵巢组织 Bcl -2 和 Bax 蛋白表达的影响[J]. 中国公共卫生, 2011, 27(3):337 - 338.

[29]张涛, 迟晓星, 于利民, 等. 大豆异黄酮的毒理学安全性评价[J]. 齐齐哈尔医学院学报, 2011, 32(06):851 - 852.

[30]张明玉, 迟晓星, 丁啸宇, 等. 金雀异黄素对围绝经期模型小鼠卵巢组织及其安全性的影响[J]. 黑龙江八一农垦大学学报, 2016, 28(3):51 - 55.

[31]甄井龙, 初晓丽, 丛莎, 等. 金雀异黄素对青年雌性大鼠卵巢组织中雄激素生成关键酶 StAR、P450 scc、CYP19 基因表达的影响[J]. 食品科学, 2018, 39(11):171 - 176.

[32]甄井龙, 初晓丽, 张涛, 等. 金雀异黄素对雌性大鼠体内促性腺激素及胰岛素样生长因子表达的影响[J]. 动物营养学报, 2017, 29(10):3604 - 3610.